농산물
품질관리사

1차 **기출문제집**

고송남·김봉호 지음

BM (주)도서출판 **성안당**

저자 약력

고송남

성균관대학교 경제학과 졸업

(前) EBS 명품강좌 교수

(前) 에듀윌 강사

(前) 거창군 농업기술센터 강의

김봉호

전남대학교 졸업

현대고시학원, 한빛고시학원, 한국농식품직업전문학교 출강

강원도 도립 인재교육원 대학생 농업분야 자격증 특설반 출강

청주, 김제, 전주 농업기술센터 출강

전문 동영상 강좌(농산물품질관리사, 수산물품질관리사, 손해평가사)

(前) 해양수산부 전국 수산물시장 평가심사위원 위촉

저서

• 손해평가사 1차 한 권으로 합격하기

• 손해평가사 2차 한 권으로 합격하기

• 손해사정사(보험계약법, 손해사정이론)

• 손해평가사 실전모의고사

• 7급, 9급 공무원 시험 노동법

• 공인중개사(민법)

• 농산물품질관리사(법령, 유통론) 2차 실기 문제집

• 수산물품질관리사(법령, 수산일반) 1차 필기

머리말

농산물의 생산자 및 소비자를 보호하고 농산물의 유통질서를 확립하고자 도입된 농산물품질관리사 자격시험이 벌써 20여 년의 역사에 이르게 되었습니다.

그동안 배출된 농산물품질관리사는 명실상부한 국가공인 전문가로서 농산물의 등급판정, 농산물의 출하시기 조절, 품질관리기술 등에 대한 자문 등을 통해 우리나라의 농산물의 품질향상 및 유통효율화에 크게 기여해 오고 있습니다.

전문가로서의 자격을 취득하고자 준비하시는 분들에게는 어떻게 공부하는 것이 가장 효율적일까, 다시 말하면 투입하는 시간과 비용을 최소화하면서 확실하게 합격하는 방법은 어떤 것일까에 관심이 가장 클 것으로 생각됩니다. 저희 편저자는 다년간의 강의와 수험자 상담을 통해 수험자의 상기와 같은 물음에 답을 제시하고자 합니다.

농산물품질관리사 자격시험은 절대평가로서 과락 없이 평균 60점 이상이면 합격입니다. 꼭 100점에 가까운 높은 점수를 받아야 하는 것은 아닙니다. 따라서 효율성을 고려한다면 모든 내용을 공부하겠다는 욕심보다는 출제 가능성이 높은 내용을 집중적으로 반복 학습한다는 전략이 바람직합니다.

이 책은 수년간의 기출문제를 다루고 있습니다. 각 문제마다 "해설"뿐만 아니라 관련된 내용을 별도로 "정리"라는 이름으로 추가 설명하고 있습니다. 자주 출제되는 내용은 그 내용에 대한 정리가 반복되도록 하였습니다. 출제된 문제가 응용 내지 변형되어 다시 출제된다고 하더라도 충분히 대응할 수 있습니다.

이 책을 통해 공부하는 것이 출제 가능성이 높은 내용을 집중적으로 반복 학습한다는 전략에 잘 부합된다고 생각합니다. 따라서 이 책 한 권을 반복 학습하는 것이 가장 효율적으로 시험에 합격하는 지름길이라고 감히 말씀드립니다.

아무쪼록 합격의 영광을 획득하시길 바랍니다.

편저자 일동

▋**자 격 명**: 농산물품질관리사
▋**영 문 명**: Certified Agricultural Products Quality Manager
▋**소관부처**: 농림축산식품부(식생활소비정책과) (www.mafra.go.kr)
▋**시행기관**: 한국산업인력공단(www.q-net.or.kr)

1 기본정보

[개요]

농산물 원산지 표시 위반 행위가 매년 급증함에 따라 소비자와 생산자의 피해를 최소화하며 원산지 표시의 신뢰성을 확보함으로써 농산물의 생산자 및 소비자를 보호하고 농산물의 유통질서를 확립하기 위하여 도입되었다.

[변천과정]

• 2004년~2007년(제1회~제4회) 국립농산물품질관리원 시행
• 2008년 제5회 자격시험부터 한국산업인력공단에서 시행

[수행직무]

• 농산물의 등급 판정
• 농산물의 출하시기 조절, 품질관리기술 등에 대한 자문
• 그 밖에 농산물의 품질향상 및 유통효율화에 관하여 필요한 업무로서 농림수산식품부령이 정하는 업무

[통계자료(최근 5년)]

(단위: 명, %)

구분		2018	2019	2020	2021	2022
1차 시험	대상	2,801	3,377	2,110	2,833	2,360
	응시	1,523	1,813	1,274	2,100	1,530
	응시율	54.4	53.7	60.4	74.1	64.83
	합격	460	936	537	648	415
	합격률	30.2	51.6	42.2	30.9	27.12
2차 시험	대상	694	966	821	760	653
	응시	562	797	666	646	522
	응시율	81.0	82.5	82.1	85.0	79.93
	합격	155	171	234	166	153
	합격률	27.6	21.5	35.1	25.7	29.31

2 시험정보

[응시자격]

제한 없음

※ 단, 농산물품질관리사의 자격이 취소된 날부터 2년이 경과하지 아니한 자는 시험에 응시할 수
없음

[시험과목 및 시험시간]

구분	교시	시험과목	시험시간	시험방법
제1차 시험	1교시	① 관계 법령(법, 시행령, 시행규칙) 　– 농수산물 품질관리법 　– 농수산물 유통 및 가격안정에 관한 법률 　– 농수산물의 원산지 표시에 관한 법률 ② 원예작물학 　– 원예작물학 개요 　– 과수 · 채소 · 화훼작물 재배법 등 ③ 수확 후 품질관리론 　– 수확 후의 품질관리 개요 　– 수확 후의 품질관리 기술 등 ④ 농산물유통론 　– 농산물 유통구조 　– 농산물 시장구조 등	09:30~11:30 (120분)	객관식 4지 택일형 (과목당 25문항)
제2차 시험	1교시	① 농산물품질관리 실무 　– 농수산물 품질관리법 　– 농수산물의 원산지 표시에 관한 법률 　– 수확 후 품질관리기술 ② 농산물 등급판정 실무 　– 농산물 표준규격 　– 등급, 고르기, 결점과 등	09:30~10:50 (80분)	주관식 (단답형 및 서술형)

- 시험과 관련하여 법률 · 규정 등을 적용하여 정답을 구하여야 하는 문제는 <u>시험시행일을 기준으로</u>
<u>시행 중인 법률 · 기준 등을 적용</u>하여 그 정답을 구하여야 함
- 관련 법령의 경우 수산물 분야는 제외

[합격자 결정]

구분	합격결정기준
제1차 시험	각 과목 100점을 만점으로 하여 각 과목 40점 이상의 점수를 획득한 사람 중 평균점수가 60점 이상인 사람을 합격자로 결정
제2차 시험	제1차 시험에 합격한 사람(제1차 시험이 면제된 사람 포함)을 대상으로 100점 만점에 60점 이상인 사람을 합격자로 결정

[시험의 일부 면제]

전년도 1차 시험에 합격하고, 제2차 시험에 미응시하거나 불합격한 자에 한하여 당해 제1차 시험을 면제함

3 응시원서 접수

[접수방법]

- Q-Net 농산물품질관리사(http://www.Q-Net.or.kr/site/nongsanmul) 홈페이지를 통한 인터넷 접수만 가능
  ※ 인터넷 활용 불가능자의 내방접수(공단지부·지사)를 위해 원서접수 도우미 지원
  ※ 단체 접수는 불가함
- 원서 접수 시 최근 6개월 이내에 촬영한 여권용 사진을 파일(JPG·JPEG 파일, 사이즈: 150×200 이상, 300DPI 권장, 200KB 이하)로 등록하여 인터넷 회원가입 후 접수(기존 큐넷 회원의 경우 마이페이지에서 사진 수정 등록)

[수수료 납부]

- 응시수수료
  제1차 시험: 20,000원
  제2차 시험: 33,000원
- 납부방법: 전자결제(신용카드, 계좌이체, 가상계좌) 이용

차 례

농산물품질관리사 1차 시험 과년도 기출문제

(정답/해설/이론 정리 포함)

농산물품질관리사
1차 시험
과년도 기출문제

제**1**과목 | 관계 법령

01 농수산물 품질관리법령상 동음이의어 지리적표시에 관한 정의이다. ( ) 안에 들어갈 내용으로 옳은 것은?

> "동음이의어 지리적표시"란 동일한 품목에 대하여 지리적표시를 할 때 타인의 지리적표시와 ( )은(는) 같지만 해당 지역이 다른 지리적표시를 말한다.

① 발음　　　　　② 유래　　　　　③ 명성　　　　　④ 품질

──────────

(해설)

법 제2조(정의)

"동음이의어 지리적표시"란 동일한 품목에 대하여 지리적표시를 할 때 타인의 지리적표시와 **발음**은 같지만 해당 지역이 다른 지리적표시를 말한다.

02 농수산물 품질관리법령상 농수산물품질관리심의회의에서 심의하는 사항이 아닌 것은?

① 농산물 품질인증에 관한 사항
② 농산물 이력추적관리에 관한 사항
③ 유전자변형농산물의 표시에 관한 사항
④ 농산물 표준규격 및 물류표준화에 관한 사항

(해설) 품질인증제도는 수산물에 대한 제도이다.

(정리) **법 제4조(심의회의 직무)**
심의회는 다음 각 호의 사항을 심의한다.
1. 표준규격 및 물류표준화에 관한 사항
2. 농산물우수관리·수산물품질인증 및 이력추적관리에 관한 사항
3. 지리적표시에 관한 사항
4. 유전자변형농수산물의 표시에 관한 사항
5. 농수산물(축산물은 제외한다)의 안전성조사 및 그 결과에 대한 조치에 관한 사항

정답　**01** ①　**02** ①

6. 농수산물(축산물은 제외한다) 및 수산가공품의 검사에 관한 사항

7. 농수산물의 안전 및 품질관리에 관한 정보의 제공에 관하여 총리령, 농림축산식품부령 또는 해양수산부령으로 정하는 사항

8. 제69조에 따른 수산물의 생산·가공시설 및 해역(海域)의 위생관리기준에 관한 사항

9. 수산물 및 수산가공품의 제70조에 따른 위해요소중점관리기준에 관한 사항

10. 지정해역의 지정에 관한 사항

11. 다른 법령에서 심의회의 심의사항으로 정하고 있는 사항

12. 그 밖에 농수산물 및 수산가공품의 품질관리 등에 관하여 위원장이 심의에 부치는 사항

03 농수산물 품질관리법령상 2022년 4월 1일 검사한 보리쌀의 농산물검사의 유효기간은?

① 40일　　　　② 60일　　　　③ 90일　　　　④ 120일

해설 농수산물 품질관리법 시행규칙 [별표 23]

농산물검사의 유효기간(제109조 관련)

종류	품목	검사시행시기	유효기간(일)
곡류	벼·콩	5.1. ~ 9.30.	90
		10.1. ~ 4.30.	120
	겉보리·쌀보리·팥·녹두·현미보리쌀	5.1. ~ 9.30.	60
		10.1. ~ 4.30.	90
	쌀	5.1. ~ 9.30.	40
		10.1. ~ 4.30.	60
특용작물류	참깨·땅콩	1.1. ~ 12.31.	90
과실류	사과·배	5.1. ~ 9.30.	15
		10.1. ~ 4.30.	30
	단감	1.1. ~ 12.31.	20
	감귤	1.1. ~ 12.31.	30
채소류	고추·마늘·양파	1.1. ~ 12.31.	30
잠사류(蠶絲類)	누에씨	1.1. ~ 12.31.	365
	누에고치	1.1. ~ 12.31.	7
기타	농림축산식품부장관이 검사대상 농산물로 정하여 고시하는 품목의 검사유효기간은 농림축산식품부장관이 정하여 고시한다.		

정답 03 ③

04 농수산물 품질관리법령상 다른 사람에게 농산물품질관리사 자격증을 빌려 주어 자격이 취소된 사람은 그 처분이 있은 날부터 농산물품질관리사 자격시험에 응시할 수 없는 기간은?

① 1년　　　　　② 2년　　　　　③ 3년　　　　　④ 5년

(해설) 법 제107조(농산물품질관리사 또는 수산물품질관리사의 시험·자격부여 등)
① 농산물품질관리사 또는 수산물품질관리사가 되려는 사람은 농림축산식품부장관 또는 해양수산부장관이 실시하는 농산물품질관리사 또는 수산물품질관리사 자격시험에 합격하여야 한다.
② 농림축산식품부장관 또는 해양수산부장관은 농산물품질관리사 또는 수산물품질관리사 자격시험에서 다음 각 호의 어느 하나에 해당하는 사람에 대해서는 해당 시험을 정지 또는 무효로 하거나 합격 결정을 취소하여야 한다.
　1. 부정한 방법으로 시험에 응시한 사람
　2. 시험에서 부정한 행위를 한 사람
③ 다음 각 호의 어느 하나에 해당하는 사람은 그 처분이 있은 날부터 2년 동안 농산물품질관리사 또는 수산물품질관리사 자격시험에 응시하지 못한다.
　1. 제2항에 따라 시험의 정지·무효 또는 합격취소 처분을 받은 사람
　2. 제109조에 따라 농산물품질관리사 또는 수산물품질관리사의 자격이 취소된 사람
④ 농산물품질관리사 또는 수산물품질관리사 자격시험의 실시계획, 응시자격, 시험과목, 시험방법, 합격 기준 및 자격증 발급 등에 필요한 사항은 대통령령으로 정한다.

법 제109조(농산물품질관리사 또는 수산물품질관리사의 자격 취소)
농림축산식품부장관 또는 해양수산부장관은 다음 각 호의 어느 하나에 해당하는 사람에 대하여 농산물품질관리사 또는 수산물품질관리사 자격을 취소하여야 한다.
1. 농산물품질관리사 또는 수산물품질관리사의 자격을 거짓 또는 부정한 방법으로 취득한 사람
2. 제108조제2항을 위반하여 다른 사람에게 농산물품질관리사 또는 수산물품질관리사의 명의를 사용하게 하거나 자격증을 빌려준 사람
3. 제108조제3항을 위반하여 명의의 사용이나 자격증의 대여를 알선한 사람

05 농수산물 품질관리법령상 우수관리시설의 지위를 승계한 경우 종전의 우수관리시설에 행한 행정제재 처분의 효과는 그 지위를 승계한 자에게 승계된다. 처분사실을 인지한 승계자에게 그 처분이 있은 날부터 행정제재 처분의 효과가 승계되는 기간은?

① 6개월　　　　② 1년　　　　　③ 2년　　　　　④ 3년

(해설) 법 제28조의2(행정제재처분 효과의 승계)
제28조에 따라 지위를 승계한 경우 종전의 우수관리인증기관, 우수관리시설 또는 품질인증기관에 행한 행정제재처분의 효과는 그 처분이 있은 날부터 1년간 그 지위를 승계한 자에게 승계되며, 행정제재처분의 절차가 진행 중인 때에는 그 지위를 승계한 자에 대하여 그 절차를 계속 진행할 수 있다. 다만, 지위를 승계한 자가 그 지위의 승계 시에 그 처분 또는 위반사실을 알지 못하였음을 증명하는 때에는 그러하지 아니하다.

정답 **04** ② **05** ②

06 농수산물 품질관리법령상 우수관리인증농산물 표시의 제도법에 관한 설명으로 옳지 않은 것은?

① 인증번호는 표지도형 밑에 표시한다.

② 표지도형의 영문 글자는 고딕체로 한다.

③ 표지도형 상단의 "농림축산식품부"와 "MAFRA KOREA"의 글자는 흰색으로 한다.

④ 표지도형의 색상은 녹색을 기본색상으로 하고, 포장재의 색깔 등을 고려하여 빨간색으로 할 수 있다.

해설 시행규칙 [별표 1] (제도법)
    가. 도형표시
       1) 표지도형의 가로의 길이(사각형의 왼쪽 끝과 오른쪽 끝의 폭: W)를 기준으로 세로의 길이는 0.95×W의 비율로 한다.
       2) 표지도형의 흰색모양과 바깥 테두리(좌·우 및 상단부만 해당한다)의 간격은 0.1×W로 한다.
       3) 표지도형의 흰색모양 하단부 좌측 태극의 시작점은 상단부에서 0.55×W 아래가 되는 지점으로 하고, 우측 태극의 끝점은 상단부에서 0.75×W 아래가 되는 지점으로 한다.
    나. <u>표지도형의 한글 및 영문 글자는 고딕체로 하고, 글자 크기는 표지도형의 크기에 따라 조정한다.</u>
    다. <u>표지도형의 색상은 녹색을 기본색상으로 하고, 포장재의 색깔 등을 고려하여 파란색, 빨간색 또는 검은색으로 할 수 있다.</u>
    라. <u>표지도형 내부의 "GAP" 및 "(우수관리인증)"의 글자 색상은 표지도형 색상과 동일하게 하고, 하단의 "농림축산식품부"와 "MAFRA KOREA"의 글자는 흰색으로 한다.</u>
    마. 배색 비율은 녹색 C80+Y100, 파란색 C100+M70, 빨간색 M100+Y100+K10, 검은색 B100으로 한다.
    바. 표지도형의 크기는 포장재의 크기에 따라 조정한다.
    사. <u>표지도형 밑에 인증번호 또는 우수관리시설지정번호를 표시한다.</u>

07 농수산물 품질관리법령상 농산물의 이력추적관리 등록에 관한 설명으로 옳지 않은 것은?

① 농림축산식품부장관은 이력추적관리의 등록을 한 자에 대하여 이력추적관리에 필요한 비용의 일부를 지원할 수 있다.

② 농림축산식품부장관은 이력추적관리의 등록자로부터 등록사항의 변경신고를 받은 날부터 1개월 이내에 신고수리 여부를 신고인에게 통지하여야 한다.

③ 대통령령으로 정하는 농산물을 생산하거나 유통 또는 판매하는 자는 농림축산식품부장관에게 이력추적관리의 등록을 하여야 한다.

④ 이력추적관리의 등록을 한 자는 등록사항이 변경된 경우 변경 사유가 발생한 날부터 1개월 이내에 농림축산식품부장관에게 신고하여야 한다.

정답 06 ③ 07 ②

법 제24조(이력추적관리)

① 다음 각 호의 어느 하나에 해당하는 자 중 이력추적관리를 하려는 자는 농림축산식품부장관에게 등록하여야 한다.
  1. 농산물(축산물은 제외한다. 이하 이 절에서 같다)을 생산하는 자
  2. 농산물을 유통 또는 판매하는 자(표시·포장을 변경하지 아니한 유통·판매자는 제외한다. 이하 같다)

② 제1항에도 불구하고 대통령령으로 정하는 농산물을 생산하거나 유통 또는 판매하는 자는 농림축산식품부장관에게 이력추적관리의 등록을 하여야 한다.

③ 제1항 또는 제2항에 따라 이력추적관리의 등록을 한 자는 농림축산식품부령으로 정하는 등록사항이 변경된 경우 변경 사유가 발생한 날부터 1개월 이내에 농림축산식품부장관에게 신고하여야 한다.

④ 농림축산식품부장관은 제3항에 따른 변경신고를 받은 날부터 10일 이내에 신고수리 여부를 신고인에게 통지하여야 한다.

⑤ 농림축산식품부장관이 제4항에서 정한 기간 내에 신고수리 여부 또는 민원 처리 관련 법령에 따른 처리기간의 연장을 신고인에게 통지하지 아니하면 그 기간(민원 처리 관련 법령에 따라 처리기간이 연장 또는 재연장된 경우에는 해당 처리기간을 말한다)이 끝난 날의 다음 날에 신고를 수리한 것으로 본다.

⑥ 제1항에 따라 이력추적관리의 등록을 한 자는 해당 농산물에 농림축산식품부령으로 정하는 바에 따라 이력추적관리의 표시를 할 수 있으며, 제2항에 따라 이력추적관리의 등록을 한 자는 해당 농산물에 이력추적관리의 표시를 하여야 한다.

⑦ 제1항에 따라 등록된 농산물 및 제2항에 따른 농산물(이하 "이력추적관리농산물"이라 한다)을 생산하거나 유통 또는 판매하는 자는 이력추적관리에 필요한 입고·출고 및 관리 내용을 기록하여 보관하는 등 농림축산식품부장관이 정하여 고시하는 기준(이하 "이력추적관리기준"이라 한다)을 지켜야 한다. 다만, 이력추적관리농산물을 유통 또는 판매하는 자 중 행상·노점상 등 대통령령으로 정하는 자는 예외로 한다.

⑧ 농림축산식품부장관은 제1항 또는 제2항에 따라 이력추적관리의 등록을 한 자에 대하여 이력추적관리에 필요한 비용의 전부 또는 일부를 지원할 수 있다.

⑨ 농림축산식품부장관은 제1항 또는 제2항에 따라 이력추적관리를 등록한 자의 농산물 이력정보를 공개할 수 있다. 이 경우 휴대전화기를 이용하는 등 소비자가 이력정보에 쉽게 접근할 수 있도록 하여야 한다.

⑩ 이력추적관리의 대상품목, 등록절차, 등록사항, 그 밖에 등록에 필요한 세부적인 사항과 제9항에 따른 이력정보 공개에 필요한 사항은 농림축산식품부령으로 정한다.

08 농수산물 품질관리법령상 지리적표시 농산물의 특허법 준용에 관한 설명으로 옳지 않은 것은?

① 출원은 등록신청으로 본다.
② 특허권은 지리적표시권으로 본다.
③ 심판장은 농림축산식품부장관으로 본다.
④ 산업통상자원부령은 농림축산식품부령으로 본다.

09 농수산물 품질관리법령상 지리적표시품의 1차 위반행위에 따른 행정처분 기준이 가장 경미한 것은?

① 지리적표시품이 등록기준에 미치지 못하게 된 경우
② 등록된 지리적표시품이 아닌 제품에 지리적표시를 한 경우
③ 지리적표시품 생산계획의 이행이 곤란하다고 인정되는 경우
④ 지리적표시품에 정하는 바에 따른 지리적표시를 위반하여 내용물과 다르게 거짓표시를 한 경우

해설 시행령[별표1] 지리적표시 시정명령 등의 처분기준

위반행위	근거 법조문	행정처분 기준		
		1차 위반	2차 위반	3차 위반
1) 법 제32조제3항 및 제7항에 따른 지리적표시품 생산계획의 이행이 곤란하다고 인정되는 경우	법 제40조 제3호	등록 취소		
2) 법 제32조제7항에 따라 등록된 지리적표시품이 아닌 제품에 지리적표시를 한 경우	법 제40조 제1호	등록 취소		
3) 법 제32조제9항의 지리적표시품이 등록기준에 미치지 못하게 된 경우	법 제40조 제1호	표시정지 3개월	등록 취소	
4) 법 제34조제3항을 위반하여 의무표시사항이 누락된 경우	법 제40조 제2호	시정명령	표시정지 1개월	표시정지 3개월
5) 법 제34조제3항을 위반하여 내용물과 다르게 거짓표시나 과장된 표시를 한 경우	법 제40조 제2호	표시정지 1개월	표시정지 3개월	등록 취소

10 농수산물 품질관리법령상 안전성조사 업무의 일부와 시험분석 업무를 수행하기 위하여 안전성검사기관을 지정하고 안전성조사와 시험분석 업무를 대행하게 할 수 있는 권한을 가진 자는?

① 식품의약품안전처장　　　　　② 국립농산물품질관리원장
③ 농림축산식품부장관　　　　　④ 농촌진흥청장

정답 09 ④ 10 ①

법 제64조(안전성검사기관의 지정 등)
① 식품의약품안전처장은 안전성조사 업무의 일부와 시험분석 업무를 전문적·효율적으로 수행하기 위하여 안전성검사기관을 지정하고 안전성조사와 시험분석 업무를 대행하게 할 수 있다.

11 농수산물 품질관리법령상 안전성검사기관에 대해 6개월 이내의 기간을 정하여 업무의 정지를 명할 수 있는 경우는? (단, 경감사유는 고려하지 않음)

① 검사성적서를 거짓으로 내준 경우
② 거짓된 방법으로 안전성검사기관 지정을 받은 경우
③ 부정한 방법으로 안전성검사기관 지정을 받은 경우
④ 업무의 정지명령을 위반하여 계속 안전성조사 및 시험분석 업무를 한 경우

법 제65조(안전성검사기관의 지정 취소 등)
① 식품의약품안전처장은 제64조제1항에 따른 안전성검사기관이 다음 각 호의 어느 하나에 해당하면 지정을 취소하거나 6개월 이내의 기간을 정하여 업무의 정지를 명할 수 있다. 다만, 제1호 또는 제2호에 해당하면 지정을 취소하여야 한다.
1. 거짓이나 그 밖의 부정한 방법으로 지정을 받은 경우
2. 업무의 정지명령을 위반하여 계속 안전성조사 및 시험분석 업무를 한 경우
3. 검사성적서를 거짓으로 내준 경우
4. 그 밖에 총리령으로 정하는 안전성검사에 관한 규정을 위반한 경우
② 제1항에 따른 지정 취소 등의 세부 기준은 총리령으로 정한다.

12 농수산물 품질관리법령상 유전자변형농산물의 표시기준 및 표시방법이 아닌 것은?

① '유전자변형농산물임'을 표시
② '유전자변형농산물이 포함되어 있음'을 표시
③ '유전자변형농산물이 포함되어 있지 않음'을 표시
④ '유전자변형농산물이 포함되어 있을 가능성이 있음'을 표시

시행령 제20조(유전자변형농수산물의 표시기준 등)
① 법 제56조제1항에 따라 유전자변형농수산물에는 해당 농수산물이 유전자변형농수산물임을 표시하거나, 유전자변형농수산물이 포함되어 있음을 표시하거나, 유전자변형농수산물이 포함되어 있을 가능성이 있음을 표시하여야 한다.
② 법 제56조제2항에 따라 유전자변형농수산물의 표시는 해당 농수산물의 포장·용기의 표면 또는 판매장소 등에 하여야 한다.
③ 제1항 및 제2항에 따른 유전자변형농수산물의 표시기준 및 표시방법에 관한 세부사항은 식품의약품안전처장이 정하여 고시한다.
④ 식품의약품안전처장은 유전자변형농수산물인지를 판정하기 위하여 필요한 경우 시료의 검정기관을 지정하여 고시하여야 한다.

정답 11 ① 12 ③

13 농수산물 품질관리법령상 위반에 따른 벌칙의 기준이 다른 것은?

① 우수관리인증농산물이 우수관리기준에 미치지 못하여 우수관리인증농산물의 유통업자에게 판매금지 조치를 명하였으나 판매금지 조치에 따르지 아니한 자

② 유전자변형농산물의 표시를 거짓으로 한 자에게 해당 처분을 받았다는 사실을 공표할 것을 명하였으나 공표명령을 이행하지 아니한 자

③ 안전성조사를 한 결과 농산물의 생산단계 안전기준을 위반하여 출하 연기 조치를 명하였으나 조치를 이행하지 아니한 자

④ 지리적표시품의 표시방법을 위반하여 표시방법에 대한 시정명령을 받았으나 시정명령에 따르지 아니한 자

해설 ①, ②, ③ 1년 이하의 징역, 1천만 원 이하의 벌금
④ 1천만 원 이하의 과태료

정리 법 제123조(과태료)

① 다음 각 호의 어느 하나에 해당하는 자에게는 1천만 원 이하의 과태료를 부과한다.
  1. 제13조제1항, 제19조제1항, 제30조제1항, 제39조제1항, 제58조제1항, 제62조제1항, 제76조제4항 및 제102조제1항에 따른 출입·수거·조사·열람 등을 거부·방해 또는 기피한 자
  2. 제24조제2항에 따라 등록한 자로서 같은 조 제3항을 위반하여 변경신고를 하지 아니한 자
  3. 제24조제2항에 따라 등록한 자로서 같은 조 제6항을 위반하여 이력추적관리의 표시를 하지 아니한 자
  4. 제24조제2항에 따라 등록한 자로서 같은 조 제7항을 위반하여 이력추적관리기준을 지키지 아니한 자
  5. 제31조제1항제3호 또는 제40조제2호에 따른 표시방법에 대한 시정명령에 따르지 아니한 자
  6. 제56조제1항을 위반하여 유전자변형농수산물의 표시를 하지 아니한 자
  7. 제56조제2항에 따른 유전자변형농수산물의 표시방법을 위반한 자
② 다음 각 호의 어느 하나에 해당하는 자에게는 100만 원 이하의 과태료를 부과한다.
  1. 제73조제1항제3호를 위반하여 양식시설에서 가축을 사육한 자
  2. 제75조제1항에 따른 보고를 하지 아니하거나 거짓으로 보고한 생산·가공업자 등
③ 제1항 및 제2항에 따른 과태료는 대통령령으로 정하는 바에 따라 농림축산식품부장관, 해양수산부장관, 식품의약품안전처장 또는 시·도지사가 부과·징수한다.

14 농수산물의 원산지 표시 등에 관한 법령상 프랑스에서 수입하여 국내에서 35일간 사육한 닭을 국내 일반음식점에서 삼계탕으로 조리하여 판매할 경우 원산지 표시 방법으로 옳은 것은?

① 삼계탕(닭고기: 국내산)
② 삼계탕(닭고기: 프랑스산)
③ 삼계탕(닭고기: 국내산(출생국: 프랑스))
④ 삼계탕(닭고기: 국내산과 프랑스산 혼합)

정답 13 ④ 14 ③

(해설) 소, 돼지, 양(염소 등 산양 포함) 이외 가축의 경우 사육국(국내)에서 1개월 이상 사육된 경우에는 사육국을 원산지로 하되, ( ) 내에 그 출생국을 함께 표시한다. 1개월 미만 사육된 경우에는 출생국을 원산지로 한다.

(정리) 시행규칙 [별표3]

이식·이동 등으로 인한 세부 원산지 표시기준(제5조 관련)

1. 농산물

구 분	세부 원산지 표시기준
가. 원산지 변경	O 종자로 수입하여 작물체를 생산한 경우에는 작물체의 원산지는 작물체가 생산된 "국가명" 또는 "시·도명", "시·군·구명"으로 한다. 이 경우 종자란 「종자산업법」 제2조에 따른 종자를 말한다. ex1] 국내에서 중국산 누에나 번데기에 동충하초균을 접종하여 "동충하초"를 생산한 경우 ex2] 버섯 종균을 접종·배양한 배지를 수입하여 국내에서 버섯을 생산·수확한 경우. 다만, ( ) 내에 '접종·배양: ○○국'을 함께 표시한다. ※ 표고버섯은 적용하지 아니한다. ex3] 종강(생강종자) 등을 이용하여 국내 재배하여 새로운 생강을 생산한 경우. 다만, 남아 있는 종강은 원산지가 변경되었다고 볼 수 없음 ex4] 수입 마늘·마 등 영양체를 재배하여 그 영양으로 새롭게 생산된 생산물의 경우
나. 원산지 미변경	O 작물체를 수입하여 국내 토양 및 기후환경에서 단순히 그 순 또는 꽃을 생산하거나, 이식 또는 가식 등으로 작물체를 비대 생장시킨 경우에는 원산지가 변경된 것으로 보지 않고 해당 작물체의 "수입 국가명"을 표시한다. ※ 단순히 물 또는 온·습도 등의 관리로 싹 또는 꽃을 피우거나 비대 생장시킨 것은 원산지가 변경되는 재배로 보지 않음 ex1] 수입 두릅 대목을 재배하여 두릅순 또는 두릅순에 대목을 일부 달려있게 생산한 경우 ex2] 호접란 등 난초를 꽃이 피지 않은 상태(뿌리 포함)로 수입하여 국내에서 화아를 형성, 꽃을 피게 하였을 경우 ex3] 인삼(산양삼 포함), 도라지 등 작물체를 수입하여 국내에 이식하였다가 생산한 경우 ex4] 김치를 수입 후 국내에서 대파 등을 첨가하는 등 단순 가공활동을 하여 다시 김치를 생산한 경우 ex5] 농산물을 수입하여 건조·가열, 이물질 제거 등 단순가공 활동을 하여 육안으로 그 원형을 알아볼 수 있거나, 실질적 변형(HS 6단위기준)이 일어나지 않은 경우 ※ "실질적 변형"이란 본질적 특성 변경으로 HS 6단위가 변경된 것을 말함

구 분	세부 원산지 표시기준
다. 원산지 전환	○ 가축을 출생국으로부터 수입하여 국내에서 사육하다가 도축한 경우 일정사육 기한이 경과하여야만 원산지 변경으로 본다. ex1] 소의 경우 사육국(국내)에서 6개월 이상 사육된 경우에는 사육국을 원산지로 하되, ( ) 내에 그 출생국을 함께 표시한다. 6개월 미만 사육된 경우에는 출생국을 원산지로 한다. ex2] 돼지와 양(염소 등 산양 포함)의 경우 사육국(국내)에서 2개월 이상 사육된 경우에는 사육국을 원산지로 하되, ( ) 내에 그 출생국을 함께 표시한다. 2개월 미만 사육된 경우에는 출생국을 원산지로 한다. ex3] 소, 돼지, 양(염소 등 산양 포함) 이외 가축의 경우 사육국(국내)에서 1개월 이상 사육된 경우에는 사육국을 원산지로 하되, ( ) 내에 그 출생국을 함께 표시한다. 1개월 미만 사육된 경우에는 출생국을 원산지로 한다. ○ 표고버섯 종균을 접종·배양한 배지를 수입하여 국내에서 버섯을 생산·수확한 경우에는 종균 접종부터 수확까지의 기간을 기준으로 재배기간이 가장 긴 국가를 원산지로 본다.
라. 소의 국내 이동에 따른 원산지	○ 국내에서 출생·사육·도축한 소고기의 원산지를 시·도명 또는 시·군·구명으로 표시하고자 하는 경우 해당 시·도 또는 시·군·구에서 도축일을 기준으로 12개월 이상 사육되어야 한다.

15 농수산물의 원산지 표시 등에 관한 법령상 위반행위에 관한 내용이다. ( )에 해당하는 과태료 부과기준은?

> • (ㄱ): 원산지 표시대상 농산물을 판매 중인 자가 원산지 거짓표시 행위로 적발되어 처분이 확정된 경우 농산물 원산지 표시제도 교육을 이수하도록 명령을 받았으나 교육 이수명령을 이행하지 아니한 자
> • (ㄴ): 원산지 표시대상 농산물을 판매 중인 자는 원산지의 표시 여부·표시사항과 표시방법 등의 적정성을 확인하기 위하여 수거·조사·열람을 하는 때에는 정당한 사유 없이 이를 거부·방해하거나 기피하여서는 아니되나 수거·조사·열람을 거부·방해하거나 기피한 자

① ㄱ: 500만 원 이하,   ㄴ: 500만 원 이하
② ㄱ: 500만원 이하,   ㄴ: 1,000만 원 이하
③ ㄱ: 1,000만 원 이하,   ㄴ: 500만 원 이하
④ ㄱ: 1,000만 원 이하,   ㄴ: 1,000만 원 이하

16 농수산물의 원산지 표시 등에 관한 법령상 A씨가 판매가 35,000원 상당의 고사리에 원산지를 표시하지 않아 원산지 표시의무를 위반한 경우 부과되는 과태료는? (단, 감경사유는 고려하지 않음)

① 30,000원　　② 35,000원　　③ 40,000원　　④ 50,000원

(해설) **시행령 [별표2]**

위반행위	근거 법조문	과태료			
		1차 위반	2차 위반	3차 위반	4차 이상 위반
가. 법 제5조제1항을 위반하여 원산지 표시를 하지 않은 경우	법 제18조제1항 제1호	5만 원 이상 1,000만 원 이하			
나. 법 제5조제3항을 위반하여 원산지 표시를 하지 않은 경우	법 제18조제1항 제1호				
1) 소고기의 원산지를 표시하지 않은 경우		100만 원	200만 원	300만 원	
2) 소고기 식육의 종류만 표시하지 않은 경우		30만 원	60만 원	100만 원	
3) 돼지고기의 원산지를 표시하지 않은 경우		30만 원	60만 원	100만 원	
4) 닭고기의 원산지를 표시하지 않은 경우		30만 원	60만 원	100만 원	
5) 오리고기의 원산지를 표시하지 않은 경우		30만 원	60만 원	100만 원	
6) 양고기 또는 염소고기의 원산지를 표시하지 않은 경우		품목별 30만 원	품목별 60만 원	품목별 100만 원	
7) 쌀의 원산지를 표시하지 않은 경우		30만 원	60만 원	100만 원	

정답 16 ④

위반행위	근거 법조문	과태료			
		1차 위반	2차 위반	3차 위반	4차 이상 위반
8) 배추 또는 고춧가루의 원산지를 표시하지 않은 경우		30만 원	60만 원	100만 원	
9) 콩의 원산지를 표시하지 않은 경우		30만 원	60만 원	100만 원	
10) 넙치, 조피볼락, 참돔, 미꾸라지, 뱀장어, 낙지, 명태, 고등어, 갈치, 오징어, 꽃게, 참조기, 다랑어, 아귀 및 주꾸미의 원산지를 표시하지 않은 경우		품목별 30만 원	품목별 60만 원	품목별 100만 원	
11) 살아있는 수산물의 원산지를 표시하지 않은 경우		5만 원 이상 1,000만 원 이하			
다. 법 제5조제4항에 따른 원산지의 표시방법을 위반한 경우	법 제18조제1항 제2호	5만 원 이상 1,000만 원 이하			
라. 법 제6조제4항을 위반하여 임대점포의 임차인 등 운영자가 같은 조 제1항 각 호 또는 제2항 각 호의 어느 하나에 해당하는 행위를 하는 것을 알았거나 알 수 있었음에도 방치한 경우	법 제18조제1항 제3호	100만 원	200만 원	400만 원	
마. 법 제6조제5항을 위반하여 해당 방송채널 등에 물건 판매중개를 의뢰한 자가 같은 조 제1항 각 호 또는 제2항 각 호의 어느 하나에 해당하는 행위를 하는 것을 알았거나 알 수 있었음에도 방치한 경우	법 제18조제1항 제3호의2	100만 원	200만 원	400만 원	
바. 법 제7조제3항을 위반하여 수거·조사·열람을 거부·방해하거나 기피한 경우	법 제18조제1항 제4호	100만 원	300만 원	500만 원	
사. 법 제8조를 위반하여 영수증이나 거래명세서 등을 비치·보관하지 않은 경우	법 제18조제1항 제5호	20만 원	40만 원	80만 원	
아. 법 제9조의2제1항에 따른 교육이수 명령을 이행하지 않은 경우	법 제18조제2항 제1호	30만 원	60만 원	100만 원	

위반행위	근거 법조문	과태료			
		1차 위반	2차 위반	3차 위반	4차 이상 위반
자. 법 제10조의2제1항을 위반하여 유통이력을 신고하지 않거나 거짓으로 신고한 경우	법 제18조제2항 제2호				
1) 유통이력을 신고하지 않은 경우		50만 원	100만 원	300만 원	500만 원
2) 유통이력을 거짓으로 신고한 경우		100만 원	200만 원	400만 원	500만 원
차. 법 제10조의2제2항을 위반하여 유통이력을 장부에 기록하지 않거나 보관하지 않은 경우	법 제18조제2항 제3호	50만 원	100만 원	300만 원	500만 원
카. 법 제10조의2제3항을 위반하여 유통이력 신고의무가 있음을 알리지 않은 경우	법 제18조제2항 제4호	50만 원	100만 원	300만 원	500만 원
타. 법 제10조의3제2항을 위반하여 수거·조사 또는 열람을 거부·방해 또는 기피한 경우	법 제18조제2항 제5호	100만 원	200만 원	400만 원	500만 원

17 농수산물 유통 및 가격안정에 관한 법령상 중앙도매시장은?

① 서울특별시 강서 농산물도매시장　　② 부산광역시 반여 농산물도매시장
③ 광주광역시 서부 농수산물도매시장　　④ 인천광역시 삼산 농산물도매시장

해설 ③ 지방도매시장

정리 법 제3조(중앙도매시장)
1. 서울특별시 가락동 농수산물도매시장
2. 서울특별시 노량진 수산물도매시장
3. 부산광역시 엄궁동 농산물도매시장
4. 부산광역시 국제 수산물도매시장
5. 대구광역시 북부 농수산물도매시장
6. 인천광역시 구월동 농산물도매시장
7. 인천광역시 삼산 농산물도매시장
8. 광주광역시 각화동 농산물도매시장
9. 대전광역시 오정 농수산물도매시장
10. 대전광역시 노은 농산물도매시장
11. 울산광역시 농수산물도매시장

정답 17 ④

18 농수산물 유통 및 가격안정에 관한 법령상 가격 예시에 관한 설명으로 옳지 않은 것은?

① 농림축산식품부장관이 예시가격을 결정할 때에는 미리 기획재정부장관과 협의하여야 한다.
② 농림축산식품부장관은 해당 농산물의 파종기 이후에 하한가격을 예시하여야 한다.
③ 가격예시 대상 품목은 계약생산 또는 계약출하를 하는 농산물로서 농림축산식품부장관이 지정하는 품목으로 한다.
④ 농림축산식품부장관은 농림업관측 등 예시가격을 지지하기 위한 시책을 추진하여야 한다.

⸺⸺⸺⸺⸺⸺⸺⸺⸺⸺⸺⸺⸺⸺⸺⸺⸺⸺⸺⸺⸺⸺⸺⸺⸺⸺⸺⸺

(해설) 법 제8조(가격예시)
① 농림축산식품부장관 또는 해양수산부장관은 농림축산식품부령 또는 해양수산부령으로 정하는 주요 농수산물의 수급조절과 가격안정을 위하여 필요하다고 인정할 때에는 해당 <u>농산물의 파종기 또는 수산물의 종자입식 시기 이전에 생산자를 보호하기 위한 하한가격[이하 "예시가격"(豫示價格)이라 한다]을 예시할 수 있다.</u>
② 농림축산식품부장관 또는 해양수산부장관은 제1항에 따라 예시가격을 결정할 때에는 해당 농산물의 농림업관측, 주요 곡물의 국제곡물관측 또는 「수산물 유통의 관리 및 지원에 관한 법률」 제38조에 따른 수산업관측(이하 이 조에서 "수산업관측"이라 한다) 결과, 예상 경영비, 지역별 예상 생산량 및 예상 수급상황 등을 고려하여야 한다.
③ 농림축산식품부장관 또는 해양수산부장관은 제1항에 따라 예시가격을 결정할 때에는 미리 기획재정부장관과 협의하여야 한다.
④ 농림축산식품부장관 또는 해양수산부장관은 제1항에 따라 가격을 예시한 경우에는 예시가격을 지지(支持)하기 위하여 다음 각 호의 사항 등을 연계하여 적절한 시책을 추진하여야 한다. (이하 생략)

19 농수산물 유통 및 가격안정에 관한 법령상 농림축산식품부장관이 필요하다고 인정할 때에 생산자단체를 지정하여 수입·판매하게 할 수 있는 품목은?

① 오렌지   ② 고추   ③ 마늘   ④ 생강

⸺⸺⸺⸺⸺⸺⸺⸺⸺⸺⸺⸺⸺⸺⸺⸺⸺⸺⸺⸺⸺⸺⸺⸺⸺⸺⸺⸺

(해설) 시행규칙 제13조(농산물의 수입추천 등)
① 법 제15조제3항에서 "농림축산식품부령으로 정하는 사항"이란 다음 각 호의 사항을 말한다.
  1. 「관세법 시행령」 제98조에 따른 관세·통계통합품목분류표상의 품목번호
  2. 품명
  3. 수량
  4. 총금액
② 농림축산식품부장관이 법 제15조제4항에 따라 비축용 농산물로 수입하거나 생산자단체를 지정하여 수입·판매하게 할 수 있는 품목은 다음 각 호와 같다.
  1. 비축용 농산물로 수입·판매하게 할 수 있는 품목: 고추·마늘·양파·생강·참깨
  2. 생산자단체를 지정하여 수입·판매하게 할 수 있는 품목: 오렌지·감귤류

20 농수산물 유통 및 가격안정에 관한 법령상 산지유통인의 등록에 관한 설명으로 옳지 않은 것은?

① 농수산물을 수집하여 도매시장에 출하하려는 자는 부류별로 도매시장 개설자에게 등록하여야 한다.

② 중도매인의 임직원은 해당 도매시장에서 산지유통인의 업무를 하여서는 아니 된다.

③ 거래의 특례에 따라 시장도매인이 도매시장법인으로부터 매수하여 판매하는 경우 산지유통인 등록을 하여야 한다.

④ 생산자단체가 구성원의 생산물을 출하하는 경우 산지유통인 등록을 하지 않아도 된다.

> **해설** 법 제29조(산지유통인의 등록)
> ① 농수산물을 수집하여 도매시장에 출하하려는 자는 농림축산식품부령 또는 해양수산부령으로 정하는 바에 따라 부류별로 도매시장 개설자에게 등록하여야 한다. <u>다만, 다음 각 호의 어느 하나에 해당하는 경우에는 그러하지 아니하다.</u>
> 　1. 생산자단체가 구성원의 생산물을 출하하는 경우
> 　2. 도매시장법인이 제31조제1항 단서에 따라 매수한 농수산물을 상장하는 경우
> 　3. 중도매인이 제31조제2항 단서에 따라 비상장 농수산물을 매매하는 경우
> 　4. <u>시장도매인이 제37조(시장도매인의 영업)에 따라 매매하는 경우</u>
> 　5. 그 밖에 농림축산식품부령 또는 해양수산부령으로 정하는 경우
> ② 도매시장법인, 중도매인 및 이들의 주주 또는 임직원은 해당 도매시장에서 산지유통인의 업무를 하여서는 아니 된다.
> ③ 도매시장 개설자는 이 법 또는 다른 법령에 따른 제한에 위반되는 경우를 제외하고는 제1항에 따라 등록을 하여주어야 한다.
> ④ 산지유통인은 등록된 도매시장에서 농수산물의 출하업무 외의 판매·매수 또는 중개업무를 하여서는 아니 된다.
> ⑤ 도매시장 개설자는 제1항에 따라 등록을 하여야 하는 자가 등록을 하지 아니하고 산지유통인의 업무를 하는 경우에는 도매시장에의 출입을 금지·제한하거나 그 밖에 필요한 조치를 할 수 있다.
> ⑥ 국가나 지방자치단체는 산지유통인의 공정한 거래를 촉진하기 위하여 필요한 지원을 할 수 있다.

21 농수산물 유통 및 가격안정에 관한 법령상 농산물가격안정기금에 관한 설명으로 옳지 않은 것은?

① 기금은 정부 출연금 등의 재원으로 조성한다.

② 기금은 농산물의 수출 촉진 사업에 융자 또는 대출할 수 있다.

③ 기금은 도매시장 시설현대화 사업 지원 등을 위하여 지출한다.

④ 기금은 국가회계원칙에 따라 기획재정부장관이 운용·관리한다.

> **해설** 법 제56조(기금의 운용·관리)
> ① 기금은 국가회계원칙에 따라 농림축산식품부장관이 운용·관리한다.

22 농수산물 유통 및 가격안정에 관한 법령상 농수산물 전자거래에 관한 설명으로 옳지 않은 것은?

① 농림축산식품부장관은 한국농수산식품유통공사에 농수산물 전자거래소의 설치 및 운영·관리업무를 수행하게 할 수 있다.

② 농수산물전자거래의 거래수수료는 거래액의 1천분의 30을 초과할 수 없다.

③ 농수산물전자거래의 거래품목은 농림축산식품부령 또는 해양수산부령으로 정하는 농수산물이다.

④ 농수산물전자거래분쟁조정위원회 위원의 임기는 2년으로 하며, 최대 연임가능 임기는 6년이다.

────────────────────────────

(해설) 시행령 제35조제2항
분쟁조정위원회 위원의 임기는 2년으로 하며, <u>한 차례만 연임할 수 있다.</u>

23 농수산물 유통 및 가격안정에 관한 법령상 전년도 연간 거래액이 8억 원인 시장도매인이 해당 도매시장의 중도매인에게 농산물을 판매하여 시장도매인 영업규정위반으로 2차 행정처분을 받은 경우 도매시장 개설자가 부과기준에 따라 시장도매인에게 부과하는 과징금은? (단, 과징금의 가감은 없음)

① 120,000원

② 180,000원

③ 360,000원

④ 540,000원

────────────────────────────

(해설) 연간거래액 8억에는 1일 과징금 6,000원×1개월(30일) ⇒ 180,000원

법 제37조(시장도매인의 영업)
② 시장도매인은 해당 도매시장의 도매시장법인·중도매인에게 농수산물을 판매하지 못한다.

위반사항	근거 법조문	처분기준		
		1차	2차	3차
22) 법 제37조제2항을 위반하여 해당 도매시장의 도매시장법인·중도매인에게 판매를 한 경우	법 제82조 제2항제16호	업무정지 15일	업무정지 1개월	업무정지 3개월

연간 거래액	1일당 과징금 금액
5억 원 미만	4,000원
5억 원 이상 10억 원 미만	6,000원

24 농수산물 유통 및 가격안정에 관한 법령상 도매시장법인의 겸영에 관한 설명으로 옳지 않은 것은?

① 도매시장법인이 해당 도매시장 외의 군소재지에서 겸영사업을 하려는 경우에는 겸영사업 개시 전에 겸영사업의 내용 및 계획을 겸영하려는 사업장 소재지의 군수에게도 알려야 한다.

② 도매시장 개설자는 도매시장법인의 과도한 겸영사업이 우려되는 경우에는 농림축산식품부령이 정하는 바에 따라 겸영사업을 2년 이내의 범위에서 제한할 수 있다.

③ 겸영사업을 하려는 도매시장법인의 유동비율은 100퍼센트 이상이어야 한다.

④ 도매시장법인이 겸영사업으로 수출을 하는 경우 중도매인·매매참가인 외의 자에게 판매할 수 있다.

(해설) 시행규칙 제34조(도매시장법인의 겸영)
① 법 제35조제4항 단서에 따른 농수산물의 선별·포장·가공·제빙(製氷)·보관·후숙(後熟)·저장·수출입·배송(도매시장법인이나 해당 도매시장 중도매인의 농수산물 판매를 위한 배송으로 한정한다) 등의 사업(이하 이 조에서 "겸영사업"이라 한다)을 겸영하려는 도매시장법인은 다음 각 호의 요건을 충족하여야 한다. 이 경우 제1호부터 제3호까지의 기준은 직전 회계연도의 대차대조표를 통하여 산정한다.
  1. 부채비율(부채/자기자본×100)이 300퍼센트 이하일 것
  2. 유동부채비율(유동부채/부채총액×100)이 100퍼센트 이하일 것
  3. 유동비율(유동자산/유동부채×100)이 100퍼센트 이상일 것
  4. 당기순손실이 2개 회계연도 이상 계속하여 발생하지 아니할 것
② 도매시장법인은 겸영사업을 하려는 경우에는 그 겸영사업 개시 전에 겸영사업의 내용 및 계획을 해당 도매시장 개설자에게 알려야 한다. 이 경우 도매시장법인이 해당 도매시장 외의 장소에서 겸영사업을 하려는 경우에는 겸영하려는 사업장 소재지의 시장(도매시장 개설자와 다른 경우에만 해당한다)·군수 또는 자치구의 구청장에게도 이를 알려야 한다.
③ 도매시장법인은 겸영사업을 하는 경우 전년도 겸영사업 실적을 매년 3월 31일까지 해당 도매시장 개설자에게 제출하여야 한다.
  <u>시행령 제35조제5항 도매시장 개설자는 산지(産地) 출하자와의 업무 경합 또는 과도한 겸영사업으로 인하여 도매시장법인의 도매업무가 약화될 우려가 있는 경우에는 대통령령으로 정하는 바에 따라 제4항 단서에 따른 겸영사업을 1년 이내의 범위에서 제한할 수 있다.</u>

---

25 농수산물 유통 및 가격안정에 관한 법령상 농수산물 공판장에 관한 설명으로 옳지 않은 것은?

① 공판장의 중도매인은 공판장의 개설자가 허가한다.

② 공판장 개설자가 업무규정을 변경한 경우에는 시·도지사에게 보고하여야 한다.

③ 농림수협등이 공판장을 개설하려면 시·도지사의 승인을 받아야 한다.

④ 도매시장공판장은 농림수협등의 유통자회사로 하여금 운영하게 할 수 있다.

제2과목 원예작물학

26 원예작물별 주요 기능성 물질의 연결이 옳지 않은 것은?

① 상추 – 시니그린(sinigrin)   ② 고추 – 캡사이신(capsaicin)
③ 마늘 – 알리인(alliin)   ④ 포도 – 레스베라트롤(resveratrol)

해설 상추는 락투신, 생강이 시니그린이다.

정리 원예작물의 주요 기능성 물질

	주요 기능성 물질	효능
고추	캡사이신	암세포 증식 억제
토마토	라이코펜	항산화작용, 노화 방지
	루틴	혈압 강하
수박	시트룰린	이뇨작용 촉진
오이	엘라테렌	숙취 해소
마늘	알리인	살균작용, 항암작용
양파	케르세틴	고혈압 예방, 항암작용
	디설파이드	혈액응고 억제
상추	락투신	진통효과
딸기	메틸살리실레이트	신경통 치료, 루마티즈 치료
	엘러진 산	항암작용
생강	시니그린	해독작용
포도	멜라토닌	수면 개선, 불면증 완화
	레스베라트롤	항암, 암예방

정답 26 ①

27 국내 육성 품종을 모두 고른 것은?

ㄱ. 백마(국화)	ㄴ. 샤인머스캣(포도)
ㄷ. 부유(단감)	ㄹ. 매향(딸기)

① ㄱ, ㄴ   ② ㄱ, ㄹ   ③ ㄴ, ㄷ   ④ ㄷ, ㄹ

해설 • 샤인머스캣(포도)은 1988년 일본에서 "아키츠-2"와 "하쿠난"을 교잡하여 개발하였다.
• 부유(富有, 단감)는 단감 중에서는 가장 품질이 좋은 품종으로 일본 고부현이 원산지이다.

28 과(科, family)명과 원예작물의 연결이 옳은 것은?

① 가지과 – 고추, 감자   ② 국화과 – 당근, 미나리
③ 생강과 – 양파, 마늘   ④ 장미과 – 석류, 무화과

해설 • 미나리과 – 당근, 미나리   • 석류나무과 – 석류
• 백합과 – 양파, 마늘   • 뽕나무과 – 무화과

29 채소 수경재배에 관한 설명으로 옳지 않은 것은?

① 청정재배가 가능하다.   ② 재배관리의 자동화와 생력화가 쉽다.
③ 연작장해가 발생하기 쉽다.   ④ 생육이 빠르고 균일하다.

해설 수경재배는 작물재배 과정에서 발생하는 토양질 악화, 가용 수분 부족 등의 문제를 해결해 주며, 반복해서 계속 재배해도 연작장애가 발생하지 않는다.

정리 수경재배
(1) 수경재배의 의의
① 수경재배란 토양 없이 작물을 생산하는 재배방법이다. 식물을 재배할 때 토양은 없어도 되지만, 물은 반드시 필요하다. 그리고 식물이 필요한 양분은 물에 녹여서 공급한다. 이를 양분배양액, 즉 양액이라고 한다. 양액은 식물 뿌리에 직접 닿게 하거나, 암면(rock wool)처럼 뿌리 지지체 역할을 하는 불활성 매체에 양액을 적시는 방법으로 공급한다.
② 수경재배에서는 식물은 양분을 흙이 아니라 물로부터 직접 흡수하기 때문에 식물이 토양으로부터 뿌리를 통해 양분을 흡수하는 데 소요되는 에너지를 절약할 수 있다. 이 에너지는 잎의 성장이나 열매를 영글게 하는 데 사용될 수 있어 성장이 촉진되는 경향이 있다.
③ 수경재배에서는 필요한 물, 산소, 양분 등을 세밀하게 제어함으로써 식물 생육에 필요한 양만큼 양분 공급을 최적화할 수 있다. 이는 식물의 생육촉진뿐 아니라 출하시기를 조절함으로써 안정적인 농업운영이 가능하도록 해준다.
④ 수경재배는 작물재배 과정에서 발생하는 토양질 악화, 가용 수분 부족 등의 문제를 해결해 준다.

정답 27 ②   28 ①   29 ③

(2) 수경재배 시스템의 종류
　① 뿌리를 양액에 직접 담그는 방식을 순수수경(water culture)이라 하고, 뿌리가 지지체에 자리 잡게 하는 방식을 고형배지경(medium culture)이라 한다.
　② 순수수경은 재배방법에 따라 담액식(DWC, deep water culture), 박막식(NFT, nutrient film technique), 분무식(aeroponics), 모관식(capillary culture) 등으로 나눈다.
　③ 고형배지경은 뿌리를 지탱해주는 고형 지지체가 있는 상태에서 지지체에 양액을 공급해 키우는 방법이다. 지지체의 종류에 따라 무기물 지지체와 유기물 지지체로 나눈다. 무기물 지지체로는 펄라이트, 암면, 모래, 자갈, 폴리우레탄폼, 암면, 버미큘라이트 등이 사용되며, 유기물 지지체로는 피트모스, 코코섬유, 왕겨, 훈탄 등이 사용된다. 여러 배지를 섞어 사용하는 경우도 있는데 이를 '혼합배지경'이라 한다.
(3) 수경재배의 특징
　① 반복해서 계속 재배해도 연작장애가 발생하지 않는다.
　② 재배의 생력화(省力化)가 가능하다.
　③ 청정재배(淸淨栽培)가 가능하다.
　④ 액과 자갈을 위생적으로 관리하면 토양전염성 병충해가 적다.
　⑤ 흙이 갖는 완충작용이 없으므로 배양액중의 양분의 농도와 조성비율 및 pH 등이 작물에 대해 민감하게 작용한다.
　⑥ 배양액의 주요요소와 미량요소 및 산소의 관리를 잘 하지 못하면 생육장애가 발생하기 쉽다.
　⑦ 시설비용이 많이 소요된다.

30 채소의 육묘재배에 관한 설명으로 옳지 않은 것은?

① 조기 수확이 가능하다.　　　　　　　② 본밭의 토지이용률을 증가시킬 수 있다.
③ 직파에 비해 발아율이 향상된다.　　　④ 유묘기의 병해충 관리가 어렵다.

─────────────────────────────

해설 유묘기(종자가 발아하여 본엽이 2~4엽 정도 출현하는 시기) 때의 철저한 보호관리가 가능하며, 병해충 관리가 용이하다.

정리 **육묘**
(1) 육묘의 의의
　① 이식을 전제로 못자리에서 키운 어린 작물을 묘(苗)라고 한다. 묘는 초본묘(줄기가 비교적 연하여 목질(木質)을 이루지 않아 꽃이 피고 열매가 맺은 뒤에 지상부가 말라죽는 식물을 초본이라고 한다.), 목본묘(줄기 및 뿌리에서 비대생장에 의해서 다량의 목부를 형성하고 그 막은 대개 목질화하여 견고한 식물을 목본이라고 한다.), 실생묘(종자로부터 양성된 묘), 종자 이외의 작물영양체로부터 양성된 접목묘(접목기법에 의하여 만들어진 묘목), 삽목묘(삽목에 의하여 양성된 묘목), 취목묘(취목법에 의하여 만들어진 묘목) 등으로 구분된다.
　② 묘를 일정 기간 동안 집약적으로 생육하고 관리하는 것을 육묘(育苗, 모종가꾸기)라고 한다.
(2) 육묘의 이점
　① 토지이용을 고도화 할 수 있다.
　② 유묘기(종자가 발아하여 본엽이 2~4엽 정도 출현하는 시기) 때의 철저한 보호관리가 가능하다.
　③ 종자를 절약할 수 있다.

정답 30 ④

④ 직파(본포에 씨를 직접 뿌리는 것)가 불리한 고구마, 딸기 등의 재배에 유리하다.

⑤ 조기수확이 가능하다.

　(3) 육묘의 방식

　　① 온상육묘

　　　온상에서 육묘하는 방식이 온상육묘이다.

　　② 접목육묘

　　　접목을 통해 육묘하는 것을 접목육묘라고 한다.

　　　박과채소 및 가지과채소는 호박, 토마토 등을 대목으로 하여 접목을 실시하면 토양전염병(만할병, 위조병, 청고병 등) 및 불량환경에 대한 내성이 높아지기 때문에 박과채소 및 가지과채소는 접목육묘 방식을 많이 이용한다.

　　③ 양액육묘

　　　작물의 생육에 필요한 배양액으로 육묘하는 것을 양액육묘라고 한다. 배양액을 통해 무균의 영양소를 공급하는 것이 가능하다. 양액육묘는 상토육묘에 비해 발근이 빠르며, 병충해의 위험이 적고, 노동력이 절감되는 생력육묘(省力育苗)가 가능하다.

　　④ 공정육묘(플러그육묘)

　　　㉠ 공정육묘는 규격화된 자재의 사용과 집약적인 관리를 통해 육묘의 질적 향상 및 육묘비용 절감을 가능케 하는 최근의 육묘방식이다.

　　　㉡ 공정육묘는 육묘의 생력화, 효율화, 안정화 및 연중 계획생산을 목적으로 상토제조 및 충전, 파종, 관수, 시비, 환경관리 등 제반육묘 작업을 체계화하고 장치화한 묘생산시설에서 질이 균일하고 규격화된 묘를 연중 계획적으로 생산하는 것이다.

　　　㉢ 공정육묘는 재래육묘에 비해 다음과 같은 장점이 있다.

　　　　• 균일한 묘의 대량생산이 가능하다.

　　　　• 기계화를 통해 노동력을 줄이고, 묘의 생산비용이 절감된다.

　　　　• 묘의 운송 및 취급이 용이하다.

　　　　• 육묘기간이 단축된다.

　　　　• 자동화시설을 통해 육묘의 생력화(省力化)가 가능하다.

　　　　• 대규모생산이 가능하여 육묘의 기업화 또는 상업화가 가능하다.

31　양파의 인경비대를 촉진하는 재배환경 조건은?

① 저온, 다습　　　　　　　　　② 저온, 건조

③ 고온, 장일　　　　　　　　　④ 고온, 단일

해설　양파는 고온, 장일의 조건에서 인경비대가 촉진된다.

32　토양의 염류집적에 관한 대책으로 옳지 않은 것은?

① 유기물을 시용한다.　　　　　② 객토를 한다.

③ 시설로 강우를 차단한다.　　　④ 흡비작물을 재배한다.

물을 깊이 대어 염분을 녹여서 배출하는 것이 필요하다.

정리 **염류직접**

(1) 석회(Ca^{2+}), 고토(Mg^{2+}), 칼리(K^+) 나트륨(Na^+) 등의 양이온과 질산이온, 황산이온 등의 음이온 등 과다한 염류가 토양 용액에 녹아 집적되면, 삼투압이 증가하면서, 작물뿌리가 물과 양분을 흡수하기 어렵게 되어 생육이 저해된다.

(2) 이미 염류가 집적된 토양의 염류농도를 낮추기 위한 방법으로는 침수법(물을 깊이 대어 염분을 녹여서 배출), 명거법(도랑을 내어 염분이 도랑으로 씻겨 내려가게 하는 것), 여과법(땅속에 암거를 설치하여 염분을 여과시키는 것) 등이 있다.

(3) 염류집적지 재배기술을 살펴보면 ① 집적된 염류성분을 희석하는 물리적 개량방법으로 깊이갈이(심경)를 한다. ② 토양의 완충능력을 높이는 유기물(부식콜로이드), 제올라이트 등을 시용한다. ③ 논에 물을 말리지 않고 자주 환수한다. ④ 내염성이 강한 작물 및 품종을 재배한다. 열무, 호박, 근대, 무, 오이, 고추, 사탕무, 유채, 양배추, 목화 등은 내염성이 강하다. ⑤ 흡비작물을 재배한다. 흡비작물이란 비료의 흡수력이 큰 작물로서 수수, 옥수수, 알팔파, 스위트클로버 등이 있으며, 이러한 작물을 일정 기간 재배하면 토양 내 염류를 크게 줄일 수 있다.

33 우리나라에서 이용되는 해충별 천적의 연결이 옳은 것은?

① 총채벌레 - 굴파리좀벌
② 온실가루이 – 칠레이리응애
③ 점박이응애 – 애꽃노린재류
④ 진딧물 – 콜레마니진디벌

해설 진딧물의 천적으로는 진디흑파리, 콜레마니진디벌이 있다.

정리 **대상 해충과 천적**

대상 해충	천적	이용 작물
점박이응애	칠레이리응애	딸기, 오이, 화훼
	긴이리응애	수박, 오이, 참외, 화훼
	캘리포니아커스이리응애	수박, 오이, 참외, 화훼
	팔리시스이리응애	사과, 배, 감귤
온실가루이	온실가루이좀벌	토마토, 오이, 화훼
진딧물	진디흑파리	엽채류, 과채류
	콜레마니진디벌	수박, 참외, 딸기, 오이, 고추, 파프리카
총채벌레류, 진딧물류, 잎응애류, 나방류 알 등 다양한 해충의 천적	애꽃노린재	엽채류, 과채류, 화훼류
잎굴파리	명충알벌	고추, 피망
	굴파리좀벌	토마토, 오이, 화훼

정답 33 ④

34 장미 블라인드의 원인을 모두 고른 것은?

> ㄱ. 일조량 부족   ㄴ. 일조량 과다   ㄷ. 낮은 야간온도   ㄹ. 높은 야간온도

① ㄱ, ㄷ   ② ㄱ, ㄹ   ③ ㄴ, ㄷ   ④ ㄴ, ㄹ

(해설) 블라인드(blind) 현상이란 장미가 광도, 야간 온도, 잎 수 따위가 부족하여 분화된 꽃눈이 꽃으로 발육하지 못하고 퇴화하는 현상을 말한다.

35 해충의 피해에 관한 설명으로 옳지 않은 것은?

① 총채벌레는 즙액을 빨아먹는다.
② 진딧물은 바이러스를 옮긴다.
③ 온실가루이는 배설물로 그을음병을 유발한다.
④ 가루깍지벌레는 뿌리를 가해한다.

(해설) 가루깍지벌레는 따뜻하고 습한 환경에 서식하는 곤충으로서 온실의 식물, 가정의 식물, 아열대 지방의 나무를 빨아먹고 살기 때문에 해충으로 간주된다.

36 화훼작물의 양액재배 시 양액조성을 위해 고려해야 할 사항이 아닌 것은?

① 전기전도도(EC)   ② 이산화탄소 농도
③ 산도(pH)   ④ 용존산소 농도

(해설) 양액에서는 양분의 양, 즉 농도뿐만 아니라 수소이온 농도(pH, 산도), 온도, 용존산소 등, 양분과 수분의 흡수를 결정하는 중요한 인자에 대한 관리가 중요하다.

(정리) **양액재배의 양액조성**

(1) 토경재배에서 식물의 양분은 주로 토양으로부터 얻고, 부족한 부분은 퇴비, 가축분뇨, 그리고 화학비료를 토양에 첨가하여 보충한다. 그러나 양액재배에서는 뿌리내릴 토양이 없다. 이런 이유 때문에 뿌리로 가는 물에 양분을 풀어 식물이 흡수할 수 있게 한다.

(2) 양분은 다량원소(macronutrients)와 미량원소(micronutrients)가 있다. 다량원소는 식물이 다량으로 필요로 하는 양분을 말하는 데 탄소, 인, 수소, 질소, 산소, 황, 칼륨, 마그네슘, 칼슘 등이며, 미량원소는 적은 양이 필요하지만 필수 불가결한 양분으로서 아연, 니켈, 붕소, 구리, 철, 망간, 몰리브덴, 코발트, 실리카, 염소 등이다.

(3) 양액에서는 양분의 양, 즉 농도뿐만 아니라 수소이온 농도(pH, 산도), 온도, 용존산소 등, 양분과 수분의 흡수를 결정하는 중요한 인자에 대한 관리가 중요하다.
  ① 양액공급제어라 함은 양액의 인위적 관리방법으로서 양액의 제요소에 대하여 재배작물, 생육단계 등에 따라 적정범위(목표치)를 설정하고 생력적으로 조절한다.

(정답) 34 ① 35 ④ 36 ②

② EC센서를 사용하여 배양액의 농도(EC)를 측정한다. 그 결과 목표치보다 EC가 높을 때는 원수공급을, 낮을 때는 농축배양액을 보충한다. EC(전기전도도)는 용액의 전기저항의 역수로 정의되며, 용액 중의 전기의 흐름은 용액 이온량에 영향을 받는다. EC가 크다는 것은 이온량이 많아 전기가 통하기 쉽다는 것이며, 이는 용액 중의 이온량이 많아 양분농도가 진하다는 것을 의미한다.

③ pH(산도)를 식물에 맞게 적절한 범위를 유지해야 식물이 양분을 잘 흡수한다. pH센서를 사용하여 배양액의 수소이온농도(pH)를 측정하여 목표치보다 pH가 높으면 인산, 염산, 황산, 질산 등 산성 물질을, 낮으면 수산화나트륨, 수산화칼륨 등 알칼리 물질을 첨가한다.

④ 온도센서
양액의 온도는 생육에 영향을 미친다. 양액의 온도가 20℃ 이상으로 높아지면 산도가 올라가고, 10℃ 정도로 낮으면 산도도 낮아진다.

⑤ 용존산소센서
양액 중의 용존산소 농도를 조정한다.

37 화훼작물의 저온 춘화에 관한 설명으로 옳지 않은 것은?

① 저온에 의해 화아분화와 개화가 촉진되는 현상이다.
② 종자 춘화형은 일정기간 동안 생육한 후부터 저온에 감응한다.
③ 녹색 식물체 춘화형에는 꽃양배추, 구근류 등이 있다.
④ 탈춘화는 춘화처리의 자극이 고온으로 인해 소멸되는 현상을 말한다.

─────────────────────────────

해설 종자춘화형은 최아종자(싹틔운 종자)의 시기에 춘화한다.

정리 춘화

㉠ 종자나 어린 식물을 저온처리하여 꽃눈분화를 유도하는 것을 춘화(vernalization)라고 한다.
㉡ 최아종자(싹틔운 종자)의 시기에 춘화하는 것이 효과적인 식물을 종자춘화형 식물이라고 하고, 녹채기(엽록소 형성시기, 본엽 1~3매의 어린 시기)에 춘화하는 것이 효과적인 식물을 녹식물 춘화형 식물이라고 한다. 맥류, 무, 배추, 시금치 등은 종자춘화형 식물이며, 양배추, 당근 등은 녹식물 춘화형 식물이다.
㉢ 추파맥류는 종자춘화형 식물이며, 최아종자를 저온처리하여 봄에 파종하면 좌지현상이 나타나지 않고 정상적으로 출수한다. 좌지현상(座止現象)이란 잎이 무성하게 자라다가 결국 이삭이 생기지 못하는 현상을 말하는데 추파형 품종을 봄에 파종하면 좌지현상이 나타난다. 그러나 춘화처리를 통해 좌지현상이 방지된다.
㉣ 춘화에 필요한 온도와 기간은 작물과 품종의 유전성에 따라 차이가 크다. 대체로 배추는 -2~-1℃에서 33일 정도, 시금치는 0~2℃에서 32일 정도이다.
㉤ 춘화처리 중간에 급격한 고온에 노출되면 춘화의 효과를 상실하게 되는데 이를 이춘화(離春花)라고 한다. 저온처리의 기간이 길수록 이춘화하기 힘들고 어느 정도의 기간이 지나면 고온에 의해서 이춘화되지 않는데 이를 춘화효과의 정착이라고 한다.
㉥ 이춘화된 경우에도 다시 저온처리하면 춘화가 되는데 이를 재춘화(再春花)라고 한다.
㉦ 춘화의 효과를 나타내기 위해서는 온도 이외에도 산소의 공급이 절대적으로 필요하며, 종자가 건조하거나 배(胚)나 생장점에 탄수화물이 공급되지 않으면 춘화효과가 발생하기 힘들다.

정답 37 ②

38 분화류의 신장을 억제하여 콤팩트한 모양으로 상품성을 향상시킬 수 있는 생장조절제는?

① 2,4-D   ② IBA   ③ IAA   ④ B-9

해설 B-9은 안티지베렐린계통으로서 신장을 억제한다.

정리 생장조절제

    ㉠ 식물호르몬은 식물체 내에서 생성되는 것인데 이러한 식물호르몬을 인공적으로 합성하여 식물에 처리하여 줌으로써 식물의 생장발육을 촉진하거나 억제하는 데 이용되고 있다. 이와 같이 인공적으로 합성된 호르몬을 식물생장조절제라고 한다.

    ㉡ 옥신 계통의 생장조절제로는 NAA, IBA, IPA, MCPA, PCPA, 2,4,5-TP, 2,4,5-T, 2,4-D 등이 있으며 착과제와 낙과방지제, 제초제로서 재배적으로 활용되고 있다.

    ㉢ 지베렐린 계통의 생장조절제로는 GA1-84가 있다.

    ㉣ 생장억제제로는 안티옥신계통인 MH, 안티지베렐린계통인 B-9, CCC, AMO-1618 등이 있다.

39 다음이 설명하는 재배법은?

> • 주요 재배품목은 딸기이다.
> • 점적 또는 NFT 방식의 관수법을 적용한다.
> • 재배 베드를 허리 높이까지 높여 토경재배에 비해 작업의 편리성이 높다.

① 매트재배   ② 네트재배   ③ 아칭재배   ④ 고설재배

해설 고설재배는 땅에 시설물을 설치하여 어른 허리 높이 정도에서 작물을 재배하는 방법을 말한다. 딸기에 있어서 NFT 방식의 고설재배 또는 점적관수 방식의 고설재배가 많이 행해진다.

40 부(-)의 DIF에서 초장 생장의 억제효과가 가장 큰 원예작물은?

① 튤립   ② 국화   ③ 수선화   ④ 히야신스

해설 • DIF(+, 0, -)는 초장에 영향을 준다. +DIF는 초장을 신장시키고, -DIF는 억제시킨다.
      • 대다수 종류의 식물은 DIF에 반응하나 튤립, 수선, 히야신스 등은 예외로 반응이 적거나 없다.

41 조직배양을 통한 무병주 생산이 산업화된 원예작물을 모두 고른 것은?

ㄱ. 감자	ㄴ. 참외	ㄷ. 딸기	ㄹ. 상추

① ㄱ, ㄴ   ② ㄱ, ㄷ   ③ ㄴ, ㄷ   ④ ㄷ, ㄹ

정답 38 ④ 39 ④ 40 ② 41 ②

감자, 마늘, 딸기, 카네이션은 무병주 생산이 산업적으로 이용되고 있다.

조직배양

  ⊙ 조직배양이란 식물체의 어떤 부위든 상관없이 세포나 조직의 일부를 취하여 살균한 다음, 무균적으로 배양하여 callus를 형성시키고 여기에서 새로운 개체를 만들어내는 방법이다.

  ⓒ 조직배양을 통해 식물의 대량번식이 가능하고, 바이러스가 없는 식물체(virus-free stock)를 얻을 수 있다. 특히 생장점에는 바이러스가 거의 없기 때문에 무병주(virus-free stock, 메리클론(mericlone)) 생산에 생장점배양이 많이 이용되고 있다.

  ⓒ 생장점배양을 통해서 얻을 수 있는 영양번식체로서 바이러스 등 조직 내에 존재하는 병이 제거된 묘를 무병주라고 한다. 감자, 마늘, 딸기, 카네이션은 무병주 생산이 산업적으로 이용되고 있다.

---

42 다음이 설명하는 병은?

> • 주로 5~7월경에 발생한다.
> • 사과나 배에 많은 피해를 준다.
> • 피해 조직이 검게 변하고 서서히 말라 죽는다.
> • 세균(Erwinia amylovora)에 의해 발생한다.

① 궤양병   ② 흑성병   ③ 화상병   ④ 축과병

화상병은 사과, 배 등 과수나무에 발생하는 세균성 병해로서 화상병을 감염시키는 세균은 에르위니아 아밀로보라이다. 화상병에 감염된 피해조직은 검게 변하고 서서히 고사하게 된다.

---

43 그 해 자란 새가지에 과실이 달리는 과수는?

① 사과   ② 배   ③ 포도   ④ 복숭아

포도는 그 해에 자란 새로운 가지에 결실한다.

---

44 과수별 실생대목의 연결이 옳지 않은 것은?

① 사과 – 야광나무   ② 배 – 아그배나무
③ 감 – 고욤나무   ④ 감귤 – 탱자나무

배의 실생대목은 돌배이다.

45 꽃받기가 발달하여 과육이 되고 씨방은 과심이 되는 과실은?

① 사과　　　　　② 복숭아　　　　　③ 포도　　　　　④ 단감

해설 인과류는 꽃받기가 발육하여 자란 열매로서 식용부위는 위과(僞果)이다. 사과, 배, 모과 등은 인과류에 해당한다.

46 과수에서 꽃눈분화나 과실발육을 촉진시킬 목적으로 실시하는 작업이 아닌 것은?

① 하기전정　　　　　② 환상박피　　　　　③ 순지르기　　　　　④ 강전정

해설 나무 내부에 발생되는 불필요한 햇가지는 6월 하순 이전에 하기전정을 하여 원가지 측면에서 발생한 햇가지 가운데 결과지로 활용할 수 있다고 판단되는 햇가지만 남기고 나머지를 제거해 주면 과실발육을 촉진할 수 있다.

정리 가지를 잘라내는 양에 따라 약전정과 강전정으로 구분된다.
　　㉠ 강전정은 줄기를 많이 잘라내어 새눈이나 새가지의 발생을 촉진시키는 전정법이다.
　　㉡ 약전정은 신초생육은 약해지지만, 생육초기 엽면적이 많아지고 꽃 형성도 좋아지게 된다.
　　㉢ 나무의 생산성을 높이기 위해서는 약전정을 하는 것이 좋지만, 전정을 지나치게 약하게 하여 가지수를 많이 남기는 것은 나무 내부 햇빛 쬐임을 나쁘게 하여 수세를 떨어뜨리는 원인이 된다.

47 과수원 토양의 입단화 촉진 효과가 있는 재배방법이 아닌 것은?

① 석회 시비　　　　　　　　　② 유기물 시비
③ 반사필름 피복　　　　　　　④ 녹비작물 재배

해설 녹비작물이란 녹비로 쓰기 위하여 가꾸는 작물을 말하며, 주로 콩과작물이 해당된다. 클로버, 알팔파 등 콩과작물은 잔뿌리가 많고 석회분이 풍부하며, 토양을 잘 피복하여 입단형성에 도움이 크다.

정리 입단구조는 토지입자가 모여 입단이 되고 입단들이 모여서 형성된 토지구조를 말한다. 지력의 향상을 위해서는 단립구조보다 입단구조가 조성되는 것이 바람직하다. 입단구조는 다음과 같은 특징이 있다.
　　① 공극이 많고 투기성과 투수성이 좋으며, 양분과 수분의 보유력이 적절하여 작물 생육에 유리하다.
　　② 토양에 입단구조가 형성되면 입단 내의 소공극과 입단 사이의 대공극이 균형 있게 발달하여 작물의 생육에 아주 좋은 조건이 된다.
　　③ 소공극은 모관현상(毛管現象)을 나타내기 때문에 모관공극이라고 하며, 소공극이 발달하면 지하수의 상승이 양호하여 토양의 함수상태(含水狀態)가 좋아진다.
　　④ 대공극(비모관공극)이 발달하면 통기가 좋아지고, 빗물의 지하침수가 많아지는 반면 지하수 증발이 억제되어 빗물의 이용도가 높아진다.
　　⑤ 형성된 입단은 영구적인 것이 아니고 계속 파괴되어지기 때문에 이를 방지하기 위한 노력이 필요하다.
　　⑥ 입단의 파괴가 나타나는 원인으로는 건조와 습윤이 반복되어 입단의 수축과 팽창도 반복된다는 점, 나트륨이온의 첨가로 인해 점토의 결합력이 약해진다는 점, 기타 경운, 비와 바람에 의한 기계적 타격 등이다.

정답　45 ①　46 ④　47 ③

⑦ 다음과 같은 것은 입단의 형성을 촉진하고 입단의 파괴를 막는데 도움이 된다.
　㉠ 유기물을 사용한다. 유기물이 분해될 때 미생물로부터 점질물질이 분비되기 때문에 토양입자 결합에 도움이 된다.
　㉡ 석회를 사용한다. 석회는 유기물의 분해를 촉진하며 칼슘이온(Ca^{2+})은 토양입자를 결합하는 작용을 하기 때문이다.
　㉢ 콩과작물을 재배한다. 클로버, 알팔파 등 콩과작물은 잔뿌리가 많고 석회분이 풍부하며, 토양을 잘 피복하여 입단형성에 도움이 크다.
　㉣ 크릴륨, 아크릴소일 등 토지개량제를 사용한다.

48 과수 재배 시 늦서리 피해 경감 대책에 관한 설명으로 옳지 않은 것은?

① 상로(霜路)가 되는 경사면 재배를 피한다.
② 산으로 둘러싸인 분지에서 재배한다.
③ 스프링클러를 이용하여 수상 살수를 실시한다.
④ 송풍법으로 과수원 공기를 순환시켜 준다.

해설 늦서리 피해란 주로 늦은 봄에 내린 늦서리 때문에 농작물이나 과수 등이 받는 피해이다. 특히 산으로부터 냉기류 유입이 많은 곳, 사방이 산으로 둘려 싸인 곳 등이 피해가 심하다.

정리 늦서리 피해
(1) 피해 상습지의 특징
　① 산지로부터 냉기류의 유입이 많은 곡간 평지
　　산지 사이에 위치한 곡간지는 산지로부터 유입되는 냉기류가 평지로 흘러가는 통로가 되며, 곡간지와 인접한 평지는 사방에서 유입된 냉기류가 모이게 되고, 이 찬 공기가 다른 곳으로 흘러가지 못하므로 그 곳에 정체되어 피해를 나타내게 된다.
　② 사방이 산지로 둘러싸여 분지 형태를 나타내는 지역
　　사방이 산지로 둘러싸여 분지 형태를 나타내는 지역은 야간에 산지로부터 유입된 냉기류가 다른 곳으로 쉽게 빠져 나가지 못하므로 냉기층이 두껍게 형성되어 피해가 크다.
(2) 늦서리 피해 양상
　① 일반적으로 잎보다는 꽃이나 어린 과실이 피해를 받기 쉽다.
　② 개화기를 전후하여 피해를 입으면 암술머리와 배주가 흑변되며, 심한 경우에는 개화하지 못하거나, 개화하더라도 결실되지 않는다.
　③ 낙과기 이후 피해를 입으면 어린 과실이 흑갈색으로 변하고 1~2주 후에 낙과한다.
　④ 비교적 가벼운 경우는 과피색은 정상이나 과육내부에 갈변이 나타나기도 하고, 또 과피에 동녹이 발생하기도 한다.
(3) 대책
　① 사전에 기상을 조사하여 늦서리의 피해가 심하게 나타나는 위험 지역은 가급적 피하는 것이 좋으며, 경사지는 지형의 개조, 방상림의 설치에 의한 냉기류의 유입 저지 등 대책을 강구한다.
　② 개화기가 늦은 품종, 저온 요구성이 큰 품종을 선택한다.
　③ 재배관리에 있어서 균형시비, 적정착과 등 수세를 안정화시켜 저온에 대한 저항성 증대에 노력한다.

정답 48 ②

④ 최저기온이 −2℃ 이하가 예상되면 서리피해 주의보가 발령하지만 지역에 따라 보도되는 최저기온
의 차이가 생겨날 수 있으므로 스스로 서리가 내릴 가능성을 미리 판단하여 대처할 필요가 있다.
⑤ 적극적인 대책
  ㉠ 연소법(燃燒法)
     땔나무, 왕겨 등을 태워서 과원내 기온을 높여주는 방법이다.
  ㉡ 방상선에 의한 송풍법(送風法)
     방상선은 6~8m의 철제 파이프 위에 설치된 전동 모터에 날개(fan, 扇)가 부착되어 있어 기온
     이 내려갈 때 모터를 가동시켜 송풍시키는 방법으로서, 방상선의 송풍 방향은 냉기류가 흘러가
     는 방향이다.
  ㉢ 살수법(撒水法)
     스프링클러를 이용한 살수(撒水) 방법은 물이 얼음으로 될 때 방출되는 잠열(潛熱)을 이용하는
     것으로 꽤 낮은 저온에서도 효과가 높으나 기온이 빙점일 때 살포를 중지하면 과수나무온도가
     기온보다 낮아 피해가 크게 될 가능성이 있으므로 중단되지 않도록 하여야 한다.

49 엽록소의 구성성분으로 부족할 경우 잎의 황백화 원인이 되는 필수원소는?

① 철   ② 칼슘   ③ 붕소   ④ 마그네슘

(해설) 마그네슘(Mg)이 결핍되면 황백화현상, 줄기나 뿌리의 생장점 발육이 저해된다.

(정리) **마그네슘(Mg)**
  ㉠ 엽록체 구성원소로 잎에서 함량이 높다.
  ㉡ 체내 이동성이 비교적 높아서 부족하면 늙은 조직으로부터 새 조직으로 이동한다.
  ㉢ 결핍
   • 황백화현상, 줄기나 뿌리의 생장점 발육이 저해된다.
   • 체내의 비단백태질소가 증가하고, 탄수화물이 감소되며, 종자의 성숙이 저해된다.
   • 석회가 부족한 산성토양이나 사질토양, 칼륨이나 염화나트륨이 지나치게 많은 토양 및 석회를 과다
     하게 사용했을 때에 결핍현상이 나타나기 쉽다.

50 경사지 과수원과 비교하였을 때 평탄지 과수원의 장점이 아닌 것은?

① 배수가 양호하다.   ② 토양 침식이 적다.
③ 기계작업이 편리하다.   ④ 토지 이용률이 높다.

(해설) 배수는 경사지가 보다 양호하다.

51 원예산물의 수확적기를 판정하는 방법으로 옳은 것은?

① 후지 사과 – 요오드반응으로 과육의 착색면적이 최대일 때 수확한다.

② 저장용 마늘 – 추대가 되기 전에 수확한다.

③ 신고 배 – 만개 후 90일 정도에 과피가 녹황색이 되면 수확한다.

④ 가지 – 종자가 급속히 발달하기 직전인 열매의 비대최성기에 수확한다.

해설 ① 과일은 성숙되면서 전분이 당으로 변하기 때문에 잘 익은 과일 일수록 전분의 함량이 적다. 전분함량의 변화는 요오드 반응 검사를 통해 파악된다. 요오드 반응 검사는 과일을 요오드화칼륨용액에 담가서 색깔의 변화를 관찰하는 것이다. 즉, 전분은 요오드와 결합하면 청색으로 변하는 데 과일을 요오드화칼륨용액에 담가서 청색의 면적이 작으면 전분함량이 적은 것으로 판단하여 수확적기로 판정한다.
② 마늘의 수확적기는 마늘잎이 50~70% 정도 누렇게 말랐을 때이다.
③ 배는 꽃이 만개한 후 160일이 지났을 때가 수확적기다. 수확할 때는 한꺼번에 하는 것보다 분산해 작업하는 것이 좋다.

52 사과(후지)의 성숙 시 관련하는 주요 색소를 선택하고 그 변화로 옳은 것은?

| ㄱ. 안토시아닌 | ㄴ. 엽록소 | ㄷ. 리코펜 |

① ㄱ: 증가, ㄴ: 감소　　　　　　② ㄱ: 감소, ㄴ: 증가

③ ㄱ: 감소, ㄴ: 감소, ㄷ: 증가　④ ㄱ: 증가, ㄴ: 증가, ㄷ: 감소

해설 사과는 성숙함에 따라 안토시아닌이 증가하고, 엽록소는 감소한다.

정리 원예산물은 성숙함에 따라 엽록소가 분해되고 고유의 색소가 합성 발현된다. 발현되는 색소는 다음과 같다.

색소		색깔	해당 과실
카로티노이드계	β-카로틴	황색	당근, 호박, 토마토
	라이코펜(Lycopene)	적색	토마토, 수박, 당근
	캡산틴	적색	고추
안토시아닌계		적색	딸기, 사과
플라보노이드계		황색	토마토, 양파

정답 51 ④　52 ①

53 호흡급등형 원예산물을 모두 고른 것은?

| ㄱ. 살구 | ㄴ. 가지 | ㄷ. 체리 | ㄹ. 사과 |

① ㄱ, ㄴ   ② ㄱ, ㄹ   ③ ㄴ, ㄷ   ④ ㄷ, ㄹ

해설 호흡급등형 원예산물로는 사과, 토마토, 감, 바나나, 복숭아, 키위, 망고, 참다래, 살구 등이 있다.

정리 호흡상승과와 비호흡상승과

(1) 호흡상승과(climacteric fruits)
  ① 작물이 숙성함에 따라 호흡이 현저하게 증가하는 과실을 호흡상승과라고 하며, 사과, 토마토, 감, 바나나, 복숭아, 키위, 망고, 참다래, 살구 등이 있다.
  ② 호흡상승과는 장기간 저장하고자 할 경우 완숙기보다 조금 일찍 수확하는 것이 바람직하다.
  ③ 호흡상승과의 발육단계는 호흡의 급등전기, 급등기, 급등후기로 구분된다.
    ㉠ 급등전기는 호흡량이 최소치에 이르며 과실의 성숙이 완료되는 시기이다. 일반적으로 과실은 급등전기에서 수확한다.
    ㉡ 급등기는 과실을 수확한 후 저장 또는 유통하는 기간에 해당된다. 급등기에는 계속적으로 호흡이 증가한다.
    ㉢ 급등후기는 호흡량이 최대치에 이르는 시기이다. 급등후기는 과실이 후숙되어 식용에 가장 적합한 상태가 된다.
    ㉣ 후숙이 완료된 이후부터는 다시 호흡이 감소하기 시작하며 과실의 노화가 진행되어 품질이 급격히 떨어진다.

(2) 비호흡상승과(non-climacteric fruits)
  숙성하더라도 호흡의 증가를 나타내지 않는 과실을 비호흡상승과라고 하며, 오이, 호박, 가지 등 대부분의 채소류와 딸기, 수박, 포도, 오렌지, 파인애플, 감귤 등이 있다.

54 포도의 성숙과정에서 일어나는 현상으로 옳지 않은 것은?

① 전분이 당으로 전환된다.   ② 엽록소의 함량이 감소한다.
③ 펙틴질이 분해된다.   ④ 유기산이 증가한다.

해설 포도는 성숙과정에서 유기산이 감소하여 신맛이 줄어든다.

정리 원예산물은 숙성과정에서 다음과 같은 변화를 나타낸다.
  ㉠ 크기가 커지고 고유의 모양과 향기를 갖춘다.
  ㉡ 세포질의 셀룰로오스, 헤미셀룰로오스, 펙틴질이 분해하여 조직이 연화된다. 과일이 성숙되면서 불용성의 프로토펙틴이 가용성펙틴(펙틴산)으로 변하여 조직이 연화된다.
  ㉢ 에틸렌 생성이 증가한다.
  ㉣ 저장 탄수화물(전분)이 당으로 변한다.
  ㉤ 유기산이 감소하여 신맛이 줄어든다.
  ㉥ 사과와 같은 호흡급등과는 일시적으로 호흡급등 현상이 나타난다.
  ㉦ 엽록소가 분해되고 과실 고유의 색소가 합성 발현된다.

정답 53 ②   54 ④

55 오이에서 생성되는 쓴맛을 내는 수용성 알칼로이드 물질은?

① 아플라톡신 ② 솔라닌

③ 쿠쿠르비타신 ④ 아미그달린

> (해설) 쿠쿠르비타신(cucurbitacin)은 오이에 함유되어 있는 천연 독성물질로서 쓴맛을 낸다.

56 원예산물에서 에틸렌의 생합성 과정에 필요한 물질이 아닌 것은?

① ACC합성효소 ② SAM합성효소

③ ACC산화효소 ④ PLD분해효소

> (해설) 에틸렌(ethylene, C_2H_4)은 2개의 탄소가 이중결합으로 연결된 간단한 구조($H_2C=CH_2$)를 가진 기체(gas) 이다. 에틸렌의 생합성 과정을 살펴보면, 아미노산의 일종인 메티오닌(methionine)에 ATP의 결합으로 SAM(S-Adenosyl Methionine)이 형성되고, ACC synthase 효소의 작용으로 ACC가 형성되며, 산소와 결합하여 에틸렌을 발생시킨다. 식물에 옥신을 처리하면 에틸렌의 생산이 수백 배 이상 촉진되는데, 이는 옥신이 ACC synthase 효소의 생산을 촉진하기 때문이다.

57 원예작물의 수확 후 증산작용에 관한 설명으로 옳은 것은?

① 증산율이 낮은 작물일수록 저장성이 약하다.

② 공기 중의 상대습도가 높아질수록 증산이 활발해져 생체중량이 감소된다.

③ 증산은 대기압에 정비례하므로 압력이 높을수록 증가한다.

④ 원예산물로부터 수분이 수증기 형태로 대기중으로 이동하는 현상이다.

> (해설) ① 증산율이 낮은 작물일수록 저장성이 강하다.
> ② 공기 중의 상대습도가 낮을수록 증산이 활발하다.
> ③ 대기 중의 수증기압과 원예산물의 수증기압의 차이가 클수록 증산이 증가한다.

58 과실별 주요 유기산의 연결로 옳지 않은 것은?

① 포도 - 주석산 ② 감귤 - 구연산

③ 사과 - 말산 ④ 자두 - 옥살산

> (해설) 자두의 유기산은 구연산이다. 옥살산(oxalic acid)은 자연에서는 옥살산염의 형태로 존재한다. 괭이밥 속 식물에서 찾을 수 있고, 괭이밥의 맛이 시큼한 것은 옥살산염 때문이다.

정답 55 ③ 56 ④ 57 ④ 58 ④

59 원예산물의 조직감과 관련성이 높은 품질구성 요소는?

① 산도   ② 색도   ③ 수분함량   ④ 향기

해설 원예작물의 조직감은 수분, 전분, 효소의 복합체의 함량, 세포벽을 구성하는 펙틴류와 섬유질(셀룰로오스)의 함량 등에 따라 결정된다.

정리 조직감
ⓐ 촉감에 의해 느껴지는 원예산물의 경도의 정도를 조직감이라고 한다.
ⓑ 원예작물의 조직감은 수분, 전분, 효소의 복합체의 함량, 세포벽을 구성하는 펙틴류와 섬유질(셀룰로오스)의 함량 등에 따라 결정되는데, 복합체 등의 함량이 낮을수록 경도가 낮다(연하다).
ⓒ 조직감은 원예산물의 식미의 가치를 결정하는 중요한 요인이며 수송의 편의성에도 영향을 미친다.

60 굴절당도계에 관한 설명으로 옳은 것은?

① 당도는 측정 시 과실의 온도에 영향을 받지 않는다.
② 영점을 보정할 때 증류수를 사용한다.
③ 당도는 과실 내의 불용성 펙틴의 함량을 기준으로 한다.
④ 표준당도는 설탕물 10% 용액의 당도를 1%(°Brix)로 한다.

해설 ① 당도는 측정 시 과실의 온도에 영향을 받는다. 굴절당도계는 20℃로 보정하여 사용한다.
③ 당도는 과실 내의 가용성 고형물의 함량을 기준으로 한다.
④ 표준당도는 설탕물 10% 용액의 당도를 10%(°Brix)로 한다.

정리 굴절당도계에 의한 당도의 측정
ⓐ 당도의 측정은 소량의 과즙을 짜내어서 굴절당도계로 측정한다. 설탕물 10% 용액의 당도를 10% 또는 10°Brix로 표준화하거나, 물의 당도를 0% 또는 0°Brix로 당도계의 수치를 보정한 후 측정한다.
ⓑ 굴절당도계는 빛이 통과할 때 과즙 속에 녹아 있는 가용성 고형물에 의해 빛이 굴절된다는 원리를 이용한 것이다.
ⓒ 가용성 고형물은 과즙 중에 녹아 있는 당, 산, 아미노산, 수용성 펙틴 등을 함유하여 측정하고 있다. 그러나 과즙 중에는 당이 대부분을 차지하고 있기 때문에 가용성 고형물 함량으로 당도의 대체처리를 하고 있다.
ⓓ 감미에는 온도의존성이 있고, 온도가 낮은 쪽이 감미가 강하다. 굴절당도계는 20℃로 보정하여 사용한다.

61 원예산물에서 카로티노이드 계통의 색소가 아닌 것은?

① α-카로틴   ② 루테인
③ 케라시아닌   ④ β-카로틴

해설 카로티노이드계 색소에는 α-카로틴, β-카로틴, 라이코펜(Lycopene), 캡산틴, 루테인 등이 있다. 케라시아닌은 안토시아닌계이다.

정답   59 ③   60 ②   61 ③

62 수확 후 감자의 슈베린 축적을 유도하여 수분손실을 줄이고 미생물 침입을 예방하는 전처리는?

① 예냉   ② 예건   ③ 치유   ④ 예조

해설 큐어링(curing, 치유)은 원예산물의 상처를 아물게 하고 슈베린(식물세포막에 다량으로 함유되어 있는 wax 물질, 코르크질)의 축적을 유도하여 코르크층을 형성시킴으로써 수분의 증발을 막고 미생물의 침입을 방지한다.

정리 **큐어링**

(1) 큐어링의 의의

    ① 땅속에서 자라는 감자, 고구마는 수확 시 많은 물리적 상처를 입게 되고 마늘, 양파 등 인경채류는 잘라낸 줄기 부위가 제대로 아물어야 장기저장이 가능하다. 이와 같이 원예산물이 받은 상처를 치유하는 것을 큐어링이라고 한다.

    ② 큐어링은 원예산물의 상처를 아물게 하고 슈베린(식물세포막에 다량으로 함유되어 있는 wax 물질, 코르크질)의 축적을 유도하여 코르크층을 형성시킴으로써 수분의 증발을 막고 미생물의 침입을 방지한다.

    ③ 큐어링은 당화를 촉진시켜 단맛을 증대시키며 원예산물의 저장성을 높인다.

(2) 원예산물의 큐어링

    ① 감자

        수확 후 온도 15~20℃, 습도 85~90%에서 2주일 정도 큐어링하면 코르크층이 형성되어 수분손실과 부패균의 침입을 막을 수 있다.

    ② 고구마

        수확 후 1주일 이내에 온도 30~33℃, 습도 85~90%에서 4~5일간 큐어링한 후 열을 방출시키고 저장하면 상처가 치유되고 당분함량이 증가한다.

    ③ 양파

        온도 34℃, 습도 70~80%에서 4~7일간 큐어링한다. 고온다습에서 검은 곰팡이병이 생길 수 있기 때문에 유의해야 한다.

    ④ 마늘

        온도 35~40℃, 습도 70~80%에서 4~7일간 큐어링한다.

63 원예산물의 세척 방법으로 옳은 것을 모두 고른 것은?

ㄱ. 과산화수소수 처리	ㄴ. 부유세척
ㄷ. 오존수 처리	ㄹ. 자외선 처리

① ㄱ, ㄹ   ② ㄱ, ㄴ, ㄷ

③ ㄴ, ㄷ, ㄹ   ④ ㄱ, ㄴ, ㄷ, ㄹ

해설 원예산물의 세척수로는 오존수, 차아염소산수, 과산화수소수 등이 사용된다.

정답 62 ③ 63 ②

정리 **원예산물의 세척**

(1) 세척의 의의

① 세척은 수확된 원예산물에 섞여 있거나 묻어 있는 이물질을 제거하는 것으로 세척의 방법에는 건식방법(乾式方法)과 습식방법(濕式方法)이 있다.

② 건식방법에는 체를 사용하여 이물질을 분리·제거하는 방법, 송풍에 의한 방법, 자석에 의한 방법, X선에 의한 방법, 원심력을 이용하는 방법 등이 있다.

③ 습식방법에는 담금에 의한 세척, 분무에 의한 세척, 부유(浮游)에 의한 세척, 초음파를 이용한 세척 등이 있다.

(2) 원예산물의 세척수

① 오존수

오존수는 살균효과가 뛰어난 세척수이다. 그러나 원예산물 세척 시 적정농도를 사용하더라도 오존수가 원예산물에 닿으면 농도가 낮아지는 문제점이 있다.

② 차아염소산수

㉠ 차아염소산수는 살균력이 좋다.

특히 식중독을 일으키는 노로바이러스는 차아염소산수에서 즉시 살균된다.

㉡ 차아염소산수는 안전성이 좋다.

생체에 대한 독성이 낮고 피부에 미치는 영향도 아주 적으며 음용하여도 특별한 위험이 없다.

㉢ 차아염소산수는 환경오염이 적다.

사용하는 염소농도가 일반 염소계 소독제의 1/5~1/10 정도이며, 분해가 용이하여 잔류성이 없기 때문에 환경부하가 매우 적다.

㉣ 염소계 살균제의 경우에는 원예산물 살균 시 클로로포름과 같은 독성물질이 생성되지만, 차아염소산수는 클로로포름이 거의 생성되지 않는다.

㉤ 차아염소산수로 세척할 경우 원예산물의 영양성분에는 거의 영향을 주지 않는다.

64 장미의 절화수명 연장을 위해 보존액의 pH를 산성으로 유도하는 물질은?

① 제1인산칼륨, 시트르산
② 카프릴산, 제2인산칼륨
③ 시트르산, 수산화나트륨
④ 탄산칼륨, 카프릴산

해설 제1인산칼륨(인산(P)+칼륨(K))과 구연산(시트르산)은 산성으로 유도하는 물질이다.

정리 **절화수명연장 처리**

(1) 전처리(물올림)

① 수확 직후 물올림을 할 때 물에 선도유지제(鮮度維持濟)를 넣는 것을 전처리라고 한다. 꽃은 전처리를 통해 수명이 1.5~2.5배 길어진다.

② 전처리제로 STS를 많이 사용한다. STS는 질산은($AgNO_3$)과 티오황산나트륨($Na_2S_2O_3$)을 혼합하여 만든 액체로서 물올림을 할 때 은나노 효과가 있다. 은나노(銀nano) 효과란 은이 꽃으로 옮겨가서 에틸렌의 발생을 줄이고, 세균을 죽이는 효과를 말한다.

정답 64 ①

⑵ 후처리(절화에 영양분을 공급하는 것)
　① 수확한 꽃을 보존용액에 꽂아 저장하거나 시장에 출하하는 것을 후처리라고 한다.
　② 후처리는 절화에 영양분을 공급하여 신선도를 오래 유지하고 미생물의 발생을 억제하며 물관이 막히는 것을 방지한다.
　③ 후처리제로 HQS를 많이 사용한다. HQS는 세균의 발육을 저지하여 유관속이 막히는 것을 방지하며, 용액의 pH를 저하시켜 미생물 증식을 억제한다.
　④ HQS용액에 포도당과 구연산(=시트르산)을 혼합하여 사용하는 것이 일반적이다. 포도당은 절화의 영양공급원으로서 수명을 연장시키며, 구연산은 장미, 카네이션, 글라디올러스 등의 색상보존용액으로 사용된다.
　⑤ 물을 흡수하는 능력이 낮은 스톡이나 증산량이 많은 안개꽃, 스프레이꽃(장미, 국화, 카네이션)들은 보존용액에 계면활성제를 넣어 물의 흡수능력을 높여야 한다.
　⑥ 후처리는 전처리보다 효과가 훨씬 좋으며 전처리와 후처리를 병행하면 수명연장효과는 더욱 크다.

65 다음 ( )에 알맞은 용어는?

> 예냉은 수확한 작물에 축적된 (ㄱ)을 제거하여 품온을 낮추는 처리로, 품온과 원예산물의
> (ㄴ)을 이용하면 (ㄱ)량을 구할 수 있다.

① ㄱ: 호흡열, ㄴ: 대류열　　　　　② ㄱ: 포장열, ㄴ: 비열
③ ㄱ: 냉장열, ㄴ: 복사열　　　　　④ ㄱ: 포장열, ㄴ: 장비열

해설　• 예냉은 수확한 작물에 축적된 열(포장열)을 제거하는 과정이다. 햇볕이 강한 낮에 수확한 원예산물은 높은 포장열을 가진 상태에서 수확된다. 예냉을 통하여 원예산물의 온도를 낮추어주면 호흡 등 대사작용 속도를 지연시키고 부패성 미생물의 증식을 억제하며 노화에 따른 생리적 변화를 지연시키므로 수확한 원예산물의 신선도를 유지하는데 기여하게 된다.
　• 비열은 단위 질량의 어떤 물질의 온도를 단위 온도만큼 올리는 데 필요한 열량을 말한다. 일반적으로 쓰이는 비열의 단위인 cal/g·℃는 1g의 어떤 물체의 온도를 1℃ 올리는데 필요한 열량을 나타낸다.

66 수확 후 후숙 처리에 의해 상품성이 향상되는 원예산물은?

① 체리　　　　　　　　　　② 포도
③ 사과　　　　　　　　　　④ 바나나

해설　바나나는 에틸렌 가스 처리로 후숙 처리한다.

67 원예산물의 저장 효율을 높이기 위한 방법으로 옳지 않은 것은?

① 저장고 내부를 차아염소산나트륨 수용액을 이용하여 소독한다.

② CA저장고에는 냉각장치, 압력조절장치, 질소발생기를 설치한다.

③ 저장고 내의 고습을 유지하기 위해 활성탄을 사용한다.

④ 저장고 내의 온도는 저장중인 원예산물의 품온을 기준으로 조절한다.

(해설) 저온저장고 내의 습도는 가습을 하지 않는 한 대체로 70% 이하의 낮은 상대습도를 보인다. 따라서 대부분의 원예생산물 저장 시는 가능한 한 상대습도를 높게 유지하는 방안이 마련되어야 한다. 활성탄은 에틸렌 흡착제로서 효과가 있으나 높은 습도 조건하에서는 흡착효과가 떨어지므로 제습제를 첨가한 활성탄이 이용된다.

(정리) **저온저장고 관리**

(1) 온도 관리

① 저장고 내 온도 분포를 고르게 하기 위해서는 냉각기에서 나오는 찬 공기가 저장고 전체에 고루 퍼져나가야 한다. 따라서 저장고 바닥은 물론 용기와 벽면 사이, 천장 사이에 공기통로가 확보되도록 적재해야 한다. 일반적으로 중앙통로 50cm, 팰레트와 벽면 및 팰레트 열간 30cm, 천장으로부터는 50cm 이상의 바람통로 공간을 확보한다. 이러한 바람통로를 확보한 경우 과일의 저온저장고 적재 용적률은 60~65% 수준을 보이게 된다.

② 사과, 배를 비롯한 대부분의 온대과실은 저온장해에 민감하지 않으므로 저장 시에는 동해를 입지 않는 범위에서 온도를 낮출수록 품질유지에 유리하며 저장 적온은 –1~0℃ 범위라고 할 수 있다.

③ 저장고 내 온도는 원예산물에 따른 적정온도를 유지해 주어야 한다. 저장하고 있는 원예산물 자체의 온도(품온)를 확인하여 저장고 내 온도를 조절하는 것이 안전하다.

(2) 습도 관리

① 일반적으로 과일은 85~95%의 상대습도가 적합하며 채소 작물은 90~98%의 다소 높은 습도가 신선도 유지에 적합하다. 그러나 양파, 마늘, 늙은 호박 등은 예외로서 60~75%가 장기저장에 알맞은 수준이다. 무, 당근 등 근채류는 95%의 높은 상대습도를 유지해 주어야만 조직의 유연성이 유지되고 중량감소가 적다.

② 저장고 내 상대습도는 제상주기에 의해 변화하는 온도에 따라 증가와 감소를 되풀이 한다.

③ 온도를 낮추게 되면 이론적으로는 상대습도가 높아지지만 온도가 안정된 후에는 냉매순환 시 증발기(냉각기) 표면에 지속적으로 수분이 얼어붙기(적상) 때문에 습도는 낮아진다.

④ 서리제거(제상) 시에는 온도 상승에 의해 상대습도가 상대적으로 저하되고 서리제거가 끝난 후에는 녹은 물의 증발에 의해 순간적으로 습도가 높아진다.

⑤ 서리제거 주기와 제거 시간은 증발코일에 부착되는 서리의 양을 관찰하여 결정하고 서리제거가 끝나면 즉시 냉장체계로 전환되도록 시간조절기를 설정해 두어야 불필요한 에너지 소모와 저장고 내 온도의 상승을 막을 수 있다.

⑥ 저온저장고 내의 습도는 가습을 하지 않는 한 대체로 70% 이하의 낮은 상대습도를 보인다. 따라서 대부분의 원예생산물 저장 시는 가능한 한 상대습도를 높게 유지하는 방안이 마련되어야 한다.

⑦ 저장 전에는 저장고 바닥에 충분히 물을 뿌려 콘크리트 바닥의 수분 탈취를 줄이고 저장고 내 입고되는 용기는 가능하면 수분 흡수가 적은 것을 이용하는 것이 좋다. 가습기를 이용하여 인위적으로 상대습도를 높일 때는 가능한 한 분무입자가 작을수록 효율적이며, 가습기 가동 시 수분 응결을 막을 수 있다.

(3) 에틸렌 관리
　① 에틸렌(숙성호르몬)이 저장고에 축적되면 과일의 숙성을 촉진하여 신맛을 감소시키고 조직감을 약
　　하게 함으로써 저장기간의 단축과 품질저하를 초래한다.
　② 에틸렌에 대한 반응정도는 품종에 따라 다른데, 주로 조생종은 에틸렌 반응성이 크고 만생종은
　　에틸렌 반응성이 비교적 작다.
　③ 에틸렌이 일정한 농도 이상으로 축적되지 않도록 수시로 농도를 측정하면서 흡착제를 교환해 주거
　　나 분해기를 작동시키는 장치가 필요하다.
　④ 에틸렌작용억제제인 1-MCP(1-methylcyclopropene) 처리기술을 활용하여 CA저장에 버금가는
　　품질유지효과를 거둘 수 있다. 1-MCP는 에틸렌 수용체에 자신이 결합함으로써 에틸렌의 발생과
　　작용을 근본적으로 차단하는 화합물이다.
　⑤ 목탄(숯) 및 활성탄은 에틸렌 흡착제로서 효과가 있으나 높은 습도 조건하에서는 흡착효과가 떨어
　　지므로 제습제를 첨가한 활성탄이 이용된다.
(4) 저장고 소독
　① 아무리 저온저장고라 해도 저장고 안에는 저장물로부터 전염된 곰팡이나 세균이 남아 있다.
　② 곰팡이나 세균 중에는 저온에서도 활성이 있어 부패를 발생시키는 종류도 있으므로 저장 전 저장
　　고를 소독하는 것이 좋다.
　③ 소독은 저장고 면적 1m²당 유황 20~30g을 태워서 24시간 밀폐하여 저장고를 훈증 소독하는 방법
　　이 있다. 유황훈증 시 발생되는 아황산가스는 인체에 유독할 뿐만 아니라 금속을 부식시키는 단점
　　이 있다.
　④ 훈증 소독 이외에 1% 포름알데히드나 5% 차아염소나트륨수용액, 제3인산나트륨 또는 벤레이트가
　　함유한 약제를 뿌려서 저장고 내부를 소독한다. 최근에는 친환경 저장고 소독방법으로 초산 훈증
　　법이 소개된 바 있다.

68 원예산물의 MA필름저장에 관한 설명으로 옳지 않은 것은?

① 인위적 공기조성 효과를 낼 수 있다.
② 방담필름은 포장 내부의 응결현상을 억제한다.
③ 필름의 이산화탄소 투과도는 산소 투과도보다 낮아야 한다.
④ 필름은 인장강도가 높은 것이 좋다.

(해설) 필름의 이산화탄소 투과성이 산소 투과성보다 3~5배 높아야 한다.
(정리) **MA저장**
(1) MA저장(Modified Atmosphere Storage)의 의의
　① MA저장은 원예산물을 플라스틱 필름 백(film bag)에 넣어 저장하는 것으로서 CA저장과 비슷한
　　효과를 얻을 수 있다.
　② 단감을 폴리에틸렌 필름 백에 넣어 저장하는 것이 그 예이다.
　③ MA저장은 원예산물의 종류, 호흡률, 에틸렌의 발생정도, 에틸렌 감응도, 필름의 종류와 가스 투과
　　도, 필름의 두께 등을 고려하여야 한다.

(2) MA저장용 필름
　　① 필름 백(film bag) 내의 산소농도가 낮으면 부패로 인한 이취가 발생하고, 이산화탄소 농도가 높으면 과육갈변 등 고이산화탄소 장해가 나타나게 되므로 MA저장에 사용되는 필름은 이산화탄소 투과성이 산소 투과성보다 3~5배 높아야 한다.
　　② 투습도가 있어야 한다.
　　③ 필름의 인장강도와 내열강도가 높아야 한다.
　　④ 필름 백(film bag) 내에 유해물질을 방출하지 않아야 한다.
　　⑤ 폴리에틸렌(PE), 폴리프로필렌(PP), 폴리염화비닐(PVC), 셀로판 등이 사용되며 특히 폴리에틸렌(PE)은 가스 투과도가 높아 가장 널리 사용되고 있다.

69 원예산물의 숙성을 억제하기 위한 방법을 모두 고른 것은?

> ㄱ. CA저장　　　　　　　　　　ㄴ. 과망간산칼륨 처리
> ㄷ. 칼슘 처리　　　　　　　　　ㄹ. 에세폰 처리

① ㄱ, ㄴ, ㄷ　　　　　　　　　　② ㄱ, ㄴ, ㄹ
③ ㄱ, ㄷ, ㄹ　　　　　　　　　　④ ㄴ, ㄷ, ㄹ

해설　에세폰 처리는 숙성을 촉진한다.

70 농민 H씨가 다음과 같은 배를 동일 조건에서 상온저장할 경우 저장성이 가장 낮은 것은?

① 신고　　　　　　　　　　　　② 신수
③ 추황배　　　　　　　　　　　④ 영산배

해설　조생종인 신수, 행수가 상온저장력이 약하다.

정리　배의 품종별 상온저장력

품종	숙기	상온저장력
신수	8월 중순(조생종)	10일
행수	8월 하순(조생종)	10일
원황배	9월 중순	30일
영산배	9월 하순	60일
화산배	9월 하순	90일
신고배	10월 상순	90일
추황배	10월 중순(만생종)	220일

정답　69 ① 　70 ②

71 원예산물을 저온저장 시 발생하는 냉해(chilling injury)의 증상이 아닌 것은?

① 표피의 함몰　　　　　　　② 수침현상
③ 세포의 결빙　　　　　　　④ 섬유질화

해설 세포의 결빙은 동해의 증상이다.

정리 **저온장해(냉해)**
　　⊙ 0℃ 이상의 온도이지만 한계온도 이하의 저온에 노출되어 나타나는 장해로서 조직이 물러지거나 표피의 색상이 변하는 증상, 내부갈변, 토마토나 고추의 함몰, 복숭아의 섬유질화 등은 저온장해의 예이다.
　　ⓒ 조직이 물러지는 것은 저온장해를 받으면 세포막 투과성이 높아져 이온 누출량이 증가함으로써 세포의 견고성이 떨어지기 때문이다.
　　ⓒ 저온장해 증상은 저온에 저장하다가 높은 온도로 옮기면 더 심해진다.

72 다음 중 3~7℃에서 저장할 경우 저온장해가 일어날 수 있는 원예산물은?

① 토마토　　　　　　　　　② 단감
③ 사과　　　　　　　　　　④ 배

해설 토마토는 7℃ 이하에서 저온장해가 발생할 수 있다.

정리 **저온장해에 민감한 원예산물은 다음과 같다.**
　　⊙ 복숭아, 오렌지, 레몬 등의 감귤류
　　ⓒ 바나나, 아보카도(악어배), 파인애플, 망고 등 열대과일
　　ⓒ 오이, 수박, 참외 등 박과채소
　　ⓐ 고추, 가지, 토마토, 파프리카 등 가지과채소
　　ⓜ 고구마, 생강
　　ⓑ 장미, 치자, 백합, 히야신서, 난초 냉해

73 원예산물의 적재 및 유통에 관한 설명으로 옳지 않은 것은?

① 신선채소류에는 수분흡수율이 높은 포장 상자를 사용한다.
② 압상을 방지할 수 있는 강도의 골판지 상자로 포장해야 한다.
③ 기계적 장해를 회피하기 위해 포장박스 내 적재물량을 조절한다.
④ 골판지 상자의 적재방법에 따라 상자에 가해지는 압축강도는 달라진다.

해설 신선채소류에는 수분흡수율이 낮은 포장 상자를 사용한다.

74 동일조건에서 이산화탄소 투과도가 가장 낮은 포장재는?

① 폴리프로필렌(PP)   ② 저밀도 폴리에틸렌(LDPE)
③ 폴리스티렌(PS)   ④ 폴리에스테르(PET)

해설 폴리염화비닐(PVC)과 폴리에스터(PET)는 가스 투과도가 낮다.

정리 포장재료
(1) 주재료와 부재료
  ① 주재료: 수확물을 둘러싸거나 담는 재료로서 골판지, 플라스틱필름 등이 있다.
  ② 부재료: 포장하는데 보조적으로 사용되는 재료로서 접착제, 테이프, 끈 등이 있다.
(2) 골판지
  ① 골판지는 물결모양으로 골이 파진 판지로서 사과, 배 등의 과일, 당근, 오이 등의 채소, 화훼류 등의 포장에 사용된다.
  ② 골판지는 파열강도 및 압축강도가 강한 편이다. 파열강도는 파열되지 않고 견디는 정도이며, 압축강도는 압축을 견디는 정도이다.
  ③ 골판지는 완충력이 뛰어나다.
  ④ 골판지는 무공해이며 봉합과 개봉이 편리하다.
  ⑤ 골판지는 수분을 흡수하면 강도가 떨어지므로 습한 조건에서 사용할 때에는 방습처리가 필요하다.
(3) 플라스틱
  ① 폴리에틸렌
    ㉠ 폴리에틸렌(PE)은 가스투과도가 높으며 채소류와 과일의 포장재료, 하우스용 비닐 등으로 많이 사용된다.
    ㉡ 고압법으로 제조한 폴리에틸렌이 저밀도 폴리에틸렌(LDPE) 혹은 연질 폴리에틸렌이다.
    ㉢ 정제한 에틸렌 가스에 소량의 산소 또는 과산화물을 첨가, 2,000 기압정도로 가압하여 200℃ 정도로 가열하면 밀도가 0.915~0.925의 저밀도 폴리에틸렌(LDPE)이 생긴다. LDPE 필름은 광학적 특성, 유연성, 내약품성이 좋고 용이하게 각종 포장재를 만들 수 있을 뿐만 아니라 표면처리된 필름은 인쇄성도 좋아 식품 포장, 농업용·공업용 포장 등에 많이 쓰이고 있다.
  ② 폴리프로필렌
    ㉠ 폴리프로필렌(PP)은 방습성, 내열·내한성, 투명성이 좋아 투명 포장과 채소류의 수축 포장에 사용된다.
    ㉡ 산소 투과도가 높아 차단성이 요구될 경우에는 알미늄 증착이나 PVDC코팅을 하여 사용한다. 폴리프로필렌(PP)은 폴리에틸렌(PE)보다 유연해지는 온도가 높다.
  ③ 폴리염화비닐
    폴리염화비닐(PVC)은 빗물의 홈통, 목욕용품, 지퍼백 등에 많이 사용되고 있으며 채소, 과일의 포장에도 사용된다. 폴리염화비닐(PVC)은 가스 투과도가 낮은 단점이 있다.
  ④ 폴리스티렌
    폴리스티렌(PS)은 냉장고 내장 채소 실용기, 투명그릇 등에 사용되며 휘발유에 녹는 특징이 있다.
  ⑤ 폴리에스터
    폴리에스터(PET)는 간장병, 음료수병, 식용유병 등으로 많이 사용된다. 산소 투과도가 아주 낮다는 단점이 있다.

75 다음이 설명하는 원예산물 관리제도는?

- 농약 허용물질목록 관리제도
- 품목별로 등록된 농약을 잔류허용기준농도 이하로 검출되도록 관리

① HACCP   ② PLS   ③ GAP   ④ APC

(해설) PLS는 농약 허용물질목록 관리제도이다.

제4과목   **농산물유통론**

76 농산물의 특성으로 옳지 않은 것은?
① 계절성 · 부패성
② 탄력적 수요와 공급
③ 공산품 대비 표준화 · 등급화 어려움
④ 가격 대비 큰 부피와 중량으로 보관 · 운반 시 고비용

(해설) 농산물은 수요(필수품), 공급(계절적 편재성, 수확기간) 등의 이유로 수요와 공급의 조절이 어려워 비탄력적이다.

77 농산물의 생산과 소비 간의 간격해소를 위한 유통의 기능으로 옳지 않은 것은?
① 시간 간격해소 – 수집   ② 수량 간격해소 – 소분
③ 장소 간격해소 – 수송 · 분산   ④ 품질 간격해소 – 선별 · 등급화

(해설) 시간효용: 저장

78 최근 식품 소비트렌드로 옳지 않은 것은?
① 소비품목 다변화   ② 친환경식품 증가
③ 간편가정식(HMR) 증가   ④ 편의점 도시락 판매량 감소

(해설) 가정대용식(Home Meal Replacement, HMR): 짧은 시간에 간편하게 조리하여 먹을 수 있는 가정식 대체식품

정답   75 ②   76 ②   77 ①   78 ④

79 농산물 유통정보의 종류에 관한 설명으로 옳은 것은?

① 관측정보 – 농업의 경제적 측면 예측자료
② 정보종류 – 거래정보, 관측정보, 전망정보
③ 거래정보 – 산지단계를 제외한 조사실행
④ 전망정보 – 개별재배면적, 생산량, 수출입통계

(해설) 거래정보는 산지단계를 포함하며, 개별(개인)재배면적이 아니라 전국적 재배면적정보이다.

80 농산물 유통기구의 종류와 역할에 관한 설명으로 옳지 않은 것은?

① 크게 수집기구, 중개기구, 조성기구로 구성된다.
② 중개기구는 주로 도매시장이 역할을 담당한다.
③ 수집기구는 산지의 생산물 구매역할을 담당한다.
④ 생산물이 생산자부터 소비자까지 도달하는 과정에 있는 모든 조직을 의미한다.

(해설) 유통조성기구는 표준화, 등급화, 금융, 위험부담, 정보제공 등을 담당하는 기구를 말한다.

81 농산물 도매시장에 관한 설명으로 옳지 않은 것은?

① 경매를 통해 가격을 결정한다.
② 농산물 가격에 관한 정보는 제공하지 않는다.
③ 최근 직거래 등으로 거래비중이 감소되고 있다.
④ 도매시장법인, 중도매인, 매매참가인 등이 활동한다.

(해설) 경매를 통하여 형성된 가격은 매일 공개된다.

82 생산자는 산지 수집상에게 배추 1천 포기를 100만 원에 판매하고 수집상은 포기당 유통비용 200원, 유통이윤 800원을 더해 도매상에게 판매했다. 수집상의 유통마진율(%)은?

① 30
② 40
③ 50
④ 60

(해설) 수집상의 판매가격: 2,000원
(2,000 − 1,000) / 2,000 = 50%

83 협동조합 유통에 관한 설명으로 옳은 것을 모두 고른 것은?

> ㄱ. 시장교섭력 제고 ㄴ. 불균형적인 시장력 견제
> ㄷ. 무임승차 문제발생 우려 ㄹ. 시장 내 경쟁척도 역할 수행

① ㄱ, ㄷ   ② ㄴ, ㄹ
③ ㄱ, ㄴ, ㄹ   ④ ㄱ, ㄴ, ㄷ, ㄹ

(해설) • 협동조합의 유통은 규모의 경제 실현으로 거대 기업유통 중심의 유통시장을 견제하고, 시장 내에서 경쟁척도를 제공하는 역할을 수행한다.
• 무임승차 문제: 조합원이 아닌 농업인에게도 시장 형성된 가격의 이익이 제공되는 것을 무임승차 문제라고 할 수 있다.

84 공동판매의 장점이 아닌 것은?

① 신속한 개별정산   ② 유통비용의 절감
③ 효율적인 수급조절   ④ 생산자의 소득안정

(해설) 공동판매에서는 개별농가의 직접거래와 달리 공동판매, 공동정산이 이루어지므로 수집과 정산 사이에 일정기간이 소요되어 자본의 유동성이 약화된다(개별농가가 개별출하 하였다면 즉시 정산이 가능하다).

85 소매상의 기능으로 옳은 것을 모두 고른 것은?

> ㄱ. 시장정보 제공 ㄴ. 농산물 수집
> ㄷ. 산지가격 조정 ㄹ. 상품구색 제공

① ㄱ, ㄷ   ② ㄱ, ㄹ   ③ ㄱ, ㄴ, ㄹ   ④ ㄴ, ㄷ, ㄹ

(해설) • 산지수집상 또는 산지유통인: 농산물 수집의 역할과 산지가격 조정의 기능을 담당한다.
• 소매상은 중간 유통기구에게 시장정보를 제공하고 판매점에 상품을 진열함으로써 상품구색을 제공한다.

86 농산물 산지유통의 기능으로 옳은 것을 모두 고른 것은?

> ㄱ. 농산물의 1차 교환 ㄴ. 소비자의 수요정보 전달
> ㄷ. 산지유통센터(APC)가 선별 ㄹ. 저장 후 분산출하로 시간효용 창출

① ㄱ, ㄷ   ② ㄴ, ㄹ   ③ ㄱ, ㄷ, ㄹ   ④ ㄴ, ㄷ, ㄹ

정답 83 ④ 84 ① 85 ② 86 ③

소비자의 수요정보(소비자가 구매하는 내용이나 소요)가 전달되는 것은 소비지 유통이다.

87 농산물의 물적유통기능으로 옳지 않은 것은?

① 자동차 운송은 접근성에 유리
② 상품의 물리적 변화 및 이동 관련 기능
③ 수송기능은 생산과 소비의 시간격차 해결
④ 가공, 포장, 저장, 수송, 상하역 등이 해당

해설 ① 수송, ② 가공 및 수송, ③ 수송기능은 장소의 이동을 통해 거리의 격차를 해소

88 농산물 무점포 전자상거래의 장점이 아닌 것은?

① 고객정보 획득 용이
② 오프라인 대비 저비용
③ 낮은 시간·공간의 제약
④ 해킹 등 보안사고에 안전

해설 보안사고가 발생하면 소비자 개인정보의 안전성에 문제를 나타낸다.

89 농산물의 등급화에 관한 설명으로 옳은 것은?

① 상·중·하로 등급 구분
② 품위 및 운반·저장성 향상
③ 등급에 따른 가격차이 결정
④ 규모의 경제에 따른 가격 저렴화

해설 ① 특·상·보통 또는 1급·2급·3급 등으로 등급화된다.
　　② 운반, 저장성 향상은 포장화, 규격화 등 표준규격화이다.
　　③ 등급화에는 산물출하에 비하여 등급작업을 위한 추가적 비용이 발생하므로 가격상승의 원인이 된다.

90 농산물 수요의 가격탄력성에 관한 설명으로 옳은 것은?

① 고급품은 일반품 수요의 가격탄력성보다 작다.
② 수요가 탄력적인 경우 가격인하 시 총수익은 증가한다.
③ 수요의 가격탄력적 또는 비탄력적 여부는 출하량 조정과는 무관하다.
④ 수요의 가격탄력성은 품목마다 다르며, 가격하락 시 수요량은 감소한다.

정답 87 ③ 88 ④ 89 ③ 90 ②

해설 ① 일반농산품은 비탄력적이지만, 고급농산품은 가격에 탄력적이다.
② 가격의 인하로 생산자의 총수익은 증가한다.
③ 출하량 조절이 가능하면 탄력적, 조절이 어렵다면 비탄력적이라고 한다.
④ 수요의 가격탄력성은 품목마다 다르며, 원칙적으로 가격이 하락하면 수요의 법칙에 따라 수요량은 증가한다.

91 소비자의 특성으로 옳지 않은 것은?

① 단일 차원적
② 목적의식 보유
③ 선택대안의 비교구매
④ 주권보유 및 행복추구

해설 소비자마다 상품에 대하는 태도가 개별성이 강하므로 다차원적이라고 할 수 있다.

92 시장세분화 전략에서의 행위적 특성은?

① 소득
② 인구밀도
③ 개성(personality)
④ 브랜드충성도(loyalty)

해설 • ①, ②, ③은 행위적 특성이 아니다.
• 소비자의 행동은 브랜드충성도에 따른다고 할 수 있다(행위적 특성).
• 브랜드충성도: 특정 브랜드에 소비자가 맹목적인 소비 선택을 하는 경향성

93 농산물 브랜드의 기능이 아닌 것은?

① 광고
② 수급조절
③ 재산보호
④ 품질보증

해설 • 브랜드가 소비자의 Positioning을 결정하므로 광고효과도 있다.
• 브랜드는 상표권으로 지적재산권이다.
• 브랜드 자체는 기업이미지와 합체되어 품질을 보증한다.

94 계란, 배추 등 필수 먹거리들을 미끼상품으로 제공하여 구매를 유도하는 가격전략은?

① 리더가격
② 단수가격
③ 관습가격
④ 개수가격

해설 리더가격
특정상품에 대한 소비자의 구매를 일으킬 수 있는 가격을 제시(미끼 제공)하고, 매장에 입장하도록 리드하는 기능

정답 91 ① 92 ④ 93 ② 94 ①

95 경품, 사은품, 쿠폰 등을 제공하는 판매촉진의 효과가 아닌 것은?

① 상품홍보　　　　　　　　　　② 잠재고객 확보

③ 단기적 매출증가　　　　　　　④ 타업체의 모방 곤란

> (해설) • 경품, 사은품, 쿠폰 제공과 같은 판매촉진 활동은 기업체의 특화된 판촉활동은 아니며 얼마든지 타업체
> 　　　들이 모방해서 따를 수 있는 단기적, 임시적인 홍보수단이다.
> 　　• 판촉활동기간 유입된 고객은 추후 장기적인 잠재고객으로 전환된다.

96 농산물의 유통조성기능이 아닌 것은?

① 정보제공　　　　　　　　　　② 소유권이전

③ 표준화・등급화　　　　　　　　④ 유통금융・위험부담

> (해설) 소유권이전: 거래(교환)기능, 상적거래기능

97 생산부터 판매까지 유통경로의 모든 프로세스를 통합하여 소비자의 가치를 창출하고 기업의
경쟁력을 판단하는 시스템은?

① POS(Point Of Sales)

② CS(Customer Satisfaction)

③ SCM(Supply Chain Management)

④ ERP(Enterprise Resource Planning)

> (해설) 공급망관리(SCM, Supply Chain Management)
> 　　생산부터 판매까지의 유통경로에는 공급자(유통상인)가 위치한다. 이를 주도하는 통합 프로세스 과정이다.

98 농산물 가격변동의 위험회피 대책이 아닌 것은?

① 계약생산　　　　　　　　　　② 분산판매

③ 재해대비　　　　　　　　　　④ 선도거래

> (해설) ① 계약생산: 생산자 입장에서 가격하락 방어를 위한 위험회피전략이다.
> 　　② 분산판매: 판매처와 소비처를 다변화함으로써 특정 구매자 또는 지역의 소비자 구매패턴이 변화될
> 　　　경우의 위험회피전략이다.
> 　　④ 선도거래: 생산자는 공급물량을 미리 확보함으로써 가격하락 위험을 회피할 수 있고, 공급자는 수확
> 　　　기 생산자 공급가격의 폭등을 회피할 수 있다.

정답　95 ④　96 ②　97 ③　98 ③

99 단위화물적재시스템의 설명으로 옳지 않은 것은?

① 운송수단 이용 효율성 제고

② 시스템화로 하역·수송의 일관화

③ 파렛트, 컨테이너 등을 이용한 단위화

④ 국내표준 파렛트 T11형 규격은 1,000mm × 1,000mm

해설 T11형 규격: 1,100mm × 1,100mm

100 농산물 유통시장의 거시환경으로 옳은 것을 모두 고른 것은?

ㄱ. 기업환경	ㄴ. 기술적 환경
ㄷ. 정치·경제적 환경	ㄹ. 사회·문화적 환경

① ㄱ, ㄴ   ② ㄷ, ㄹ   ③ ㄱ, ㄷ, ㄹ   ④ ㄴ, ㄷ, ㄹ

해설 유통경로상의 기관을 미시적 환경이라고 하며, 기업은 유통기관(기구)이다.

정답 99 ④ 100 ④

2021년 제18회 농산물품질관리사 1차 시험 기출문제

제1과목 | 관계 법령

01 농수산물 품질관리법상 용어의 정의로 옳지 않은 것은?

① "생산자단체"란 「농수산물 품질관리법」의 생산자단체와 그 밖에 농림축산식품부령으로 정하는 단체를 말한다.

② "유전자변형농산물"이란 인공적으로 유전자를 분리하거나 재조합하여 의도한 특성을 갖도록 한 농산물을 말한다.

③ "물류표준화"란 농산물의 운송·보관 등 물류의 각 단계에서 사용되는 기기·용기 등을 규격화하여 호환성과 연계성을 원활히 하는 것을 말한다.

④ "유해물질"이란 농약, 중금속 등 식품에 잔류하거나 오염되어 사람의 건강에 해를 끼칠 수 있는 물질로서 총리령으로 정하는 것을 말한다.

> **해설** 법 제2조(용어정의)
> "생산자단체"란 「농업·농촌 및 식품산업 기본법」 제3조제4호, 「수산업·어촌 발전 기본법」 제3조제5호의 생산자단체와 그 밖에 농림축산식품부령 또는 해양수산부령으로 정하는 단체를 말한다.

02 농수산물의 원산지 표시에 관한 법령상 농산물과 수입 농산물(가공품 포함)의 원산지 표시기준으로 옳지 않은 것은?

① 수입 농산물과 그 가공품은 「식품위생법」에 따른 원산지를 표시한다.

② 국산 농산물로서 그 생산 등을 한 지역이 각각 다른 동일 품목의 농산물을 혼합한 경우에는 혼합비율이 높은 순서로 3개 지역까지의 시·도명 또는 시·군·구명과 그 혼합비율을 표시한다.

③ 국산 농산물은 "국산"이나 "국내산" 또는 그 농산물을 생산·채취·사육한 지역의 시·도명이나 시·군·구명을 표시한다.

④ 동일 품목의 국산 농산물과 국산 외의 농산물을 혼합한 경우에는 혼합비율이 높은 순서로 3개 국가(지역 등)까지의 원산지와 그 혼합비율을 표시한다.

정답 01 ① 02 ①

시행령 제3조(원산지의 표시대상)

① 법 제5조제1항 각 호 외의 부분에서 "대통령령으로 정하는 농수산물 또는 그 가공품"이란 다음 각 호의 농수산물 또는 그 가공품을 말한다.

1. 유통질서의 확립과 소비자의 올바른 선택을 위하여 필요하다고 인정하여 농림축산식품부장관과 해양수산부장관이 공동으로 고시한 농수산물 또는 그 가공품

2. 「대외무역법」 제33조에 따라 산업통상자원부장관이 공고한 수입 농수산물 또는 그 가공품. 다만, 「대외무역법 시행령」 제56조제2항에 따라 원산지 표시를 생략할 수 있는 수입 농수산물 또는 그 가공품은 제외한다.

03 농수산물의 원산지 표시에 관한 법령상 과징금의 최고 금액은?

① 1억 원 ② 2억 원 ③ 3억 원 ④ 4억 원

위반금액	과징금의 금액
100만 원 이하	위반금액 × 0.5
100만 원 초과 500만 원 이하	위반금액 × 0.7
500만 원 초과 1,000만 원 이하	위반금액 × 1.0
1,000만 원 초과 2,000만 원 이하	위반금액 × 1.5
2,000만 원 초과 3,000만 원 이하	위반금액 × 2.0
3,000만 원 초과 4,500만 원 이하	위반금액 × 2.5
4,500만 원 초과 6,000만 원 이하	위반금액 × 3.0
6,000만 원 초과	위반금액 × 4.0(최고 3억 원)

04 농수산물 품질관리법령상 정부가 수출·수입하는 농산물로 농림축산식품부장관의 검사를 받지 않아도 되는 것은?

① 콩 ② 사과 ③ 참깨 ④ 쌀

시행령 [별표3] 검사대상 농산물의 종류별 품목

1. 정부가 수매하거나 생산자단체등이 정부를 대행하여 수매하는 농산물

　가. 곡류: 벼·겉보리·쌀보리·콩

　나. 특용작물류: 참깨·땅콩

　다. 과실류: 사과·배·단감·감귤

　라. 채소류: 마늘·고추·양파

　마. 잠사류: 누에씨·누에고치

정답 03 ③ 04 ②

2. 정부가 수출·수입하거나 생산자단체등이 정부를 대행하여 수출·수입하는 농산물
   가. 곡류
      1) 조곡(粗穀): 콩·팥·녹두
      2) 정곡(精穀): 현미·쌀
   나. 특용작물류: 참깨·땅콩
   다. 채소류: 마늘·고추·양파
3. 정부가 수매 또는 수입하여 가공한 농산물
   곡류: 현미·쌀·보리쌀

05 농수산물 품질관리법상 농산물품질관리사가 수행하는 직무에 해당하지 않는 것은?

① 농산물의 등급 판정
② 농산물의 생산 및 수확 후 품질관리기술 지도
③ 농산물의 출하 시기 조절, 품질관리기술에 관한 조언
④ 안전성 위반 농산물에 대한 조치

──────────────

(해설) **법 제106조(농산물품질관리사 또는 수산물품질관리사의 직무)**

① 농산물품질관리사는 다음 각 호의 직무를 수행한다.
   1. 농산물의 등급 판정
   2. 농산물의 생산 및 수확 후 품질관리기술 지도
   3. 농산물의 출하 시기 조절, 품질관리기술에 관한 조언
   4. 그 밖에 농산물의 품질 향상과 유통 효율화에 필요한 업무로서 농림축산식품부령으로 정하는 업무

시행규칙 제134조(농산물품질관리사의 업무)
법 제106조제1항제4호에서 "농림축산식품부령으로 정하는 업무"란 다음 각 호의 업무를 말한다.
1. 농산물의 생산 및 수확 후 품질관리기술 지도
2. 농산물의 선별·저장 및 포장 시설 등의 운용·관리
3. 농산물의 선별·포장 및 브랜드 개발 등 상품성 향상 지도
4. 포장농산물의 표시사항 준수에 관한 지도
5. 농산물의 규격출하 지도

정답 05 ④

06 농수산물 품질관리법령상 우수관리인증의 취소 및 표시정지에 해당하는 위반사항이다. 최근 1년간 같은 행위로 3차 위반 시 '인증취소' 행정처분을 받는 경우를 모두 고른 것은? (단, 경감 및 가중사유는 고려하지 않음)

> ㄱ. 우수관리기준을 지키지 않은 경우
> ㄴ. 정당한 사유 없이 조사·점검 요청에 응하지 않은 경우
> ㄷ. 우수관리인증의 표시방법을 위반한 경우
> ㄹ. 변경승인을 받지 않고 중요 사항을 변경한 경우

① ㄱ, ㄷ   ② ㄴ, ㄹ   ③ ㄱ, ㄴ, ㄹ   ④ ㄴ, ㄷ, ㄹ

해설 시행규칙 [별표2] 우수관리인증의 취소 및 표시정지에 관한 처분

위반행위	위반횟수별 처분기준		
	1차 위반	2차 위반	3차 위반
가. 거짓이나 그 밖의 부정한 방법으로 우수관리인증을 받은 경우	인증취소	–	–
나. 우수관리기준을 지키지 않은 경우	표시정지 1개월	표시정지 3개월	인증취소
다. 전업(轉業)·폐업 등으로 우수관리인증농산물을 생산하기 어렵다고 판단되는 경우	인증취소	–	–
라. 우수관리인증을 받은 자가 정당한 사유 없이 조사·점검 또는 자료제출 요청에 응하지 않은 경우	표시정지 1개월	표시정지 3개월	인증취소
마. 우수관리인증을 받은 자가 법 제6조제7항에 따른 우수관리인증의 표시방법을 위반한 경우	시정명령	표시정지 1개월	<u>표시정지 3개월</u>
바. 법 제7조제4항에 따른 우수관리인증의 변경승인을 받지 않고 중요 사항을 변경한 경우	표시정지 1개월	표시정지 3개월	인증취소
사. 우수관리인증의 표시정지기간 중에 우수관리인증의 표시를 한 경우	인증취소	–	–

07 농수산물 품질관리법령상 우수관리인증농산물의 표시방법에 관한 설명으로 옳지 않은 것은?
① 포장재의 크기에 따라 표지의 크기를 키우거나 줄일 수 있다.
② 포장재 주 표시면의 옆면에 표시하며 위치를 변경할 수 없다.
③ 표지 및 표시사항은 소비자가 쉽게 알아볼 수 있도록 인쇄하거나 스티커로 포장재에서 떨어지지 않도록 부착하여야 한다.
④ 수출용의 경우에는 해당 국가의 요구에 따라 표시할 수 있다.

정답 06 ③ 07 ②

시행규칙 [별표1] 우수관리인증농산물의 표시(표시방법)

가. 크기: 포장재의 크기에 따라 표지의 크기를 키우거나 줄일 수 있다.

나. 위치: 포장재 주 표시면의 옆면에 표시하되, 포장재 구조상 옆면에 표시하기 어려울 경우에는 표시위치를 변경할 수 있다.

다. 표지 및 표시사항은 소비자가 쉽게 알아볼 수 있도록 인쇄하거나 스티커로 포장재에서 떨어지지 않도록 부착하여야 한다.

라. 포장하지 않고 낱개로 판매하는 경우나 소포장 등으로 우수관리인증농산물의 표지와 표시사항을 인쇄하거나 부착하기에 부적합한 경우에는 농산물우수관리의 표지만 표시할 수 있다.

마. 수출용의 경우에는 해당 국가의 요구에 따라 표시할 수 있다.

바. 제3호나목의 표시항목 중 표준규격, 지리적표시 등 다른 규정에 따라 표시하고 있는 사항은 그 표시를 생략할 수 있다.

08 농수산물 품질관리법령상 농산물 명예감시원에 관한 설명으로 옳지 않은 것은?

① 농촌진흥청장, 농수산식품유통공사는 명예감시원을 위촉한다.

② 명예감시원의 주요 임무는 농산물의 표준규격화, 농산물우수관리 등에 관한 지도 · 홍보이다.

③ 시 · 도지사는 명예감시원에게 예산의 범위에서 감시활동에 필요한 경비를 지급할 수 있다.

④ 시 · 도지사는 소비자단체의 회원 등을 명예감시원으로 위촉하여 농산물의 유통질서에 대한 감시 · 지도를 하게 할 수 있다.

해설 법 제104조(농수산물 명예감시원)

① 농림축산식품부장관 또는 해양수산부장관이나 시 · 도지사는 농수산물의 공정한 유통질서를 확립하기 위하여 소비자단체 또는 생산자단체의 회원 · 직원 등을 농수산물 명예감시원으로 위촉하여 농수산물의 유통질서에 대한 감시 · 지도 · 계몽을 하게 할 수 있다.

② 농림축산식품부장관 또는 해양수산부장관이나 시 · 도지사는 농수산물 명예감시원에게 예산의 범위에서 감시활동에 필요한 경비를 지급할 수 있다.

③ 제1항에 따른 농수산물 명예감시원의 자격, 위촉방법, 임무 등에 필요한 사항은 농림축산식품부령 또는 해양수산부령으로 정한다.

시행규칙 제133조(농수산물 명예감시원의 자격 및 위촉방법 등)

① 국립농산물품질관리원장, 국립수산물품질관리원장, 산림청장 또는 시 · 도지사는 법 제104조제1항에 따라 다음 각 호의 어느 하나에 해당하는 사람 중에서 농수산물 명예감시원(이하 "명예감시원"이라 한다)을 위촉한다.

1. 생산자단체, 소비자단체 등의 회원이나 직원 중에서 해당 단체의 장이 추천하는 사람
2. 농수산물의 유통에 관심이 있고 명예감시원의 임무를 성실히 수행할 수 있는 사람

정답 08 ①

② 명예감시원의 임무는 다음 각 호와 같다.

　　1. 농수산물의 표준규격화, 농산물우수관리, 품질인증, 친환경수산물인증, 농수산물 이력추적관리, 지리적표시, 원산지표시에 관한 지도·홍보 및 위반사항의 감시·신고

　　2. 그 밖에 농수산물의 유통질서 확립과 관련하여 국립농산물품질관리원장, 국립수산물품질관리원장, 산림청장 또는 시·도지사가 부여하는 임무

③ 명예감시원의 운영에 관한 세부 사항은 국립농산물품질관리원장, 국립수산물품질관리원장, 산림청장 또는 시·도지사가 정하여 고시한다.

09 농수산물 품질관리법령상 과태료 부과기준이다. ( )에 들어갈 내용으로 옳은 것은?

> 위반행위의 횟수에 따른 과태료의 가중된 부과기준은 최근 1년간 같은 위반행위로 과태료 부과처분을 받은 경우에 적용한다. 이 경우 기간의 계산은 위반행위에 대하여 (ㄱ)과 그 처분 후 다시 같은 위반행위를 하여 (ㄴ)을 기준으로 한다.
> * A: 적발된 날, B: 과태료 부과처분을 받은 날

① ㄱ: A, ㄴ: A　　　　　　　　　　② ㄱ: A, ㄴ: B

③ ㄱ: B, ㄴ: A　　　　　　　　　　④ ㄱ: B, ㄴ: B

해설 시행령 [별표4] 과태료의 부과기준

1. 일반기준

　가. 위반행위의 횟수에 따른 과태료의 가중된 부과기준(제2호바목 및 사목의 경우는 제외한다)은 최근 1년간 같은 위반행위로 과태료 부과처분을 받은 경우에 적용한다. 이 경우 기간의 계산은 위반행위에 대하여 과태료 부과처분을 받은 날과 그 처분 후 다시 같은 위반행위를 하여 적발된 날을 기준으로 한다.

　나. 가목에 따라 가중된 부과처분을 하는 경우 가중처분의 적용 차수는 그 위반행위 전 부과처분 차수(가목에 따른 기간 내에 과태료 부과처분이 둘 이상 있었던 경우에는 높은 차수를 말한다)의 다음 차수로 한다.

　다. 위반행위가 둘 이상인 경우로서 그에 해당하는 각각의 처분기준이 다른 경우에는 그 중 무거운 처분기준에 따른다.

　라. 부과권자는 다음의 어느 하나에 해당하는 경우에 제2호에 따른 과태료 금액을 2분의 1의 범위에서 감경할 수 있다. 다만, 과태료를 체납하고 있는 위반행위자의 경우에는 그러하지 아니하다.

　　1) 위반행위자가 「질서위반행위규제법 시행령」 제2조의2제1항 각 호의 어느 하나에 해당하는 경우

　　2) 위반행위자가 자연재해·화재 등으로 재산에 현저한 손실이 발생했거나 사업여건의 악화로 중대한 위기에 처하는 등의 사정이 있는 경우

　　3) 위반행위가 고의나 중대한 과실이 아닌 사소한 부주의나 오류로 인한 것으로 인정되는 경우

　　4) 그 밖에 위반행위의 정도, 위반행위의 동기와 그 결과 등을 고려하여 감경할 필요가 있다고 인정되는 경우

10 농수산물 품질관리법령상 표준규격품임을 표시하기 위하여 해당 물품의 포장 겉면에 "표준규격품"이라는 문구와 함께 의무적으로 표시하여야 하는 사항을 모두 고른 것은?

ㄱ. 품목	ㄴ. 등급	ㄷ. 선별상태	ㄹ. 산지

① ㄱ, ㄴ   ② ㄷ, ㄹ   ③ ㄱ, ㄴ, ㄷ   ④ ㄱ, ㄴ, ㄹ

해설 시행규칙 제7조(표준규격품의 출하 및 표시방법 등)
① 농림축산식품부장관, 해양수산부장관, 특별시장·광역시장·도지사·특별자치도지사(이하 "시·도지사"라 한다)는 농수산물을 생산, 출하, 유통 또는 판매하는 자에게 표준규격에 따라 생산, 출하, 유통 또는 판매하도록 권장할 수 있다.
② 법 제5조제2항에 따라 표준규격품을 출하하는 자가 표준규격품임을 표시하려면 해당 물품의 포장 겉면에 "표준규격품"이라는 문구와 함께 다음 각 호의 사항을 표시하여야 한다.
  1. 품목
  2. 산지
  3. 품종. 다만, 품종을 표시하기 어려운 품목은 국립농산물품질관리원장, 국립수산물품질관리원장 또는 산림청장이 정하여 고시하는 바에 따라 품종의 표시를 생략할 수 있다.
  4. 생산 연도(곡류만 해당한다)
  5. 등급
  6. 무게(실중량). 다만, 품목 특성상 무게를 표시하기 어려운 품목은 국립농산물품질관리원장, 국립수산물품질관리원장 또는 산림청장이 정하여 고시하는 바에 따라 개수(마릿수) 등의 표시를 단일하게 할 수 있다.
  7. 생산자 또는 생산자단체의 명칭 및 전화번호

11 농수산물 품질관리법령상 3년 이하의 징역 또는 3천만 원 이하의 벌금에 해당하지 않는 경우는?
① 우수표시품이 아닌 농산물에 우수표시품의 표시를 한 자
② 유전자변형농산물의 표시를 거짓으로 한 유전자변형농산물 표시의무자
③ 지리적표시품이 아닌 농산물의 포장·용기·선전물 및 관련 서류에 지리적표시를 한 자
④ 표준규격품의 표시를 한 농산물에 표준규격품이 아닌 농산물을 혼합하여 판매하는 행위를 한 자

정답 10 ④ 11 ②

해설 법 제117조(벌칙) 7년 이하의 징역 또는 1억 원 이하의 벌금

다음 각 호의 어느 하나에 해당하는 자는 7년 이하의 징역 또는 1억 원 이하의 벌금에 처한다. 이 경우 징역과 벌금은 병과(倂科)할 수 있다.

1. 제57조제1호를 위반하여 유전자변형농수산물의 표시를 거짓으로 하거나 이를 혼동하게 할 우려가 있는 표시를 한 유전자변형농수산물 표시의무자
2. 제57조제2호를 위반하여 유전자변형농수산물의 표시를 혼동하게 할 목적으로 그 표시를 손상·변경한 유전자변형농수산물 표시의무자
3. 제57조제3호를 위반하여 유전자변형농수산물의 표시를 한 농수산물에 다른 농수산물을 혼합하여 판매하거나 혼합하여 판매할 목적으로 보관 또는 진열한 유전자변형농수산물 표시의무자

법 제119조(벌칙) 3년 이하의 징역 또는 3천만 원 이하의 벌금

다음 각 호의 어느 하나에 해당하는 자는 3년 이하의 징역 또는 3천만 원 이하의 벌금에 처한다.

1. 제29조제1항제1호를 위반하여 우수표시품이 아닌 농수산물(우수관리인증농산물이 아닌 농산물의 경우에는 제7조제4항에 따른 승인을 받지 아니한 농산물을 포함한다) 또는 농수산가공품에 우수표시품의 표시를 하거나 이와 비슷한 표시를 한 자
1의2. 제29조제1항제2호를 위반하여 우수표시품이 아닌 농수산물(우수관리인증농산물이 아닌 농산물의 경우에는 제7조제4항에 따른 승인을 받지 아니한 농산물을 포함한다) 또는 농수산가공품을 우수표시품으로 광고하거나 우수표시품으로 잘못 인식할 수 있도록 광고한 자
2. 제29조제2항을 위반하여 다음 각 목의 어느 하나에 해당하는 행위를 한 자
    가. 제5조제2항에 따라 표준규격품의 표시를 한 농수산물에 표준규격품이 아닌 농수산물 또는 농수산가공품을 혼합하여 판매하거나 혼합하여 판매할 목적으로 보관하거나 진열하는 행위
    나. 제6조제6항에 따라 우수관리인증의 표시를 한 농산물에 우수관리인증농산물이 아닌 농산물(제7조제4항에 따른 승인을 받지 아니한 농산물을 포함한다) 또는 농산가공품을 혼합하여 판매하거나 혼합하여 판매할 목적으로 보관하거나 진열하는 행위
    다. 제14조제3항에 따라 품질인증품의 표시를 한 수산물에 품질인증품이 아닌 수산물을 혼합하여 판매하거나 혼합하여 판매할 목적으로 보관 또는 진열하는 행위
    라. 삭제 〈2012. 6. 1.〉
    마. 제24조제6항에 따라 이력추적관리의 표시를 한 농산물에 이력추적관리의 등록을 하지 아니한 농산물 또는 농산가공품을 혼합하여 판매하거나 혼합하여 판매할 목적으로 보관하거나 진열하는 행위
3. 제38조제1항을 위반하여 지리적표시품이 아닌 농수산물 또는 농수산가공품의 포장·용기·선전물 및 관련 서류에 지리적표시나 이와 비슷한 표시를 한 자
4. 제38조제2항을 위반하여 지리적표시품에 지리적표시품이 아닌 농수산물 또는 농수산가공품을 혼합하여 판매하거나 혼합하여 판매할 목적으로 보관 또는 진열한 자
5. 제73조제1항제1호 또는 제2호를 위반하여 「해양환경관리법」 제2조제4호에 따른 폐기물, 같은 조 제7호에 따른 유해액체물질 또는 같은 조 제8호에 따른 포장유해물질을 배출한 자
6. 제101조제1호를 위반하여 거짓이나 그 밖의 부정한 방법으로 제79조에 따른 농산물의 검사, 제85조에 따른 농산물의 재검사, 제88조에 따른 수산물 및 수산가공품의 검사, 제96조에 따른 수산물 및 수산가공품의 재검사 및 제98조에 따른 검정을 받은 자
7. 제101조제2호를 위반하여 검사를 받아야 하는 수산물 및 수산가공품에 대하여 검사를 받지 아니한 자
8. 제101조제3호를 위반하여 검사 및 검정 결과의 표시, 검사증명서 및 검정증명서를 위조하거나 변조한 자
9. 제101조제5호를 위반하여 검정 결과에 대하여 거짓광고나 과대광고를 한 자

12 농수산물 품질관리법령상 이력추적관리의 등록사항이 아닌 것은?

① 생산자 재배지의 주소

② 유통자의 성명, 주소 및 전화번호

③ 유통자의 유통업체명, 수확 후 관리시설명

④ 판매자의 포장·가공시설 주소 및 브랜드명

[해설] **시행규칙 제46조(이력추적관리의 대상품목 및 등록사항)**

① 법 제24조제1항에 따른 이력추적관리 등록 대상품목은 법 제2조제1항제1호가목의 농산물(축산물은 제외한다. 이하 이 절에서 같다) 중 식용을 목적으로 생산하는 농산물로 한다.

② 법 제24조제1항에 따른 이력추적관리의 등록사항은 다음 각 호와 같다.

　　1. 생산자(단순가공을 하는 자를 포함한다)

　　　가. 생산자의 성명, 주소 및 전화번호

　　　나. 이력추적관리 대상품목명

　　　다. 재배면적

　　　라. 생산계획량

　　　마. 재배지의 주소

　　2. 유통자

　　　가. 유통업체의 명칭 또는 유통자의 성명, 주소 및 전화번호

　　　나. 삭제 〈2016. 4. 6.〉

　　　다. 수확 후 관리시설이 있는 경우 관리시설의 소재지

　　3. 판매자 : 판매업체의 명칭 또는 판매자의 성명, 주소 및 전화번호

---

13 농수산물 품질관리법령상 지리적표시 등록 신청서에 첨부·표시해야 하는 것으로 옳지 않은 것은?

① 해당 특산품의 유명성과 시·도지사의 추천서

② 자체품질기준

③ 품질관리계획서

④ 생산계획서(법인의 경우 각 구성원별 생산계획을 포함한다)

[해설] **시행규칙 제56조(지리적표시의 등록 및 변경)**

① 법 제32조제3항 전단에 따라 지리적표시의 등록을 받으려는 자는 별지 제30호서식의 지리적표시 등록(변경) 신청서에 다음 각 호의 서류를 첨부하여 농산물(임산물은 제외한다. 이하 이 장에서 같다)은 국립농산물품질관리원장, 임산물은 산림청장, 수산물은 국립수산물품질관리원장에게 각각 제출하여야 한다. 다만, 지리적표시의 등록을 받으려는 자가 「상표법 시행령」 제5조제1호부터 제3호까지의 서류를 특허청장에게 제출한 경우(2011년 1월 1일 이후에 제출한 경우만 해당한다)에는 별지 제30호서식의 지리적표시 등록(변경) 신청서에 해당 사항을 표시하고 제3호부터 제6호까지의 서류를 제출하지 아니할 수 있다.

정답　**12** ④　**13** ①

1. 정관(법인인 경우만 해당한다)
2. 생산계획서(법인의 경우 각 구성원별 생산계획을 포함한다)
3. 대상품목·명칭 및 품질의 특성에 관한 설명서
4. 해당 특산품의 유명성과 역사성을 증명할 수 있는 자료
5. 품질의 특성과 지리적 요인과 관계에 관한 설명서
6. 지리적표시 대상지역의 범위
7. 자체품질기준
8. 품질관리계획서

14 농수산물 품질관리법상 농산물의 안전성조사에 관한 설명으로 옳은 것은?

① 농림축산식품부장관은 농산물의 안전관리계획을 5년마다 수립·시행하여야 한다.
② 식품의약품안전처장은 농산물의 안전성을 확보하기 위한 세부추진계획을 5년마다 수립·시행하여야 한다.
③ 식품의약품안전처장은 시료 수거를 무상으로 하게 할 수 있다.
④ 안전성조사의 대상품목 선정, 대상지역 및 절차 등에 필요한 세부적인 사항은 농촌진흥청장이 정한다.

해설 **법 제62조(시료 수거 등)**
① 식품의약품안전처장이나 시·도지사는 안전성조사, 제68조제1항에 따른 위험평가 또는 같은 조 제3항에 따른 잔류조사를 위하여 필요하면 관계 공무원에게 다음 각 호의 시료 수거 및 조사 등을 하게 할 수 있다. 이 경우 무상으로 시료 수거를 하게 할 수 있다.

법 제60조(안전관리계획)
① 식품의약품안전처장은 농수산물(축산물은 제외한다. 이하 이 장에서 같다)의 품질 향상과 안전한 농수산물의 생산·공급을 위한 안전관리계획을 매년 수립·시행하여야 한다.
② 시·도지사 및 시장·군수·구청장은 관할 지역에서 생산·유통되는 농수산물의 안전성을 확보하기 위한 세부추진계획을 수립·시행하여야 한다.

시행규칙 제7조(안전성조사의 대상품목)
② 제1항에 따른 대상품목의 구체적인 사항은 식품의약품안전처장이 정한다.

15 농수산물 품질관리법상 유전자변형농산물의 표시 위반에 대한 처분에 해당하지 않는 것은?

① 표시의 변경 시정명령
② 표시의 삭제 시정명령
③ 표시 위반 농산물의 판매 금지
④ 표시 위반 농산물의 몰수

법 제59조(유전자변형농수산물의 표시 위반에 대한 처분)

① 식품의약품안전처장은 제56조 또는 제57조를 위반한 자에 대하여 다음 각 호의 어느 하나에 해당하는 처분을 할 수 있다.

1. 유전자변형농수산물 표시의 이행·변경·삭제 등 시정명령

2. 유전자변형 표시를 위반한 농수산물의 판매 등 거래행위의 금지

② 식품의약품안전처장은 제57조를 위반한 자에게 제1항에 따른 처분을 한 경우에는 처분을 받은 자에게 해당 처분을 받았다는 사실을 공표할 것을 명할 수 있다.

③ 식품의약품안전처장은 유전자변형농수산물 표시의무자가 제57조를 위반하여 제1항에 따른 처분이 확정된 경우 처분내용, 해당 영업소와 농수산물의 명칭 등 처분과 관련된 사항을 대통령령으로 정하는 바에 따라 인터넷 홈페이지에 공표하여야 한다.

④ 제1항에 따른 처분과 제2항에 따른 공표명령 및 제3항에 따른 인터넷 홈페이지 공표의 기준·방법 등에 필요한 사항은 대통령령으로 정한다.

16 농수산물 품질관리법령상 농산물 지정검사기관이 1회 위반행위를 하였을 때 가장 가벼운 행정처분을 받는 것은?

① 업무정지 기간 중에 검사 업무를 한 경우

② 정당한 사유 없이 지정된 검사를 하지 않은 경우

③ 검사를 거짓으로 한 경우

④ 시설·장비·인력, 조직이나 검사업무에 관한 규정 중 어느 하나가 지정기준에 맞지 않는 경우

해설 ① 지정 취소, ② 경고, ③ 업무정지 3개월, ④ 업무정지 1개월

정리 시행규칙 [별표20] 농산물 지정검사기관의 지정 취소 및 사업정지에 관한 처분기준

위반행위	위반횟수별 처분기준			
	1회	2회	3회	4회
가. 거짓이나 그 밖의 부정한 방법으로 지정을 받은 경우	지정 취소			
나. 업무정지 기간 중에 검사 업무를 한 경우	지정 취소			
다. 법 제80조제3항에 따른 지정기준에 맞지 않게 된 경우				
1) 시설·장비·인력, 조직이나 검사업무에 관한 규정 중 어느 하나가 지정기준에 맞지 않는 경우	업무정지 1개월	업무정지 3개월	업무정지 6개월	지정 취소
2) 시설·장비·인력, 조직이나 검사업무에 관한 규정 중 둘 이상이 지정기준에 맞지 않는 경우	업무정지 6개월	지정 취소		

정답 16 ②

위반행위	위반횟수별 처분기준			
	1회	2회	3회	4회
라. 검사를 거짓으로 한 경우	업무정지 3개월	업무정지 6개월	지정 취소	
마. 검사를 성실하게 하지 않은 경우				
1) 검사품의 재조제가 필요한 경우	경고	업무정지 3개월	업무정지 6개월	지정 취소
2) 검사품의 재조제가 필요하지 않은 경우	경고	업무정지 1개월	업무정지 3개월	지정 취소
바. 정당한 사유 없이 지정된 검사를 하지 않은 경우	경고	업무정지 1개월	업무정지 3개월	지정 취소

17 농수산물 유통 및 가격안정에 관한 법률상 매매방법에 대한 규정이다. ( )에 들어갈 내용으로 옳은 것은?

> 도매시장법인은 도매시장에서 농산물을 경매·입찰·( )매매 또는 수의매매의 방법으로 매매하여야 한다.

① 선취 　　② 선도 　　③ 창고 　　④ 정가

─────────────────────────────────

해설 법 제32조(매매방법)
도매시장법인은 도매시장에서 농수산물을 경매·입찰·정가매매 또는 수의매매(隨意賣買)의 방법으로 매매하여야 한다. 다만, 출하자가 매매방법을 지정하여 요청하는 경우 등 농림축산식품부령 또는 해양수산부령으로 매매방법을 정한 경우에는 그에 따라 매매할 수 있다.

18 농수산물 유통 및 가격안정에 관한 법령상 도매시장 개설자가 거래관계자의 편익과 소비자 보호를 위하여 이행하여야 하는 사항으로 옳지 않은 것은?

① 도매시장 시설의 정비·개선 　　② 농산물 상품성 향상을 위한 규격화
③ 농산물 품위 검사 　　④ 농산물 포장 개선 및 선도 유지의 촉진

─────────────────────────────────

해설 법 제20조(도매시장 개설자의 의무)
① 도매시장 개설자는 거래 관계자의 편익과 소비자 보호를 위하여 다음 각 호의 사항을 이행하여야 한다.
1. 도매시장 시설의 정비·개선과 합리적인 관리
2. 경쟁 촉진과 공정한 거래질서의 확립 및 환경 개선
3. 상품성 향상을 위한 규격화, 포장 개선 및 선도(鮮度) 유지의 촉진

정답 17 ④ 18 ③

② 도매시장 개설자는 제1항 각 호의 사항을 효과적으로 이행하기 위하여 이에 대한 투자계획 및 거래제도 개선방안 등을 포함한 대책을 수립·시행하여야 한다.

19 농수산물 유통 및 가격안정에 관한 법령상 농산물 과잉생산 시 농림축산식품부장관이 생산자 보호를 위해 하는 업무에 관한 설명으로 옳지 않은 것은?

① 수매 및 처분에 관한 업무를 한국식품연구원에 위탁할 수 있다.
② 수매한 농산물에 대해서는 해당 농산물의 생산지에서 폐기하는 등 필요한 처분을 할 수 있다.
③ 채소류 등 저장성이 없는 농산물의 가격안정을 위하여 필요하다고 인정할 때에는 그 생산자 또는 생산자단체로부터 해당 농산물을 수매할 수 있다.
④ 수매한 농산물은 판매 또는 수출하거나 사회복지단체에 기증할 수 있다.

해설 **법 제9조(과잉생산 시의 생산자 보호)**
① 농림축산식품부장관은 채소류 등 저장성이 없는 농산물의 가격안정을 위하여 필요하다고 인정할 때에는 그 생산자 또는 생산자단체로부터 제54조에 따른 농산물가격안정기금으로 해당 농산물을 수매할 수 있다. 다만, 가격안정을 위하여 특히 필요하다고 인정할 때에는 도매시장 또는 공판장에서 해당 농산물을 수매할 수 있다.
② 제1항에 따라 수매한 농산물은 판매 또는 수출하거나 사회복지단체에 기증하거나 그 밖에 필요한 처분을 할 수 있다.
③ 농림축산식품부장관은 제1항과 제2항에 따른 수매 및 처분에 관한 업무를 농업협동조합중앙회·산림조합중앙회(이하 "농림협중앙회"라 한다) 또는 「한국농수산식품유통공사법」에 따른 한국농수산식품유통공사(이하 "한국농수산식품유통공사"라 한다)에 위탁할 수 있다.
④ 농림축산식품부장관은 채소류 등의 수급 안정을 위하여 생산·출하 안정 등 필요한 사업을 추진할 수 있다.
⑤ 제1항부터 제3항까지의 규정에 따른 수매·처분 등에 필요한 사항은 대통령령으로 정한다.

시행령 제10조(과잉생산된 농산물의 수매 및 처분)
① 농림축산식품부장관은 법 제9조에 따라 저장성이 없는 농산물을 수매할 때에 다음 각 호의 어느 하나의 경우에는 수확 이전에 생산자 또는 생산자단체로부터 이를 수매할 수 있으며, 수매한 농산물에 대해서는 해당 농산물의 생산지에서 폐기하는 등 필요한 처분을 할 수 있다.
  1. 생산조정 또는 출하조절에도 불구하고 과잉생산이 우려되는 경우
  2. 생산자보호를 위하여 필요하다고 인정되는 경우
② 법 제9조에 따라 저장성이 없는 농산물을 수매하는 경우에는 법 제6조에 따라 생산계약 또는 출하계약을 체결한 생산자가 생산한 농산물과 법 제13조제1항에 따라 출하를 약정한 생산자가 생산한 농산물을 우선적으로 수매하여야 한다.
③ 법 제9조제3항에 따른 저장성이 없는 농산물의 수매·처분의 위탁 및 비용처리에 관하여는 제12조부터 제14조까지의 규정을 준용한다.

정답 19 ①

20 농수산물 유통 및 가격안정에 관한 법령상 경매사의 임면과 업무에 관한 설명으로 옳지 않은 것은?

① 도매시장법인이 확보하여야 하는 경매사의 수는 2명 이상으로 한다.

② 도매시장법인은 경매사를 임면한 경우 임면한 날부터 10일 이내에 도매시장 개설자에게 신고하여야 한다.

③ 도매시장법인은 해당 도매시장의 시장도매인, 중도매인을 경매사로 임명할 수 없다.

④ 경매사는 상장 농산물에 대한 가격평가 업무를 수행한다.

────────────────────────────

(해설) **법 제27조(경매사의 임면)**

① 도매시장법인은 도매시장에서의 공정하고 신속한 거래를 위하여 농림축산식품부령 또는 해양수산부령으로 정하는 바에 따라 일정 수 이상의 경매사를 두어야 한다.

시행규칙 제20조(경매사의 임면)

① 법 제27조제1항에 따라 도매시장법인이 확보하여야 하는 경매사의 수는 2명 이상으로 하되, 도매시장법인별 연간 거래물량 등을 고려하여 업무규정으로 그 수를 정한다.

② 법 제27조제4항에 따라 도매시장법인이 경매사를 임면(任免)한 경우에는 별지 제3호서식에 따라 임면한 날부터 30일 이내에 도매시장 개설자에게 신고하여야 한다.

법 제28조(경매사의 업무 등)

① 경매사는 다음 각 호의 업무를 수행한다.
  1. 도매시장법인이 상장한 농수산물에 대한 경매 우선순위의 결정
  2. 도매시장법인이 상장한 농수산물에 대한 가격평가
  3. 도매시장법인이 상장한 농수산물에 대한 경락자의 결정

21 농수산물 유통 및 가격안정에 관한 법령상 도매시장 개설자가 도매시장법인으로 하여금 우선적으로 판매하게 할 수 있는 대상을 모두 고른 것은?

> ㄱ. 대량 입하품
> ㄴ. 도매시장 개설자가 선정하는 우수출하주의 출하품
> ㄷ. 예약 출하품
> ㄹ. 「농수산물 품질관리법」에 따른 우수관리인증농산물

① ㄱ, ㄴ　　　　② ㄱ, ㄷ　　　　③ ㄴ, ㄷ, ㄹ　　　　④ ㄱ, ㄴ, ㄷ, ㄹ

────────────────────────────

(해설) **시행규칙 제30조(대량 입하품 등의 우대)**

도매시장 개설자는 법 제33조제2항에 따라 다음 각 호의 품목에 대하여 도매시장법인 또는 시장도매인으로 하여금 우선적으로 판매하게 할 수 있다.

1. 대량 입하품
2. 도매시장 개설자가 선정하는 우수출하주의 출하품

3. 예약 출하품
4. 「농수산물 품질관리법」 제5조에 따른 표준규격품 및 같은 법 제6조에 따른 우수관리인증농산물
5. 그 밖에 도매시장 개설자가 도매시장의 효율적인 운영을 위하여 특히 필요하다고 업무규정으로 정하는 품목

22 농수산물 유통 및 가격안정에 관한 법률상 공판장에 관한 설명으로 옳지 않은 것은?

① 농협은 공판장을 개설할 수 있다.
② 공판장의 시장도매인은 공판장의 개설자가 지정한다.
③ 공판장에는 중도매인을 둘 수 있다.
④ 공판장에는 경매사를 둘 수 있다.

──────

(해설) **시행규칙 제43조(공판장의 개설)**
① 농림수협등, 생산자단체 또는 공익법인이 공판장을 개설하려면 시·도지사의 승인을 받아야 한다.

법 제44조(공판장의 거래 관계자)
① 공판장에는 중도매인, 매매참가인, 산지유통인 및 경매사를 둘 수 있다.

23 농수산물 유통 및 가격안정에 관한 법령상 유통조절명령에 포함되어야 하는 사항이 아닌 것은?

① 유통조절명령의 이유
② 대상 품목
③ 시·도지사가 유통조절에 관하여 필요하다고 인정하는 사항
④ 생산조정 또는 출하조절의 방안

──────

(해설) **시행령 제11조(유통조절명령)**
법 제10조제2항에 따른 유통조절명령에는 다음 각 호의 사항이 포함되어야 한다.
1. 유통조절명령의 이유(수급·가격·소득의 분석 자료를 포함한다)
2. 대상 품목
3. 기간
4. 지역
5. 대상자
6. 생산조정 또는 출하조절의 방안
7. 명령이행 확인의 방법 및 명령 위반자에 대한 제재조치
8. 사후관리와 그 밖에 농림축산식품부장관 또는 해양수산부장관이 유통조절에 관하여 필요하다고 인정하는 사항

정답 **22** ② **23** ③

24 농수산물 유통 및 가격안정에 관한 법령상 중도매인이 도매시장 개설자의 허가를 받아 도매시장법인이 상장하지 아니한 농산물을 거래할 수 있는 품목에 관한 내용으로 옳지 않은 것은?

① 온라인거래소를 통하여 공매하는 비축품목

② 부류를 기준으로 연간 반입물량 누적비율이 하위 3퍼센트 미만에 해당하는 소량품목

③ 품목의 특성으로 인하여 해당 품목을 취급하는 중도매인이 소수인 품목

④ 그 밖에 상장거래에 의하여 중도매인이 해당 농산물을 매입하는 것이 현저히 곤란하다고 개설자가 인정하는 품목

해설 **시행규칙 제27조(상장되지 아니한 농수산물의 거래허가)**

법 제31조제2항 단서에 따라 중도매인이 도매시장의 개설자의 허가를 받아 도매시장법인이 상장하지 아니한 농수산물을 거래할 수 있는 품목은 다음 각 호와 같다. 이 경우 도매시장개설자는 법 제78조제3항에 따른 시장관리운영위원회의 심의를 거쳐 허가하여야 한다.

1. 영 제2조 각 호의 <u>부류를 기준으로 연간 반입물량 누적비율이 하위 3퍼센트 미만에 해당하는 소량품목</u>
2. <u>품목의 특성으로 인하여 해당 품목을 취급하는 중도매인이 소수인 품목</u>
3. <u>그 밖에 상장거래에 의하여 중도매인이 해당 농수산물을 매입하는 것이 현저히 곤란하다고 도매시장 개설자가 인정하는 품목</u>

25 농수산물 유통 및 가격안정에 관한 법률상 민영도매시장의 개설 및 운영 등에 관한 내용으로 옳지 않은 것은?

① 민영도매시장을 개설하려면 시·도지사의 허가를 받아야 한다.

② 농산물을 수집하여 민영도매시장에 출하하려는 자는 민영도매시장의 개설자에게 산지유통인으로 등록하여야 한다.

③ 민간인등이 민영도매시장의 개설허가를 받으려면 시·도지사가 정하는 바에 따라 민영도매시장 개설허가 신청서를 시·도지사에게 제출하여야 한다.

④ 민영도매시장의 경매사는 민영도매시장의 개설자가 임면한다.

해설 **법 제47조(민영도매시장의 개설)**

① <u>민간인등이 특별시·광역시·특별자치시·특별자치도 또는 시 지역에 민영도매시장을 개설하려면 시·도지사의 허가를 받아야 한다.</u>

② <u>민간인등이 제1항에 따라 민영도매시장의 개설허가를 받으려면 농림축산식품부령 또는 해양수산부령으로 정하는 바에 따라 민영도매시장 개설허가 신청서에 업무규정과 운영관리계획서를 첨부하여 시·도지사에게 제출하여야 한다.</u>

정답 24 ① 25 ③

26 원예작물의 주요 기능성 물질의 연결이 옳은 것은?

① 상추 – 엘라그산(ellagic acid) ② 마늘 – 알리인(alliin)

③ 토마토 – 시니그린(sinigrin) ④ 포도 – 아미그달린(amygdalin)

(해설) ① 상추 – 락투신, ③ 토마토 – 라이코펜, ④ 포도 – 레스베라트롤

(정리) **원예작물의 기능성 물질**

	주요 기능성 물질	효능
고추	캡사이신	암세포 증식 억제
포도	멜라토닌	수면 개선
	레스베라트롤	암(전립선암, 유방암, 간암, 폐암) 예방
토마토	라이코펜	항산화작용, 노화 방지
	루틴	혈압 강하
수박	시트룰린	이뇨작용 촉진
오이	엘라테렌	숙취 해소
마늘	알리인	살균작용, 항암작용
양파	케르세틴	고혈압 예방, 항암작용
	디설파이드	혈액응고 억제
상추	락투신	진통효과
딸기	메틸살리실레이트	신경통 치료, 루마티즈 치료
	엘러진 산	항암작용
생강	시니그린	해독작용

27 밭에서 재배하는 원예작물이 과습조건에 놓였을 때 뿌리조직에서 일어나는 현상으로 옳지 않은 것은?

① 무기호흡이 증가한다. ② 에탄올 축적으로 생육장해를 받는다.

③ 세포벽의 목질화가 촉진된다. ④ 철과 망간의 흡수가 억제된다.

(해설) 무기호흡의 증가, 세포벽의 목질화, 생육억제, 영양 공급의 불균형, 뿌리가 썩는 현상 등은 대표적인 과습장해이다.

(정리) (1) 과습장해

① 토양에 물이 많을 때 식물에 일어나는 장해이다. 장마기에 배수가 불량한 토양에서 자주 발생하는데 토양공극이 물로 채워져서 나타나는 산소 부족이 주된 원인이다.

정답 26 ② 27 ④

② 산소가 부족하면 무기호흡에 의존하여 에너지 공급이 원활하지 못하고, 에탄올, 알코올과 같은 저해물질이 축적되어 생육억제가 일어난다.

③ 뿐만 아니라 토양 내 환원물질의 축적이 많아져(토양이 환원상태로 되며, 산화환원전위(Eh)는 떨어진다.) 영양 공급의 불균형, 뿌리가 썩는 현상 등이 일어난다.

(2) 세포벽의 목질화

식물의 세포벽은 세포를 보호하는 기관이다. 가장 바깥쪽의 1차 세포벽은 셀룰로오스가 주성분이며 1차 세포벽과 2차 세포벽을 연결하는 중간층은 펙틴이 주성분이고, 2차 세포벽은 셀룰로오스에 리그닌, 수베린, 큐틴이 침착한다. 리그닌이 세포벽에 들어가면 나무같이 목질화가 되고, 수베린이 들어가면 코르크화, 큐틴이 첨가되면 큐티클화 된다.

28 마늘의 무병주 생산에 적합한 조직배양법은?

① 줄기배양   ② 화분배양   ③ 엽병배양   ④ 생장점배양

(해설) 생장점에는 바이러스가 거의 없기 때문에 무병주(virus-free stock, 메리클론(mericlone))생산에 생장점배양이 많이 이용되고 있다. 감자, 마늘, 딸기, 카네이션은 무병주 생산이 산업적으로 이용되고 있다.

(정리) **조직배양**

㉠ 조직배양이란 식물체의 어떤 부위든 상관없이 세포나 조직의 일부를 취하여 살균한 다음, 무균적으로 배양하여 callus를 형성시키고 여기에서 새로운 개체를 만들어내는 방법이다.

㉡ 조직배양을 통해 식물의 대량번식이 가능하고, 바이러스가 없는 식물체(virus-free stock)를 얻을 수 있다. 특히 생장점에는 바이러스가 거의 없기 때문에 무병주(virus-free stock, 메리클론(mericlone)) 생산에 생장점배양이 많이 이용되고 있다.

㉢ 생장점배양을 통해서 얻을 수 있는 영양번식체로서 바이러스 등 조직 내에 존재하는 병이 제거된 묘를 무병주라고 한다. 감자, 마늘, 딸기, 카네이션은 무병주 생산이 산업적으로 이용되고 있다.

29 결핍 시 잎에서 황화 현상을 일으키는 원소가 아닌 것은?

① 질소   ② 인   ③ 철   ④ 마그네슘

(해설) 질소, 철, 마그네슘, 구리, 아연 등이 결핍되면 잎에서 황화 현상을 일으킨다.

(정리) **토양 중의 무기성분**

(1) 작물 생육에 필수적인 원소는 탄소(C), 산소(O), 수소(H), 질소(N), 인(P), 칼륨(K), 칼슘(Ca), 마그네슘(Mg), 황(S), 철(Fe), 망간(Mn), 구리(Cu), 아연(Zn), 붕소(B), 몰리브덴(Mo), 염소(Cl)의 16원소이다. 이 중 질소(N), 인(P), 칼륨(K), 칼슘(Ca), 마그네슘(Mg), 황(S)의 6원소는 작물생육에 다량으로 소요되는 원소인데 이를 다량원소라고 한다. 그리고 철(Fe), 망간(Mn), 구리(Cu), 아연(Zn), 붕소(B), 몰리브덴(Mo), 염소(Cl) 등은 미량원소이다.

(2) 필수원소 중 자연함량이 부족하여 인위적으로 공급할 필요가 있는 것을 비료요소라고 하는데, 비료요소는 질소(N), 인(P), 칼륨(K), 칼슘(Ca), 마그네슘(Mg), 철(Fe), 망간(Mn), 아연(Zn), 붕소(B) 등이다. 이 중에서 인위적 공급의 필요성이 가장 큰 질소(N), 인(P), 칼륨(K)을 비료의 3요소라고 한다.

정답   28 ④   29 ②

⑶ 필수원소의 주요작용

① 탄소(C), 산소(O), 수소(H)는 엽록소의 구성원소이다.

② 질소(N)는 녹색식물의 엽록소, 단백질, 각종 분열조직, 종자의 중요한 구성요소이다. 작물에 질소가 결핍되면 잎이 작고 황색으로 변하며 작물의 생장 및 발육이 저하된다. 질소결핍증상은 늙은 부분에서 먼저 나타나고 생장점에서는 마지막으로 나타난다. 한편 질소가 과다하면 세포벽이 얇아져 작물의 저항력이 떨어지고 개화가 지연된다.

③ 인(P)은 식물의 세포핵 분열조직 및 식물 생리상 중요한 효소의 구성요소이며 특히 뿌리의 발육을 촉진하는 작용을 한다. 인(P)이 결핍되면 뿌리의 생장이 정지되고 작물의 잎은 암록색으로 변하며 말라서 떨어지게 된다. 과실류는 신맛이 강하고 단맛이 적은 불량과가 된다.

④ 칼륨(K)은 세포 내에 수분을 공급하고 지나친 증산에 의한 수분상실을 제어하는 작용을 하며 여러 가지 효소반응의 활성제로서 작용한다. 결핍되면 잎에 갈색 반점이 생기고 줄기가 연약해지며 결실이 저하된다. 칼륨(K)이 지나치게 과다하면 칼슘과 마그네슘의 흡수가 저해된다.

⑤ 칼슘(Ca)은 세포막의 주성분이며 단백질의 합성, 물질 전류에 관여한다. 칼슘은 식물의 잎에 함유량이 많으며 체내에서 이동하기 힘들다. 토양 중에 칼슘이 과다하면 마그네슘, 철, 아연 등의 흡수가 저해된다. 식물체 내에 질소가 과다하면 세포벽이 얇아져 작물의 저항력이 떨어지고 작물의 C/N율이 낮아져 개화가 지연된다. 또한 칼슘이 결핍되면 뿌리나 눈의 생장점이 붉게 변하고, 사과는 고두병, 토마토는 배꼽썩음병, 땅콩은 공협(종실이 맺혀 있지 않은 빈꼬투리)이 발생한다.

⑥ 마그네슘(Mg)은 엽록소의 구성원소이며, 결핍되면 황백화현상이 나타나고 종자의 성숙이 저하된다.

⑦ 황(S)은 단백질, 아미노산, 효소 등의 구성성분이며 엽록소의 형성에 관여한다. 결핍되면 엽록소의 형성이 억제된다.

⑧ 철(Fe)은 호흡효소의 구성성분이며 엽록소의 형성에 관여한다. 결핍되면 어린 잎부터 황백화하여 엽맥 사이가 퇴색한다. 엽맥은 줄기에서 갈라진 관다발 끝이 잎살 사이를 누비듯 가늘게 가지 친 것을 말한다. 엽맥은 잎을 지지하며, 수분의 통로(도관)와 양분 및 동화물질의 통로(체관)가 된다. 철(Fe)이 결핍되면 엽맥 사이가 퇴색되고 양수분의 이동이 저해된다.

⑨ 망간(Mn)은 동화물질의 합성·분해, 호흡작용, 광합성 등에 관여한다. 결핍되면 엽맥에서 먼 부분이 황색으로 변한다. 그러나 망간이 과다하면 줄기, 잎에 갈색의 반점이 생기고 뿌리가 갈색으로 변한다. 사과의 적진병은 망간과다가 원인이 되기도 한다.

⑩ 구리(Cu)는 광합성, 호흡작용에 관여하며 엽록소의 생성을 촉진한다. 결핍되면 황백화, 괴사, 조기 낙과 등을 초래한다.

⑪ 아연(Zn)은 촉매 또는 반응조절물질로 작용하며 단백질과 탄수화물의 대사와 엽록소 형성에 관여한다. 결핍되면 황백화, 괴사, 조기낙엽 등을 초래한다. 감귤류에서는 잎무늬병, 소엽병, 결실불량 등을 초래한다.

⑫ 붕소(B)는 촉매 또는 반응조절물질로 작용하며 석회결핍의 영향을 감소시킨다. 붕소가 결핍되면 분열조직이 괴사하는 경우가 있다.

⑬ 몰리브덴(Mo)은 질소환원효소의 구성성분이다. 결핍되면 모자이크병 증세가 나타난다.

⑭ 염소(Cl)는 광화학반응의 촉매로 작용한다.

30 원예작물에 피해를 주는 흡즙성 곤충이 아닌 것은?

① 진딧물　　　　② 온실가루이　　　③ 점박이응애　　　④ 콩풍뎅이

해설 • 흡즙성 또는 액즙성 곤충이란 침모양으로 된 입틀로 잎, 줄기와 몸통의 틈새에서 즙액을 빨아 먹는 곤충을 말한다. 진딧물, 온실가루이, 점박이응애, 나비와 나방의 성충, 노린재목, 매미목 및 파리목 곤충이 이에 속한다.
• 풍뎅이는 저작형 해충으로 잎을 직접적으로 뜯어먹는 해충이다.

31 원예작물의 증산속도를 높이는 환경조건은?

① 미세 풍속의 증가　　　　　　　② 낮은 광량
③ 높은 상대습도　　　　　　　　　④ 낮은 지상부 온도

해설 ② 높은 광량, ③ 낮은 상대습도, ④ 높은 지상부 온도

정리 **증산**
　㉠ 뿌리로부터 흡수된 물이 지상부의 표면을 통해 수증기 상태로 날아가는 것을 증산이라고 한다.
　㉡ 공기 중의 상대습도가 낮으면 공기가 수증기를 많이 흡수할 수 있는 조건이 되므로 작물의 증산작용이 더욱 왕성해진다.
　㉢ 기온이 높아지면 증산작용이 왕성해진다.
　㉣ 미풍은 증산활동을 왕성하게 하고, 강풍은 기공을 닫게 하여 증산작용을 오히려 억제한다.
　㉤ 식물의 증산작용은 일반적으로 밤보다 낮에 더욱 왕성하다. 낮은 밤보다 광도가 높고 광도가 높으면 엽면온도도 높아져서 기공이 많이 열리기 때문이다.

32 딸기의 고설재배에 관한 설명으로 옳지 않은 것은?

① 토경재배에 비해 관리작업의 편리성이 높다.
② 토경재배에 비해 설치비가 저렴하다.
③ 점적 또는 NFT 방식의 관수법을 적용한다.
④ 재배 베드를 허리 높이까지 높여 재배하는 방식을 사용한다.

해설 ② 토경재배에 비해 설치비가 많이 든다.

정리 **딸기의 고설수경재배**
　㉠ 토경에 의한 재배가 아닌 배지재배로서 가대위에 재조를 만들고 재배조에 배지를 담아서 딸기를 심고 양액을 급액하여 재배하는 방식이다. 고설재배, 고설수경재배, 하이베드재배 등으로 불리운다.
　㉡ 육묘에서 수확까지 선 자세로 작업하기 때문에 능률적이다.
　㉢ 연작의 피해가 없다.
　㉣ 비용이 많이 든다.

정답 30 ④　31 ①　32 ②

33 배추과에 속하지 않는 원예작물은?

① 케일   ② 배추   ③ 무   ④ 비트

(해설) 배추과(십자화목): 무, 배추, 겨자, 갓, 열무, 청경채, 유채, 브로콜리, 케일

34 일년초 화훼류는?

① 칼랑코에, 매발톱꽃   ② 제라늄, 맨드라미
③ 맨드라미, 봉선화   ④ 포인세티아, 칼랑코에

(해설) 일년초 화훼: 채송화, 봉선화, 접시꽃, 맨드라미, 나팔꽃, 코스모스, 스토크

(정리) **화훼의 분류**

(1) 화훼는 생육습성에 따라 일년초화, 숙근초화, 구근초화, 화목류로 구분된다.
(2) 화훼는 화성유도에 필요한 일장에 따라 장일성, 단일성, 중간성 화훼로 구분된다.
(3) 화훼는 생육에 있어 수습의 요구도에 따라 건생, 습생, 수생 화훼로 구분된다.
(4) 화훼의 분류

생육습성에 따른 분류	초화(일년초)	채송화, 봉선화, 접시꽃, 맨드라미, 나팔꽃, 코스모스, 스토크
	숙근초화	국화, 옥잠화, 작약, 카네이션, 스타티스
	구근초화	글라디올러스, 백합, 튤립, 칸나, 수선화
	화목류	목련, 개나리, 진달래, 무궁화, 장미, 동백나무
화성유도(花成誘導)에 필요한 일장(日長)에 따른 분류	장일성(長日性)	글라디올러스, 시네라리아, 금어초
	단일성(短日性)	코스모스, 국화, 포인세티아
	중간성	카네이션, 튤립, 시클라멘
수습(水濕)의 요구도에 따른 분류	건생	채송화, 선인장
	습생	물망초, 꽃창포
	수생	연

35 A농산물품질관리사의 출하 시기 조절에 관한 조언으로 옳은 것을 모두 고른 것은?

> ㄱ. 거베라는 4/5 정도 대부분 개화된 상태일 때 수확한다.
> ㄴ. 스탠다드형 장미는 봉오리가 1/5 정도 개화 시 수확한다.
> ㄷ. 안개꽃은 전체 소화 중 1/10 정도 개화 시 수확한다.

① ㄱ   ② ㄱ, ㄴ   ③ ㄴ, ㄷ   ④ ㄱ, ㄴ, ㄷ

정답 33 ④ 34 ③ 35 ②

36 화훼류를 시설 내에서 장기간 재배한 토양에 관한 설명으로 옳지 않은 것은?

① 공극량이 적어진다. ② 특정성분의 양분이 결핍된다.
③ 염류집적 발생이 어렵다. ④ 병원성 미생물의 밀도가 높아진다.

해설 토양 중에 염류가 집적되어 작물의 생육을 저해한다.

정리 **연작**

(1) 동일 경지에 동일 종류의 작물을 매년 계속해서 재배하는 것을 연작(連作, 이어짓기)이라고 한다.
(2) 연작은 토양 양분의 결핍 및 병충해의 누적을 가져와 작물 생육에 불리하다. 이와 같은 연작의 피해를 기지(忌地, soil sickness)라고 한다.
(3) 기지의 원인
① 연작으로 토양 비료성분이 소모된다.
② 연작으로 토양 중에 염류가 집적되어 작물의 생육을 저해한다.
③ 연작으로 작물의 찌꺼기 등 토양에 유독물질이 축적된다.
④ 연작으로 토양전염병 및 병충해가 번성할 수 있다.
⑤ 화곡류를 연작하면 토양이 굳어져 작물의 생육을 저해한다.

37 절화류 보존제는?

① 에틸렌 ② AVG ③ ACC ④ 에테폰

해설 치오황산은(STS), AOA, AVG 등은 에틸렌의 합성이나 작용을 억제한다.

정리 **절화보존제(floral preservative)**

㉠ 절화의 노화를 지연시키고 수명을 연장시키는 약제를 절화보존제(floral preservative)라 하며, 선도유지제, 수명연장제 등 여러 가지 명칭으로 불리어지고 있다.
㉡ 절화보존제는 흡수량 증진과 미생물 발생 억제, 호흡기질의 공급, 에틸렌 발생 억제, 노화지연 등의 역할을 하여 절화의 수명을 증가시킨다. 그러므로 대부분의 절화보존제는 이러한 역할을 수행할 수 있도록 당, 살균제, 에틸렌 생성 및 작용 억제제 및 식물생장조절물질로 조성된다.
㉢ 처리시기별로 절화보존제를 구분하면 생산자가 수확 후 출하 전에 단시간 처리하는 것을 전처리제(pretreatment solution)라고 하고, 소매상이나 소비자가 판매 또는 관상기간 동안 절화의 침지용액으로 이용되는 것을 후처리제(continuous preservative solution)라고 한다.
㉣ 전처리제로 STS를 많이 사용한다. STS는 질산은($AgNO_3$)과 티오황산나트륨($Na_2S_2O_3$)을 혼합하여 만든 액체로서 물올림을 할 때 은나노 효과가 있다. 은나노(銀nano) 효과란 은이 꽃으로 옮겨가서 에틸렌의 발생을 줄이고, 세균을 죽이는 효과를 말한다.

정답 36 ③ 37 ②

ⓜ 후처리는 절화에 영양분을 공급하여 신선도를 오래 유지하고 미생물의 발생을 억제하며 물관이 막히는 것을 방지한다. 후처리제로 HQS를 많이 사용한다. HQS는 살균제로서 세균의 발육을 저지하여 물이 흡수되는 도관이 막히는 것을 방지하며, 용액의 pH를 저하시켜 미생물 증식을 억제한다. 또한 기공을 닫히게 하여 증산을 억제시켜 수명을 연장시킨다. HQS용액에 포도당과 구연산을 혼합하여 사용하는 것이 일반적이다. 포도당은 절화의 영양공급원으로서 수명을 연장시키며, 구연산은 장미, 카네이션, 글라디올러스 등의 색상보존용액으로 사용된다.

38 줄기신장을 억제하여 콤팩트한 고품질 분화 생산을 위한 생장조절제는?

① B-9   ② NAA   ③ IAA   ④ GA

해설 B-9는 줄기신장 등을 억제하는 생장억제제이다.

정리 생장조절제
- ㉠ 식물호르몬은 식물체 내에서 생성되는 것인데 이러한 식물호르몬을 인공적으로 합성하여 식물에 처리하여 줌으로써 식물의 생장발육을 촉진하거나 억제하는 데 이용되고 있다. 이와 같이 인공적으로 합성된 호르몬을 식물생장조절제라고 한다.
- ㉡ 옥신 계통의 생장조절제로는 NAA, IBA, IPA, MCPA, PCPA, 2,4,5-TP, 2,4,5-T, 2,4-D 등이 있으며 착과제와 낙과방지제, 제초제로서 재배적으로 활용되고 있다.
- ㉢ 지베렐린 계통의 생장조절제로는 GA1-84가 있다.
- ㉣ 생장억제제로는 안티옥신계통인 MH, 안티지베렐린계통인 B-9, CCC, AMO-1618 등이 있다.

39 원예작물의 저온 춘화에 관한 설명으로 옳지 않은 것은?

① 저온에 의해 개화가 촉진되는 현상을 말한다.
② 녹색 식물체 춘화형은 일정기간 동안 생육한 후부터 저온에 감응한다.
③ 춘화에 필요한 온도는 -15~-10℃ 사이이다.
④ 생육중인 식물의 저온에 감응하는 부위는 생장점이다.

해설 춘화에 필요한 온도와 기간은 작물과 품종의 유전성에 따라 차이가 크다. 대체로 배추는 -2~-1℃에서 33일 정도, 시금치는 0~2℃에서 32일 정도이다.

정리 춘화
- ㉠ 종자나 어린 식물을 저온처리하여 꽃눈분화를 유도하는 것을 춘화(vernalization)라고 한다.
- ㉡ 최아종자(싹틔운 종자)의 시기에 춘화하는 것이 효과적인 식물을 종자춘화형 식물이라고 하고, 녹채기(엽록소 형성시기, 본엽 1~3매의 어린 시기)에 춘화하는 것이 효과적인 식물을 녹식물 춘화형 식물이라고 한다. 맥류, 무, 배추, 시금치 등은 종자춘화형 식물이며, 양배추, 당근 등은 녹식물 춘화형 식물이다.
- ㉢ 추파맥류는 종자춘화형 식물이며, 최아종자를 저온처리하여 봄에 파종하면 좌지현상이 나타나지 않고 정상적으로 출수한다. 좌지현상(座止現象)이란 잎이 무성하게 자라다가 결국 이삭이 생기지 못하는 현상을 말하는데 추파형 품종을 봄에 파종하면 좌지현상이 나타난다. 그러나 춘화처리를 통해 좌지현상이 방지된다.

정답 38 ① 39 ③

ⓔ 춘화에 필요한 온도와 기간은 작물과 품종의 유전성에 따라 차이가 크다. 대체로 배추는 -2~-1℃에서 33일 정도, 시금치는 0~2℃에서 32일 정도이다.

ⓜ 춘화처리 중간에 급격한 고온에 노출되면 춘화의 효과를 상실하게 되는데 이를 이춘화(離春花)라고 한다. 저온처리의 기간이 길수록 이춘화하기 힘들고 어느 정도의 기간이 지나면 고온에 의해서 이춘화되지 않는데 이를 춘화효과의 정착이라고 한다.

ⓗ 이춘화된 경우에도 다시 저온처리하면 춘화가 되는데 이를 재춘화(再春花)라고 한다.

ⓢ 춘화의 효과를 나타내기 위해서는 온도 이외에도 산소의 공급이 절대적으로 필요하며, 종자가 건조하거나 배(胚)나 생장점에 탄수화물이 공급되지 않으면 춘화효과가 발생하기 힘들다.

40 양액재배에서 고형배지 없이 양액을 일정 수위에 맞춰 흘려보내는 재배법은?

① 매트재배   ② 박막수경   ③ 분무경   ④ 저면관수

해설 박막수경재배(Nutrient Film Technique, N.F.T)는 파이프를 이용하여 배양액을 식물에 흘려보내서 재배하는 방식이다.

정리 양액재배

(1) 양액재배의 의의

양액재배란 흙을 사용하지 않고 물에 비료분을 용해한 배양액으로 작물을 재배하는 것을 말한다. 하이드로포닉스(Hydroponics, 수경재배)라고도 한다.

(2) 양액재배의 특징

① 반복해서 계속 재배해도 연작장애가 발생하지 않는다.

② 재배의 생력화(省力化)가 가능하다.

③ 청정재배(淸淨栽培)가 가능하다.

④ 액과 자갈을 위생적으로 관리하면 토양전염성 병충해가 적다.

⑤ 흙이 갖는 완충작용이 없으므로 배양액 중의 양분의 농도와 조성비율 및 pH 등이 작물에 대해 민감하게 작용한다.

⑥ 배양액의 주요요소와 미량요소 및 산소의 관리를 잘 하지 못하면 생육장애가 발생하기 쉽다.

⑦ 시설비용이 많이 소요된다.

(3) 양액재배의 종류

① 고형배지 재배

고형배지경은 뿌리를 지탱해 주는 고형배지가 있는 상태에서 배지에 양액을 공급하는 방법이다. 무기물 배지로서 펄라이트 배지(펄라이트는 화산 지역에서 나오는 진주암 원석을 잘게 부순 후에 고온에 구워 팽창시킨 인공토양임), 암면 배지(암면 배지는 광물성 섬유의 일종으로 현무암이나 안산함 같은 화성암을 용해시킨 다음, 공기를 불어넣어 섬유질로 만들어 접합체를 이용하여 압축해 만드는 배지임), 코코피트 배지(코코피트 배지는 코코넛 기름을 짜고 남은 폐 코코넛 껍질의 섬유질을 추출해 만든 배지임) 등이 있다.

② 비고형 재배

배지를 사용하지 않고 배양액만을 사용하여 재배하는 방식이다.

㉠ 분무식 수경재배: 작물을 매달아놓고 물과 양분을 뿌리 쪽에 분무기로 뿜어주어서 기르는 방법

㉡ 담액식 수경재배: 뿌리가 액체 배지, 즉 배양액 속에 담겨져 있으며 지상부는 베드 위에서 가꾸는 방법

정답 40 ②

© 박막수경재배(Nutrient Film Technique, N.F.T): 파이프를 이용하여 배양액을 식물에 흘려보내서 재배하는 방식이다. 뿌리에 산소가 충분히 공급될 수 있도록 뿌리 사이를 흐르는 양액이 마치 필름처럼 얇은 막을 형성하게 한다. 박막식 수경재배는 고전적 수경재배 방식과 점적식 수경재배 방식에 비하여 양액을 경제적으로 사용할 수 있다. 계속 순환 방식으로 양액의 소실률이 적고 경제성이 있는 수경재배 방식이다.

② 점적식 수경재배: 배양액의 물통에서 펌프를 이용하여 일정 시간마다 양액을 작물에 흘려보내주는 방식이다. 타이머를 사용해서 몇 분간 관수를 할지 결정한다. 수경재배 방식이지만 토양을 사용한다.

41 다음 농산물품질관리사(A~C)의 조언으로 옳은 것만을 모두 고른 것은?

A: '디펜바키아'는 음지식물이니 광이 많지 않은 곳에 재배하는 것이 좋아요.
B: 그렇군요. 그럼 '고무나무'도 음지식물이니 동일 조건에서 관리되어야겠군요.
C: 양지식물인 '드라세나'는 광이 많이 들어오는 곳이 적정 재배지가 되겠네요.

① B   ② A, B   ③ A, C   ④ A, B, C

해설 식물은 광보상점이상의 광을 받아야만 생육을 계속할 수 있다. 광보상점이 낮아서 그늘에도 적응하는 식물을 음지식물이라고 하고 광보상점이 높아서 내음성이 약한 식물을 양지식물이라고 한다. 강낭콩, 딸기, 사탕단풍나무, 너도밤나무, 고무나무, 드라세나, 디펜바키아 등은 음지식물이고, 소나무, 측백나무 등은 양지식물이다.

42 과수의 꽃눈분화 촉진을 위한 재배방법으로 옳지 않은 것은?

① 질소시비량을 늘린다.   ② 환상박피를 실시한다.
③ 가지를 수평으로 유인한다.   ④ 열매솎기로 착과량을 줄인다.

해설 ③ 옥신은 에틸렌의 합성을 촉진하고 에틸렌은 꽃눈분화를 촉진한다. 가지의 수평유인은 가지 내 에틸렌의 농도를 높인다.
④ 과다결실은 꽃눈분화를 나쁘게 한다.

정리 **화성유기의 요인**
(1) 화성유기의 요인은 작물 내적인 요인과 작물 외적인 요인으로 나누어 볼 수 있는데, 작물 내적인 요인으로 C/N율, 식물호르몬인 개화호르몬(플로리겐, Florigen) 등이 있으며 작물 외적인 요인으로는 일장효과, 춘화(vernalization) 등이 있다.
(2) C/N율
① 식물체 내의 탄수화물과 질소의 비율을 C/N율이라고 한다.
② 질소가 부족하지 않은 상태에서 C/N율이 높을 때 식물의 화성과 결실이 좋아진다.

정답 41 ② 42 ①

③ 질소의 공급이 풍부해도 탄수화물의 생성이 불충분하면 C/N율이 낮아 화성과 결실이 이루어지지 않고 식물의 생장도 미약하다. 이 경우에는 탄수화물의 생성을 촉진하기 위하여 일조상태를 개선하고 병해충 방제를 통한 잎의 보호 등이 필요하다.

④ 질소의 공급이 풍부하고 탄수화물의 생성도 풍부하게 이루어지면 식물의 생장은 왕성할 것이나, C/N율이 높지 않기 때문에 화성과 결실은 불량하다.

(3) 개화호르몬

개화호르몬(Florigen) 즉, 플로리겐은 잎에서 생성되어 줄기를 통해 생장점으로 이행되어서 꽃눈분화를 일으킨다.

(4) 일장효과

① 일장(日長, day-length)이란 하루 24시간 중 낮의 길이를 말한다. 일반적으로 일장이 14시간 이상일 때를 장일(long-day), 12시간 이하일 때를 단일(short-day)이라고 한다.

② 일장은 식물의 화아분화, 개화 등에 영향을 미치는데 이러한 현상을 일장효과라고 한다.

③ 식물의 화성을 유도할 수 있는 일장을 유도일장(誘導日長)이라고 하고, 화성을 유도할 수 없는 일장을 비유도일장이라고 하며, 유도일장과 비유도일장의 경계가 되는 일장을 한계일장이라고 한다. 한계일장은 식물에 따라 다르다.

④ 장일상태에서 화성이 촉진되는 식물을 장일식물이라고 한다. 장일식물의 최적일장과 유도일장은 장일 쪽에 있고 한계일장은 단일 쪽에 있다. 시금치, 양파, 양귀비, 상추, 감자 등은 장일식물이다.

⑤ 단일상태에서 화성이 촉진되는 식물을 단일식물이라고 한다. 단일식물의 최적일장과 유도일장은 단일 쪽에 있고 한계일장은 장일 쪽에 있다. 국화, 콩, 코스모스, 나팔꽃, 사르비아, 칼랑코에, 포인세티아 등은 단일식물이다.

⑥ 일정한 한계일장이 없고 화성은 일장에 영향을 받지 않는 식물을 중성식물(중일성식물)이라고 한다. 고추, 강낭콩, 토마토 등은 중성식물이다.

⑦ 특정한 일장에서만 화성이 유도되는 식물로서 2개의 명백한 한계일장이 존재하는 식물을 정일성식물(定日性植物, 중간식물)이라고 한다.

⑧ 처음 일정기간은 장일이고, 뒤의 일정기간은 단일이 되어야 화성이 유도되는 식물을 장단일식물이라고 한다. 밤에 피는 쟈스민은 대표적인 장단일식물이다.

⑨ 처음 일정기간은 단일이고, 뒤의 일정기간은 장일이 되어야 화성이 유도되는 식물을 단장일식물이라고 한다. 프리뮬러, 딸기 등은 대표적인 단장일식물이다.

⑩ 일장효과의 농업적 이용은 다음과 같다.

  ㉠ 고구마의 순을 나팔꽃에 접목하여 단일처리를 하면 고구마 꽃의 개화가 유도되어 교배육종이 가능해진다.

  ㉡ 개화기가 다른 두 품종 간에 교배를 하고자 할 경우 일장처리에 의해 두 품종이 거의 동시에 개화하도록 조절할 수 있다.

  ㉢ 국화를 단일처리에 의해 촉성재배하거나, 장일처리에 의해 억제재배하여 연중 개화시킬 수 있다.

  ㉣ 삼은 단일에 의해 성전환이 된다. 이를 이용하여 섬유질이 좋은 암그루만 생산할 수 있다.

  ㉤ 장일은 시금치의 추대를 촉진한다.

  ㉥ 양파나 마늘의 인경은 장일에서 발육이 조장된다.

  ㉦ 단일은 마늘의 2차생장(벌마늘)을 증가시킨다.

  ㉧ 고구마의 덩이뿌리, 감자의 덩이줄기 등은 단일에서 발육이 조장된다.

  ㉨ 만생종 양파는 조생종에 비해 인경비대에 요하는 일장이 길다.

  ㉩ 단일조건에서 오이의 암꽃 착생비율이 높아진다.

(5) 춘화

① 종자나 어린 식물을 저온처리하여 꽃눈분화를 유도하는 것을 춘화(vernalization)라고 한다.

② 최아종자(싹틔운 종자)의 시기에 춘화하는 것이 효과적인 식물을 종자춘화형 식물이라고 하고, 녹채기(엽록소 형성시기, 본엽 1~3매의 어린 시기)에 춘화하는 것이 효과적인 식물을 녹식물 춘화형 식물이라고 한다. 맥류, 무, 배추, 시금치 등은 종자춘화형 식물이며, 양배추, 당근 등은 녹식물 춘화형 식물이다.

③ 추파맥류는 종자춘화형 식물이며, 최아종자를 저온처리하여 봄에 파종하면 좌지현상(座止現象)이 나타나지 않고 정상적으로 출수한다. 좌지현상(座止現象)이란 잎이 무성하게 자라다가 결국 이삭이 생기지 못하는 현상을 말하는데 추파형 품종을 봄에 파종하면 좌지현상이 나타난다. 그러나 춘화처리를 통해 좌지현상이 방지된다.

④ 춘화에 필요한 온도와 기간은 작물과 품종의 유전성에 따라 차이가 크다. 대체로 배추는 −2~−1℃에서 33일 정도, 시금치는 0~2℃에서 32일 정도이다.

⑤ 춘화처리 중간에 급격한 고온에 노출되면 춘화의 효과를 상실하게 되는데 이를 이춘화(離春花)라고 한다. 저온처리의 기간이 길수록 이춘화하기 힘들고 어느 정도의 기간이 지나면 고온에 의해서 이춘화되지 않는데 이를 춘화효과의 정착이라고 한다.

⑥ 이춘화(離春花)된 경우에도 다시 저온처리하면 춘화가 되는데 이를 재춘화(再春花)라고 한다.

⑦ 춘화의 효과를 나타내기 위해서는 온도 이외에도 산소의 공급이 절대적으로 필요하며, 종자가 건조하거나 배(胚)나 생장점에 탄수화물이 공급되지 않으면 춘화효과가 발생하기 힘들다.

43 수확기 후지 사과의 착색 증진에 효과적인 방법만을 모두 고른 것은?

ㄱ. 과실 주변의 잎을 따준다.　　　　ㄴ. 수관 하부에 반사필름을 깔아 준다.
ㄷ. 주·야간 온도차를 줄인다.　　　　ㄹ. 지베렐린을 처리해 준다.

① ㄱ, ㄴ　　　　② ㄱ, ㄹ　　　　③ ㄴ, ㄷ　　　　④ ㄷ, ㄹ

해설　과실 하나하나의 착색 증진을 위하여 과실 주위의 잎을 따 주는 것과 과실 돌려주기를 한다. 잎 따주기는 후지의 경우 10월 상순에 과실을 직접 덮고 있는 잎을 제거한다. 잎을 따 주고 과실을 돌려주어도 과실의 하단부 쪽이나 수관 내부에 있는 과실은 착색이 불량한 경우가 많다. 따라서 봉지를 벗긴 후 수관 하부에 반사 필름을 깔아주면 햇빛이 잘 투과되어 착색을 증진시킬 수 있다.

정리　**사과(후지)과실의 착색 증진방법**

(1) 웃자란 가지 제거

햇빛은 착색에 가장 필요한 요건 중의 하나이다. 수관 내부 과실에까지 햇빛이 고루 들게 하면 동화작용이 왕성하게 되어 과실이 비대해지고 당도도 높아지며 착색도 양호하게 된다. 이를 위해서는 6~7월의 하기 전정(剪定)과 더불어 9월 하순에 과실을 그늘지게 하는 비결실지를 제거하여 수관 내부까지 고르게 햇빛을 잘 들게 하여야 한다.

정답　43 ①

⑵ 봉지 벗기기

① 사과 재배에 있어서 봉지 씌우기는 병해충 및 동록방지 수단으로 이용되어 왔으나 근래에는 착색 증진을 위해서도 실시되고 있다. 과실에 봉지를 씌우면 차광에 의해서 과실 표피의 왁스 층이 얇아지고 엽록소가 생기지 않아 광선을 받게 되면 착색이 쉽게 된다. 봉지를 씌워 재배할 경우 적절한 시기에 봉지를 벗겨야 한다. 봉지 벗기는 시기가 너무 빠르면 일시적으로 착색되지만 다시 엽록소가 형성되어 녹색이 되고 그 후에는 붉게 착색되지 않는 부분이 많아지며 충해 피해를 받을 우려가 있다. 또한 너무 늦으면 착색이 충분히 되지 않는다. 후지의 경우는 수확하기 30~40일 전이 알맞고 홍월은 20~25일 전이 알맞으며, 조생종인 쓰가루는 수확기의 고온 등에 의해 벗기는 시기가 불분명한데 과실내 당도가 11~12도가 되고 야간 기온이 20℃ 이하가 될 때 벗기면 착색이 좋아진다.

② 착색 2중 봉지인 경우에는 봉지를 벗긴 후 갑자기 직사광선에 노출되면 일소 피해를 입기 쉬우므로 겉 봉지를 먼저 벗기고 속 봉지는 겉 봉지를 벗긴 후 5~7일 후 벗긴다.

③ 일소 피해는 과실의 온도가 낮은 상태이거나 수분이 많은 조건하에서 쉽게 발생한다. 따라서 봉지 벗기기는 구름 낀 날 실시하는 것이 좋고 수관 상부나 남향의 햇빛 잘 받는 부분은 과실 온도가 충분히 높아져 있는 낮 12시부터 14시 사이에 실시하며 수관 내부나 북향은 아침, 저녁으로 실시한다. 또한 비가 온 직후의 봉지 벗기기는 일소를 받기 쉬우므로 피하는 것이 좋다.

⑶ 잎 따주기 및 과실 돌려주기

① 과실 하나하나의 착색 증진을 위하여 과실 주위의 잎을 따 주는 것과 과실 돌려주기를 한다. 잎 따주기는 후지의 경우 10월 상순에 과실을 직접 덮고 있는 잎을 제거한다.

② 잎 따주기는 너무 일찍 실시하거나 과도하게 잎을 따 주면 당도가 저하하고 안토시아닌 생성이 억제되어 오히려 착색이 나빠지므로 주의해야 한다.

③ 잎을 따 주면서 착색이 덜된 부분이 햇빛에 노출되도록 과실을 돌려준다. 이때 주의할 것은 과실이 낙과되거나 가지에 스쳐 상처를 입지 않도록 과실을 약간 당기면서 돌려주어야 한다.

⑷ 반사필름 깔아주기

광투과율이 높은 사과나무에서도 과실의 밑부분까지 완전히 착색시키기란 쉽지 않다. 잎을 따 주고 과실을 돌려주어도 과실의 하단부 쪽이나 수관 내부에 있는 과실은 착색이 불량한 경우가 많다. 따라서 봉지를 벗긴 후 수관 하부에 반사필름을 깔아주면 햇빛이 잘 투과되어 착색을 증진시킬 수 있으며 특히 햇빛이 잘 닿지 않던 과실 밑부분까지 고르게 착색시킬 수 있다.

⑸ 질소비료의 사용을 줄인다.

과실 착색을 저해하는 요인 중의 한 가지는 질소비료의 과다 시용이다. 잎에 질소함량이 높을수록 과실의 착색이 불량하게 된다.

44 ( )에 들어갈 내용으로 옳은 것은?

> 사과나무에서 접목 시 주간의 목질부에 홈이 생기는 증상이 나타나는 (ㄱ)의 원인은 (ㄴ)이다.

① ㄱ: 고무병, ㄴ: 바이러스　　　② ㄱ: 고무병, ㄴ: 박테리아

③ ㄱ: 고접병, ㄴ: 바이러스　　　④ ㄱ: 고접병, ㄴ: 박테리아

해설 고접병은 과수가 고접 후 2~3년이 되면 나무 전체가 생육 장해를 일으켜 말라죽게 되는 바이러스로 인한 병이다. 사과황화잎반점 바이러스와 사과스템피팅 바이러스가 대표적이다.

정답 44 ③

45 ( )에 들어갈 내용으로 옳은 것은?

> 배는 씨방 하위로 씨방과 더불어 (ㄱ)이/가 유합하여 과실로 발달하는데 이러한 과실을 (ㄴ)라고 한다.

① ㄱ: 꽃받침, ㄴ: 진과　　　　② ㄱ: 꽃받기, ㄴ: 진과
③ ㄱ: 꽃받기, ㄴ: 위과　　　　④ ㄱ: 꽃받침, ㄴ: 위과

해설 배는 씨방 하위로 씨방과 더불어 꽃받기가 유합하여 과실로 발달하는데 이러한 과실을 위과라고 한다.
정리 꽃받기(꽃턱)는 꽃자루 맨 끝의 불룩한 부분을 말한다.
꽃받침은 꽃잎의 아래쪽에 돌려나는 변형된 잎으로 꽃눈을 보호하는 역할을 한다.

46 과수에서 삽목 시 삽수에 처리하면 발근 촉진 효과가 있는 생장조절물질은?
① IBA　　　　② GA　　　　③ ABA　　　　④ AOA

해설 옥신은 발근을 촉진한다. 옥신 계통의 생장조절제로는 NAA, IBA, IPA, MCPA, PCPA, 2,4,5-TP, 2,4,5 -T, 2,4-D 등이 있다.

47 월동하는 동안 저온요구도가 700시간인 지역에서 배와 참다래를 재배할 경우 봄에 꽃눈의 맹아 상태는? (단, 저온요구도는 저온요구를 충족시키는 데 필요한 7℃ 이하의 시간을 기준으로 함)
① 배 - 양호, 참다래 - 양호　　　　② 배 - 양호, 참다래 - 불량
③ 배 - 불량, 참다래 - 양호　　　　④ 배 - 불량, 참다래 - 불량

해설 7.2℃ 이하의 온도에서 배는 1,300~1,500시간, 참다래는 700시간을 지나야 휴면이 타파되어 발아한다.
정리 **저온요구도**
낙엽과수는 이른 가을쯤부터 휴면에 들어가는데, 휴면을 타파한 후에만 발아가 가능하다. 휴면타파를 위해서는 일정한 저온에 노출되어야 하는데 이것을 저온요구도라고 한다. 예를 들면 사과는 7.2℃ 이하의 온도에서 1,400~1,600시간, 배는 1,300~1,500시간, 포도는 1,000~2,000시간, 감은 800~1,000시간, 참다래는 700시간을 지나야 휴면이 타파되어 발아한다.

48 사과 고두병과 코르크스폿(cork spot)의 원인은?
① 칼륨 과다　　　　② 망간 과다
③ 칼슘 부족　　　　④ 마그네슘 부족

정답 45 ③　46 ①　47 ③　48 ③

해설 사과의 고두병과 코르크스폿의 원인은 칼슘 부족이다.

정리 1. 사과의 고두병
　(1) 원인 및 증상
　　① 칼슘 부족은 고두병의 원인이 된다. 또한 질소, 칼리, 마그네슘 등의 성분은 칼슘 흡수와 길항작용을 나타내서 장해발생을 촉진한다. 증상은 과실 껍질 바로 밑의 과육에 죽은 부위가 나타나고, 점차 갈색 병반이 생기면서 약간 오목하게 들어간다. 반점이 나타난 부위는 쓴맛이 있고 마마처럼 들어간다 하여 고두병(苦痘病)이라고 부르고 있다.
　　② 주로 저장 중에 많이 발생한다. 육오, 쓰가루, 조나골드, 감홍 등의 품종에서 심하게 나타난다.
　(2) 대책
　　① 석회를 전층시비하고, 질소와 칼륨질 거름의 지나친 사용을 피한다.
　　② 염화칼슘 0.3%액을 수확 6주 전부터 1주일 간격으로 5~6차례 살포해 준다.
　　③ 배수불량, 과다한 가지치기, 열매솎기는 발생을 조장한다.

　2. 코르크스폿(cork spot)
　(1) 성숙 전에 발생하는 반점성 장해로서 데리셔스계, 레드골드, 동광 등에 많이 발생하며, 후지나 홍옥에서도 발생한다.
　(2) 발생시기는 8월 하순에서 수확기까지 발생한다. 그러나 저장 중에는 발생하지 않는 것이 고두병과 다르다.
　(3) 발생부위는 주로 과실의 과경부(과실의 적도면보다 윗쪽)에 나타나나 과실전체에 나타나기도 한다. 반점은 과피와 과육부에 발생하나 과면이 약간 오목하게 들어가고 그 아래의 과육은 갈색으로 변하며, 코르크화되어 딱딱하고 흑색, 적색 또는 녹색을 나타내기 때문에 주변의 건전부와 구별된다.

49 식물학적 분류에서 같은 과(科)의 원예작물로 짝지어지지 않은 것은?

① 상추 – 국화　　　　　　② 고추 – 감자
③ 자두 – 딸기　　　　　　④ 마늘 – 생강

해설 ① 국화과(상추 – 국화)　② 가지과(고추 – 감자),
　　 ③ 장미과(자두 – 딸기)　④ 마늘은 백합과 – 생강은 생강과

50 유충이 과실을 파고들어가 피해를 주는 해충은?

① 복숭아명나방　　　　　　② 깍지벌레
③ 귤응애　　　　　　　　　④ 뿌리혹선충

해설 복숭아명나방의 성숙한 유충은 과일의 속을 파먹고 들어가 똥과 즙액을 배출한다. 수확한 과일을 봤을 때 구멍이 나 있거나 착색된 것은 대부분 이 해충으로 인한 피해이다.

51 수확후품질관리에 관한 내용이다. ( )에 들어갈 내용으로 옳은 것은?

> 원예산물의 품온을 단시간 내 낮추는 (ㄱ)처리는 생산물과 냉매와의 접촉면적이 넓을수록
> 효율이 (ㄴ), 냉매는 액체보다 기체에서 효율이 (ㄷ).

① ㄱ: 예냉, ㄴ: 낮고, ㄷ: 높다   ② ㄱ: 예냉, ㄴ: 높고, ㄷ: 낮다

③ ㄱ: 예건, ㄴ: 낮고, ㄷ: 높다   ④ ㄱ: 예건, ㄴ: 높고, ㄷ: 낮다

해설 예냉의 효율은 원예산물과 냉매와의 접촉면적이 넓을수록 높고, 액체냉매가 기체냉매보다 효율이 더 높다.

정리 **예냉**
(1) 예냉은 원예산물을 수송 또는 저장하기 전에 행하는 전처리 과정의 하나로서 수확 후 바로 원예산물의 품온(체온)을 낮추어 주는 것을 말한다.
(2) 원예산물을 예냉하면 호흡작용이 억제되고 증산이 억제되는 등 생리작용을 억제하게 되어 원예산물의 신선도를 유지하고 저장수명을 연장시키며, 품질변화를 방지할 수 있다.
(3) 예냉의 최종온도는 품목에 따라 차이가 있다. 수확 후 빠른 시간 안에 소비되는 것은 5~7℃ 정도로 하는 것이 일반적이다.
(4) 예냉의 효율은 원예산물과 냉매와의 접촉면적이 넓을수록 높고, 액체냉매가 기체냉매보다 효율이 더 높다.
(5) 다음과 같은 품목은 예냉의 대상이다.
    ① 호흡작용이 왕성한 품목
    ② 기온이 높은 여름철에 수확되는 품목
    ③ 인공적으로 높은 온도에서 수확되는 시설재배 채소류
    ④ 신선도 저하가 빠른 품목
    ⑤ 에틸렌 발생이 많은 품목
    ⑥ 수분증산이 많은 품목
(6) 사과, 복숭아, 포도, 브로콜리, 아스파라거스, 딸기, 오이, 토마토, 당근, 무 등은 예냉효과가 특히 높은 품목이다.

52 복숭아 수확 시 고려사항이 아닌 것은?

① 경도   ② 만개 후 일수

③ 적산온도   ④ 전분지수

해설 복숭아의 수확적기 판정에서 고려사항은 개화 후 생육일수, 적산온도, 크기, 모양, 색택, 이층의 형성, 경도 등이다.

정답 51 ②   52 ④

정리 원예작물별 수확적기 주요 판정지표

판정지표	해당 과실
개화 후 생육일수	모든 과실에 해당
적산온도	모든 과실에 해당
크기, 모양, 색택	모든 과실에 해당
전분함량	사과, 배
이층의 형성	사과, 배, 복숭아
경도	사과, 배, 복숭아
당산비(당도/산도)	감귤류, 석류, 한라봉
떫은맛	감
산 함량	밀감, 멜론, 키위
결구상태(모양의 견고함)	배추, 양배추
도복의 정도	양파

53 A농가에서 다음 품목을 수확한 후 동일 조건의 저장고에 저장 중 품목별 5% 수분손실이 발생하였다. 이때 시들음이 상품성 저하에 가장 큰 영향을 미치는 품목은?

① 감
② 양파
③ 당근
④ 시금치

해설 시금치의 수분손실은 상품성을 크게 저하한다.

54 원예산물별 수확시기를 결정하는 지표로 옳지 않은 것은?

① 배추 – 만개 후 일수
② 신고배 – 만개 후 일수
③ 멜론 – 네트 발달 정도
④ 온주밀감 – 과피의 착색 정도

해설 배추는 결구상태(모양의 견고함)가 중요한 결정 지표이다.

55 수확 전 칼슘결핍으로 발생 가능한 저장 생리장해는?

① 양배추의 흑심병
② 토마토의 꼭지썩음병
③ 배의 화상병
④ 복숭아의 균핵병

정답 53 ④ 54 ① 55 ①

• 칼슘(Ca)은 세포막의 주성분이며 단백질의 합성, 물질 전류에 관여한다. 칼슘은 식물의 잎에 함유량이 많으며 체내에서 이동하기 힘들다. 토양 중에 칼슘이 과다하면 마그네슘, 철, 아연 등의 흡수가 저해된다. 또한 칼슘이 결핍되면 뿌리나 눈의 생장점이 붉게 변하고, 배추의 잎마름병, 양배추의 흑심병, 사과의 고두병, 토마토의 배꼽썩음병, 배의 코르크스폿, 땅콩의 공협(종실이 맺혀 있지 않은 빈꼬투리)이 발생한다.

  • 화상병(火傷病, fire blight)은 배와 사과에 생기는 세균성 병해의 일종이다. 원인이 되는 병원균은 에르위니아 아밀로보라(Erwinia amylovora)다. 화상병은 사과, 배의 잎, 과실 등이 화상을 입은 듯 검은색을 띠며, 1년안에 나무를 고사시킨다.

56 필름으로 원예산물을 외부공기와 차단하여 인위적 공기조성 효과를 내는 저장기술은?

① 저온저장   ② CA저장

③ MA저장   ④ 저산소저장

MA저장은 원예산물을 플라스틱 필름 백(film bag)에 넣어 저장하는 것으로서 CA저장과 비슷한 효과를 얻을 수 있다.

MA저장

(1) MA저장(Modified Atmosphere Storage)의 의의

    ① MA저장은 원예산물을 플라스틱 필름 백(film bag)에 넣어 저장하는 것으로서 CA저장과 비슷한 효과를 얻을 수 있다.

    ② 단감을 폴리에틸렌 필름 백에 넣어 저장하는 것이 그 예이다.

    ③ MA저장은 원예산물의 종류, 호흡률, 에틸렌의 발생정도, 에틸렌 감응도, 필름의 종류와 가스 투과도, 필름의 두께 등을 고려하여야 한다.

(2) MA저장의 장단점

    ① MA저장의 장점

        ㉠ 증산작용을 억제하여 과채류의 표면위축현상을 줄인다.

        ㉡ 과육연화를 억제한다.

        ㉢ 유통기간의 연장이 가능하다.

    ② MA저장의 단점

        ㉠ 포장 내 과습(過濕)으로 인해 산물이 부패될 수 있다.

        ㉡ 부적합한 가스조성으로 갈변, 이취현상이 나타날 수 있다.

57 호흡양상이 다른 원예산물은?

① 토마토   ② 바나나

③ 살구   ④ 포도

토마토, 바나나, 살구는 호흡상승과이며, 포도는 비호흡상승과이다.

정리 호흡상승과(climacteric fruits)와 비호흡상승과(non-climacteric fruits)

(1) 호흡상승과
　① 작물이 숙성함에 따라 호흡이 현저하게 증가하는 과실을 호흡상승과라고 하며, 사과, 토마토, 감, 바나나, 복숭아, 키위, 망고, 참다래 등이 있다.
　② 호흡상승과는 장기간 저장하고자 할 경우 완숙기보다 조금 일찍 수확하는 것이 바람직하다.
　③ 호흡상승과의 발육단계는 호흡의 급등전기, 급등기, 급등후기로 구분된다.
　　㉠ 급등전기는 호흡량이 최소치에 이르며 과실의 성숙이 완료되는 시기이다. 일반적으로 과실은 급등전기에서 수확한다.
　　㉡ 급등기는 과실을 수확한 후 저장 또는 유통하는 기간에 해당된다. 급등기에는 계속적으로 호흡이 증가한다.
　　㉢ 급등후기는 호흡량이 최대치에 이르는 시기이다. 급등후기는 과실이 후숙되어 식용에 가장 적합한 상태가 된다.
　　㉣ 후숙이 완료된 이후부터는 다시 호흡이 감소하기 시작하며 과실의 노화가 진행되어 품질이 급격히 떨어진다.

(2) 비호흡상승과
　숙성하더라도 호흡의 증가를 나타내지 않는 과실을 비호흡상승과라고 하며, 오이, 호박, 가지 등의 대부분의 채소류와 딸기, 수박, 포도, 오렌지, 파인애플, 감귤 등이 있다.

58 토마토의 성숙 중 색소변화로 옳은 것은?

① 클로로필 합성　　　　　　　　② 리코핀 합성
③ 안토시아닌 분해　　　　　　　④ 카로티노이드 분해

해설 토마토는 성숙 중 클로로필(엽록소)이 분해되고 라이코펜(Lycopene)이 합성된다.

정리 과실은 숙성과정에서 엽록소가 분해되고 과실 고유의 색소가 합성 발현된다. 과실별로 발현되는 색소는 다음과 같다.

색소		색깔	해당 과실
카로티노이드계	β-카로틴	황색	당근, 호박, 토마토
	라이코펜(Lycopene)	적색	토마토, 수박, 당근
	캡산틴	적색	고추
안토시아닌계		적색	딸기, 사과
플라보노이드계		황색	토마토, 양파

59 산지유통센터에서 사용되는 과실류 선별기가 아닌 것은?

① 중량식 선별기　　② 형상식 선별기　　③ 비파괴 선별기　　④ 풍력식 선별기

해설 기계식 중량선별기, 기계식 형상선별기, 화상처리 형상선별기, 비파괴 선별기 등이 있다.

정답 58 ② 59 ④

정리 과일선별기는 과일을 수확한 후 크기, 색깔, 당도 등을 측정하여 우수한 품질과 저급한 품질로 나누어 주는 기계이다.

- ㉠ 기계식 중량선별기: 청과물의 개체를 무게별로 분류하는 선별기이다. 사과, 배, 복숭아 등의 대과종에 많이 이용된다. 스프링 장력을 이용한 기계식과 로드셀을 이용한 전자식이 있다.
- ㉡ 기계식 형상선별기: 형상에 따라 크기별로 선별하며, 주로 원형이 이용된다. 토마토, 양파, 감자, 단감 등에 주로 이용되는 선별벨트 및 선별드럼 교환식과 마늘, 방울토마토, 참다래 등 비교적 작은 청과물에 이용되는 진동봉식 형상선별기가 있다.
- ㉢ 화상처리 형상선별기: CCD카메라, 이미지센스 등을 이용하며 크기, 색깔, 손상과, 굴곡정도, 당도 등 복합적인 선별이 가능하다.
- ㉣ 비파괴 선별기: 근적외선, X선 및 감마선 등을 이용하여 사과, 배 등의 과일류의 당도 선별, 무게, 밀도 등을 선별한다.

60 신선편이 농산물 세척용 소독물질이 아닌 것은?

① 중탄산나트륨   ② 과산화수소
③ 메틸브로마이드   ④ 차아염소산나트륨

해설 메틸브로마이드(MB)는 1900년도 초반에 사과해충 방제약으로 사용된 이래, 검역용 약제로 전 세계적으로 가장 광범위하게 사용되고 있다. MB는 살충뿐 아니라 살균, 제초효과도 있어 토양훈증제로 이용되고 있다.

61 원예산물의 조직감을 측정할 수 있는 품질인자는?

① 색도   ② 산도   ③ 수분함량   ④ 당도

해설 원예작물의 조직감은 수분, 전분, 효소의 복합체의 함량, 세포벽을 구성하는 펙틴류와 섬유질(셀룰로오스)의 함량 등에 따라 결정되는데, 복합체 등의 함량이 낮을수록 경도가 낮다(연하다).

정리 **품질구성인자**

(1) 외적인자
    크기, 모양, 색깔, 광택, 흠 등의 외관

(2) 내적인자
    ① 영양적 가치: 비타민, 광물질 등
    ② 독성: 솔라닌 등
    ③ 안전성: 농약잔류 등
    ④ 조직감
        ㉠ 촉감에 의해 느껴지는 원예산물의 경도의 정도를 조직감이라고 한다.
        ㉡ 원예작물의 조직감은 수분, 전분, 효소의 복합체의 함량, 세포벽을 구성하는 펙틴류와 섬유질(셀룰로오스)의 함량 등에 따라 결정되는데, 복합체 등의 함량이 낮을수록 경도가 낮다(연하다).
        ㉢ 조직감은 원예산물의 식미의 가치를 결정하는 중요한 요인이며 수송의 편의성에도 영향을 미친다.
    ⑤ 풍미(향기, 맛)

정답 60 ③ 61 ③

62 원예산물의 풍미 결정요인을 모두 고른 것은?

ㄱ. 향기	ㄴ. 산도	ㄷ. 당도

① ㄱ   ② ㄱ, ㄴ   ③ ㄴ, ㄷ   ④ ㄱ, ㄴ, ㄷ

해설 풍미의 결정요인은 향기와 맛이다.

정리 풍미(향기, 맛)
  ⊙ 단맛
    단맛은 가용성 당의 함량에 의해서 결정되는데 굴절당도계를 이용한 당도로써 표시한다.
  ⓛ 신맛
    신맛은 원예산물이 가지고 있는 유기산에 의해 결정되는데 성숙될수록 신맛은 감소한다. 과일별로
    신맛을 내는 유기산을 보면 사과의 능금산, 포도의 주석산, 밀감류와 딸기의 구연산 등이다.
  ⓒ 쓴맛
    쓴맛은 원예산물에 장해가 발생되면 나타나는 맛이다. 당근은 에틸렌에 노출될 때 이소쿠마린을 합성
    하여 쓴맛을 낸다.
  ② 짠맛
    신선한 원예산물의 주요 맛은 아니다. 절임류 식품의 주요 맛이며 소금의 양에 의해 결정된다. 짠맛은
    염도계로 측정한다.
  ⑰ 떫은맛
    떫은맛은 성숙되지 않은 원예작물에서 나타난다. 떫은 감은 탈삽과정을 통해 탄닌이 불용화되거나
    소멸되면 떫은맛은 없어진다.

63 굴절당도계에 관한 설명으로 옳지 않은 것은?

① 증류수로 영점을 보정한다.   ② 과즙의 온도는 측정값에 영향을 준다.
③ 당도는 °Brix로 표시한다.   ④ 과즙에 함유된 포도당 성분만을 측정한다.

해설 굴절당도는 100g의 용액에 녹아 있는 자당의 그램 수를 기준으로 하지만, 과실은 과즙에 녹아 있는 가용
성고형물 함량을 측정하여 당도로 표시한다.

정리 당도의 측정
  ⊙ 당도의 측정은 소량의 과즙을 짜내어서 굴절당도계로 측정한다. 설탕물 10% 용액의 당도를 10% 또는
    10°Brix로 표준화하거나, 물의 당도를 0% 또는 0°Brix로 당도계의 수치를 보정한 후 측정한다.
  ⓛ 굴절당도계는 빛이 통과할 때 과즙 속에 녹아 있는 가용성 고형물에 의해 빛이 굴절된다는 원리를
    이용한 것이다.
  ⓒ 가용성 고형물은 과즙 중에 녹아 있는 당, 산, 아미노산, 수용성 펙틴 등을 함유하여 측정하고 있다.
    그러나 과즙 중에는 당이 대부분을 차지하고 있기 때문에 가용성 고형물 함량으로 당도의 대체처리를
    하고 있다.
  ② 감미에는 온도의존성이 있고, 온도가 낮은 쪽이 감미가 강하다. 굴절당도계는 20℃로 보정하여 사용
    한다.

정답 62 ④ 63 ④

64 원예산물 저장 중 저온장해에 관한 내용이다. ( )에 들어갈 내용으로 옳은 것은?

(ㄱ)가 원산지인 품목에서 많이 발생하며 어는점 이상의 저온에 노출 시 나타나는 (ㄴ) 생리장해이다.

① ㄱ: 온대, ㄴ: 영구적인　　　　② ㄱ: 아열대, ㄴ: 영구적인
③ ㄱ: 온대, ㄴ: 일시적인　　　　④ ㄱ: 아열대, ㄴ: 일시적인

해설 바나나, 아보카도(악어배), 파인애플, 망고 등 (아)열대과일에서 많이 발생한다.

정리 **저온장해**
　(1) 0℃ 이상의 온도이지만 한계온도 이하의 저온에 노출되어 나타나는 장해로서 조직이 물러지거나 표피의 색상이 변하는 증상, 내부갈변, 토마토나 고추의 함몰, 복숭아의 섬유질화 등은 저온장해의 예이다.
　(2) 조직이 물러지는 것은 저온장해를 받으면 세포막 투과성이 높아져 이온 누출량이 증가함으로써 세포의 견고성이 떨어지기 때문이다.
　(3) 저온장해 증상은 저온에 저장하다가 높은 온도로 옮기면 더 심해진다.
　(4) 특히 저온장해에 민감한 원예산물은 다음과 같다.
　　① 복숭아, 오렌지, 레몬 등의 감귤류
　　② 바나나, 아보카도(악어배), 파인애플, 망고 등 열대과일
　　③ 오이, 수박, 참외 등 박과채소
　　④ 고추, 가지, 토마토, 파프리카 등 가지과채소
　　⑤ 고구마, 생강
　　⑥ 장미, 치자, 백합, 히야신서, 난초

65 5℃에서 측정 시 호흡속도가 가장 높은 원예산물은?
① 아스파라거스　　　　　　② 상추
③ 콜리플라워　　　　　　　④ 브로콜리

해설 채소류 중에서는 딸기와 아스파라거스의 호흡속도가 아주 높다.

정리 **원예산물의 호흡속도**
생리적으로 미숙한 식물이나 잎이 큰 엽채류는 호흡속도가 빠르고, 성숙한 식물이나 양파, 감자 등 저장기관은 호흡속도가 느리다.
과일별 호흡속도를 비교해 보면 복숭아 > 배 > 감 > 사과 > 포도 > 키위의 순으로 호흡속도가 빠르며, 채소의 경우는 딸기 > 아스파라거스 > 브로콜리 > 완두 > 시금치 > 당근 > 오이 > 토마토, 양배추 > 무 > 수박 > 양파의 순으로 호흡속도가 빠르다.

66 CA저장에 필요한 장치를 모두 고른 것은?

| ㄱ. 가스 분석기 | ㄴ. 질소 공급기 | ㄷ. 압력 조절기 | ㄹ. 산소 공급기 |

① ㄱ, ㄴ   ② ㄷ, ㄹ   ③ ㄱ, ㄴ, ㄷ   ④ ㄴ, ㄷ, ㄹ

해설 질소 발생기를 통해 산소와 이산화탄소의 농도를 제어한다. 산소의 농도는 줄여야 하기 때문에 산소 공급기는 필요하지 않다.

정리 CA저장

(1) CA저장(공기조절저장, Controlled Atmosphere Storage)의 의의
  ① CA저장은 저온저장고 내부의 공기조성을 인위적으로 조절하여 저장된 원예산물의 호흡을 억제함으로써 원예산물의 신선도를 유지하고 저장성을 높이는 저장방법이다. 즉, CA저장은 저온저장방식에 저장고 내부의 가스농도 조성을 조절하는 기술을 추가한 것이라고 할 수 있다.
  ② 대기의 조성은 대체로 질소(N_2) 78%, 산소(O_2) 21%, 이산화탄소(CO_2) 0.03%인데 CA저장은 저장고 내의 공기조성을 산소(O_2) 8% 이하, 이산화탄소(CO_2) 1% 이상으로 만들어 준다. 즉, CA저장은 산소의 농도를 낮추고 이산화탄소의 농도를 높여 원예산물의 호흡률을 감소시키고 미생물의 성장을 억제함으로써 원예산물의 신선도를 유지하고 저장성을 높이는 저장방법이다.

(2) CA저장의 원리
  ① 원예산물의 품질저하는 호흡작용에 의한 영양분의 소모, 산화반응, 미생물의 작용 등에 의한 경우가 많다. 따라서 이들 작용을 제어하면 원예산물의 품질을 유지할 수 있다.
  ② 저장고 내부의 공기조성을 산소의 농도를 줄이고 이산화탄소의 농도를 늘림으로써 호흡작용, 산화반응, 미생물의 작용 등을 제어할 수 있다.
  ③ 또한 호흡이 억제되면 에틸렌의 생성도 억제되고 이에 따라 후숙 및 노화현상을 억제할 수 있기 때문에 장기저장이 가능해진다.
  ④ CA처리를 하면 채소류의 엽록소 분해가 억제되어 황변(黃變)을 막아준다. 또한 당근의 풍미저하(豐味低下)가 지연되며 감자의 당화 및 맹아가 억제된다. 또한 CA처리를 통해 저온장해를 예방할 수 있다.
  ⑤ 산소농도의 경우 저장고 내부의 산소농도가 낮아지면 호흡속도가 감소하지만 산소농도가 어느 수준 이하가 되면 오히려 혐기성호흡에 의해 호흡량이 증가하게 된다. 이를 파스퇴르효과라고 하는데 산소농도는 파스퇴르효과(Pasteur effect)를 유발하지 않는 선에서 조절되어야 한다.

(3) CA저장의 산소농도 조절(감소)방식
  ① 자연소모식
    자연소모식에 의한 산소농도 감소방식은 저장산물의 호흡작용에 의해 자연적으로 산소농도가 낮아지도록 저장고나 포장상자의 밀폐도를 조절하는 방식이다.
  ② 연소식
    연소식에 의한 산소농도 감소방식은 밀폐된 연소기 내에서 프로판가스 등과 같은 연료를 태워 산소농도를 줄이고 이 공기를 저장고에 주입하는 방식이다.
  ③ 질소가스 치환식
    질소가스 치환식에 의한 산소농도 감소방식은 저장고 내부로 질소가스를 주입하여 저장고 내의 공기를 밀어내는 방식이다. 질소가스 치환식은 암모니아가스를 분해하는 방식, 액체질소를 이용하는 방식, 질소발생기를 이용하는 방식 등이 있다.

정답 66 ③

⊙ 암모니아가스를 고온 하에서 분해시키면 질소와 수소가 발생하는데 이때 발생한 수소는 산소와 결합하여 물(H₂O)로 방출되고 나머지 질소를 저장고 내부로 주입시킨다(암모니아가스를 분해하는 방식).

⊙ 실린더나 탱크에 액체질소를 충전시킨 후 이를 기화시켜 저장고 내에 주입함으로써 질소농도를 높이고 산소농도를 낮춘다. 이때 주입되는 기화질소의 온도는 매우 낮기 때문에 주입구 부위의 과일이 저온장해를 입지 않도록 주의하여야 한다(액체질소를 이용하는 방식).

⊙ 압축공기를 격막필터(membrane filter)로 제조된 여과관으로 통과시켜 투과력이 큰 산소와 수분을 먼저 배출시키고 뒤에 배출되는 질소를 CA저장고로 주입시킨다. 이 방식은 안전성이 높고 합리적인 방법으로 인정되고 있다(질소발생기를 이용하는 방식).

⑷ CA저장의 이산화탄소 제어방식

① CA저장고 내의 이산화탄소 농도는 일정 수준까지 증가시키다가 장해가 발생하는 수준에 이르면 이를 제거해 주어야 한다.

② 이산화탄소의 제어방식으로는 다음과 같은 것이 있다.

⊙ 저장고 내의 공기를 가는 물줄기 사이로 통과시켜 순환시키면 이산화탄소가 물에 녹아 제거된다(수세흡착식).

⊙ 산화칼슘(CaO, 생석회)을 저장고에 투입하면 생석회가 이산화탄소를 흡수하여 탄산칼슘으로 변한다(생석회흡착식).

⊙ 저장고 외부에 활성탄여과층을 장치하여 저장고 내의 공기를 강제순환시키면 이산화탄소가 활성탄에 흡착된다. 흡착된 이산화탄소는 흡착 후 용이하게 탈착되므로 재활용이 가능하여 장기간 교체하지 않고 사용할 수 있는 장점이 있다(활성탄흡착식).

⑸ CA저장의 에틸렌가스의 제거방식

① CA저장 내에서는 생화학적으로 에틸렌가스의 발생량이 줄어들지만 CA저장만으로는 충분하지 못하므로 특수한 방식을 이용하여 에틸렌가스를 제거한다. 에틸렌가스의 제거방식으로는 흡착입자를 이용한 흡착식, 자외선파괴식, 촉매분해식 등이 있는데 촉매분해식이 가장 많이 이용된다.

② 6% 이하의 저농도의 산소는 에틸렌 합성을 차단하는 효과가 있다.

③ STS, 1-MCP, NBD, 에탄올 등은 에틸렌의 작용을 억제한다.

④ AOA, AVG는 ACC 합성효소의 활성을 방해하여 에틸렌의 합성을 억제한다.

⑤ 과망간산칼륨, 목탄, 활성탄, zeolite 같은 흡착제는 공기 중의 에틸렌을 흡착한다.

⑥ 오존, 자외선은 에틸렌 제거에 이용된다.

⑹ CA저장의 장단점

① CA저장의 장점

⊙ 산도, 당도 및 비타민C의 손실이 적다.

⊙ 과육의 연화가 억제된다.

⊙ 장기저장이 가능해진다.

⊙ 채소류의 엽록소 분해가 억제되어 황변을 막아준다.

⊙ 작물에 따라 저온장해와 같은 생리적 장해를 개선한다.

⊙ 곰팡이나 미생물의 번식을 줄일 수 있다.

⊙ 에틸렌의 생성을 억제한다.

② CA저장의 단점

⊙ 공기조성이 부적절할 경우 원예산물이 여러 가지 장해를 받을 수 있다.

⊙ 저장고를 자주 열 수 없어 저장물의 상태 파악이 쉽지 않다.

⊙ 시설비와 유지비가 많이 든다.

67 딸기의 수확 후 손실을 줄이기 위한 방법이 아닌 것은?

① 착색촉진을 위해 에틸렌을 처리한다.   ② 수확 직후 품온을 낮춘다.

③ 이산화염소로 전처리한다.   ④ 수확 직후 선별·포장을 한다.

(해설) 에틸렌은 노화를 촉진시켜 저장성을 떨어뜨린다.

(정리) **딸기의 수확 후 처리**

(1) 선별

  ① 일반적으로 딸기의 숙도는 70% 정도의 착생을 가진 미숙단계, 80% 착색, 90% 착색, 100% 착색의 완숙 단계로 크게 구분된다. 딸기는 다른 과실에 비하여 육질이 약하므로, 수확시기가 늦어질 경우 상품성이 떨어지기 쉽다.

  ② 과실의 경도는 착색이 진행되면서 급격히 감소하며, 당은 증가하는 반면 산 함량이 낮아져 당산비가 증가한다. '설향' 품종은 과육의 경도가 낮아 과실의 착색비율이 80%에서 수확한다.

  ③ 수확된 물량은 특, 상, 보통, 등급 외의 기준으로 선별하여 포장하는데 과피가 약해 상처가 나기 쉬워 수작업으로 이루어지고 있으며, 손상 받은 부위는 쉽게 부패하여 다른 과실 품질에 영향을 주므로 선별 시 제거해야 한다.

(2) 예냉 처리

  ① 예냉은 수확 직후에 농산물의 품온을 가급적 빠르게 강제로 낮추어서 호흡, 증산 및 효소작용 등을 억제하여 품질 저하를 방지하고자 하는 처리 방법이다.

  ② 예냉실에서 딸기 주위에 냉기를 불어넣어 냉각하는 강제통풍 예냉을 주로 사용한다.

(3) 이산화탄소 처리

이산화탄소는 인체와 식물에 무해한 무색의 기체로서 미생물에 의한 부패와 호흡, 에틸렌 생성을 억제하고 과실의 경도 유지를 목적으로 사용되고 있다.

(4) 이산화염소 처리

이산화염소는 산화력이 우수하며 자연광에 노출되면 쉽게 분해되는 살균 화합물이다.

(5) 오존 및 초음파 처리

오존 또는 초음파 처리는 살균 및 소독 기능을 가지고 있어 딸기의 신선도를 유지하고 부패를 방지한다.

(6) 포장 처리 기술

  ① MA(Modified Atmosphere) 포장은 수확 후 과실의 호흡을 고려하여 포장 내부에 있는 과실의 품질 개선을 위한 최적의 기체 조성을 유지시키는 방법으로, 포장 내 기체 조성은 호흡속도를 조절하고 미생물에 의한 부패를 지연시켜 결과적으로 유통기간을 연장시킨다.

  ② 일반적으로 MA포장에 적용하는 포장재는 가스(산소, 이산화탄소 등) 투과율, 수분 투과율 등을 고려하여 적용하며, 주로 사용하는 플라스틱은 PET, PP, PE 등이 사용되고 있다.

(정답) **67** ①

68 원예산물 저장 시 에틸렌 합성에 필요한 물질은?

① CO_2 ② O_2 ③ AVG   ④ STS

(해설) 공기 중의 산소는 에틸렌의 발생에 필수적인 요소이다. 6% 이하의 저농도 산소는 에틸렌 합성을 차단한다.

69 저온저장 중 다음 현상을 일으키는 원인은?

| • 떫은 감의 탈삽   • 브로콜리의 황화   • 토마토의 착색 및 연화 |

① 높은 상대습도   ② 고농도 에틸렌

③ 저농도 산소   ④ 저농도 이산화탄소

(해설) 떫은 감의 탈삽, 브로콜리의 황화, 토마토의 착색 및 연화 등은 모두 에틸렌에 의해 나타나는 현상이다.

(정리) 에틸렌 작용

    ㉠ 저장고 내에 에틸렌이 축적되면 과일의 연화, 과립의 탈립 등이 나타난다.

    ㉡ 에틸렌은 오이나 당근의 쓴맛을 유기한다.

    ㉢ 에틸렌은 절화류의 꽃잎말이현상을 유기한다.

    ㉣ 에틸렌은 상추의 갈변현상(갈색으로 변하는 것)을 유기한다.

    ㉤ 에틸렌은 양배추의 엽록소를 분해하여 황백화현상을 유발한다.

    ㉥ 에틸렌은 오이 과피의 황화가 촉진된다.

    ㉦ 에틸렌은 떫은 감의 탄닌성분 탈삽과정에 작용하여 감의 후숙을 촉진한다. 감의 떫은맛은 과실 내에 존재하는 갈릭산(gallic acid) 혹은 이의 유도체에 각종 페놀(phenol)류가 결합한 고분자 화합물인 탄닌(tannin)성분에 의한 것이며 온탕침지, 알코올, 이산화탄소 처리, 에세폰 처리 등으로써 떫은맛의 원인이 되는 탄닌성분을 불용화시켜 떫은맛을 느낄 수 없게 만든다.

    ㉧ 에틸렌은 엽록소의 분해를 촉진하고 안토시아닌(anthocyanins), 카로티노이드(carotenoids) 색소의 합성을 유도하므로 감, 감귤류, 참다래, 바나나, 토마토, 고추 등의 착색을 증진시키고 과육의 연화를 촉진시킨다.

70 수확 후 예건이 필요한 품목을 모두 고른 것은?

| ㄱ. 마늘   ㄴ. 신고배 |
| ㄷ. 복숭아   ㄹ. 양배추 |

① ㄱ, ㄴ   ② ㄷ, ㄹ   ③ ㄱ, ㄴ, ㄹ   ④ ㄱ, ㄷ, ㄹ

(해설) 마늘, 양파, 단감, 배, 결구배추, 양배추 등은 예건이 필요하다.

정답   **68** ②   **69** ②   **70** ③

정리 예건

(1) 예건의 의의

　① 과실 표면의 작은 상처들을 아물게 하고 과습으로 인하여 발생할 수 있는 부패 등을 방지하기 위해서, 원예산물을 수확한 후에 통풍이 양호하고 그늘진 곳에서 건조시키는 것을 예건이라고 한다.

　② 예건은 곰팡이와 과피흑변의 발생을 방지하는데도 도움이 된다.

　　과피흑변이란 과일의 표피가 흑갈색으로 변하는 것을 말하는데 과피흑변은 주로 저온과습으로 인해 발생하기 때문에 예건을 해주면 방지될 수 있다.

　③ 예건은 증산을 억제하여 수분손실을 줄일 수 있다.

(2) 품목별 예건

　① 마늘, 양파

　　마늘과 양파는 수확 직후 수분함량이 85% 정도인데 예건을 통해 65% 정도까지 감소시킴으로써 부패를 막고 응애와 선충의 밀도를 낮추어 장기 저장이 가능하게 된다.

　② 단감

　　수확 후 단감의 수분을 줄여줌으로써 곰팡이의 발생을 억제할 수 있고, 또한 예건으로 인해 과피에 큐티클층이 형성되기 때문에 과실의 상처를 줄일 수 있다.

　③ 배

　　수확 직후 배를 예건함으로써 부패를 줄이고 신선도를 유지하며 배의 과피흑변현상을 방지할 수 있다.

　④ 결구배추, 양배추

　　결구배추나 양배추는 수분이 많고 표면적이 넓어 수분손실이 크고, 저장고 내의 습도가 높게 유지되어 부패되기 쉬우므로 저장 전에 외엽을 어느 정도 건조한 후 저장한다. 예건하면 조직세포의 팽압이 낮아져 마찰이나 충격에 의한 상처가 적어지고 건조한 외엽이 증산을 억제하여 수분손실이 줄어든다.

---

71 원예산물의 저온저장고 관리에 관한 내용이다. (　)에 들어갈 내용은?

> 저장고 입고 시 송풍량을 (　ㄱ　), 저장 초기 품온이 적정 저장온도에 도달하도록 조치하면 호흡량이 (　ㄴ　), 숙성이 지연되는 장점이 있다.

① ㄱ: 높여, ㄴ: 늘고　　　　　　② ㄱ: 높여, ㄴ: 줄고

③ ㄱ: 낮춰, ㄴ: 늘고　　　　　　④ ㄱ: 낮춰, ㄴ: 줄고

(해설) 품온이 적정 저장온도에 도달하도록 조치하면 호흡량이 줄고, 숙성이 지연되어 저장성을 높인다.

72 저온저장 중인 원예산물의 상온 선별 시 A농산물품질관리사의 결로 방지책으로 옳은 것은?

① 선별장내 공기유동을 최소화한다.

② 선별장과 저장고의 온도차를 높여 관리한다.

③ 수분흡수율이 높은 포장상자를 사용한다.

④ MA필름으로 포장하여 외부 공기가 산물에 접촉되지 않게 한다.

(해설) 결로는 저온저장 중인 원예산물과 상온(외부공기)과의 온도차로 인하여 발생하므로 MA포장으로 원예산물과 상온(외부공기)의 접촉을 방지하면 된다.

73 다음이 예방할 수 있는 원예산물의 손상이 아닌 것은?

> 팔레타이징으로 단위적재하는 저온유통시스템에서 적재장소 출구와 운송트럭냉장 적재함 사이에 틈이 없도록 설비하는 것은 외부공기의 유입을 차단하여 작업장이나 컨테이너 내부의 온도 균일화 효과를 얻기 위함이다.

① 생물학적 손상   ② 기계적 손상

③ 화학적 손상   ④ 생리적 손상

(해설) 화학적 손상이란 화학적 물질에 의한 손상이다.

74 원예산물의 생물학적 위해요인이 아닌 것은?

① 곰팡이 독소   ② 병원성 대장균

③ 기생충   ④ 바이러스

(해설) 병원성 대장균, 기생충, 바이러스는 생물학적 위해요인이다.

75 HACCP 실시과정에 관한 내용이다. ( )에 들어갈 내용으로 옳은 것은?

> • (ㄱ): 위해요소와 이를 유발할 수 있는 조건이 존재하는 여부를 파악하기 위하여 필요한 정보를 수집하고 평가하는 과정
> • (ㄴ): 위해요소를 예방, 저해하거나 허용수준 이하로 감소시켜 안전성을 확보하는 중요한 단계, 과정 또는 공정

① ㄱ: 위해요소 분석, ㄴ: 한계기준　　② ㄱ: 위해요소 분석, ㄴ: 중요관리점

③ ㄱ: 한계기준, ㄴ: 중요관리점　　④ ㄱ: 중요관리점, ㄴ: 위해요소 분석

해설 "위해요소 분석(Hazard Analysis)"이라 함은 식품안전에 영향을 줄 수 있는 화학적, 생물학적, 물리적 위해요소와 이를 유발할 수 있는 조건이 존재하는지 여부를 판별하기 위하여 필요한 정보를 수집하고 평가하는 일련의 과정을 말한다. 중점관리점(CCP)은 위해요소를 허용수준 이하로 감소시켜 안전을 확보할 수 있는 공정을 말한다. 예를 들면 생산 시 온도관리 등을 통한 병원성 미생물의 증식 억제, 금속검출기를 통한 금속 이물질 혼입 배제 등이다.

정리 위해요소 중점관리제도(HACCP)는 위해요소 분석(HA)과 중점관리점(CCP)으로 구성되어 있다.
(1) 위해요소 분석(HA)
　① "위해요소 분석(Hazard Analysis)"이라 함은 식품안전에 영향을 줄 수 있는 화학적, 생물학적, 물리적 위해요소와 이를 유발할 수 있는 조건이 존재하는지 여부를 판별하기 위하여 필요한 정보를 수집하고 평가하는 일련의 과정을 말한다.
　② 농약, 다이옥신 등은 화학적 위해요소이며, 대장균 0157, 살모넬라, 리스테리아 등 병원성 미생물은 생물학적 위해요소이고, 쇠붙이, 주사바늘 등 이물질은 물리적 위해요소이다.
(2) 중점관리점(CCP)
　① 중점관리점(CCP)은 위해요소를 허용수준 이하로 감소시켜 안전을 확보할 수 있는 공정을 말한다. 예를 들면 생산 시 온도관리 등을 통한 병원성 미생물의 증식 억제, 금속검출기를 통한 금속 이물질 혼입 배제 등이다.
　② "한계기준(Critical Limit)"이라 함은 중요관리점에서의 위해요소 관리가 허용범위 이내로 충분히 이루어지고 있는지 여부를 판단할 수 있는 기준이나 기준치를 말한다.
　③ 한계기준은 CCP 설정의 중요한 요소가 되며, 일반적으로 다음과 같은 항목을 관리한다.
　　㉠ 온도 및 시간
　　㉡ 수분활성도(Aw) 같은 제품 특성
　　㉢ 습도(수분)
　　㉣ 염소, 염분농도 같은 화학적 특성
　　㉤ 금속검출기 감도
　　㉥ pH
　　㉦ 관련서류 확인

정답 75 ②

76 농산물 유통이 부가가치를 창출하는 일련의 생산적 활동임을 의미하는 것은?

① 가치사슬(value chain)
② 푸드시스템(food system)
③ 공급망(supply chain)
④ 마케팅빌(marketing bill)

해설 가치사슬(value chain)

기업활동에서 부가가치가 생성되는 과정을 의미한다. 부가가치 창출에 직접 또는 간접적으로 관련된 일련의 활동·기능·프로세스의 연계를 의미하고, 주활동과 지원활동으로 나눠볼 수 있다.

여기서 주활동(primary activities)은 제품의 생산·운송·마케팅·판매·물류·서비스 등과 같은 현장업무 활동을 의미하며, 지원활동(support activities)은 구매·기술개발·인사·재무·기획 등 현장활동을 지원하는 제반업무를 의미한다. 주활동은 부가가치를 직접 창출하는 부문을, 지원활동은 부가가치가 창출되도록 간접적인 역할을 하는 부문을 말한다. 이 두 활동 부문의 비용과 가치창출 요인을 분석하는 데에 사용된다.

77 농식품 소비구조 변화에 관한 내용으로 옳지 않은 것은?

① 신선편이농산물 소비 증가
② PB상품 소비 감소
③ 가정간편식(HMR) 소비 증가
④ 쌀 소비 감소

해설 유통업체가 규모화되면 영향력 증대로 PB상품 소비가 증가할 것이다.

정리 PB상품(Private Brand goods)

백화점·슈퍼마켓 등 대형소매상이 독자적으로 개발한 브랜드 상품으로, 유통업체가 제조업체에 제품생산을 위탁하면 제품이 생산된 뒤에 유통업체 브랜드로 내놓는 것이다.

78 농산물 유통마진에 관한 설명으로 옳지 않은 것은?

① 유통경로, 시기별, 연도별로 다르다.
② 유통비용 중 직접비는 고정비 성격을 갖는다.
③ 유통효율성을 평가하는 핵심지표로 사용된다.
④ 최종소비재에 포함된 유통서비스의 크기에 따라 달라진다.

정답 76 ① 77 ② 78 ③

해설 유통마진이 높다는 것은 생산자가격과 소비자가격의 차이가 크다는 것을 의미하는데, 유통마진이 크다고 해서 반드시 유통효율성이 낮다고 할 수 없으며, 유통마진이 낮다고 해서 유통효율성이 높다고 할 수도 없다(생산자 직접판매는 경우에 따라 유통손실비용을 감당해야 한다).

정리 **유통비용의 구성**
- 직접비용: 수송비, 포장비, 하역비, 저장비, 가공비 등과 같이 직접적으로 유통하는데 지불되는 비용
- 간접비용: 점포임대료, 자본이자, 통신비, 제세공과금, 감가상각비 등과 같이 농산물을 유통하는데 간접적으로 투입되는 비용

79 농산물 공동선별 · 공동계산제에 관한 설명으로 옳지 않은 것은?

① 여러 농가의 농산물을 혼합하여 등급별로 판매한다.
② 농가가 산지유통조직에 출하권을 위임하는 경우가 많다.
③ 출하시기에 따라 농가의 가격변동 위험이 커진다.
④ 물량의 규모화로 시장교섭력이 향상된다.

해설 동계산제의 조건 중 하나는 자금의 규모화(조합원의 기금조성)이다. 자금의 규모화는 저온저장창고 등 시설의 설치를 가능케 하고, 농산물의 홍수출하를 억제할 수 있게 하여 연간 출하시기를 배분할 수 있으므로 연중 평균적인 가격의 유지를 실현하게 된다.

정리 **공동판매의 3원칙**
㉠ 무조건 위탁: 개별 농가의 무조건적 위탁
㉡ 평균판매: 생산자의 개별적 품질특성을 무시하고 일괄 등급별 판매 후 수취가격을 평준화하는 방식
㉢ 공동계산: 평균판매 가격을 기준으로 일정 시점에서 공동정산한다.

80 농산물의 단위가격을 1,000원보다 990원으로 책정하는 심리적 가격전략은?

① 준거가격전략 ② 개수가격전략
③ 단수가격전략 ④ 단계가격전략

해설 **단수가격전략**
소비자의 심리를 고려한 가격 결정법 중 하나로, 제품 가격의 끝자리를 홀수(단수)로 표시하여 소비자로 하여금 제품이 저렴하다는 인식을 심어주어 구매욕을 부추기는 가격전략
- 준거가격전략: 소비자가 제품의 구매를 결정할 때 기준이 되는 가격으로 생산자가 소비자의 준거가격을 기준으로 가격을 결정하는 전략
- 개수가격전략: 상품의 단위당 가격이 상대적으로 높을 때 개당 가격(우수리 없이)으로 판매하는 전략

81 대형유통업체의 농산물 산지 직거래에 관한 설명으로 옳지 않은 것은?

① 경쟁업체와 차별화된 상품을 발굴하기 위한 노력의 일환이다.

② 산지 수집을 대행하는 업체(vendor)를 가급적 배제한다.

③ 매출규모가 큰 업체일수록 산지 직구입 비중이 높은 경향을 보인다.

④ 본사에서 일괄 구매한 후 물류센터를 통해 개별 점포로 배송하는 것이 일반적이다.

> (해설) **벤더(vendor)**
> 전산화된 물류체계를 갖추고 편의점이나 슈퍼마켓 등에 특화된 상품들을 공급하는 다품종 소량 도매업을 일컫는 용어. 벤더는 산지직거래를 통한 저가의 대량구매로 유통비용의 절감(가격 경쟁력 강화)을 추구한다. 취급 품목에 따라 다양한 형태로 세분화되면서 이미 한국의 유통시장에 뿌리를 내렸고, 앞으로도 그 추세가 계속 확산될 것으로 보인다.

82 생산자가 지역의 제철 농산물을 소비자에게 정기적으로 배송하는 직거래 방식은?

① 로컬푸드 직매장   ② 직거래 장터
③ 꾸러미사업   ④ 농민시장(farmers market)

> (해설) **꾸러미사업**
> 학교 또는 가정에 정기적으로 농산물 등 식자재를 공급하는 사업

83 농산물도매시장 경매제에 관한 내용으로 옳지 않은 것은?

① 거래의 투명성 및 공정성 확보

② 중도매인간 경쟁을 통한 최고가격 유도

③ 상품 진열을 위한 넓은 공간 필요

④ 수급상황의 급변에도 불구하고 낮은 가격변동성

> (해설) 농산물의 수급상황이 급변하게 되면 가격예측이 어려워서 가격변동성이 커진다.

84 우리나라 농산물 종합유통센터의 대표적인 도매거래방식은?

① 경매   ② 예약상대거래
③ 매취상장   ④ 선도거래

상대거래와 예약상대거래란 산지가 사전에 농산물 출하가격을 제시하고 이를 도매시장법인이 중간에서 중도매인과 가격을 조정해 경매가 아닌 방식으로 농산물을 사고파는 것을 말한다.

정리 **선도거래**
현재 정해진 가격으로 특정한 미래날짜에 상품을 사거나 파는 거래(밭떼기)로, 선물거래와 다른 점은 특정거래소가 별도로 존재하지 않는다.

85 산지의 밭떼기(포전매매)에 관한 설명으로 옳지 않은 것은?

① 선물거래의 한 종류이다. ② 계약가격에 판매가격을 고정시킨다.
③ 농가가 계약금을 수취한다. ④ 계약불이행 위험이 존재한다.

해설 **포전매매(圃田賣買)**
수확 전에 밭에 심겨 있는 상태로 작물 전체를 사고파는 일로 선도거래의 한 형태이다. 인력 확보나 출하시기를 맞추기 어려운 농촌에서는 손해를 보더라도 손쉽게 대규모 농산물을 판매할 수 있는 밭떼기를 선호한다.

86 농산물 산지유통의 거래유형에 해당하는 것을 모두 고른 것은?

ㄱ. 계약재배	ㄴ. 포전거래	ㄷ. 정전거래	ㄹ. 산지공판

① ㄱ, ㄴ ② ㄱ, ㄷ ③ ㄴ, ㄷ, ㄹ ④ ㄱ, ㄴ, ㄷ, ㄹ

해설 • 산지유통 : 농산물의 거래가 소비지가 아닌 생산지에서 이뤄지는 유통이다.
 • 계약재배 : 생산물을 일정한 조건으로 인수하는 계약을 맺고 행하는 농산물 재배이다.
 • 정전거래 : 농산물 중 마늘, 고추, 깨 등이 소량 생산되어 개별농가에 저장된 것을 농가의 문전 앞에서 수집상과 거래되는 형태이다.

87 농산물 유통의 기능과 창출 효용을 옳게 연결한 것은?

① 거래 – 장소효용 ② 가공 – 형태효용
③ 저장 – 소유효용 ④ 수송 – 시간효용

해설 ① 거래 – 소유효용
 ③ 저장 – 시간효용
 ④ 수송 – 장소효용

정답 85 ① 86 ④ 87 ②

88 농산물 유통의 조성기능에 해당하는 것을 모두 고른 것은?

> ㄱ. 포장   ㄴ. 표준화・등급화
> ㄷ. 손해보험   ㄹ. 상・하역

① ㄱ   ② ㄴ, ㄷ   ③ ㄷ, ㄹ   ④ ㄱ, ㄷ, ㄹ

해설) 포장이나 상・하역은 직접적 물류기능에 해당한다.

정리 유통조성기능

표준화, 등급화, 유통금융(금융지원), 위험부담(보험), 정보제공 등의 유통에 대한 간접적인 지원활동이다.

89 A영농조합법인이 초등학교 간식용 조각과일을 공급하고자 수행한 SWOT분석에서 'T' 요인이 아닌 것은?

① 코로나19 재확산   ② 사내 생산설비 노후화
③ 과일 작황 부진   ④ 학생 수 감소

해설) 사내 생산설비 노후화는 약점(weakness)이다.

정리 SWOT분석

기업의 내부환경과 외부환경을 분석하여 강점(strength), 약점(weakness), 기회(opportunity), 위협(threat) 요인을 규정하고 이를 토대로 경영전략을 수립하는 기법으로, 기업의 내부환경과 외부환경을 분석하여 강점(strength), 약점(weakness), 기회(opportunity), 위협(threat) 요인을 규정한다.
- 강점(strength): 내부환경(자사 경영자원)의 강점
- 약점(weakness): 내부환경(자사 경영자원)의 약점
- 기회(opportunity): 외부환경(경쟁, 고객, 거시적 환경)에서 비롯된 기회
- 위협(threat): 외부환경(경쟁, 고객, 거시적 환경)에서 비롯된 위협

SWOT전략
- SO전략(강점–기회전략): 강점을 살려 기회를 포착
- ST전략(강점–위협전략): 강점을 살려 위협을 회피
- WO전략(약점–기회전략): 약점을 보완하여 기회를 포착
- WT전략(약점–위협전략): 약점을 보완하여 위협을 회피

90 시장세분화에 관한 설명으로 옳지 않은 것은?

① 유사한 욕구와 선호를 가진 소비자 집단으로 세분화가 가능하다.
② 시장규모, 구매력의 크기 등을 측정할 수 있어야 한다.
③ 국적, 소득, 종교 등 지리적 특성에 따라 세분화가 가능하다.
④ 세분시장의 반응에 따라 차별화된 마케팅이 가능하다.

정답 88 ② 89 ② 90 ③

해설 ③ 소득계층의 지역적 밀집도에 따라 지리적 세분화가 가능하지만, 국적이나 종교 등을 기준으로 시장세분화를 하는 것은 아니다.

정리 **시장세분화(segmentation)**
마케팅 전략상 동일한 마케팅 믹스가 통용될 수 있는 시장들로 전체 시장을 세분화하여 제품을 생산하고 마케팅하는 전략이다.

91 6~8명 정도의 소그룹을 대상으로 2시간 내외의 집중면접을 실시하는 마케팅조사방법은?

① FGI
② 전수조사
③ 관찰조사
④ 서베이조사

해설 **집단심층면접**
집단심층면접(Focus Group Interview)은 통상 FGI로 불리며 집단토의(Group Discussion), 집단면접(Group Interview)으로 표현되기도 한다. 보통 6~10명의 소규모 참석자들이 모여 사회자의 진행에 따라 정해진 주제에 대해 이야기를 나누게 하고, 이를 통해 정보나 아이디어를 수집한다. 집단심층면접은 구조화된 설문지를 사용하지 않는다는 점에서 양적 조사인 서베이와 구별되고, 면접원과 응답자 간에 일대일로 질의와 응답이 이루어지는 것이 아니고, 여러 명의 조사 대상자가 집단으로 참여해 함께 자유로이 의견을 나눈다는 점에서 개별심층면접과 구별된다.

관찰조사
관찰조사는 조사원이 직접 또는 기계장치를 이용해 조사 대상자의 행동이나 현상을 관찰하고 기록하는 조사 방법이다. 응답자가 기억하기 어렵거나 대답하기 어려운 무의식적인 행동을 측정할 수 있고, 한편으로 본심을 숨기거나 실제 행동과 다른 의견을 제시할 수 있는 가능성을 배제함으로써 객관적 사실의 파악이 가능하다.

92 고가가격전략을 실행할 수 있는 경우는?

① 높은 제품기술력을 가지고 있을 경우
② 시장점유율을 극대화하고자 할 경우
③ 원가우위로 시장을 지배하려고 할 경우
④ 경쟁사의 모방 가능성이 높을 경우

해설 **고가가격전략**
비교적 고수준(高水準)으로 가격(價格)을 결정하는 방법이며, 고소득층을 표적으로 한다. 높은 제품기술력을 가지고 신상품을 출시할 때 이용한다. 고객층이 한정되고 회사의 이미지가 높을 때 이용할 수 있으며, 상품의 차별화가 효과적으로 나타날 경우 선택하는 가격전략이다.

정답 91 ① 92 ①

93 광고에 관한 설명으로 옳지 않은 것은?

① 비용을 지불해야 한다.

② 불특정 다수를 대상으로 한다.

③ 표적시장별로 광고매체를 선택할 수 있다.

④ 상표광고가 기업광고보다 기업이미지 개선에 효과적이다.

(해설) 상표광고는 개별상품 또는 기업의 브랜드 인지도 향상에 초점을 맞춘 광고기법인데 반해 기업광고는 기업의 역사·정책·규모·기술·업적·인재 등을 선전함으로써 기업에 대한 신뢰와 호의를 널리 획득하고, 경영활동을 원활히 수행하기 위한 광고이다.

94 소비자의 구매심리과정(AIDMA)을 순서대로 옳게 나열한 것은?

① 욕구 → 주의 → 흥미 → 기억 → 행동

② 흥미 → 주의 → 기억 → 욕구 → 행동

③ 주의 → 흥미 → 욕구 → 기억 → 행동

④ 기억 → 흥미 → 주의 → 욕구 → 행동

(해설) 소비자의 구매심리과정(AIDMA)
- 주의(Attention) → 흥미(Interest) → 욕구(Desire) → 기억(Memory) → 행동(Action)
- M(기억) 대신에 확신(Confidence 또는 Conviction)의 C를 덧붙인 AIDCA(아이드카)도 같은 의미로 이용된다.

95 농산물 물류비에 포함되지 않는 것은?

① 포장비   ② 수송비   ③ 재선별비   ④ 점포임대료

(해설) 유통비용의 구성
- 직접비용: 수송비, 포장비, 하역비, 저장비, 가공비 등과 같이 직접적으로 유통하는데 지불되는 비용
- 간접비용: 점포임대료, 자본이자, 통신비, 제세공과금, 감가상각비 등과 같이 농산물을 유통하는데 간접적으로 투입되는 비용

96 국내산 감귤 가격 상승에 따라 수입산 오렌지 수요가 늘어났을 경우 감귤과 오렌지 간의 관계는?

① 대체재   ② 보완재   ③ 정상재   ④ 기펜재

정답 93 ④ 94 ③ 95 ④ 96 ①

해설 ① 대체재: A와 B 두 재화 간에 어떤 한 재화(A)의 가격이 상승함에 따라 다른 재화(B)에 대한 수요가 증가하는 경우로서 국내산 감귤 가격의 상승으로 인해 동일한 효용을 제공하지만 가격이 상대적으로 낮은 수입산 감귤로 소비자가 이동(대체)한 결과이다.
② 보완재: 어떤 한 재화의 가격이 상승함에 따라 다른 재화에 대한 수요가 감소하는 경우이다.
③ 정상재: 소득이 증가(감소)함에 따라 수요가 증가(감소)하는 재화. 그 반대의 재화를 열등재라고 한다.
④ 기펜재: 소득효과가 대체효과를 압도하여 가격이 낮아질 때(올라갈 때) 수요도 함께 감소(증가)하는 재화이다.

97 생산자단체가 자율적으로 농산물 소비촉진, 수급조절 등을 시행하는 사업은?
① 유통조절명령
② 유통협약
③ 농업관측사업
④ 자조금사업

해설 • ①, ②, ③은 정부가 주도 사업
• 자조금은 농업인이 스스로 기금을 조성하여 농산물의 소비촉진, 자율적 수급조절, 품질향상 등을 목적으로 조성하게 되면 농산자조금을 운영하는 단체에게는 정부에서 일정금액이 2차적으로 지원한다.

98 농산물 유통정보의 직접적인 기능이 아닌 것은?
① 시장참여자간 공정경쟁 촉진
② 정보 독과점 완화
③ 출하시기, 판매량 등의 의사결정에 기여
④ 생산기술 개선 및 생산량 증대

해설 **농산물 유통정보의 역할**
① 농산물의 적정가격을 제시해 준다.
② 유통비용을 감소시켜 준다.
③ 시장내에서 효율적인 유통기구를 발견해 준다.
④ 생산계획과 관련된 의사결정을 지원해 준다.
⑤ 유통업자의 의사결정을 지원해 준다.
⑥ 소비자의 합리적 소비를 지원해 준다.
⑦ 농산물 유통정책을 입안하는 데 도움을 준다.

99 농산물 포장의 본원적 기능이 아닌 것은?
① 제품의 보호
② 취급의 편의
③ 판매의 촉진
④ 재질의 차별

해설 포장은 물류기능(운송의 편리성)과 광고기능(포장의 디자인)을 포함한다.

정답 97 ④ 98 ④ 99 ④

100 소비자의 농산물 구매의사 결정과정 중 구매 후 행동을 모두 고른 것은?

| ㄱ. 상표 대체 | ㄴ. 재구매 | ㄷ. 정보 탐색 | ㄹ. 대안 평가 |

① ㄱ, ㄴ   ② ㄴ, ㄷ   ③ ㄱ, ㄷ, ㄹ   ④ ㄱ, ㄴ, ㄷ, ㄹ

해설 소비자 상품구매 결정과정과 구매 후 과정
문제 인식 – 정보 탐색 – 대안 평가 – 구매 – 평가 – 재구매 또는 상표 대체

정답 100 ①

2020년 제17회 농산물품질관리사 1차 시험 기출문제

제1과목 | 관계 법령

01 농수산물 품질관리법령상 이력추적관리 농산물의 표시에 관한 내용으로 옳지 않은 것은?

① 글자는 고딕체로 한다.

② 산지는 시·군·구 단위까지 적는다.

③ 쌀만 생산연도를 표시한다.

④ 소포장의 경우 표시항목만을 표시할 수 있다.

해설 시행규칙 [별표 12] (이력추적관리 농산물의 표시)

> ■ 농수산물 품질관리법 시행규칙 [별표 12]
>
> **이력추적관리 농산물의 표시**(제49조제1항 및 제2항 관련)
>
> 1. 이력추적관리 농산물의 표지와 제도법
>   가. 표지
>
>
>
>   나. 제도법
>   1) 도형표시
>   2) 글자는 고딕체로 한다.
>   3) 표지도형의 색상 및 크기는 포장재의 색상 및 크기에 따라 조정할 수 있다.
>   4) 삭제 〈2016. 12. 30.〉

정답 01 ④

2. 표시사항
  가. 표지

  나. 표시항목
    1) 산지: 농산물을 생산한 지역으로 시·군·구 단위까지 적음
    2) 품목(품종): 「종자산업법」 제2조제4호나 이 규칙 제6조제2항제3호에 따라 표시
    3) 중량·개수: 포장단위의 실중량이나 개수
    4) 삭제 〈2014.9.30.〉
    5) 생산연도: 쌀만 해당한다.
    6) 생산자: 생산자 성명이나 생산자단체·조직명, 주소, 전화번호(유통자의 경우 유통자 성명, 업체명, 주소, 전화번호)
    7) 이력추적관리번호: 이력추적이 가능하도록 붙여진 이력추적관리번호
3. 표시방법
  가. 표지와 표시항목의 크기는 포장재의 크기에 따라 표지의 크기를 키우거나 줄일 수 있으나 표지형태 및 글자표기는 변형할 수 없다.
  나. 표지와 표시항목의 표시는 소비자가 쉽게 알아볼 수 있도록 포장재 옆면에 표지와 표시사항을 함께 표시하되, 옆면에 표시하기 어려울 경우에는 표시위치를 변경할 수 있다.
  다. 표지와 표시항목은 인쇄하거나 스티커로 포장재에서 떨어지지 않도록 부착하여야 한다. 다만 포장하지 아니하고 낱개로 판매하는 경우나 소포장의 경우에는 표지만을 표시할 수 있다.
  라. 수출용의 경우에는 해당 국가의 요구에 따라 표시할 수 있다.
  마. 제2호나목의 표시항목 중 표준규격, 지리적표시 등 다른 규정에 따라 표시하고 있는 사항은 그 표시를 생략할 수 있다.

02 농수산물 품질관리법령상 표준규격품의 포장 겉면에 표시하여야 하는 사항 중 국립농산물품질관리원장이 고시하여 생략할 수 있는 것은?

① 품목   ② 산지   ③ 품종   ④ 등급

(해설) 시행규칙 제7조(표준규격품의 출하 및 표시방법 등)
① 농림축산식품부장관, 해양수산부장관, 특별시장·광역시장·도지사·특별자치도지사(이하 "시·도지사"라 한다)는 농수산물을 생산, 출하, 유통 또는 판매하는 자에게 표준규격에 따라 생산, 출하, 유통 또는 판매하도록 권장할 수 있다.
② 법 제5조제2항에 따라 표준규격품을 출하하는 자가 표준규격품임을 표시하려면 해당 물품의 포장 겉면에 "표준규격품"이라는 문구와 함께 다음 각 호의 사항을 표시하여야 한다.

정답 02 ③

1. 품목
2. 산지
3. 품종. 다만, 품종을 표시하기 어려운 품목은 국립농산물품질관리원장, 국립수산물품질관리원장 또는 산림청장이 정하여 고시하는 바에 따라 품종의 표시를 생략할 수 있다.
4. 생산 연도(곡류만 해당한다)
5. 등급
6. 무게(실중량). 다만, 품목 특성상 무게를 표시하기 어려운 품목은 국립농산물품질관리원장, 국립수산물품질관리원장 또는 산림청장이 정하여 고시하는 바에 따라 개수(마릿수) 등의 표시를 단일하게 할 수 있다.
7. 생산자 또는 생산자단체의 명칭 및 전화번호

03 농수산물 품질관리법령상 등록된 지리적표시의 무효심판 청구사유에 해당하지 않는 것은?
① 먼저 등록된 타인의 지리적표시와 비슷한 경우
② 「상표법」에 따라 먼저 등록된 타인의 상표와 같은 경우
③ 지리적표시 등록이 된 후에 그 지리적표시가 원산지 국가에서 보호가 중단된 경우
④ 지리적표시 등록 단체의 소속 단체원이 지리적표시를 잘못 사용하여 수요자가 상품의 품질에 대하여 오인한 경우

(해설) 법 제43조(지리적표시의 무효심판)
1. 제32조제9항에 따른 등록거절 사유에 해당하는 경우에도 불구하고 등록된 경우
2. 제32조에 따라 지리적표시 등록이 된 후에 그 지리적표시가 원산지 국가에서 보호가 중단되거나 사용되지 아니하게 된 경우

법 제44조(지리적표시의 취소심판)
1. 지리적표시 등록을 한 후 지리적표시의 등록을 한 자가 그 지리적표시를 사용할 수 있는 농수산물 또는 농수산가공품을 생산 또는 제조·가공하는 것을 업으로 하는 자에 대하여 단체의 가입을 금지하거나 어려운 가입조건을 규정하는 등 단체의 가입을 실질적으로 허용하지 아니한 경우 또는 그 지리적표시를 사용할 수 없는 자에 대하여 등록 단체의 가입을 허용한 경우
2. 지리적표시 등록 단체 또는 그 소속 단체원이 지리적표시를 잘못 사용함으로써 수요자로 하여금 상품의 품질에 대하여 오인하게 하거나 지리적 출처에 대하여 혼동하게 한 경우

04 농수산물 품질관리법령상 검사대상 농산물 중 생산자단체 등이 정부를 대행하여 수매하는 농산물에 해당하지 않는 것을 모두 고른 것은?

| ㄱ. 땅콩 | ㄴ. 현미 | ㄷ. 녹두 | ㄹ. 양파 |

① ㄱ, ㄴ
② ㄱ, ㄷ
③ ㄴ, ㄷ
④ ㄴ, ㄹ

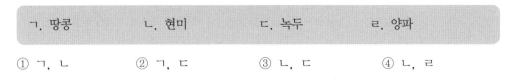
정답 03 ④ 04 ③

농수산물 품질관리법 시행령 [별표 3]

검사대상 농산물의 종류별 품목(제30조제2항 관련)

1. 정부가 수매하거나 생산자단체등이 정부를 대행하여 수매하는 농산물
   가. 곡류: 벼·겉보리·쌀보리·콩
   나. <u>특용작물류: 참깨·땅콩</u>
   다. 과실류: 사과·배·단감·감귤
   라. <u>채소류: 마늘·고추·양파</u>
   마. 잠사류: 누에씨·누에고치
2. 정부가 수출·수입하거나 생산자단체등이 정부를 대행하여 수출·수입하는 농산물
   가. 곡류
      1) 조곡(粗穀): 콩·팥·녹두
      2) 정곡(精穀): 현미·쌀
   나. 특용작물류: 참깨·땅콩
   다. 채소류: 마늘·고추·양파
3. 정부가 수매 또는 수입하여 가공한 농산물
   곡류: 현미·쌀·보리쌀

05 농수산물 품질관리법령상 유전자변형농산물 표시의 조사에 관한 설명으로 옳은 것은?

① 농림축산식품부장관은 표시위반 여부의 확인을 위해 관계 공무원에게 매년 1회 이상 유전자변형표시 대상 농산물을 조사하게 하여야 한다.
② 우수관리인증기관, 우수관리시설을 운영하는 자 및 우수관리인증을 받은 자는 정당한 사유 없이 조사를 거부하거나 기피해서는 아니 된다.
③ 조사 공무원은 조사대상자가 요구하는 경우에 한하여 그 권한을 표시하는 증표를 보여주어야 한다.
④ 조사 공무원은 조사대상자가 요구하는 경우에 한하여 성명·출입시간·출입목적 등이 표시된 문서를 내주어야 한다.

법 제58조(유전자변형농수산물 표시의 조사)
① <u>식품의약품안전처장은 제56조 및 제57조에 따른 유전자변형농수산물의 표시 여부, 표시사항 및 표시 방법 등의 적정성과 그 위반 여부를 확인하기 위하여 대통령령으로 정하는 바에 따라 관계 공무원에게 유전자변형표시 대상 농수산물을 수거하거나 조사하게 하여야 한다.</u> 다만, 농수산물의 유통량이 현저하게 증가하는 시기 등 필요할 때에는 수시로 수거하거나 조사하게 할 수 있다.

06 농수산물 품질관리법령상 농산물품질관리사가 수행하는 직무로 옳지 않은 것은?

① 농산물의 규격출하 지도
② 농산물의 생산 및 수확 후 품질관리기술 지도
③ 농산물의 선별 및 포장 시설 등의 운용·관리
④ 유전자변형표시 대상 농산물의 검사 및 조사

해설 **법 제106조(농산물품질관리사의 직무)**
1. 농산물의 등급 판정
2. 농산물의 생산 및 수확 후 품질관리기술 지도
3. 농산물의 출하 시기 조절, 품질관리기술에 관한 조언
4. 그 밖에 농산물의 품질 향상과 유통 효율화에 필요한 업무로서 농림축산식품부령으로 정하는 업무

시행규칙 제134조(농산물품질관리사의 업무)
법 제106조제1항제4호에서 "농림축산식품부령으로 정하는 업무"란 다음 각 호의 업무를 말한다.
1. 농산물의 생산 및 수확 후의 품질관리기술 지도
2. 농산물의 선별·저장 및 포장 시설 등의 운용·관리
3. 농산물의 선별·포장 및 브랜드 개발 등 상품성 향상 지도
4. 포장농산물의 표시사항 준수에 관한 지도
5. 농산물의 규격출하 지도

07 농수산물 품질관리법상 안전성검사기관에 대한 지정을 취소해야 하는 사유를 모두 고른 것은? (단, 감경 사유는 고려하지 않음)

ㄱ. 거짓으로 지정을 받은 경우
ㄴ. 검사성적서를 거짓으로 내준 경우
ㄷ. 업무의 정지명령을 위반하여 계속 안전성조사 및 시험분석 업무를 한 경우
ㄹ. 부정한 방법으로 지정을 받은 경우

① ㄱ, ㄴ, ㄷ   ② ㄱ, ㄴ, ㄹ   ③ ㄱ, ㄷ, ㄹ   ④ ㄴ, ㄷ, ㄹ

정답 **06** ④ **07** ③

① 식품의약품안전처장은 제64조제1항에 따른 안전성검사기관이 다음 각 호의 어느 하나에 해당하면 지정을 취소하거나 6개월 이내의 기간을 정하여 업무의 정지를 명할 수 있다. 다만, 제1호 또는 제2호에 해당하면 지정을 취소하여야 한다.
  1. 거짓이나 그 밖의 부정한 방법으로 지정을 받은 경우
  2. 업무의 정지명령을 위반하여 계속 안전성조사 및 시험분석 업무를 한 경우
  3. 검사성적서를 거짓으로 내준 경우
  4. 그 밖에 총리령으로 정하는 안전성검사에 관한 규정을 위반한 경우
② 제1항에 따른 지정 취소 등의 세부 기준은 총리령으로 정한다.

08 농수산물 품질관리법상 농산물의 권장품질표시에 관한 설명으로 옳지 않은 것은?

① 농산물 생산자는 권장품질표시를 할 수 있지만 유통·판매자는 표시할 수 없다.
② 농림축산식품부장관은 권장품질표시를 장려하기 위하여 이에 필요한 지원을 할 수 있다.
③ 권장품질표시는 상품성을 높이고 공정한 거래를 실현하기 위함이다.
④ 농림축산식품부장관은 권장품질표시를 한 농산물이 권장품질표시 기준에 적합하지 아니한 경우 그 시정을 권고할 수 있다.

① 농림축산식품부장관은 포장재 또는 용기로 포장된 농산물(축산물은 제외한다.)의 상품성을 높이고 공정한 거래를 실현하기 위하여 제5조에 따른 표준규격품의 표시를 하지 아니한 농산물의 포장 겉면에 등급·당도 등 품질을 표시(이하 "권장품질표시"라 한다)하는 기준을 따로 정할 수 있다.
② 농산물을 유통·판매하는 자는 제5조에 따른 표준규격품의 표시를 하지 아니한 경우 포장 겉면에 권장품질표시를 할 수 있다.
③ 권장품질표시의 기준 및 방법 등에 필요한 사항은 농림축산식품부령으로 정한다.

09 농수산물 품질관리법령상 생산자단체의 농산물우수관리인증에 관한 내용으로 옳지 않은 것은?

① 생산자단체는 신청서에 사업운영계획서를 첨부하여야 한다.
② 우수관리인증기관은 제출받은 서류를 심사한 후에 현지심사를 하여야 한다.
③ 우수관리인증기관은 원칙적으로 전체 구성원에 대하여 각각 심사를 하여야 한다.
④ 거짓으로 우수관리인증을 받아 우수관리인증이 취소된 후 1년이 지난 생산자단체는 우수관리인증을 신청할 수 있다.

정답 08 ① 09 ②

법 제6조(농산물우수관리의 인증)

① 농림축산식품부장관은 농산물우수관리의 기준(이하 "우수관리기준"이라 한다)을 정하여 고시하여야 한다.

② 우수관리기준에 따라 농산물(축산물은 제외한다. 이하 이 절에서 같다)을 생산·관리하는 자 또는 우수관리기준에 따라 생산·관리된 농산물을 포장하여 유통하는 자는 제9조에 따라 지정된 농산물우수관리인증기관(이하 "우수관리인증기관"이라 한다)으로부터 농산물우수관리의 인증(이하 "우수관리인증"이라 한다)을 받을 수 있다.

③ 우수관리인증을 받으려는 자는 우수관리인증기관에 우수관리인증의 신청을 하여야 한다. 다만, 다음 각 호의 어느 하나에 해당하는 자는 우수관리인증을 신청할 수 없다.

1. 제8조제1항에 따라 우수관리인증이 취소된 후 1년이 지나지 아니한 자
2. 제119조 또는 제120조를 위반하여 벌금 이상의 형이 확정된 후 1년이 지나지 아니한 자

시행규칙 제11조(우수관리인증의 심사 등)

① 법 제6조제3항에 따라 우수관리인증을 받으려는 자는 별지 제1호서식의 농산물우수관리인증 (신규·갱신)신청서에 다음 각 호의 서류를 첨부하여 법 제9조제1항에 따라 우수관리인증기관으로 지정받은 기관(이하 "우수관리인증기관"이라 한다)에 제출하여야 한다.

1. 삭제 〈2013. 11. 29.〉
2. 법 제6조제6항에 따른 우수관리인증농산물(이하 "우수관리인증농산물"이라 한다)의 위해요소관리계획서
3. 생산자단체 또는 그 밖의 생산자 조직(이하 "생산자집단"이라 한다)의 사업운영계획서(생산자집단이 신청하는 경우만 해당한다)

② 우수관리인증농산물의 위해요소관리계획서와 사업운영계획서에 포함되어야 할 사항, 우수관리인증의 신청 방법 및 절차 등에 필요한 세부 사항은 국립농산물품질관리원장이 정하여 고시한다.

시행규칙 제11조(우수관리인증의 심사 등)

① 우수관리인증기관은 제10조제1항에 따라 우수관리인증 신청을 받은 경우에는 제8조에 따른 우수관리인증의 기준에 적합한지를 심사하여야 하며, 필요한 경우에는 현지심사를 할 수 있다.

② 우수관리인증기관은 생산자집단이 우수관리인증을 신청한 경우에는 전체 구성원에 대하여 각각 심사를 하여야 한다. 다만, 국립농산물품질관리원장이 정하여 고시하는 바에 따라 표본심사를 할 수 있다.

10 농수산물 품질관리법령상 농산물우수관리인증의 유효기간 연장기간에 관한 설명이다. ( )에 들어갈 내용은? (단, 인삼류, 약용작물은 제외함)

> 우수관리인증기관이 농산물우수관리인증 유효기간을 연장해 주는 경우 그 유효기간 연장기간은 ( )을 초과할 수 없다.

① 1년   ② 2년
③ 3년   ④ 4년

법 제7조(우수관리인증의 유효기간 등)

① 우수관리인증의 유효기간은 우수관리인증을 받은 날부터 2년으로 한다. 다만, 품목의 특성에 따라 달리 적용할 필요가 있는 경우에는 10년의 범위에서 농림축산식품부령으로 유효기간을 달리 정할 수 있다.

② 우수관리인증을 받은 자가 유효기간이 끝난 후에도 계속하여 우수관리인증을 유지하려는 경우에는 그 유효기간이 끝나기 전에 해당 우수관리인증기관의 심사를 받아 우수관리인증을 갱신하여야 한다.

③ 우수관리인증을 받은 자는 제1항의 유효기간 내에 해당 품목의 출하가 종료되지 아니할 경우에는 해당 우수관리인증기관의 심사를 받아 우수관리인증의 유효기간을 연장할 수 있다.

④ 제1항에 따른 우수관리인증의 유효기간이 끝나기 전에 생산계획 등 농림축산식품부령으로 정하는 중요 사항을 변경하려는 자는 미리 우수관리인증의 변경을 신청하여 해당 우수관리인증기관의 승인을 받아야 한다.

⑤ 우수관리인증의 갱신절차 및 유효기간 연장의 절차 등에 필요한 세부적인 사항은 농림축산식품부령으로 정한다.

11 농수산물 품질관리법상 3년 이하의 징역 또는 3천만 원 이하의 벌금에 처해지는 위반행위를 한 자는?

① 농산물의 검사증명서 및 검정증명서를 변조한 자

② 검사 대상 농산물에 대하여 검사를 받지 아니한 자

③ 다른 사람에게 농산물품질관리사의 명의를 사용하게 한 자

④ 재검사 대상 농산물의 재검사를 받지 아니하고 해당 농산물을 판매한 자

②③④ 1년 이하의 징역 또는 1천만 원 이하의 벌금

법 제119조(벌칙) 3년 이하의 징역 또는 3천만 원 이하의 벌금

1. 제29조제1항제1호를 위반하여 우수표시품이 아닌 농수산물(우수관리인증농산물이 아닌 농산물의 경우에는 제7조제4항에 따른 승인을 받지 아니한 농산물을 포함한다) 또는 농수산가공품에 우수표시품의 표시를 하거나 이와 비슷한 표시를 한 자

1의2. 제29조제1항제2호를 위반하여 우수표시품이 아닌 농수산물(우수관리인증농산물이 아닌 농산물의 경우에는 제7조제4항에 따른 승인을 받지 아니한 농산물을 포함한다) 또는 농수산가공품을 우수표시품으로 광고하거나 우수표시품으로 잘못 인식할 수 있도록 광고한 자

2. 제29조제2항을 위반하여 다음 각 목의 어느 하나에 해당하는 행위를 한 자

    가. 제5조제2항에 따라 표준규격품의 표시를 한 농수산물에 표준규격품이 아닌 농수산물 또는 농수산가공품을 혼합하여 판매하거나 혼합하여 판매할 목적으로 보관하거나 진열하는 행위

    나. 제6조제6항에 따라 우수관리인증의 표시를 한 농산물에 우수관리인증농산물이 아닌 농산물(제7조제4항에 따른 승인을 받지 아니한 농산물을 포함한다) 또는 농산가공품을 혼합하여 판매하거나 혼합하여 판매할 목적으로 보관하거나 진열하는 행위

    다. 제14조제3항에 따라 품질인증품의 표시를 한 수산물에 품질인증품이 아닌 수산물을 혼합하여 판매하거나 혼합하여 판매할 목적으로 보관 또는 진열하는 행위

    라. 삭제 〈2012. 6. 1.〉

정답 11 ①

마. 제24조제6항에 따라 이력추적관리의 표시를 한 농산물에 이력추적관리의 등록을 하지 아니한 농산물 또는 농산가공품을 혼합하여 판매하거나 혼합하여 판매할 목적으로 보관하거나 진열하는 행위

3. 제38조제1항을 위반하여 지리적표시품이 아닌 농수산물 또는 농수산가공품의 포장·용기·선전물 및 관련 서류에 지리적표시나 이와 비슷한 표시를 한 자

4. 제38조제2항을 위반하여 지리적표시품에 지리적표시품이 아닌 농수산물 또는 농수산가공품을 혼합하여 판매하거나 혼합하여 판매할 목적으로 보관 또는 진열한 자

5. 제73조제1항제1호 또는 제2호를 위반하여 「해양환경관리법」 제2조제4호에 따른 폐기물, 같은 조 제7호에 따른 유해액체물질 또는 같은 조 제8호에 따른 포장유해물질을 배출한 자

6. 제101조제1호를 위반하여 거짓이나 그 밖의 부정한 방법으로 제79조에 따른 농산물의 검사, 제85조에 따른 농산물의 재검사, 제88조에 따른 수산물 및 수산가공품의 검사, 제96조에 따른 수산물 및 수산가공품의 재검사 및 제98조에 따른 검정을 받은 자

7. 제101조제2호를 위반하여 검사를 받아야 하는 수산물 및 수산가공품에 대하여 검사를 받지 아니한 자

8. 제101조제3호를 위반하여 검사 및 검정 결과의 표시, 검사증명서 및 검정증명서를 위조하거나 변조한 자

9. 제101조제5호를 위반하여 검정 결과에 대하여 거짓광고나 과대광고를 한 자

12 농수산물 품질관리법상 안전성조사 결과 생산단계 안전기준을 위반한 농산물에 대한 시·도지사의 조치방법으로 옳지 않은 것은?

① 몰수
② 폐기
③ 출하 연기
④ 용도 전환

(해설) 법 제63조(안전성조사 결과에 따른 조치)
① 식품의약품안전처장이나 시·도지사는 생산과정에 있는 농수산물 또는 농수산물의 생산을 위하여 이용·사용하는 농지·어장·용수·자재 등에 대하여 안전성조사를 한 결과 생산단계 안전기준을 위반한 경우에는 해당 농수산물을 생산한 자 또는 소유한 자에게 다음 각 호의 조치를 하게 할 수 있다.
1. 해당 농수산물의 폐기, 용도 전환, 출하 연기 등의 처리
2. 해당 농수산물의 생산에 이용·사용한 농지·어장·용수·자재 등의 개량 또는 이용·사용의 금지
3. 그 밖에 총리령으로 정하는 조치

13 농수산물 품질관리법령상 농산물의 지리적표시 등록을 결정한 경우 공고하지 않아도 되는 사항은?

① 지리적표시 대상지역의 범위
② 지리적표시 등록 생산제품 출하가격
③ 지리적표시 등록 대상품목 및 등록명칭
④ 등록자의 자체품질기준 및 품질관리계획서

시행규칙 제58조(지리적표시의 등록공고 등)

① 국립농산물품질관리원장, 국립수산물품질관리원장 또는 산림청장은 법 제32조제7항에 따라 <u>지리적표시의 등록을 결정한 경우에는 다음 각 호의 사항을 공고하여야 한다.</u>
    1. 등록일 및 등록번호
    2. 지리적표시 등록자의 성명, 주소(법인의 경우에는 그 명칭 및 영업소의 소재지를 말한다) 및 전화번호
    3. 지리적표시 등록 대상품목 및 등록명칭
    4. 지리적표시 대상지역의 범위
    5. 품질의 특성과 지리적 요인의 관계
    6. 등록자의 자체품질기준 및 품질관리계획서

14 농수산물 품질관리법령상 지리적표시품의 사후관리 사항으로 옳지 않은 것은?

① 지리적표시품의 등록유효기간 조사
② 지리적표시품의 소유자의 관계 장부의 열람
③ 지리적표시품의 시료를 수거하여 조사하거나 전문시험기관 등에 시험 의뢰
④ 지리적표시품의 등록기준에의 적합성 조사

법 제39조(지리적표시품의 사후관리)

① 농림축산식품부장관 또는 해양수산부장관은 지리적표시품의 품질수준 유지와 소비자 보호를 위하여 관계 공무원에게 다음 각 호의 사항을 지시할 수 있다.
    1. 지리적표시품의 등록기준에의 적합성 조사
    2. 지리적표시품의 소유자·점유자 또는 관리인 등의 관계 장부 또는 서류의 열람
    3. 지리적표시품의 시료를 수거하여 조사하거나 전문시험기관 등에 시험 의뢰

15 농수산물의 원산지 표시에 관한 법령상 정당한 사유 없이 원산지 조사를 거부하거나 방해한 경우 과태료 부과금액은? (단, 2차 위반의 경우이며, 감경 사유는 고려하지 않음)

① 50만 원   ② 100만 원   ③ 200만 원   ④ 300만 원

위반행위	근거 법조문	과태료 금액		
		1차 위반	2차 위반	3차 위반
바. 법 제7조제3항을 위반하여 수거·조사·열람을 거부·방해하거나 기피한 경우	법 제18조 제1항제4호	100만 원	300만 원	500만 원

16 농수산물의 원산지 표시에 관한 법령상 원산지 표시 적정성 여부를 관계 공무원에게 조사하게 하여야 하는 자가 아닌 것은?

① 농림축산식품부장관　　　　　　　② 관세청장
③ 식품의약품안전처장　　　　　　　④ 시·도지사

> (해설) **법 제7조(원산지 표시 등의 조사)**
> ① 농림축산식품부장관, 해양수산부장관, 관세청장, 시·도지사 또는 시장·군수·구청장은 제5조에 따른 원산지의 표시 여부·표시사항과 표시방법 등의 적정성을 확인하기 위하여 대통령령으로 정하는 바에 따라 관계 공무원으로 하여금 원산지 표시대상 농수산물이나 그 가공품을 수거하거나 조사하게 하여야 한다. 이 경우 관세청장의 수거 또는 조사 업무는 제5조제1항의 원산지 표시 대상 중 수입하는 농수산물이나 농수산물 가공품(국내에서 가공한 가공품은 제외한다)에 한정한다.

17 농수산물 유통 및 가격안정에 관한 법령상 농림업관측에 관한 설명으로 옳지 않은 것은?

① 농림축산식품부장관은 가격의 등락 폭이 큰 주요 농산물에 대하여 농림업관측을 실시하고 그 결과를 공표하여야 한다.
② 농림축산식품부장관은 주요 곡물의 수급안정을 위하여 국제곡물관측을 별도로 실시하고 그 결과를 공표하여야 한다.
③ 농림축산식품부장관이 지정한 농업관측 전담기관은 한국농수산식품유통공사이다.
④ 농림축산식품부장관은 품목을 지정하여 농업협동조합중앙회로 하여금 농림업관측을 실시하게 할 수 있다.

> (해설) **시행규칙 제7조(농림업관측 전담기관의 지정)**
> ① 법 제5조제4항에 따른 농업관측 전담기관은 한국농촌경제연구원으로 한다.

18 농수산물 유통 및 가격안정에 관한 법령상 출하자 신고에 관한 내용으로 옳지 않은 것은?

① 도매시장에 농산물을 출하하려는 자는 농림축산식품부령으로 정하는 바에 따라 해당 도매시장의 개설자에게 신고하여야 한다.
② 도매시장법인은 출하자 신고를 한 출하자가 출하 예약을 하고 농산물을 출하하는 경우 경매의 우선 실시 등 우대조치를 할 수 있다.
③ 도매시장 개설자는 전자적 방법으로 출하자 신고서를 접수할 수 있다.
④ 법인인 출하자는 출하자 신고서를 도매시장법인에게 제출하여야 한다.

19 농수산물 유통 및 가격안정에 관한 법령상 출하자에 대한 대금결제에 관한 설명으로 옳지 않은 것은? (단, 특약은 고려하지 않음)

① 도매시장법인은 출하자로부터 위탁받은 농산물이 매매되었을 경우 그 대금의 전부를 출하자에게 즉시 결제하여야 한다.

② 시장도매인은 표준정산서를 출하자와 정산 조직에 각각 발급하고, 정산 조직에 대금결제를 의뢰하여 정산 조직에서 출하자에게 대금을 지급하는 방법으로 하여야 한다.

③ 도매시장 개설자가 업무규정으로 정하는 출하대금결제용 보증금을 납부하고 운전자금을 확보한 도매시장법인은 출하자에게 출하대금을 직접 결제할 수 있다.

④ 출하대금결제에 따른 표준송품장, 대금결제의 방법 및 절차 등에 관하여 필요한 사항은 도매시장 개설자가 정한다.

해설 법 제41조(출하자에 대한 대금결제)

① 도매시장법인 또는 시장도매인은 매수하거나 위탁받은 농수산물이 매매되었을 때에는 그 대금의 전부를 출하자에게 즉시 결제하여야 한다. 다만, 대금의 지급방법에 관하여 도매시장법인 또는 시장도매인과 출하자 사이에 특약이 있는 경우에는 그 특약에 따른다.

② 도매시장법인 또는 시장도매인은 제1항에 따라 출하자에게 대금을 결제하는 경우에는 표준송품장(標準送品狀)과 판매원표(販賣元標)를 확인하여 작성한 표준정산서를 출하자와 정산 조직(제41조의2에 따른 대금정산조직 또는 그 밖에 대금정산을 위한 조직 등을 말한다. 이하 이 조에서 같다)에 각각 발급하고, 정산 조직에 대금결제를 의뢰하여 정산 조직에서 출하자에게 대금을 지급하는 방법으로 하여야 한다. 다만, 도매시장 개설자가 농림축산식품부령 또는 해양수산부령으로 정하는 바에 따라 인정하는 도매시장법인의 경우에는 출하자에게 대금을 직접 결제할 수 있다.

③ 제2항에 따른 표준송품장, 판매원표, 표준정산서, 대금결제의 방법 및 절차 등에 관하여 필요한 사항은 농림축산식품부령 또는 해양수산부령으로 정한다.

법 제37조(도매시장법인의 직접 대금결제)

도매시장 개설자가 업무규정으로 정하는 출하대금결제용 보증금을 납부하고 운전자금을 확보한 도매시장법인은 법 제41조제2항 단서에 따라 출하자에게 출하대금을 직접 결제할 수 있다.

20 농수산물 유통 및 가격안정에 관한 법령상 중도매인에 대한 1차 행정처분기준이 허가취소 사유에 해당하는 것은?

① 업무정지 처분을 받고 그 업무정지 기간 중에 업무를 한 경우

② 다른 사람에게 자기의 성명이나 상호를 사용하여 중도매업을 하게 하거나 그 허가증을 빌려준 경우

③ 다른 사람에게 시설을 재임대 하는 등 중대한 시설물의 사용기준을 위반한 경우

④ 다른 중도매인 또는 매매참가인의 거래참가를 방해한 주동자의 경우

해설 중도매인에 대한 행정처분: 시행규칙 [별표 4]

위반행위	1차 위반	2차 위반	3차 위반
다른 사람에게 자기의 성명이나 상호를 사용하여 중도매업을 하게 하거나 그 허가증을 빌려준 경우	업무정지 3개월	허가 취소	
다른 사람에게 시설을 재임대 하는 등 중대한 시설물의 사용 기준을 위반한 경우	업무정지 3개월	허가 취소	
다른 중도매인 또는 매매참가인의 거래참가를 방해한 주동자 의 경우	업무정지 3개월	허가 취소	
1) 법 제82조제5항제1호부터 제10호까지의 어느 하나에 해당하여 업무의 정지 처분을 받고 그 업무의 정지 기간 중에 업무를 한 경우	허가취소		

21 농수산물 유통 및 가격안정에 관한 법령상 중앙도매시장에 관한 설명으로 옳지 않은 것은?

① 중앙도매시장이란 특별시·광역시·특별자치시 또는 특별자치도가 개설한 농수산물도매시장 중 해당 관할구역 및 그 인접지역에서 도매의 중심이 되는 농수산물도매시장으로서 농림축산식품부령 또는 해양수산부령으로 정하는 것을 말한다.

② 개설자는 청과부류와 축산부류에 대하여는 도매시장법인을 두어야 한다.

③ 개설자가 업무규정을 변경하는 때에는 농림축산식품부장관 또는 해양수산부장관의 승인을 받아야 한다.

④ 개설자가 도매시장법인을 지정하는 경우 농림축산식품부장관 또는 해양수산부장관과 협의하여 지정한다.

정답 20 ① 21 ②

법 제2조(정의)

3. "중앙도매시장"이란 특별시·광역시·특별자치시 또는 특별자치도가 개설한 농수산물도매시장 중 해당 관할구역 및 그 인접지역에서 도매의 중심이 되는 농수산물도매시장으로서 농림축산식품부령 또는 해양수산부령으로 정하는 것을 말한다.

법 제17조(도매시장의 개설 등)

① 도매시장은 대통령령으로 정하는 바에 따라 부류(部類)별로 또는 둘 이상의 부류를 종합하여 중앙도매시장의 경우에는 특별시·광역시·특별자치시 또는 특별자치도가 개설하고, 지방도매시장의 경우에는 특별시·광역시·특별자치시·특별자치도 또는 시가 개설한다. 다만, 시가 지방도매시장을 개설하려면 도지사의 허가를 받아야 한다.

② 삭제〈2012. 2. 22.〉

③ 시가 제1항 단서에 따라 지방도매시장의 개설허가를 받으려면 농림축산식품부령 또는 해양수산부령으로 정하는 바에 따라 지방도매시장 개설허가 신청서에 업무규정과 운영관리계획서를 첨부하여 도지사에게 제출하여야 한다.

④ 특별시·광역시·특별자치시 또는 특별자치도가 제1항에 따라 도매시장을 개설하려면 미리 업무규정과 운영관리계획서를 작성하여야 하며, 중앙도매시장의 업무규정은 농림축산식품부장관 또는 해양수산부장관의 승인을 받아야 한다.

⑤ 중앙도매시장의 개설자가 업무규정을 변경하는 때에는 농림축산식품부장관 또는 해양수산부장관의 승인을 받아야 하며, 지방도매시장의 개설자(시가 개설자인 경우만 해당한다)가 업무규정을 변경하는 때에는 도지사의 승인을 받아야 한다.

⑥ 시가 지방도매시장을 폐쇄하려면 그 3개월 전에 도지사의 허가를 받아야 한다. 다만, 특별시·광역시·특별자치시 및 특별자치도가 도매시장을 폐쇄하는 경우에는 그 3개월 전에 이를 공고하여야 한다.

⑦ 제3항 및 제4항에 따른 업무규정으로 정하여야 할 사항과 운영관리계획서의 작성 및 제출에 필요한 사항은 농림축산식품부령 또는 해양수산부령으로 정한다.

법 제18조(개설구역)

① 도매시장의 개설구역은 도매시장이 개설되는 특별시·광역시·특별자치시·특별자치도 또는 시의 관할구역으로 한다.

② 농림축산식품부장관 또는 해양수산부장관은 해당 지역에서의 농수산물의 원활한 유통을 위하여 필요하다고 인정할 때에는 도매시장의 개설구역에 인접한 일정 구역을 그 도매시장의 개설구역으로 편입하게 할 수 있다. 다만, 시가 개설하는 지방도매시장의 개설구역에 인접한 구역으로서 그 지방도매시장이 속한 도의 일정 구역에 대하여는 해당 도지사가 그 지방도매시장의 개설구역으로 편입하게 할 수 있다.

시행규칙 제18조의2(도매시장법인을 두어야 하는 부류)

개설자는 청과부류와 수산부류에 대하여는 도매시장법인을 두어야 한다.

법 제23조(도매시장법인의 지정)

① 도매시장법인은 도매시장 개설자가 부류별로 지정하되, 중앙도매시장에 두는 도매시장법인의 경우에는 농림축산식품부장관 또는 해양수산부장관과 협의하여 지정한다. 이 경우 5년 이상 10년 이하의 범위에서 지정 유효기간을 설정할 수 있다.

22 농수산물 유통 및 가격안정에 관한 법령상 농수산물도매시장의 거래품목 중에서 양곡부류에 해당하는 것은?

① 과실류
② 옥수수
③ 채소류
④ 수삼

(해설) 시행령 제2조(농수산물도매시장의 거래품목)

「농수산물 유통 및 가격안정에 관한 법률」(이하 "법"이라 한다) 제2조제2호에 따라 농수산물도매시장(이하 "도매시장"이라 한다)에서 거래하는 품목은 다음 각 호와 같다.

1. 양곡부류: 미곡·맥류·두류·조·좁쌀·수수·수수쌀·옥수수·메밀·참깨 및 땅콩
2. 청과부류: 과실류·채소류·산나물류·목과류(木果類)·버섯류·서류(薯類)·인삼류 중 수삼 및 유지작물류와 두류 및 잡곡 중 신선한 것
3. 축산부류: 조수육류(鳥獸肉類) 및 난류
4. 수산부류: 생선어류·건어류·염(鹽)건어류·염장어류(鹽藏魚類)·조개류·갑각류·해조류 및 젓갈류
5. 화훼부류: 절화(折花)·절지(折枝)·절엽(切葉) 및 분화(盆花)
6. 약용작물부류: 한약재용 약용작물(야생물이나 그 밖에 재배에 의하지 아니한 것을 포함한다). 다만, 「약사법」 제2조제5호에 따른 한약은 같은 법에 따라 의약품판매업의 허가를 받은 것으로 한정한다.
7. 그 밖에 농어업인이 생산한 농수산물과 이를 단순가공한 물품으로서 개설자가 지정하는 품목

23 농수산물 유통 및 가격안정에 관한 법령상 농림축산식품부장관이 도매시장, 농수산물공판장 및 민영농수산물도매시장의 통합·이전 또는 폐쇄를 명령하는 경우 비교·검토하여야 하는 사항으로 옳지 않은 것은?

① 최근 1년간 유통종사자 수의 증감
② 입지조건
③ 시설현황
④ 통합·이전 또는 폐쇄로 인하여 당사자가 입게 될 손실의 정도

(해설) 시행령 제33조(시장의 정비명령)

① 농림축산식품부장관 또는 해양수산부장관이 법 제65조제1항에 따라 도매시장, 농수산물공판장(이하 "공판장"이라 한다) 및 민영농수산물도매시장(이하 "민영도매시장"이라 한다)의 통합·이전 또는 폐쇄를 명령하려는 경우에는 그에 필요한 적정한 기간을 두어야 하며, 다음 각 호의 사항을 비교·검토하여 조건이 불리한 시장을 통합·이전 또는 폐쇄하도록 해야 한다.

1. 최근 2년간의 거래 실적과 거래 추세
2. 입지조건
3. 시설현황
4. 통합·이전 또는 폐쇄로 인하여 당사자가 입게 될 손실의 정도

정답 22 ② 23 ①

24 농수산물 유통 및 가격안정에 관한 법령상 농림축산식품부장관이 농산물전자거래 분쟁조정위원회 위원을 해임 또는 해촉할 수 있는 사유를 모두 고른 것은?

> ㄱ. 자격정지 이상의 형을 선고받은 경우
> ㄴ. 심신장애로 직무를 수행할 수 없게 된 경우
> ㄷ. 위원 스스로 직무를 수행하기 어렵다는 의사를 밝히는 경우

① ㄱ, ㄴ   ② ㄱ, ㄷ   ③ ㄴ, ㄷ   ④ ㄱ, ㄴ, ㄷ

해설 시행령 제35조의3(위원의 해임 등)

농림축산식품부장관 또는 해양수산부장관은 위원이 다음 각 호의 어느 하나에 해당하는 경우에는 해당 위원을 해임 또는 해촉(解囑)할 수 있다.

1. 자격정지 이상의 형을 선고받은 경우
2. 심신장애로 직무를 수행할 수 없게 된 경우
3. 직무와 관련된 비위사실이 있는 경우
4. 직무태만, 품위손상이나 그 밖의 사유로 위원으로 적합하지 아니하다고 인정되는 경우
5. 제35조의2제1항 각 호의 어느 하나에 해당하는데도 불구하고 회피하지 아니한 경우
6. 위원 스스로 직무를 수행하기 어렵다는 의사를 밝히는 경우

25 농수산물 유통 및 가격안정에 관한 법령상 공판장의 개설에 관한 설명이다. (   )에 들어갈 내용은?

> 농림수협등 생산자단체 또는 공익법인이 공판장의 개설승인을 받으려면 공판장 개설승인 신청서에 업무규정과 운영관리계획서 등 승인에 필요한 서류를 첨부하여 (   )에게 제출하여야 한다.

① 농림축산식품부장관   ② 농업협동조합중앙회의 장
③ 시·도지사   ④ 한국농수산식품유통공사의 장

해설 법 제43조(공판장의 개설)

① 농림수협등, 생산자단체 또는 공익법인이 공판장을 개설하려면 시·도지사의 승인을 받아야 한다.
② 농림수협등, 생산자단체 또는 공익법인이 제1항에 따라 공판장의 개설승인을 받으려면 농림축산식품부령 또는 해양수산부령으로 정하는 바에 따라 공판장 개설승인 신청서에 업무규정과 운영관리계획서 등 승인에 필요한 서류를 첨부하여 시·도지사에게 제출하여야 한다.

26 무토양 재배에 관한 설명으로 옳지 않은 것은?

① 작물선택이 제한적이다.　　　② 주년재배의 제약이 크다.

③ 연작재배가 가능하다.　　　　④ 초기 투자 자본이 크다.

해설 ② 주년재배의 제약이 거의 없다.

정리 **양액재배**

(1) 양액재배의 의의

　양액재배란 흙을 사용하지 않고 물에 비료분을 용해한 배양액으로 작물을 재배하는 것을 말한다.

(2) 양액재배의 특징

　① 반복해서 계속 재배해도 연작장애가 발생하지 않는다.

　② 재배의 생력화(省力化)가 가능하다.

　③ 청정재배(淸淨栽培)가 가능하다.

　④ 액과 자갈을 위생적으로 관리하면 토양전염성 병충해가 적다.

　⑤ 흙이 갖는 완충작용이 없으므로 배양액 중의 양분의 농도와 조성비율 및 pH 등이 작물에 대해 민감하게 작용한다.

　⑥ 배양액의 주요요소와 미량요소 및 산소의 관리를 잘 하지 못하면 생육장애가 발생하기 쉽다.

　⑦ 시설비용이 많이 소요된다.

(3) 양액재배의 종류

　① 역경재배

　　식물체를 자갈에 고정시키고 배양액을 정기적으로 순환시켜 물, 양분, 산소를 공급하는 것으로서 양액재배 중 가장 먼저 실용화된 방법이다.

　② 수경재배(水耕栽培)

　　모래나 자갈 없이 물과 산소만으로 재배하는 방법이다.

　③ 사경재배(砂耕栽培)

　　재배지로서 모래를 사용하고 배양액을 관수(灌水)를 겸하여 공급하는 방법이다.

　④ 분무수경재배(噴霧水耕栽培)

　　역경재배와 수경재배의 중간 형태로서 배양액을 분무해 주어서 재배하는 방법이다.

(4) 양액재배의 입지조건

　① 질 좋은 물을 다량으로 용이하게 얻을 수 있는 곳이어야 한다.

　② 배수가 잘 되는 곳이어야 한다.

　③ 일조가 좋은 곳이어야 한다.

정답 26 ②

27 조직배양을 통한 무병주 생산이 상업화되지 않은 작물을 모두 고른 것은?

| ㄱ. 마늘 | ㄴ. 딸기 | ㄷ. 고추 | ㄹ. 무 |

① ㄱ, ㄴ   ② ㄱ, ㄷ   ③ ㄴ, ㄹ   ④ ㄷ, ㄹ

해설 감자, 마늘, 딸기, 카네이션은 무병주 생산이 산업적으로 이용되고 있다.

정리 **조직배양**
ㄱ 조직배양이란 식물체의 어떤 부위든 상관없이 세포나 조직의 일부를 취하여 살균한 다음, 무균적으로 배양하여 callus를 형성시키고 여기에서 새로운 개체를 만들어내는 방법이다.
ㄴ 조직배양을 통해 식물의 대량번식이 가능하고, 바이러스가 없는 식물체(virus-free stock)를 얻을 수 있다. 특히 생장점에는 바이러스가 거의 없기 때문에 무병주(virus-free stock, 메리클론(mericlone)) 생산에 생장점배양이 많이 이용되고 있다.
ㄷ 생장점배양을 통해서 얻을 수 있는 영양번식체로서 바이러스 등 조직 내에 존재하는 병이 제거된 묘를 무병주라고 한다. 감자, 마늘, 딸기, 카네이션은 무병주 생산이 산업적으로 이용되고 있다.

28 다음 ( )에 들어갈 내용은?

동절기 토마토 시설재배에서 착과촉진을 위해 (ㄱ) 계열의 4-CPA를 처리한다. 그러나 연속사용 시 (ㄴ)가 발생할 수 있어 (ㄴ)의 발생이 우려될 경우 (ㄷ)을/를 사용하면 효과적이다.

① ㄱ: 시토키닌, ㄴ: 공동과, ㄷ: ABA
② ㄱ: 옥신, ㄴ: 기형과, ㄷ: ABA
③ ㄱ: 옥신, ㄴ: 공동과, ㄷ: 지베렐린
④ ㄱ: 시토키닌, ㄴ: 기형과, ㄷ: 지베렐린

해설 착과촉진을 위해 옥신계통의 식물생장 촉진제인 4-CPA(토마토톤)를 처리하며, 공동과의 발생 우려가 있으면 지베렐린을 토마토톤(4-CPA)과 혼용하여 사용한다.

정리 1. 토마토의 공동과
(1) 증상
종자를 둘러싸고 있는 젤리상 부분이 충분히 발육하지 못하여 바깥쪽의 과육부분과 틈이 생기는 것을 공동과라고 한다.
정상적인 수정에 의하여 성장한 과실에는 거의 발생하지 않으며 호르몬처리에 의하여 착과시킨 과실에서 주로 발생하기 때문에 호르몬장해 또는 생리장해라고 한다.
(2) 원인
① 낮에 일조가 부족하고 기온이 높은 경우 많이 발생한다.
② 호르몬처리에 의해 나무세력에 맞지 않게 착과가 많이 된 경우 발생한다.

정답 27 ④ 28 ③

(3) 대책

    ① 착과를 위해 주로 사용하는 토마토톤은 기온이 높을 때는 100~120배액으로, 기온이 낮을 때는 80~100배액으로 살포한다.

    ② 지베렐린을 토마토톤(4-CPA)과 혼용하여 살포한다.

    ③ 일조가 약할 때에는 햇빛을 잘 받도록 해주고, 밤 온도가 높지 않도록 한다.

2. 옥신과 지베렐린

(1) 옥신(생장호르몬)

    ① 옥신은 세포의 생장점 부위에서 생성되어 식물조직 속을 위쪽에서 아래쪽으로 이동하는 물질로서 인돌초산(IAA)과 유사한 생리작용을 한다.

    ② 옥신의 생리작용

        ㉠ 옥신은 신장생장을 촉진한다.

          식물의 줄기가 굴광성(屈光性)을 나타내는 것은 광선을 받지 않는 쪽에 더 많은 옥신이 분포되어 있기 때문이다. 옥신은 신장생장을 촉진하는 작용을 하기 때문에 광선을 받지 않는 쪽이 광선을 받는 쪽보다 신장생장이 더 촉진되어 굴광현상이 나타난다.

        ㉡ 옥신은 목부 분화를 촉진한다.

          줄기, 뿌리, 잎 등 각 기관을 관통하는 다발조직을 유관속(維管束)이라고 한다. 유관속은 목질부와 사질부로 나뉘어 각각 물과 양분의 통로가 된다. 옥신은 목부의 분화를 촉진한다.

        ㉢ 옥신은 사이토카이닌과 같이 작용하여 callus를 증식한다. callus는 줄기나 잎의 세포군을 말한다.

        ㉣ 옥신은 착과 및 과실의 비대생장을 촉진한다.

        ㉤ 옥신은 단위결과(單爲結果)를 일으킨다. 단위결과란 단성결실이라고도 하며 수분하지 않고 과실이 형성되는 것을 말한다. 인위적으로 화분(꽃가루, 웅성의 세포)을 자극하거나 생장물질 처리로 단위결실을 유발할 수 있다.

        ㉥ 옥신은 이층(離層)형성을 억제한다.

          과실이 낙과하거나 잎이 낙엽 지는 것은 줄기와 과병(열매꼭지) 또는 엽병(식물의 잎을 지탱하는 꼭지부분) 사이에 이층이 형성되기 때문이다. 식물은 옥신의 생성량이 많을 때에는 이층이 형성되지 않으나 가을이 깊어감에 따라 옥신의 생성량이 감소하게 되어 낙과 또는 낙엽이 지게 된다. 합성 옥신인 2,4-D, 2,4,5-T, NAA, 2,4,5-TP 등은 착과제와 낙과방지제로 활용되고 있다.

        ㉦ 옥신은 발근촉진작용을 한다.

        ㉧ 정아(頂芽) 우세성은 옥신의 작용에 의해 나타나는 현상이다. 옥신이 측아의 신장을 억제하기 때문이다.

(2) 지베렐린(도장호르몬)

    ① 지베렐린(도장호르몬)은 지베렐린산(Gibberellic Acid)이라고도 하며 GA로 표기한다.

    ② 지베렐린은 식물체 내에서 합성되어 근, 경, 엽, 종자 등 모든 기관에 분포되어 있으며 특히 미숙종자에 많이 함유되어 있다. 또한 벼의 키다리병(벼가 도장한 다음 고사하는 병)의 병원균에 의해 분비되기도 한다.

    ③ 지베렐린의 생리작용과 재배적 이용

        ㉠ 지베렐린은 전 식물 체내를 자유로이 이동하면서 도장적으로 신장하도록 영향을 준다. 지베렐린의 신장효과(伸長效果)는 특히 어린 조직에서 현저하며, 왜성식물에서 더욱 강하게 나타난다.

        ㉡ 개화에 저온처리와 장일조건을 필요로 하는 식물은 지베렐린 처리에 의하여 화아형성, 개화 촉진이 이루어진다. 즉, 지베렐린 처리는 저온처리 또는 장일처리의 대체적 작용을 한다.

ⓒ 지베렐린은 종자의 휴면을 타파하고 발아를 촉진한다. 발아에 저온처리가 필요한 종자(복숭아, 사과 등)도 지베렐린 처리를 하면 저온처리를 하지 않아도 발아한다. 또한 발아에 광을 필요로 하는 종자(상추)도 지베렐린 처리를 하면 어두운 곳에서도 발아한다.

ⓔ 토마토, 오이, 복숭아, 사과, 포도 등에서 지베렐린은 단위결과를 촉진한다. 따라서 지베렐린 처리를 통해 "씨없는 포도"의 생산이 가능하다.

ⓜ 가을이 되어 일장이 짧아지고 기온이 떨어지면 작물 체내의 ABA가 GA보다 상대적으로 많아져서 휴면에 들어간다.

ⓗ 봄이 되면 작물 체내의 GA가 ABA보다 많아져서 휴면이 타파되고 발아한다.

29 다음 ( )에 들어갈 내용은?

백다다기 오이를 재배하는 하우스농가에서 암꽃의 수를 증가시키고자, 재배환경을 (ㄱ) 및 (ㄴ) 조건으로 관리하여 수확량이 많아졌다.

① ㄱ: 고온, ㄴ: 단일　　　　② ㄱ: 저온, ㄴ: 장일

③ ㄱ: 저온, ㄴ: 단일　　　　④ ㄱ: 고온, ㄴ: 장일

해설 오이는 저온·단일의 조건에서 암꽃 착생이 증가한다.

정리 **오이의 암꽃 착생**

ⓐ 오이 꽃눈은 처음에는 암·수의 구별 없이 중성으로 분화되나 이것이 고온·장일인 4~8월에는 수꽃으로 되고, 저온·단일인 겨울과 이른 봄에는 암꽃으로 된다. 특히 다다기 오이는 고온·장일인 4~8월에 육묘하면 암꽃 착생율이 극히 낮아져서 생산량이 적어지는 경우가 있다.

ⓑ 암꽃 착생율을 높이기 위해서는 육묘 중 본엽이 2개 정도일 때부터 야간온도를 12~13℃ 정도로 낮게 유지한다.

ⓒ 본엽이 2개 정도일 때 에세폰을 엽면시비하면 암꽃 착생이 촉진된다.

30 다음 ( )에 들어갈 내용은?

• A: 토마토를 먹었더니 플라보노이드계통의 기능성 물질인 (ㄱ)이 들어 있어서 혈압이 내려간 듯 해.

• B: 그래? 나는 상추에 진통효과가 있는 (ㄴ)이 있다고 해서 먹었더니 많이 졸려.

① ㄱ: 루틴(rutin), ㄴ: 락투신(lactucin)

② ㄱ: 라이코펜(lycopene), ㄴ: 락투신

③ ㄱ: 루틴, ㄴ: 시니그린(sinigrin)

④ ㄱ: 라이코펜, ㄴ: 시니그린

토마토에는 루틴이 함유되어 있어 혈압강화의 효능이 있고, 상추에는 락투신이 함유되어 있어 진통효과
가 있다.

채소의 주요 기능성 물질

채소	주요 기능성 물질	효능
고추	캡사이신	암세포 증식 억제
토마토	라이코펜	항산화작용, 노화 방지
	루틴	혈압 강하
수박	시트룰린	이뇨작용 촉진
오이	엘라테렌	숙취 해소
마늘	알리인	살균작용, 항암작용
양파	케르세틴	고혈압 예방, 항암작용
	디설파이드	혈액응고 억제
상추	락투신	진통효과
딸기	메틸살리실레이트	신경통 치료, 루마티즈 치료
	엘러진 산	항암작용
생강	시니그린	해독작용

31 하우스피복재로서 물방울이 맺히지 않도록 제작된 것은?

① 무적필름　　　　　　　　　　　② 산광필름
③ 내후성강화필름　　　　　　　　④ 반사필름

해설　① 무적(無滴)필름: 필름표면에 물방울이 맺히지 않고 흘러내리게 하는 기능성 피복
　　　② 산광(散光)필름: 빛을 사방으로 흩어지게 하는 기능성 피복 필름. 시설 내부의 광 분포를 고르게 할
　　　　　목적으로 이용한다.
　　　③ 내후성강화필름: 내후성이란 태양광·온도·습도·비 등 실외의 자연환경에 대한 내구성을 말한다
　　　　　(태양광에 의한 변색, 온도 변화에 의한 소재의 팽창, 비에 의한 분해·침식, 밤낮의 온도차에 의한
　　　　　결로 등).

32 채소 재배에서 실용화된 천적이 아닌 것은?

① 무당벌레　　　　　　　　　　　② 칠레이리응애
③ 마일스응애　　　　　　　　　　④ 점박이응애

해설　점박이응애의 천적으로 칠레이리응애가 이용된다.

정답　**31** ①　**32** ④

특정 병해충의 천적인 육식조나 기생충을 이용하는 방법이다. 천적을 이용하는 생물학적 방제의 장점은 화학약품의 사용이나 다른 구제방법이 불필요하다는 점이며, 단점은 완전한 구제가 어렵다는 점이다.
- ㉠ 감귤류의 개각충(介殼蟲)에 대한 천적: 베달리아 풍뎅이, 기생승(寄生蠅)
- ㉡ 토마토벌레에 대한 천적: 기생말벌
- ㉢ 진딧물에 대한 천적: 무당벌레, 진디흑파리
- ㉣ 페르몬을 이용한 방제
- ㉤ 점박이응애의 천적: 칠레이리응애
- ㉥ 총채벌레류, 진딧물류, 잎응애류, 나방류 알 등 다양한 해충의 천적: 애꽃노린재

33 다음 ( )에 들어갈 내용은?

A농산물품질관리사가 수박 종자를 저장고에 장기저장을 하기 위한 저장환경을 조사한 결과, 저장에 적합하지 않음을 알고 저장고를 (ㄱ), (ㄴ), 저산소 조건이 되도록 설정하였다.

① ㄱ: 저온, ㄴ: 저습　　　　　② ㄱ: 고온, ㄴ: 저습
③ ㄱ: 저온, ㄴ: 고습　　　　　④ ㄱ: 고온, ㄴ: 고습

해설 종자의 장기저장은 저온, 건조, 저산소의 조건에서 이루어지는 것이 바람직하다.

34 에틸렌의 생리작용이 아닌 것은?

① 꽃의 노화 촉진　　　　　② 줄기신장 촉진
③ 꽃잎말림 촉진　　　　　④ 잎의 황화 촉진

해설 에틸렌은 줄기신장을 억제한다.

정리 에틸렌

(1) 에틸렌은 식물조직에서 생성되는 식물호르몬으로서 과실의 숙성을 촉진하기 때문에 숙성호르몬이라고도 하고, 꽃의 노화를 촉진시키므로 노화호르몬이라고도 한다. 또한 식물체가 자극이나 병, 해충의 피해를 받을 경우 많이 생성되기 때문에 스트레스호르몬이라고도 한다.

(2) 에틸렌의 생리작용과 재배적 이용
① 에틸렌은 과실의 성숙(숙성)을 촉진한다. 미숙한 과일을 저장할 때 에틸렌 처리를 함으로써 저장 중에 빠른 숙성(당도증가)을 이룰 수 있다.
② 에틸렌은 세포의 신장을 저해하고 비대생장을 촉진한다.
③ 에틸렌은 고추, 미숙과, 토마토의 착색을 촉진한다.
④ 에틸렌은 화아를 유도하고 발아를 촉진한다
⑤ 에틸렌은 오이, 호박의 암꽃 착생수를 증대시킨다.

정답 33 ① 34 ②

⑥ 에틸렌은 상편생장(上篇生長)을 촉진한다. 상편생장이란 잎이 축 늘어지는 것을 말하며 수하현상(垂下現象)이라고도 한다.

⑦ 에틸렌은 엽록소(클로로필)를 분해한다.

⑧ 에틸렌은 탈리현상(脫離現象)을 촉진한다.

⑨ 에틸렌은 절화류의 꽃잎말이현상을 유기한다.

⑩ 에틸렌을 발생하는 에세폰(ethephon)을 처리하여 조생종 감귤이나 고추 등의 착색 및 연화를 촉진시킨다.

⑪ 에틸렌은 엽록소의 분해를 촉진하고 안토시아닌(antocyanins), 카로티노이드(carotenoids)색소의 합성을 유도하므로 감, 감귤류, 참다래, 바나나, 토마토, 고추 등의 착색을 증진시키고 과육의 연화를 촉진시킨다.

⑫ 에틸렌은 노화 및 열개 촉진작용이 있으므로 조기수확과 호두의 품질 향상에 이용된다.

⑬ 에세폰의 종자처리로 휴면타파 및 발아율 향상에 이용된다.

⑭ 에틸렌은 파인애플의 개화를 유도한다.

35 원예학적 분류를 통해 화훼류를 진열·판매하고 있는 A마트에서, 정원에 심을 튤립을 소비자가 구매하고자 할 경우 가야 할 화훼류의 구획은?

① 구근류　　　　② 일년초　　　　③ 다육식물　　　　④ 관엽식물

해설 튤립은 구근초화에 해당된다.

정리 **화훼의 분류**

생육습성에 따른 분류	초화(일년초)	채송화, 봉선화, 접시꽃, 맨드라미, 나팔꽃, 코스모스, 스토크
	숙근초화	국화, 옥잠화, 작약, 카네이션, 스타티스
	구근초화	글라디올러스, 백합, 튤립, 칸나, 수선화
	화목류	목련, 개나리, 진달래, 무궁화, 장미, 동백나무
화성유도(花成誘導)에 필요한 일장(日長)에 따른 분류	장일성(長日性)	글라디올러스, 시네라리아, 금어초
	단일성(短日性)	코스모스, 국화, 포인세티아
	중간성	카네이션, 튤립, 시클라멘
수습(水濕)의 요구도에 따른 분류	건생	채송화, 선인장
	습생	물망초, 꽃창포
	수생	연

36 화훼작물과 주된 영양번식 방법의 연결이 옳지 않은 것은?

① 국화 – 분구　　　　　　　② 수국 – 삽목

③ 접란 – 분주　　　　　　　④ 개나리 – 취목

해설 국화의 번식은 주로 꺾꽂이를 한다.

정리 **영양번식의 방법**

(1) 분주(分株, 포기 나누기)

모체에서 발생하는 흡지(吸枝: 지하경의 관절에서 발근하여 발육한 싹이 지상에 나타나 모체에서 분리되어 독립의 개체로 된 것)를 뿌리가 달린 채로 절취하여 번식시키는 것을 분주라고 한다.

분주에 적합한 시기는 화아분화 및 개화시기에 따라 다르다.

① 봄~여름에 개화하는 모란, 황매화, 소철, 연산홍, 작약 등은 추기분주(9월경)한다.

② 여름~가을에 개화하는 능수, 라일락, 철쭉, 조팝나무 등은 춘기분주(4월경)한다.

③ 아이리스, 꽃창포, 석류나무 등은 하기분주(6~7월)한다.

(2) 분구(分球)

분구는 구근류에 있어서 자연적으로 생성되는 자구(子球), 목자(木子), 주아(珠芽) 등을 분리하여 번식시키는 것을 말한다. 백합, 글라디올라스, 튤립, 히아신스, 토란, 마늘 등과 같은 인경(비늘줄기)식물에서 뿌리의 주구에서 나오는 새끼구를 자구(子球)라고 하며, 지하부에 형성된 소구근을 목자(木子)라고 한다. 그리고 줄기에 상당하는 부분에 양분을 저장하여 형성된 다육질의 작은 덩어리가 모체에서 땅에 떨어져 발아하는 살눈을 주아라고 한다.

(3) 취목(取木, 휘묻이)

가지를 모체에서 분리시키지 않고 휘어서 땅에 묻거나 보습상태를 유지시켜 부정근을 발생시킨 후에 그것을 잘라서 증식시키는 것을 취목이라고 한다. 취목시기는 온실용 원예작물의 경우 3~5월, 일반노지 관상 원예작물은 봄철 발아 전과 6~7월 장마기에 취목한다.

(4) 삽목(揷木, 꺾꽂이)

① 모체로부터 뿌리, 줄기, 잎을 분리한 다음 이를 땅에 꽂아서 발근시켜 독립개체로 번식시키는 것을 삽목이라고 한다.

② 쌍자엽식물(쌍떡잎식물)은 삽목으로 발근이 잘 되지만, 단자엽식물(외떡잎식물)은 발근이 잘 되지 않는다.

③ 삽목의 시기는 목본성(나무)은 낙엽수가 3~4월, 상록수는 6~7월이 적합하며, 초본성(풀)은 봄부터 가을까지 가능하지만 여름철은 고온다습하여 배수가 좋지 못하면 삽수가 부패하기 쉽다.

④ 삽목의 방법

㉠ 관삽이 일반적이다. 관삽이란 줄기나 가지를 10~20cm의 길이로 끊어서 그대로 꽂는 방법을 말한다.

㉡ 삽수에 잎이 붙어 있는 것은 1~2매만 남기고 잘라 버리는 것이 좋다.

㉢ 꽂는 깊이는 초본성은 삽수길이의 1/2 정도, 목본성은 2/3 정도의 깊이로 꽂는다.

㉣ 삽수를 상토(모판의 흙)면과 45°로 비스듬히 꽂고, 삽수의 끝이 서로 닿지 않을 정도의 밀도를 유지한다.

㉤ 꽂은 후에는 관수를 충분하게 하고 3~4일간은 직사광선을 가려주는 것이 좋다.

㉥ 삽수의 발근율을 높이기 위해서는 삽목에 알맞은 환경(온도, 습도, 수분, 광선)을 조성해 줄 필요가 있다. 이를 위한 장치로 분무삽(가는 안개 뿌리기)을 활용할 수 있다. 습도는 꽂을 당시 90%, 발근이 시작할 무렵에는 75% 정도로 조절하는 것이 좋다.

(5) 접목(接木, 접붙이기)

① 접수를 대목에 접착시켜 대목과 접수의 형성층이 서로 밀착되도록 함으로써 새로운 독립개체를 만드는 것을 접목이라고 한다. 접수(接穗)는 눈 또는 눈이 붙어 있는 줄기이며 대목(臺木)은 뿌리가 있는 줄기로서 번식의 매개체가 되는 작물이다.

② 접목한 것이 생리작용의 교류가 원만하게 이루어져 잘 활착한 후 발육과 결실도 좋은 것을 접목친화(接木親和)라고 한다. 생물집단의 분류학상의 단위는 문 → 강 → 목 → 과 → 속 → 종이며, 접목친화성은 동종간이 가장 좋고, 동속이품종간, 동과이속간의 순서이다.

③ 접목변이

재배적으로 유리한 접목변이(接木變異)를 이용하는 것이 접목의 목적이다. 이러한 접목변이에는 다음과 같은 것이 있다.

㉠ 접목묘를 이용하는 것이 실생묘(종자가 발아하여 자란 것)를 이용하는 것보다 결과(結果)에 소요되는 기간이 단축된다. 예를 들면 감의 경우 실생묘로부터 열매를 맺는 데는 10년이 걸리지만 접목묘로부터 열매를 맺는 데는 5년이 걸린다.

㉡ 접목을 통해 나무의 크기나 형태 등을 조절할 수 있다. 왜성대목에 접목하여 관리상의 편의를 기대할 수 있고, 강화대목(강세대목)에 접목하여 수령을 늘릴 수 있다. 사과를 파라다이스 대목에 접목하면 현저히 왜화 하여 결과연령이 단축되고 관리도 편해진다. 한편 앵두를 복숭아 대목에 접목하면 지상부의 생육이 왕성하고 수령도 길어진다.

㉢ 접목을 통해 풍토적응성을 증대시킬 수 있다. 자두를 산복숭아의 대목에 접목하면 알칼리성 토양에 대한 적응성이 높아지며, 배를 중국 콩배의 대목에 접목하면 건조한 토양에 대한 적응성이 높아진다.

㉣ 접목을 통해 병충해에 대한 저항성을 증대시킬 수 있다. 수박, 참외, 오이를 호박에 접목하면 덩굴쪼김병이 방제된다.

㉤ 접목을 통해 수세(樹勢)회복이 가능하다.

㉥ 고접(高接)으로 품종을 갱신할 수 있다.

④ 접목의 적기

㉠ 대목의 세포분열이 활발할 때가 좋다.

㉡ 대목은 수액이 움직이기 시작하고 접수는 아직 휴면상태인 때가 좋다.

㉢ 춘접은 3월 중순~4월 초순이 적절하다.

㉣ 사과, 배 등은 3월 중순, 감, 밤 등은 4월 중순이 적기이다.

㉤ 여름접은 8월 초순~9월 초순이 적절하다.

⑤ 접목의 종류

㉠ 접목시기에 따라 춘접(휴면접)과 발육지접(녹지접)으로 나눈다. 춘접(휴면접)은 눈이 트기 전에 하는 접목이며, 발육지접(녹지접)은 눈이 자라고 있을 때 하는 접목으로서 새로 나온 줄기에 접을 한다.

㉡ 합목의 위치에 따라 고접(高接), 복접(腹接), 근접(根接) 등으로 나눈다. 고접(高接)은 줄기의 높은 곳에 접하는 것, 복접(腹接)은 자르지 않고 그대로 나무 옆면에 접하는 것, 근접(根接)은 뿌리에 접하는 것이다.

㉢ 접목하는 방법에 따라 아접(芽接), 지접(枝接), 교접(橋接) 등으로 나눈다.

아접(눈접)은 눈 하나를 분리시켜 대목에 부착하는 방법인데 T자형 눈접(T자 모양으로 칼금을 주어 피층을 벌리고 눈을 2~2.5cm 길이로 절단하여 대목의 피층에 밀어 넣는 방법)이 일반적이다. 지접(가지접)은 가지를 접수로 하는 것이며, 낙엽수는 몇 개의 눈이 붙은 휴면가지를 접수로 사용하고 상록수는 2개 정도의 잎이 붙은 가지를 접수로 한다. 교접(다리접)은 주간(원줄기)이나 가지가 손상을 입어 상하부의 연결이 안 될 경우 상하부를 연결시켜 주는 방법이다.

㉣ 접목작업의 위치에 따라 거접과 양접으로 나눈다. 거접(居接)은 대목이 심어져 있는 곳에서 접하는 것, 양접(揚接)은 대목을 심은 곳에서 캐내어 접하는 것이다.

37 A농산물품질관리사가 국화농가를 방문했더니 로제트로 피해를 입고 있어, 이에 대한 조언으로 옳지 않은 것은?

① 가을에 15℃ 이하의 저온을 받으면 일어난다.

② 근군의 생육이 불량하여 일어난다.

③ 정식 전에 삽수를 냉장하여 예방한다.

④ 동지아에 지베렐린 처리를 하여 예방한다.

──────────────────────────────

(해설) ② 절간(마디사이)이 신장하지 못하여 나타난다.

(정리) **국화의 생리장해**

국화의 생육에는 온도와 일장이 특히 중요하다. 이러한 온도와 일장이 맞지 않을 때는 여러 가지 장해를 나타내는데 온도에 의한 장해에는 고온에 의한 관생화, 저온에 의한 로제트 현상이 있다. 일장에 의한 장해에는 노심 현상과 버들눈 발생이 있다.

(1) 관생화

① 관생화란 꽃 속에 다시 꽃이 형성되는 기형화로서 고온기의 차광재배에 많이 나타난다. 단일처리 후 고온에 노출되면 나타난다.

② 소국에서 나타나는 관생화는 단일처리 후 2주 정도에서 고온을 받을 때 많이 발생하고, 대국에서 나타나는 비늘잎과 같은 관생화는 단일처리 후 4주 정도에서 고온을 받을 때 많이 발생한다. 따라서 이러한 기형화를 줄이거나 없애기 위해서는 소국에서는 단일처리 후 2주경에, 대국에서는 단일처리 후 4주경에 고온을 받지 않도록 온도관리를 잘 하는 것이 중요하다.

(2) 로제트 현상

① 국화 재배 시 여름 고온을 경과한 후 가을의 저온에 접하게 되면 절간(마디사이)이 신장하지 못하고 짧게 되는데, 이런 현상을 로제트 현상이라고 한다. 로제트화 된 국화는 적당한 일장과 온도가 주어져도 개화하지 못하고 생육이 더디다.

② 10~15℃ 이하의 온도와 단일조건하에서는 잎에 휴면물질이 형성되어 로제트화가 촉진된다.

③ 로제트화를 방지하기 위해 사용하는 것으로 삽수냉장기술이 있다. 로제트 현상은 고온을 받은 후에 저온을 받는 것이 원인이기 때문에 고온을 받은 줄기를 저온처리해서 고온을 받은 효과를 없애 주는 것이다. 인위적으로 식물체를 하우스 내에서 저온처리하기가 힘들기 때문에 삽수만을 잘라서 2℃ 정도에서 5주 정도 냉장하게 되면 로제트 현상을 회피할 수가 있다.

(3) 노심 현상

① 노심 현상이란 국화의 중심부에 설상화의 수가 줄어들어 통상화가 노출되는 현상이다.

② 노심 현상의 원인은 단일 개시 후의 급격한 일조부족이다. 따라서 재전조를 통해 노심 현상을 방지할 수 있다. 재전조방법이란 단일처리를 하여 화아분화를 유도한 다음 약 14일 후에 다시 5일간 전등조명을 하는 것이다. 그렇게 함으로써 중앙부위에 꽃잎이 30매 정도가 더 형성될 수 있고 노심 현상을 방지할 수 있다.

(4) 버들눈

① 버들눈이란 곁눈이 꽃눈분화를 하지 않고 끝눈만 미숙한 꽃눈이 되는 현상이다. 버들눈은 특히 하나의 꽃만 달리는 스탠다드형 국화에서 치명적인 피해를 준다.

② 버들눈 현상을 방지하기 위해서는 영양생장기에는 장일상태가 계속되도록 전등조명을 하고, 일단 화아분화가 시작되면 꽃봉오리 발달이 정상적으로 되도록 계속적으로 단일조건을 만들어 주는 것이 필요하다.

정답 37 ②

38 가로등이 밤에 켜져 있어 주변 화훼작물의 개화가 늦어졌다. 이에 해당하지 않는 작물은?

① 국화   ② 장미

③ 칼랑코에   ④ 포인세티아

해설 단일상태에서 화성이 촉진되는 식물을 단일식물이라고 한다. 국화, 콩, 코스모스, 나팔꽃, 사르비아, 칼랑코에, 포인세티아 등은 단일식물이다.

정리 **일장효과**

① 일장(日長, day-length)이란 하루 24시간 중 낮의 길이를 말한다. 일반적으로 일장이 14시간 이상일 때를 장일(long-day), 12시간 이하일 때를 단일(short-day)이라고 한다.

② 일장은 식물의 화아분화, 개화 등에 영향을 미치는데 이러한 현상을 일장효과라고 한다.

③ 식물의 화성을 유도할 수 있는 일장을 유도일장(誘導日長)이라고 하고, 화성을 유도할 수 없는 일장을 비유도일장이라고 하며, 유도일장과 비유도일장의 경계가 되는 일장을 한계일장이라고 한다. 한계일장은 식물에 따라 다르다.

④ 장일상태에서 화성이 촉진되는 식물을 장일식물이라고 한다. 장일식물의 최적일장과 유도일장은 장일 쪽에 있고 한계일장은 단일 쪽에 있다. 시금치, 양파, 양귀비, 상추, 감자 등은 장일식물이다.

⑤ 단일상태에서 화성이 촉진되는 식물을 단일식물이라고 한다. 단일식물의 최적일장과 유도일장은 단일 쪽에 있고 한계일장은 장일 쪽에 있다. 국화, 콩, 코스모스, 나팔꽃, 사르비아, 칼랑코에, 포인세티아 등은 단일식물이다.

⑥ 일정한 한계일장이 없고 화성은 일장에 영향을 받지 않는 식물을 중성식물(중일성식물)이라고 한다. 고추, 강낭콩, 토마토 등은 중성식물이다.

⑦ 특정한 일장에서만 화성이 유도되는 식물로서 2개의 명백한 한계일장이 존재하는 식물을 정일성식물(定日性植物, 중간식물)이라고 한다.

⑧ 처음 일정기간은 장일이고, 뒤의 일정기간은 단일이 되어야 화성이 유도되는 식물을 장단일식물이라고 한다. 밤에 피는 쟈스민은 대표적인 장단일식물이다.

⑨ 처음 일정기간은 단일이고, 뒤의 일정기간은 장일이 되어야 화성이 유도되는 식물을 단장일식물이라고 한다. 프리뮬러, 딸기 등은 대표적인 단장일식물이다.

⑩ 일장효과의 농업적 이용은 다음과 같다.

    ㉠ 고구마의 순을 나팔꽃에 접목하여 단일처리를 하면 고구마 꽃의 개화가 유도되어 교배육종이 가능해진다.

    ㉡ 개화기가 다른 두 품종 간에 교배를 하고자 할 경우 일장처리에 의해 두 품종이 거의 동시에 개화하도록 조절할 수 있다.

    ㉢ 국화를 단일처리에 의해 촉성재배하거나, 장일처리에 의해 억제재배하여 연중 개화시킬 수 있다.

    ㉣ 삼은 단일에 의해 성전환이 된다. 이를 이용하여 섬유질이 좋은 암그루만 생산할 수 있다.

    ㉤ 장일은 시금치의 추대를 촉진한다.

    ㉥ 양파나 마늘의 인경은 장일에서 발육이 조장된다.

    ㉦ 단일은 마늘의 2차생장(벌마늘)을 증가시킨다.

    ㉧ 고구마의 덩이뿌리, 감자의 덩이줄기 등은 단일에서 발육이 조장된다.

    ㉨ 만생종 양파는 조생종에 비해 인경비대에 요하는 일장이 길다.

    ㉩ 단일조건에서 오이의 암꽃 착생비율이 높아진다.

정답 38 ②

39 절화류에서 블라인드 현상의 원인이 아닌 것은?

① 엽수 부족　　　② 높은 C/N율　　　③ 일조량 부족　　　④ 낮은 야간온도

(해설) 블라인드(blind) 현상이란 장미가 광도, 야간 온도, 잎 수 따위가 부족하여 분화된 꽃눈이 꽃으로 발육하지 못하고 퇴화하는 현상을 말한다.

40 장미 재배 시 벤치를 높이고 줄기를 휘거나 꺾어 재배하는 방법은?

① 매트재배　　　② 암면재배　　　③ 아칭재배　　　④ 사경재배

(해설) ② 암면재배: 양액재배 방식의 하나. 식물을 지지하는 고형배지로 암면을 이용한다. 암면에 종자를 파종하거나 묘를 심고 양액을 공급하면서 작물을 재배한다. 양액재배 가운데 제일 많이 이용되는 방식이다.
③ 아칭재배: 절단한 장미가지에서 새롭게 올라오는 가지들을 옆으로 굽혀 키우거나, 꽃이 피지 않을 가지(blind shoot)를 옆으로 굽혀 장미 전체적인 수세를 강하게 하여 재배하는 방식을 "아칭재배"라고 하며 대규모 장미 재배온실의 일반적인 재배방식이다.
④ 사경재배: 모래로 된 배지에 식물 생장에 필요한 배양액을 공급하여 재배하는 방법이다.

41 다음 ( )에 들어갈 과실은?

> • (ㄱ): 씨방 하위로 씨방과 더불어 꽃받기가 유합하여 과실로 발달한 위과
> • (ㄴ): 씨방 상위로 씨방이 과실로 발달한 진과

① ㄱ: 사과, ㄴ: 배　　　　　　② ㄱ: 사과, ㄴ: 복숭아
③ ㄱ: 복숭아, ㄴ: 포도　　　　④ ㄱ: 배, ㄴ: 포도

(해설) 씨방은 식물의 종류에 따라 그 위치가 달라지는데, 꽃잎과 꽃받침 아래에 있는 경우도 있고, 위에 있는 경우도 있으며, 그 중간에 있는 경우도 있다. 이것을 각각 씨방 하위, 씨방 상위, 씨방 중위라고 한다. 사과, 배는 씨방 하위로 씨방과 더불어 꽃받기가 유합하여 자란 열매로서 식용부위는 위과(僞果)이다.

(정리) **과수의 분류**
　㉠ 인과류
　　인과류는 씨방 하위로 씨방과 더불어 꽃받기가 유합하여 자란 열매로서 식용부위는 위과(僞果)이다. 사과, 배, 모과 등은 인과류에 해당한다.
　㉡ 준인과류
　　감, 감귤류, 오렌지 등은 준인과류에 해당한다.
　㉢ 핵과류
　　핵과류는 씨방 상위로 씨방이 발육하여 자란 열매로서 식용부위는 진과(眞果)이다. 진과는 심부에 1개의 씨를 가지고 있는 것이 특징이다. 복숭아, 앵두, 자두, 살구, 대추, 매실 등은 진과(眞果)이며 핵과류에 해당한다.

(정답) 39 ② 40 ③ 41 ④

ⓔ 견과류(각과류)

　　견과류에는 호두, 개암, 밤, 아몬드 등이 있다.

ⓜ 장과류

　　장과류에는 포도, 무화과, 석류, 나무딸기 등이 있다.

42 국내 육성 과수 품종이 아닌 것은?

① 황금배　　　　② 홍로　　　　③ 거봉　　　　④ 유명

(해설) 거봉은 1942년 일본에서 개발한 포도 품종이다.

43 과수의 일소 현상에 관한 설명으로 옳지 않은 것은?

① 강한 햇빛에 의한 데임 현상이다.

② 토양 수분이 부족하면 발생이 많다.

③ 남서향의 과원에서 발생이 많다.

④ 모래토양보다 점질토양 과원에서 발생이 많다.

(해설) 일소 현상은 점질토양보다 모래토양 과원에서 발생이 많다.

44 다음이 설명하는 것은?

- 꽃눈보다 잎눈의 요구도가 높다.
- 자연상태에서 낙엽과수 눈의 자발휴면 타파에 필요하다.

① 질소요구도　　② 이산화탄소요구도　③ 고온요구도　　④ 저온요구도

(해설) **저온요구도**

- 낙엽과수는 이른 가을쯤부터 휴면에 들어가는데, 휴면을 타파한 후에만 발아가 가능하다. 휴면타파를 위해서는 눈(꽃눈보다 잎눈의 요구도가 높다)이 일정한 저온에 노출되어야 하는데 이것을 저온요구도 라고 한다.
- 사과는 7.2℃ 이하의 온도에서 1,400~1,600시간, 감은 800~1,000시간을 지나야 휴면이 타파되어 발 아한다. 즉, 사과는 감보다 저온요구도가 더 크다.
- 만생종 딸기(국내에서는 거의 재배하지 않음)는 휴면이 매우 깊어 저온요구시간도 수백 시간에 달하나, 조생종 딸기(국내에서 주로 시설재배 함)는 휴면이 없거나 있어도 저온요구시간은 수십 시간 정도이다.

45 자웅이주(암수 딴그루)인 과수는?

① 밤   ② 호두   ③ 참다래   ④ 블루베리

해설 밤, 호두, 블루베리는 자웅동주이다.

정리 자웅이주와 자웅동주
- ㉠ 자웅이주는 암꽃과 수꽃이 각각 다른 그루에 있어서 식물체의 암수가 구별되는 식물이다. 소철, 시금치, 은행나무, 참외, 참다래(키위), 포도 등이 있다.
- ㉡ 자웅동주는 종자식물에서 수술만을 가진 수꽃과 암술만을 가진 암꽃이 같은 그루에 생기는 현상으로, 암수한그루라고도 한다. 1개의 꽃 속에 암술과 수술이 다 들어 있는 양성화도 자웅동주에 해당한다. 호박, 오이, 오리나무, 삼나무, 소나무 등이 있다.

46 상업적 재배를 위해 수분수가 필요 없는 과수 품종은?

① 신고배   ② 후지 사과
③ 캠벨얼리포도   ④ 미백도복숭아

해설 캠벨얼리포도는 수분수가 필요하지 않다.

정리 수분수(受粉樹)
- ㉠ 수분수란 다른 꽃의 가루받이를 하기 위하여 섞어 심는 품종이 다른 과실나무이다.
- ㉡ 자가불화합성(自家不和合性: 자기 꽃가루의 수분에 의해서는 수정이 되지 않는 것)인 과수는 수분수를 혼식해야 하는데, 주품종의 20~30%의 수분수를 혼식하는 것이 일반적이다.
- ㉢ 예를 들어 사과 홍로 품종을 재배할 경우 홍로와 유전자가 동일한 시나로골드 품종은 수분수가 될 수 없고 유전자형이 다른 후지, 홍옥, 쓰가루 등을 수분수로 같이 심어야 한다.
- ㉣ 수분수가 필요한 대표적인 과종은 인과류(사과, 배), 핵과류(복숭아, 살구, 자두, 매실) 등이다.
- ㉤ 근래에는 인공수분용 꽃가루 공급을 위하여 농업기술센터에서 꽃가루은행을 설치하여 과수의 인공수분에 도움을 주고 있다.

47 다음이 설명하는 생리장해는?

> • 과심부와 유관속 주변의 과육에 꿀과 같은 액체가 함유된 수침상의 조직이 생긴다.
> • 사과나 배 과실에서 나타나는데 질소 시비량이 많을수록 많이 발생한다.

① 고두병   ② 축과병   ③ 밀증상   ④ 바람들이

해설 밀병(밀증상)의 증상은 과육 또는 과심의 일부가 황색의 수침상(水浸狀)이 된다.

(1) 밀증상(밀병)의 증상

   밀은 솔비톨(sorbitol, 당을 함유한 알코올 성분의 백색의 분말)이 세포 안쪽이나 세포 사이에 쌓인 것이다. 밀병 증상 부위에는 주변조직보다 더 많은 솔비톨(sorbitol)이 존재하며 과육 또는 과심의 일부가 황색의 수침상(水浸狀)이 된다.

(2) 밀병의 원인

   ① 고온에서 발생하는 경향이 높다.
   ② 봉지를 씌우지 않은 과실이 씌운 과실보다 발병률이 높다.

(3) 밀병의 대책

   ① 생육기에 0.3% 염화칼슘액을 엽면살포하면 증상이 줄어든다.
   ② 수확시기가 빠르면 발생이 적으므로 저장용 과실은 밀증상이 발현되기 전에 수확한다.

48 곰팡이에 의한 병이 아닌 것은?

① 감귤 역병
② 사과 화상병
③ 포도 노균병
④ 복숭아 탄저병

해설 사과의 화상병은 마치 화상을 입은 것처럼 잎, 줄기, 어린열매 등이 검게 타면서 고사되는 병으로 세균에 의해 발병한다.

정리 병균별로 일으키는 병은 다음과 같다.

병균	일으키는 병
진균(곰팡이균)	탄저병, 노균병, 흰가루병, 배추뿌리잘록병, 역병
세균	근두암종병, 세균성 검은썩음병, 무름병, 풋마름병, 궤양병
바이러스	모자이크병, 사과나무고접병, 황화병, 오갈병, 잎마름병
마이코플라스마	오갈병, 감자빗자루병, 대추나무빗자루병, 오동나무빗자루병

49 다음의 효과를 볼 수 있는 비료는?

• 산성토양의 중화   • 토양의 입단화   • 유용 미생물 활성화

① 요소
② 황산암모늄
③ 염화칼륨
④ 소석회

해설 산성토양의 개량을 위해서는 용성인비, 석회질소 등 염기성 비료를 시비한다.

정답 48 ② 49 ④

50 과수의 병해충 종합 관리체계는?

① IFP   ② INM   ③ IPM   ④ IAA

해설 IPM(Integrated Pest Management)은 해충개체군 관리시스템을 말한다. IPM은 완전방제를 목적으로 하는 것은 아니며 피해를 극소화 할 수 있도록 해충의 밀도를 줄이는 방법이다. FAO(유엔식량농업기구)는 IPM을 다음과 같이 정의하고 있다.

> "IPM은 모든 적절한 기술을 상호 모순되지 않게 사용하여 경제적 피해를 일으키지 않는 수준이하로 해충개체군을 감소시키고 유지하는 해충개체군 관리시스템이다."

제3과목   **수확 후 품질관리론**

51 적색 방울토마토 과실에서 숙성과정 중 일어나는 현상이 아닌 것은?

① 세포벽 분해   ② 정단조직 분열
③ 라이코펜 합성   ④ 환원당 축적

해설 정단조직 분열은 생장과정에서 활발하게 이루어진다.

정리 원예산물은 숙성과정에서 다음과 같은 변화를 나타낸다.

ㄱ 크기가 커지고 고유의 모양과 향기를 갖춘다.
ㄴ 세포질의 셀룰로오스, 헤미셀룰로오스, 펙틴질이 분해하여 조직이 연화된다. 과일이 성숙되면서 불용성의 프로토펙틴이 가용성펙틴(펙틴산)으로 변하여 조직이 연화된다.
ㄷ 에틸렌 생성이 증가한다.
ㄹ 저장 탄수화물(전분)이 당으로 변한다.
ㅁ 유기산이 감소하여 신맛이 줄어든다.
ㅂ 사과와 같은 호흡급등과는 일시적으로 호흡급등 현상이 나타난다.
ㅅ 엽록소가 분해되고 과실 고유의 색소가 합성 발현된다. 과실별로 발현되는 색소는 다음과 같다.

색소		색깔	해당 과실
카로티노이드계	β-카로틴	황색	당근, 호박, 토마토
	라이코펜(Lycopene)	적색	토마토, 수박, 당근
	캡산틴	적색	고추
안토시아닌계		적색	딸기, 사과
플라보노이드계		황색	토마토, 양파

52 사과 세포막에 있는 에틸렌 수용체와 결합하여 에틸렌 발생을 억제하는 물질은?

① 1-MCP ② 과망간산칼륨 ③ 활성탄 ④ AVG

(해설) 1-MCP는 과일과 채소의 에틸렌 수용체에 결합함으로써 에틸렌의 작용을 근본적으로 차단한다. 따라서 1-MCP는 에틸렌에 의해 유기되는 숙성과 품질변화에 대한 억제제로서 활용될 수 있다.

53 원예산물의 호흡에 관한 설명으로 옳지 않은 것은?

① 당과 유기산은 호흡기질로 이용된다.

② 딸기와 포도는 호흡 비급등형에 속한다.

③ 산소가 없거나 부족하면 무기호흡이 일어난다.

④ 당의 호흡계수는 1.33이고, 유기산의 호흡계수는 1이다.

(해설) 포도당이 호흡기질로 쓰일 때 호흡계수는 1이며, 유기산의 호흡계수는 1.33이다.

(정리) **원예산물의 호흡**

1. 수확 후 과실의 호흡

(1) 과실의 호흡은 과실 내에 축적된 탄수화물 등의 저장양분이 산화되는 과정이다. 따라서 호흡과정에서 산소가 소모되며 이산화탄소와 에너지 및 호흡열이 생성된다. 포도당이 호흡기재로 사용될 때의 호흡식은 다음과 같다.

$$C_6H_{12}O_6 + 6O_2 \rightarrow 6CO_2 + 6H_2O + ATP$$
포도당　　　산소　　이산화탄소　물　　에너지

(2) 수확 후 과실의 호흡은 유전적인 영향과 주위환경의 영향을 받는다.

(3) 과실의 호흡량은 온도에 의해 영향을 받는데 0~30℃의 범위에서 온도를 10℃ 낮출 때마다 호흡량은 반(半)으로 줄어든다.

(4) 일반적으로 호흡이 왕성한 품종은 수확 후 저장성이 약한 경향이 있다. 예를 들면 복숭아는 사과에 비해 호흡량이 많아서 사과보다 저장성이 약하다.

(5) 호흡하는 동안 발생하는 호흡열은 과실을 부패시키는 원인이 된다.

(6) 호흡열의 발생으로 원예산물의 당분, 향미 등이 소모되기 때문에 호흡열은 원예산물의 저장수명을 단축시킨다.

(7) 호흡열을 줄이기 위한 외부환경요인의 조절기술이 수확 후 품질관리에서 중요하다.

(8) 호흡열을 줄이기 위해서 호흡량을 줄여야 하고 이를 위해 저온저장방법이 필요하다.

(9) 호흡을 억제하고 과일이 생성하는 노화관련 가스를 제거하여 과실의 저장성을 한층 높이는 저장방식으로 CA저장방식이 있다. CA저장(Controlled Atmosphere Storage)은 저온저장방식에 저장고 내부의 가스농도 조성을 조절하는 기술을 추가한 것이다. 대기 중의 산소는 약 21%, 이산화탄소는 약 0.03%인데 CA저장은 저장고 내의 공기조성을 산소 8% 이하, 이산화탄소 1% 이상으로 만들어 주는 것이다. 이렇게 함으로써 원예산물의 호흡률을 감소시킬 수 있고 미생물의 성장도 억제하는 효과를 얻을 수 있다.

정답 52 ① 53 ④

⑩ 호흡을 광합성과 비교하면 다음과 같다.

호흡	광합성
호흡이 이루어지는 장소는 미토콘드리아(mitochondria)이다. 미토콘드리아(mitochondria)는 세포의 발전소라고도 불리우는 데 유기물질을 산화적 인산화 과정을 통해 생명유지에 필요한 아데노신3인산(ATP)의 형태로 변환하는 기능을 한다.	광합성이 이루어지는 장소는 엽록체이다.
호흡은 항상 이루어진다.	빛이 있을 때 광합성이 이루어진다.
산소를 흡수하고 이산화탄소를 방출한다.	이산화탄소를 흡수하고 산소를 방출한다.
유기물을 무기물로 변화시킨다.	무기물을 유기물로 변화시킨다.
에너지를 방출한다.	에너지를 저장한다.
방열	흡열
이화작용	동화작용
적정 산소농도, 적정 온도, 낮은 이산화탄소 농도에서 증가한다.	일조량이 강할수록, 온도가 높을수록, 이산화탄소 농도가 클수록 증가한다.

2. 호흡에 영향을 미치는 요인

(1) 온도

① 온도는 작물의 광합성, 호흡 등과 같은 생리작용에 영향을 준다. 일반적으로 최저온도에서 최적온도에 이를 때 까지는 온도가 상승하면 작물의 각종 생리작용도 상승하게 된다. 온도가 10℃ 상승함에 따른 생리작용 반응속도의 증가 배수를 온도계수라고 하며 온도계수는 Q_{10} 으로 표시한다.

② 호흡량의 온도계수는 높은 온도에서의 호흡률을 그 보다 10℃ 낮은 온도에서의 호흡률로 나누어서 계산한다. 호흡량의 온도계수를 Q_{10}, 높은 온도에서의 호흡률을 R_2, 10℃ 낮은 온도에서의 호흡률을 R_1이라고 하면 온도계수는 다음과 같이 표시된다. 일반적으로 높은 온도에서의 Q_{10}의 값은 낮은 온도에서의 Q_{10}의 값보다 작다.

$$Q_{10} = \frac{R_2}{R_1}$$

(2) 스트레스

① 수확 후 원예산물은 받는 스트레스에 따라 호흡률이 크게 영향을 받는다. 호흡률이란 호흡으로 발산되는 CO_2량을 호흡에 필요한 O_2량으로 나눈 것을 말한다. 즉, 호흡률$= \dfrac{CO_2}{O_2}$ 이다.

② 스트레스는 저온스트레스와 고온스트레스, 그리고 물리적 손상에 다른 스트레스 등이 있다. 수확 후 원예산물은 스트레스를 받게 되면 호흡증가, 에틸렌 발생, 페놀물질의 산화 등과 같은 생리적 변화가 유발된다.

(3) 대기조성

수확 후 원예생산물은 산소호흡(호기성호흡)을 한다. 그러나 산소의 농도가 2~3%로 떨어지면 산소가 부족하게 되어 무기호흡(혐기성호흡)을 하게 된다. 무기호흡이 진행되면 이취(異臭)가 발생하게 된다.

3. 호흡상승과와 비호흡상승과

  ⑴ 호흡상승과

    ① 작물이 숙성함에 따라 호흡이 현저하게 증가하는 과실을 호흡상승과(climacteric fruits)라고 하며, 사과, 토마토, 감, 바나나, 복숭아, 키위, 망고, 참다래 등이 있다.

    ② 호흡상승과는 장기간 저장하고자 할 경우 완숙기보다 조금 일찍 수확하는 것이 바람직하다.

    ③ 호흡상승과의 발육단계는 호흡의 급등전기, 급등기, 급등후기로 구분된다.

      ㉠ 급등전기는 호흡량이 최소치에 이르며 과실의 성숙이 완료되는 시기이다. 일반적으로 과실은 급등전기에서 수확한다.

      ㉡ 급등기는 과실을 수확한 후 저장 또는 유통하는 기간에 해당된다. 급등기에는 계속적으로 호흡이 증가한다.

      ㉢ 급등후기는 호흡량이 최대치에 이르는 시기이다. 급등후기는 과실이 후숙되어 식용에 가장 적합한 상태가 된다.

      ㉣ 후숙이 완료된 이후부터는 다시 호흡이 감소하기 시작하며 과실의 노화가 진행되어 품질이 급격히 떨어진다.

  ⑵ 비호흡상승과

    숙성하더라도 호흡의 증가를 나타내지 않는 과실을 비호흡상승과(non-climacteric fruits)라고 하며, 오이, 호박, 가지 등의 대부분의 채소류와 딸기, 수박, 포도, 오렌지, 파인애플, 감귤 등이 있다.

4. 과일의 생장과 호흡계수(호흡률)와의 관계

  ⑴ 과일의 생장곡선

    ① 일반적으로 작물의 생장속도는 발아 후 처음에는 느리다가 어느 정도 지나면 급격히 빨라지고, 성숙단계에 이르면 아주 느리게 나타난다(S자 생장곡선).

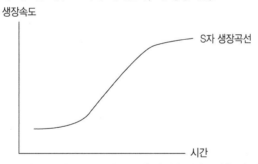

    ② 포도, 복숭아, 매실, 무화과, 블루베리 등의 과일의 생장곡선은 이중(二重)S자 생장곡선으로 나타난다. 즉, 생장이 활발한 두 시기 사이에 생장이 아주 느리거나 거의 없는 시기가 있어 생장이 3단계로 명확히 구분된다.

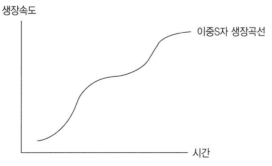

(2) 호흡계수(호흡률)

① 호흡으로 발산되는 이산화탄소(CO_2)량을 호흡에 필요한 산소(O_2)량으로 나눈 것을 호흡계수(RQ)라고 한다.

$$호흡계수 = \frac{이산화탄소의\ 양(CO_2)}{산소의\ 양(O_2)}$$

② 호흡계수(호흡률)는 원예산물이 수확된 후에는 낮아지는 것이 일반적이다. 비호흡상승과와 저장기관에서는 천천히 낮아지고, 미성숙과일과 영양조직에서는 빠르게 낮아진다.

③ 호흡계수(호흡률)는 호흡기질이 무엇인가에 따라 다르다.

　ⓐ 포도당이 호흡기질로 쓰일 때 호흡계수는 1이며, 포도당에 비해 산소가 많은 물질이 호흡기질로 쓰이면 호흡계수는 1보다 크다. 포도당이 호흡기질로 쓰일 때 호흡식은 다음과 같으며 호흡계수(호흡률)는 $\frac{6CO_2}{6O_2} = 1$이다.

$$C_6H_{12}O_6 + 6O_2 \rightarrow 6CO_2 + 6H_2O + ATP$$

　ⓑ 지방이 호흡기질로 쓰이면 호흡계수는 0.7 정도이다. 지방이 호흡기질로 쓰일 때 호흡식은 다음과 같으며 호흡계수(호흡률)는 $\frac{18CO_2}{26O_2} = 0.69$이다.

$$C_{18}H_{36}O_2 + 26O_2 \rightarrow 18CO_2 + 18H_2O + ATP$$

　ⓒ 단백질이 호흡기질로 쓰이면 호흡계수는 0.8 정도이다. 단백질이 호흡기질로 쓰일 때 호흡식은 다음과 같으며 호흡계수(호흡률)는 $\frac{5CO_2}{6O_2} = 0.83$이다.

$$C_5H_{11}O_2N + 6O_2 \rightarrow 5CO_2 + 4H_2O + NH_3 + ATP$$

(3) 과일의 생장과 호흡률과의 관계

① 일반적인 과일의 생장곡선은 S자형으로 나타난다.
② 작물이 성숙됨에 따라 호흡률은 감소한다.
③ 호흡상승과(climacteric fruits)의 호흡곡선은 숙성단계에서 급격히 상승한다.
④ 비호흡상승과(non-climacteric fruits)의 호흡곡선은 숙성단계에서도 상승하지 않는다.

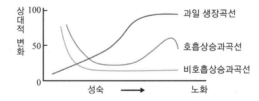

5. 호흡속도

(1) 호흡속도의 의의

작물이 호흡하는 속도를 호흡속도라고 하며 일정시간 동안의 호흡량으로 측정한다. 즉, 단위시간당 발생하는 이산화탄소의 양으로 표시한다.

(2) 호흡속도와 저장력

　　호흡속도가 빠르면 저장양분의 소모가 빠르다는 것이므로 저장력이 약화되고 저장기간이 단축된다. 반면에 호흡속도가 늦으면 저장력이 강화되고 저장기간이 연장된다.

(3) 물리적·생리적 장애와 호흡속도

　　원예산물이 물리적 손상을 받거나 생리적 장애를 받으면 호흡속도가 빨라진다. 따라서 원예산물의 호흡속도 변화를 통해 원예산물의 안전성과 생리적 변화를 파악할 수 있다.

(4) 원예산물의 호흡속도

　　생리적으로 미숙한 식물이나 잎이 큰 엽채류는 호흡속도가 빠르고, 성숙한 식물이나 양파, 감자 등 저장기관은 호흡속도가 느리다.

　　과일별 호흡속도를 비교해 보면 복숭아 > 배 > 감 > 사과 > 포도 > 키위의 순으로 호흡속도가 빠르며, 채소의 경우는 딸기 > 아스파라거스, 브로콜리 > 완두 > 시금치 > 당근 > 오이 > 토마토, 양배추 > 무 > 수박 > 양파의 순으로 호흡속도가 빠르다.

54 원예산물의 종류와 주요 항산화 물질의 연결이 옳지 않은 것은?

① 사과 – 에톡시퀸(ethoxyquin)　　　　② 포도 – 폴리페놀(polyphenol)

③ 양파 – 케르세틴(quercetin)　　　　④ 마늘 – 알리신(allicin)

해설 에톡시퀸(ethoxyquin)은 독성 살균제이다.

55 과수작물의 성숙기 판단 지표를 모두 고른 것은?

| ㄱ. 만개 후 일수 | ㄴ. 포장열 |
| ㄷ. 대기조성비 | ㄹ. 성분의 변화 |

① ㄱ, ㄴ　　　　② ㄱ, ㄹ　　　　③ ㄴ, ㄷ　　　　④ ㄷ, ㄹ

해설 심은 날로부터의 일수 또는 개화 후 생육일수로써 성숙도를 판단할 수 있다. 과일은 성숙됨에 따라 단맛이 많아지는 반면 신맛은 줄어든다. 즉, 성분의 변화로 성숙도를 판단할 수 있다.

정리 **성숙도**

(1) 성숙도의 의의

　① 성숙의 정도를 성숙도라고 한다. 성숙도는 원예작물의 수확적기를 결정하거나 원예생산물의 등급을 판정하는데 중요한 기준이 된다.

　② 성숙도는 판단 기준에 따라 생리적 성숙도, 원예적 성숙도, 상업적 성숙도로 구분된다. 생리적 성숙도는 식물의 생장과정을 기준으로 한 것이며, 원예적 성숙도는 작물의 이용측면을 기준으로 한 것이고, 상업적 성숙도는 시장에서의 소비자에 대한 판매측면을 기준으로 한 것이다.

　③ 작물은 발아하여 성장하고, 성숙기를 거쳐 숙성되며 노화되는 생리적 과정을 거친다. 생리적으로 성숙했다는 것은 작물이 유아기를 끝내고 생식능력을 가지게 된 것을 의미한다.

정답 54 ① 55 ②

④ 생리적으로는 미숙한 상태일지라도 이용하는 입장에서 보면 수확할 수 있는 상태에 도달하였다면 원예적 성숙에 도달하였다고 할 수 있다.

⑤ 원예식물에 따라 생리적 성숙도, 원예적 성숙도, 상업적 성숙도가 다르다.

⑥ 사과, 양파, 감자 등은 생리적 성숙도와 원예적 성숙도가 일치할 때 수확한다.

(2) 성숙도 판정지표

① 크기, 모양, 표면의 특성

바나나의 성숙도는 바나나의 직경으로 판단하고 멜론은 표면광택이나 감촉으로 판단한다.

② 이층형성

과일은 성숙됨에 따라 이층이 형성되어 꼭지가 잘 떨어지는 상태가 된다.

③ 연화와 단맛

과일은 성숙됨에 따라 과육이 연해지고 단맛이 많아지는 반면 신맛은 줄어든다. 단맛이 증가되는 것은 전분이 당화과정을 거쳐 포도당(Glucose), 과당(Fructan), 자당(Sucrose)의 형태로 변하기 때문이다.

④ 연대기(만개 후 일수)

심은 날로부터의 일수 또는 개화 후 생육일수로써 성숙도를 판단할 수 있다.

⑤ 색깔

과일은 성숙됨에 따라 고유의 색깔을 띠게 된다.

56 이산화탄소 1%는 몇 ppm인가?

① 10　　　　② 100　　　　③ 1,000　　　　④ 10,000

(해설) 1% = 1/100이며, 1ppm = 1/1,000,000 이므로 1% = 10,000ppm

57 상온에서 호흡열이 가장 높은 원예산물은?

① 사과　　　　② 마늘　　　　③ 시금치　　　　④ 당근

(해설) 시금치의 호흡량은 5℃에서 60ml/kg/h 으로서 호흡열이 매우 높다. 동일한 온도에서 사과보다 호흡열이 높다.

(정리) **과일별 호흡속도**를 비교해 보면 복숭아 > 배 >감 >사과 >포도 >키위의 순으로 호흡속도가 빠르며, 채소의 경우는 딸기 >아스파라거스, 브로콜리 >완두 >시금치 >당근 >오이 >토마토, 양배추 >무 >수박 >양파의 순으로 호흡속도가 빠르다.

58 포도와 딸기의 주요 유기산을 순서대로 옳게 나열한 것은?

① 구연산, 주석산　　　　② 옥살산, 사과산

③ 주석산, 구연산　　　　④ 사과산, 옥살산

해설 과일별로 신맛을 내는 유기산을 보면 포도의 주석산, 딸기의 구연산이다.

신맛은 원예산물이 가지고 있는 유기산에 의해 결정되는데 성숙될수록 신맛은 감소한다. 과일별로 신맛을 내는 유기산을 보면 사과의 능금산, 포도의 주석산, 밀감류와 딸기의 구연산 등이다.

59 사과 저장 중 과피에 위조현상이 나타나는 주된 원인은?

① 저농도 산소
② 과도한 증산
③ 고농도 이산화탄소
④ 고농도 질소

해설 위조현상은 저장 중 수분이 과도하게 증산되어 과피가 쭈글쭈글하게 되는 것이다.

정리 **위조**

(1) 위조의 증상

저장 중 수분이 과도하게 증산되어 과피가 쭈글쭈글하게 된다.

(2) 위조의 원인

① 습도가 낮은 조건에서 장시간 저장하는 경우 발생한다.

② 저장고 내에서 찬 공기와 직접 닿는 부위에서 많이 발생한다.

(3) 위조의 대책

① 저장고 내의 습도를 적절하게 유지한다.

② 냉각팬에서 나온 냉기가 직접 닿지 않도록 비닐 등으로 감싸준다.

60 오존수 세척에 관한 설명으로 옳은 것은?

① 오존은 상온에서 무색, 무취의 기체이다.

② 오존은 강력한 환원력을 가져 살균효과가 있다.

③ 오존수는 오존가스를 물에 혼입하여 제조한다.

④ 오존은 친환경물질로 작업자에게 위해하지 않다.

해설 ① 오존은 특이한 냄새가 나는 담청색의 기체이다.

② 오존은 강력한 산화력을 가져 살균효과가 있다.

④ 오존은 독성이 강하고 점막을 침해한다. 오존 농도가 짙어지면 눈과 목이 따가움을 느낄 수 있고, 기도가 수축하여 숨쉬기가 힘들어지고 두통, 기침 등의 증세가 나타날 수 있다.

정리 **원예산물의 세척수**

(1) 오존수

오존수는 살균효과가 뛰어난 세척수이다. 그러나 원예산물 세척시 적정농도를 사용하더라도 오존수가 원예산물에 닿으면 농도가 낮아지는 문제점이 있다.

(2) 차아염소산수

① 차아염소산수는 살균력이 좋다.

특히 식중독을 일으키는 노로바이러스는 차아염소산수에서 즉시 살균된다.

정답 59 ② 60 ③

② 차아염소산수는 안전성이 좋다.

　생체에 대한 독성이 낮고 피부에 미치는 영향도 아주 적으며, 음용하여도 특별한 위험이 없다.

③ 차아염소산수는 환경오염이 적다.

　사용하는 염소농도가 일반 염소계 소독제의 1/5~1/10 정도이며, 분해가 용이하여 잔류성이 없기 때문에 환경부하가 매우 적다.

④ 염소계 살균제의 경우에는 원예산물 살균 시 클로로포름과 같은 독성물질이 생성되지만 차아염소산수는 클로로포름이 거의 생성되지 않는다.

⑤ 차아염소산수로 세척할 경우 원예산물의 영양성분에는 거의 영향을 주지 않는다.

(3) 오존수와 차아염소산수의 비교

① 오존수는 오존을 물에 녹이는 장치가 필요하지만 차아염소산수는 차아염소산을 녹일 필요가 없다.

② 오존수는 짧은 시간에 함량오존이 감소되므로 만든 즉시 사용하여야 하며, 저장사용이 안되지만 차아염소산수는 장기간 보관하여 사용할 수 있다.

③ 오존수는 적정농도를 유지하기가 어렵지만 차아염소산수는 살균능력을 일정하게 유지할 수 있다.

④ 오존수는 유효성분이 잔류하지 않지만, 차아염소산수는 유효성분의 지속성으로 인하여 재오염을 방지할 수 있다.

⑤ 오존수는 오존배출을 위한 환기장치가 필요하지만, 차아염소산수는 이취(異臭)가 발생하지 않으므로 환기가 불필요하다.

---

61 진공식 예냉의 효율성이 떨어지는 원예산물은?

① 사과　　　　② 시금치　　　　③ 양상추　　　　④ 미나리

[해설] 진공예냉식은 예냉소요시간이 20~40분으로 예냉속도가 빠르다는 이점이 있으며 표면적이 넓은 엽채류의 예냉방법으로 적합하다.

[정리] 진공예냉식

　㉠ 공기의 압력이 낮아지면 물의 비등점이 낮아진다. 비등점은 물이 증발하기 시작하는 온도이다. 그리고 물이 증발할 때 주위의 열을 흡수하게 되어 주위의 온도가 낮아지게 된다. 진공예냉식은 공기의 압력이 낮아지면 물의 비등점이 낮아진다는 원리와 액체가 기화할 때 주위의 열을 흡수한다는 원리를 이용하여 온도를 낮추는 방법이다.

　㉡ 진공예냉식은 예냉소요시간이 20~40분으로 예냉속도가 빠르다는 이점이 있으며 표면적이 넓은 엽채류의 예냉방법으로 적합하다.

　㉢ 진공예냉식은 예냉 후 저온유통시스템이 필요하다는 점과 시설비용이 많이 든다는 단점이 있다.

---

62 수확 후 예건이 필요한 품목을 모두 고른 것은?

| ㄱ. 마늘 | ㄴ. 복숭아 | ㄷ. 당근 | ㄹ. 양배추 |

① ㄱ, ㄴ　　　　② ㄱ, ㄹ　　　　③ ㄴ, ㄷ　　　　④ ㄷ, ㄹ

(해설) 마늘, 양파, 결구배추, 양배추, 단감, 배 등은 예건을 하여 저장한다.

정리 **예건**

(1) 예건의 의의

① 과실 표면의 작은 상처들을 아물게 하고 과습으로 인하여 발생할 수 있는 부패 등을 방지하기 위해서, 원예산물을 수확한 후에 통풍이 양호하고 그늘진 곳에서 건조시키는 것을 예건이라고 한다.

② 예건은 곰팡이와 과피흑변의 발생을 방지하는데도 도움이 된다.

과피흑변이란 과일의 표피가 흑갈색으로 변하는 것을 말하는데 과피흑변은 주로 저온과습으로 인해 발생하기 때문에 예건을 해주면 방지될 수 있다.

(2) 품목별 예건

① 마늘과 양파

마늘과 양파는 수확 직후 수분함량이 85% 정도인데 예건을 통해 65% 정도까지 감소시킴으로써 부패를 막고 응애와 선충의 밀도를 낮추어 장기 저장이 가능하게 된다.

② 결구배추와 양배추

결구배추와 양배추는 수분이 많고 표면적이 넓어 수분손실이 크다. 저장 전에 외엽을 건조하여 저장하면 조직세포의 팽압이 낮아져 마찰이나 충격에 의한 상처가 줄어들고, 건조한 외엽이 증산을 억제하여 수분손실을 줄인다.

③ 단감

수확 후 단감의 수분을 줄여줌으로써 곰팡이의 발생을 억제할 수 있고, 또한 예건으로 인해 과피에 큐티클층이 형성되기 때문에 과실의 상처를 줄일 수 있다.

④ 배

수확 직후 배를 예건함으로써 부패를 줄이고 신선도를 유지하며 배의 과피흑변현상을 방지할 수 있다.

63 신선편이에 관한 설명으로 옳지 않은 것은?

① 절단, 세척, 포장 처리된다.

② 첨가물을 사용할 수 없다.

③ 가공전 예냉처리가 권장된다.

④ 취급장비는 오염되지 않아야 한다.

(해설) ② 첨가물을 사용할 수 있다. 신선편이 식품은 농임산물을 세척, 박피, 절단 등의 가공공정을 거치거나 이에 단순한 식품 또는 식품 첨가물을 가한 것으로서 그대로 섭취할 수 있는 샐러드, 새싹채소 등의 식품을 말한다.

정리 **신선편이 농산물**

1. 신선편이 농산물의 의의

(1) 신선편이(Fresh Cut) 농산물은 구입하여 즉시 식용하거나 조리할 수 있도록 수확 후 절단, 세척, 표피제거, 다듬기, 포장처리를 거친 농산물이다.

(2) 신선편이 농산물의 포장은 소포장화되고 다양화되는 추세를 보이고 있다.

(3) 채소류의 경우 먹을 만큼만 절단하여 포장 유통하는 신선편이 식품이 많은데 절단을 하면 저장생리에 변화가 생기므로 이러한 생리적 변화에 대응하는 포장기술이 요구된다.

(4) 오늘날 소비문화의 패턴이 맛과 영양, 그리고 간편성을 추구하는 경향이 강하여 신선편이 농산물에 대한 수요는 지속적으로 증가하고 있다.

정답 63 ②

2. 신선편이 농산물의 특징
    (1) 요리시간을 줄일 수 있다.
    (2) 농산물의 영양과 향기를 유지할 수 있도록 하는 것이 중요하다.
    (3) 절단, 물리적 상처 등으로 에틸렌 발생이 많으며 호흡량도 증가한다. 따라서 유통기간이 짧아야 한다.
    (4) 폴리페놀산화효소에 의해 갈변현상이 나타날 수 있다.
    (5) 신선편이 농산물의 취급온도가 높으면 에탄올, 아세트알데히드와 같은 물질이 축적되어 이취가 발생할 수 있다.
3. 신선편이 농산물의 변색억제 방법
    (1) 산화효소를 불활성화시킨다.
    (2) 항산화제를 사용한다.
    (3) 저온으로 유지한다.
4. 신선편이 농산물의 상품화 과정
    (1) 상품화 과정
       신선편이 농산물의 상품화 과정은 다음의 순서로 이루어진다.
       ① 원예생산물의 살균 및 세척
       ② 박피 및 절단
       ③ 선별
       ④ MAP포장 시 CO_2를 충전하여 원예생산물의 호흡 억제
       ⑤ 저온저장 및 저온유통
    (2) 상품화 과정에서 고려할 사항
       ① 원예산물의 품질이 쉽게 변한다는 점을 유의해야 한다.
       ② 절단, 물리적 상처, 화학적 변화 등이 초래되므로 유통기간은 가능한 짧아야 한다.
       ③ 살균제, 항산화제 처리 등에 있어서 식품안전성 확보를 위한 허용기준을 지켜야 한다.
       ④ 가공 공장의 청결, 위생관리를 철저히 하여야 한다.
       ⑤ 정밀한 온도관리가 중요하다.
    (3) 신선편이 농산물 가공공장의 위생관리
       ① 세척수를 철저히 소독하여 사용한다.
       ② 원료반입장과 세척·절단실을 분리하여 설치한다.
       ③ 공장 내의 작업자와 출입자의 위생관리를 철저히 한다.
       ④ 가공기계 및 공장 내부 바닥 등을 매일 깨끗이 청소한다.
    (4) 신선편이 농산물 제품의 신선도 유지방법
       ① 신선편이 농산물 제품의 신선도를 유지하기 위해서는 적절한 포장과 저온유통이 필수적이다.
       ② 절단한 과일, 채소류에서 발생하는 호흡증대와 미생물 번식을 막기 위해서 가스투과성이 있는 플라스틱 필름을 이용하여 포장하고 포장 내 이산화탄소의 농도를 높여주며 산소의 농도를 적절히 낮춘다.
       ③ 포장 내의 가스 농도 조절방법은 내용물의 호흡률과 포장의 가스투과성을 고려하여 가스의 농도가 평형에 도달하게 한다.
       ④ 절단한 과일, 채소류의 신선도 유지에 적합한 이산화탄소와 산소의 혼합가스를 포장 시에 포장 내에 주입하여 밀봉한다.
       ⑤ 신선도를 저하시키는 에틸렌, 미생물 등을 제거하는 기능성 물질이 처리된 포장재를 사용한다.

64 배의 장기저장을 위한 저장고 관리로 옳지 않은 것은?

① 공기통로가 확보되도록 적재한다.

② 배의 품온을 고려하여 관리한다.

③ 온도편차를 최소화되게 관리한다.

④ 냉각기에서 나오는 송풍 온도는 배의 동결점보다 낮게 유지한다.

──────────────────────────────

해설 ④ 빙점(동결점) 이하의 온도에서는 조직의 결빙에 의해 동해(freezing injury)가 발생할 수 있다.

정리 **수확 후 배의 장기저장**

  ㉠ 장기 저장에는 조생종보다 만생종 품종이 유리하다.

    조생종인 원황배의 경우에는 저온저장을 하더라도 과심 갈변으로 인해 저장기간은 2~3개월 정도이
    다. 숙기가 빠를수록 저장기간이 짧다는 것을 고려하여 저장 및 유통 계획을 세워야 한다.

  ㉡ 빙점(동결점) 이하의 온도에서는 조직의 결빙에 의해 동해(freezing injury)가 발생할 수 있다. 배의
    빙점은 −1.5~−2.0℃이다. 동해의 정도는 빙점 이하의 온도에 노출된 기간 및 노출된 온도에 의해
    영향을 받는다. 저장고에서 발생하는 동해는 특히 증발기에서 나오는 찬 공기에 직접 노출되는 위치
    의 과실에서 심한 피해를 일으킨다. 동해 피해는 세포의 견고성을 잃게 하고 수침 증상을 보인다. 동
    해 피해를 입은 배는 5~10℃ 상온에서 2개월간 보관하였을 때 과심 및 과육이 심하게 갈변하는데,
    이는 동해 피해에 의해 세포가 괴사하여 색이 변하기 때문이다.

  ㉢ 과피흑변은 일종의 저온장해(Chilling injury)로서 저온저장 초기에 발생한다. 유전적 요인으로 '금촌
    추', '신고'에서 많이 발생하며, 재배 중에 질소 비료를 과다 사용한 경우 많이 발생한다. 배의 과피흑
    변 방지를 위해서는 수확 후 저온저장을 하기 전에 그늘지고 통풍이 양호한 곳에서 약 일주일간 예건
    한다. 또한 급작스런 저온은 과피흑변을 쉽게 발생시키므로, 저온저장을 할 때 온도를 서서히 떨어뜨
    리는 온도순화 처리(상온온도에서부터 하루에 1℃ 또는 2℃씩 내림)를 함으로써 저온에 대한 민감도
    를 줄여주어 과피흑변을 방지할 수 있다.

65 다음의 저장 방법은?

┌───┐
│ • 인위적 공기조성 효과를 낼 수 있다.   │
│ • 필름이나 피막제를 이용하여 원예산물을 외부공기와 차단한다. │
└───┘

① 저온저장   ② CA저장   ③ MA저장   ④ 상온저장

──────────────────────────────

해설 MA저장은 원예산물을 플라스틱 필름 백(film bag)에 넣어 저장하는 것으로서 CA저장과 비슷한 효과를
얻을 수 있다.

(1) MA저장(Modified Atmosphere Storage)의 의의
  ① MA저장은 원예산물을 플라스틱 필름 백(film bag)에 넣어 저장하는 것으로서 CA저장과 비슷한 효과를 얻을 수 있다. 즉, MA포장하여 저장하는 것이다. MA포장은 수확 후 원예산물의 호흡에 의해 조성되는 포장내부의 산소농도 저하와 이산화탄소 농도 상승에 따른 품질 변화를 억제하기 위해 원예산물을 고밀도 필름으로 밀봉하는 포장단위를 말한다.
  ② 단감을 폴리에틸렌 필름 백에 넣어 저장하는 것이 그 예이다.
  ③ MA저장은 원예산물의 종류, 호흡률, 에틸렌의 발생정도, 에틸렌 감응도, 필름의 종류와 가스 투과도, 필름의 두께 등을 고려하여야 한다.

(2) MA저장의 장단점
  ① MA저장의 장점
    ㉠ 증산작용을 억제하여 과채류의 표면위축현상을 줄인다.
    ㉡ 과육연화를 억제한다.
    ㉢ 유통기간의 연장이 가능하다.
  ② MA저장의 단점
    ㉠ 포장 내 과습(過濕)으로 인해 산물이 부패될 수 있다.
    ㉡ 부적합한 가스조성으로 갈변, 이취현상이 나타날 수 있다.

66 4℃ 저장 시 저온장해가 발생하지 않는 품목은? (단, 온도 조건만 고려함)

① 양파   ② 고구마   ③ 생강   ④ 애호박

해설 박과채소, 가지과채소, 고구마, 생강 등은 저온장해에 민감하다.

정리 저온장해

(1) 0℃ 이상의 온도이지만 한계온도 이하의 저온에 노출되어 나타나는 장해로서 조직이 물러지거나 표피의 색상이 변하는 증상, 내부갈변, 토마토나 고추의 함몰, 복숭아의 섬유질화 등은 저온장해의 예이다.
(2) 조직이 물러지는 것은 저온장해를 받으면 세포막 투과성이 높아져 이온 누출량이 증가함으로써 세포의 견고성이 떨어지기 때문이다.
(3) 저온장해 증상은 저온에 저장하다가 높은 온도로 옮기면 더 심해진다.
(4) 특히 저온장해에 민감한 원예산물은 다음과 같다.
  ① 복숭아, 오렌지, 레몬 등의 감귤류
  ② 바나나, 아보카도(악어배), 파인애플, 망고 등 열대과일
  ③ 오이, 수박, 참외, 호박 등 박과채소
  ④ 고추, 가지, 토마토, 파프리카 등 가지과채소
  ⑤ 고구마, 생강
  ⑥ 장미, 치자, 백합, 히야신서, 난초

67 A농산물품질관리사가 아래 품종의 배를 상온에서 동일조건 하에 저장하였다. 상대적으로 저장기간이 가장 짧은 품종은?

① 신고   ② 감천   ③ 장십랑   ④ 만삼길

(해설) 장십랑은 에틸렌 생성량이 매우 많으며 저장기간은 상온에서 30일 정도이다.

(정리) 상온에서 저장기간은 에틸렌 생성량이 많을수록 저장기간이 짧다.
배의 품종 중 에틸렌의 생성정도는 다음과 같다.

품종	에틸렌 생성정도	상온에서의 저장기간
장십랑	매우 높음	30일
신수, 행수	높음	
팔달	보통	40~60일
신고, 풍수	낮음	50~70일
금촌추, 만삼길, 감천배	아주 낮음	80~100일

68 원예산물의 수확 후 손실을 줄이기 위한 방법으로 옳지 않은 것은?

① 마늘 장기저장 시 90~95% 습도로 유지한다.
② 복숭아 유통 시 에틸렌 흡착제를 사용한다.
③ 단감은 PE필름으로 밀봉하여 저장한다.
④ 고구마는 수확직후 30℃, 85% 습도로 큐어링한다.

(해설) ① 마늘과 양파는 수확 직후 수분함량이 85% 정도인데 예건을 통해 65% 정도까지 감소시킴으로써 부패를 막고 응애와 선충의 밀도를 낮추어 장기 저장이 가능하게 된다.

69 다음 ( )에 들어갈 내용은?

> 절화는 수확 후 바로 (ㄱ)을 실시해야 하는데 이때 8-HQS를 사용하여 물을 (ㄴ)시켜 미생물오염을 억제할 수 있다.

① ㄱ: 물세척, ㄴ: 염기성화   ② ㄱ: 물올림, ㄴ: 산성화
③ ㄱ: 물세척, ㄴ: 산성화   ④ ㄱ: 물올림, ㄴ: 염기성화

(해설) HQS용액은 포도당과 구연산을 혼합하여 사용하는 것이 일반적이며, 절화에 영양분을 공급하여 신선도를 오래 유지하고 물을 산성화시켜 미생물의 발생을 억제하며 물관이 막히는 것을 방지한다.

정답   67 ③   68 ①   69 ②

(1) 전처리(물올림)

　① 수확 직후 물올림을 할 때 물에 선도유지제(鮮度維持濟)를 넣는 것을 전처리라고 한다. 꽃은 전처리를 통해 수명이 1.5~2.5배 길어진다.

　② 전처리제로 STS를 많이 사용한다. STS는 질산은($AgNO_3$)과 티오황산나트륨($Na_2S_2O_3$)을 혼합하여 만든 액체로서 물올림을 할 때 은나노 효과가 있다. 은나노(銀nano) 효과란 은이 꽃으로 옮겨가서 에틸렌의 발생을 줄이고, 세균을 죽이는 효과를 말한다.

(2) 후처리(절화에 영양분을 공급하는 것)

　① 수확한 꽃을 보존용액에 꽂아 저장하거나 시장에 출하하는 것을 후처리라고 한다.

　② 후처리는 절화에 영양분을 공급하여 신선도를 오래 유지하고 미생물의 발생을 억제하며 물관이 막히는 것을 방지한다.

　③ 후처리제로 HQS를 많이 사용한다.

　④ HQS용액에 포도당과 구연산을 혼합하여 사용하는 것이 일반적이다. 포도당은 절화의 영양공급원으로서 수명을 연장시키며, 구연산은 장미, 카네이션, 글라디올러스 등의 색상보존용액으로 사용된다.

　⑤ 물을 흡수하는 능력이 낮은 스톡이나 증산량이 많은 안개꽃, 스프레이꽃(장미, 국화, 카네이션)들은 보존용액에 계면활성제를 넣어 물의 흡수능력을 높여야 한다.

　⑥ 후처리는 전처리보다 효과가 훨씬 좋으며 전처리와 후처리를 병행하면 수명연장효과는 더욱 크다.

(3) 예냉

　화훼류의 예냉은 차압통풍냉각이나 진공냉각을 주로 사용한다. 통풍량은 일반 채소를 예냉할 때의 1/6~1/30이면 충분하다.

(4) 저장

　① 화훼류의 저장방법에는 건식저장과 습식저장이 있다.

　② 건식저장은 절화를 물에 담그지 않고 상자에 넣어 저장하는 것이며 0~2℃로 저온저장한다.

　③ 습식저장은 절화를 물에 꽂아 저장하는 것이며 건식저장에 비해 높은 온도인 4~5℃로 저장하기 때문에 양분소모가 많고 개화가 진행될 수 있어 주로 단기저장에 이용한다.

　④ 저장 후에는 반드시 살균제와 설탕이 포함된 보존용액에 일정 기간 담근 후 유통시켜야 한다.

　⑤ 글라디올러스는 세워서 저장해야 한다. 글라디올러스는 수평으로 보관하면 중력을 받는 반대 방향으로 휘어져 올라가는 습성이 있기 때문이다.

(5) 운송

　① 속 포장재는 0.03mm 폴리에틸렌 필름을 주로 사용한다.

　② 꽃봉오리가 상자 모서리에 닿지 않게 4~5cm 간격을 두고, 방향을 교대로 해서 쌓는다.

70 원예산물의 원거리운송 시 겉포장재에 관한 설명으로 옳지 않은 것은?

① 방습, 방수성을 갖추어야 한다.

② 원예산물과 반응하여 유해물질이 생기지 않아야 한다.

③ 원예산물을 물리적 충격으로부터 보호해야 한다.

④ 오염확산을 막기 위해 완벽한 밀폐를 실시한다.

(해설) ④ 호흡가스의 투과성이 충분하여야 한다.

(정리) 1. 포장의 분류

　(1) 외포장

　　외포장은 원예산물을 수송, 하역, 보관할 때 외부충격이나 부적합한 환경으로부터 보호하기 위해
　　포장하는 것을 말한다.

　(2) 내포장

　　내포장은 원예산물 개개의 손상을 방지하기 위해 외포장 내부에 포장하는 것을 말한다. 내포장
　　자재로는 비닐이나 타원형 등의 칸막이 감이 많이 이용된다.

　(3) 포장기법에 따라 진공포장, 압축포장, 수축포장으로 구분된다.

2. 포장재의 구비조건

　(1) 지지력(支持力)

　　포장재는 수송 및 취급과정에서 내용물을 보호할 수 있어야 한다.

　(2) 방수성과 방습성

　　포장재는 수분, 습기 등으로부터 내용물을 보호할 수 있어야 한다.

　(3) 내용물의 비유동성

　　포장 내에서 내용물이 움직이지 않아야 한다.

　(4) 무공해성과 호흡가스의 투과성

　　포장재는 무공해성과 호흡가스의 투과성이 충분한 소재를 사용하여야 하며 다음과 같은 사항이
　　고려되어야 한다.

　　① 원예산물의 성분과 반응하지 않을 것

　　② 노화에 의해 독성을 띄지 않을 것

　　③ 독성 첨가제를 포함하지 않을 것

　(5) 차단성

　　포장재는 빛과 외부의 열을 차단할 수 있어야 한다.

　(6) 취급의 용이성

　　취급이 용이하고 봉합과 개봉이 편리해야 한다.

　(7) 빠른 예냉과 내열성

　　포장재는 내용물의 빠른 예냉이 가능하고 내열성을 가지고 있어야 한다.

　(8) 처분 및 재활용의 용이성

　　포장재는 처분 및 재활용이 용이하여야 한다.

71 원예산물에 있어서 PLS(Positive List System)는?

① 식물호르몬 사용품목 관리제도　　　② 능동적 MA포장 필름목록 관리제도
③ 농약 허용물질목록 관리제도　　　　④ 식품위해요소 중점 관리제도

> **해설** **농약 허용물질목록관리제도:** 농약 안전관리를 강화하는 것으로, 국내외 합법적으로 사용된 농약에 한하여 잔류허용기준을 설정하고 그 외에는 불검출 수준으로 관리하는 제도이다.

> **정리** **농약PLS**
> ㉠ 농약 허용물질목록관리제도(Positive List System, PLS)의 의의
> 　농약 안전관리를 강화하는 것으로, 국내외 합법적으로 사용된 농약에 한하여 잔류허용기준을 설정하고 그 외에는 불검출 수준으로 관리하는 제도이다.
> ㉡ 농약 PLS의 시행
> 　견과종실류 및 열대과일류는 2016년 12월 31일에 시행되었으며, 2019년부터는 모든 농산물에 확대 시행되었다.
> ㉢ 농약 PLS의 도입 이유
> 　농산물의 종류도 다양해지고 수입량도 증가하고 있어 농약 안전관리 중요성이 더욱 커졌다. 따라서 해당 농산물에 사용이 허용되지 않은 농약은 불검출 수준으로 관리하기 위하여 도입하였다.
> ㉣ PLS 시행 전후 기준 적용

> | 구분 | PLS시행 전 | PLS시행 후 |
> |---|---|---|
> | 기준 설정 농약 | 기준에 따라 적용 | 기준에 따라 적용 |
> | 기준 미설정 농약 | 1. 국제 기준(CODEX) 적용
2. 유사농산물 최저기준 적용
3. 해당 농약의 최저기준 적용 | 불검출 수준(0.01mg/kg이하) 적용 |

72 5℃로 냉각된 원예산물이 25℃ 외기에 노출된 직후 나타나는 현상은?

① 동해　　　　　　　　　　　　② 결로
③ 부패　　　　　　　　　　　　④ 숙성

> **해설** 기온 차이로 물체의 표면에 물방울이 맺히는 현상을 결로(結露)라고 한다.

73 원예산물의 GAP관리 시 생물학적 위해요인을 모두 고른 것은?

> ㄱ. 곰팡이독소　　　　　　　　ㄴ. 기생충
> ㄷ. 병원성 대장균　　　　　　　ㄹ. 바이러스

① ㄱ, ㄴ　　　　　　　　　　　② ㄴ, ㄷ
③ ㄱ, ㄷ, ㄹ　　　　　　　　　④ ㄴ, ㄷ, ㄹ

> **정답** 71 ③　72 ②　73 ④

농산물우수관리제도

　⊙ 농산물우수관리제도(GAP: Good Agricultural Practices)는 농산물의 재배 환경, 재배 과정, 수확, 수확 후 관리(농산물의 저장·세척·건조·선별·절단·조제·포장 등을 포함한다)에서 존재할 수 있는 위해요소를 파악한 다음 이들을 제거하거나 감소시켜 최종 농산물에 위해요소가 없거나 있어도 국가가 정한 기준치 이하로 관리된 안전한 농산물을 확보하는 시스템이다.

　⊙ "위해요소"는 화학적, 생물학적, 물리적 위해요소 등이 있는데, 중금속, 항생물질, 농약, 다이옥신 등은 화학적 위해요소이며, 대장균 0157, 살모넬라, 리스테리아, 곰팡이, 기생충, 바이러스 등 병원성 미생물은 생물학적 위해요소이고, 쇠붙이, 주사바늘 등 이물질은 물리적 위해요소이다.

　⊙ GAP제도를 적용해 성공한 대표적인 사례를 살펴본다.

　일찍부터 아마존강 유역에 살고 있는 원주민들은 커피원두를 생산해 판매해 왔다. 그런데 언제부터인가 그들이 생산한 커피원두는 잘 팔리지 않아 원주민들의 수입이 줄어들었고 이에 따라 생활이 더욱 어렵게 되었다. 이러한 사실이 알려지자 WHO(세계보건기구)에서는 이들 원주민들의 어려움을 해결해 주기 위한 노력으로 GAP전문가를 파견했다.

　파견된 전문가들에 의한 위해요소 분석 결과 아마존 원주민들이 생산하는 커피원두의 재배 환경, 재배 과정, 수확과정에서는 문제가 발견되지 않았으나 수확 후 건조, 저장과정 중에 곰팡이 오염이 발견되었고, 오염된 곰팡이에 의해 생성된 유해 곰팡이 독소인 오크라톡신 A(ochratoxin A)가 커피의 품질저하의 주범임이 밝혀졌다.

　이에 GAP전문가들은 문제가 된 수확 후 저장과정을 CCP(위해요소중점관리점)로 정하고 수확 후 저장과정에서 문제가 되는 위해요소를 집중적으로 관리하기 위한 노력을 했다.

　비록 거창한 설비가 아니지만 비닐종이로 비가림을 함으로써 수확 후 관리에서 문제가 됐던 위해요소인 곰팡이의 오염을 방지할 수 있었고, 그 결과 곰팡이독소의 축적을 막을 수 있게 되었다.

(출처: 푸드투데이, 정덕화 교수의 GAP 칼럼)

74 원예산물별 저장 중 발생하는 부패를 방지하는 방법으로 옳지 않은 것은?

① 딸기 – 열수세척　　　　　　　② 양파 – 큐어링
③ 포도 – 아황산가스 훈증　　　　④ 복숭아 – 고농도 이산화탄소 처리

딸기는 수분이 많고, 표피가 약하다 보니 세포벽이 잘 붕괴되고 녹색 곰팡이가 번식하기 쉽다. 딸기는 4℃ 정도에서 냉장 보관하는 게 좋다. 열수세척은 파프리카(착색단고추)의 부패 방지 방법으로 사용되고 있다. 파프리카(착색단고추)의 열수세척효과는 공기세척에 비해 부패율이 30% 감소, 미생물(세균, 곰팡이균) 제거율은 90% 이상이다.

75 절화수명 연장을 위해 자당을 사용하는 주된 이유는?

① 미생물 억제　　　　　　　　　② 에틸렌 작용 억제
③ pH 조절　　　　　　　　　　　④ 영양분 공급

포도당은 절화의 영양공급원으로서 수명을 연장시킨다.

정답 74 ① 75 ④

> **정리** 절화의 전처리와 후처리
>
> (1) 전처리(물올림)
> ① 수확 직후 물올림을 할 때 물에 선도유지제(鮮度維持濟)를 넣는 것을 전처리라고 한다. 꽃은 전처리를 통해 수명이 1.5~2.5배 길어진다.
> ② 전처리제로 STS를 많이 사용한다. STS는 질산은(AgNO₃)과 티오황산나트륨(Na₂S₂O₃)을 혼합하여 만든 액체로서 물올림을 할 때 은나노 효과가 있다. 은나노(銀nano) 효과란 은이 꽃으로 옮겨가서 에틸렌의 발생을 줄이고, 세균을 죽이는 효과를 말한다.
>
> (2) 후처리(절화에 영양분을 공급하는 것)
> ① 수확한 꽃을 보존용액에 꽂아 저장하거나 시장에 출하하는 것을 후처리라고 한다.
> ② 후처리는 절화에 영양분을 공급하여 신선도를 오래 유지하고 미생물의 발생을 억제하며 물관이 막히는 것을 방지한다.
> ③ 후처리제로 HQS를 많이 사용한다.
> ④ HQS용액에 포도당과 구연산을 혼합하여 사용하는 것이 일반적이다. 포도당은 절화의 영양공급원으로서 수명을 연장시키며, 구연산은 장미, 카네이션, 글라디올러스 등의 색상보존용액으로 사용된다.
> ⑤ 물을 흡수하는 능력이 낮은 스톡이나 증산량이 많은 안개꽃, 스프레이꽃(장미, 국화, 카네이션)들은 보존용액에 계면활성제를 넣어 물의 흡수능력을 높여야 한다.
> ⑥ 후처리는 전처리보다 효과가 훨씬 좋으며 전처리와 후처리를 병행하면 수명연장효과는 더욱 크다.

제4과목 농산물유통론

76 농산물 유통구조의 특성으로 옳지 않은 것은?

① 계절적 편재성 존재
② 표준화·등급화 제약
③ 탄력적인 수요와 공급
④ 가치대비 큰 부피와 중량

[해설] 농산물은 필수재적 요소가 강하고, 공급은 계절적 편재성 등으로 인해 수요와 공급이 가격에 탄력적으로 반응할 수 없으므로 비탄력적이다.

77 농산업에 관한 설명으로 옳은 것을 모두 고른 것은?

> ㄱ. 농산물 생산은 1차 산업이다.
> ㄴ. 농산물 가공은 2차 산업이다.
> ㄷ. 농촌체험 및 관광은 3차 산업이다.
> ㄹ. 6차 산업은 1·2·3차의 융·복합산업이다.

① ㄱ, ㄴ
② ㄷ, ㄹ
③ ㄱ, ㄴ, ㄷ
④ ㄱ, ㄴ, ㄷ, ㄹ

[해설] 6차 산업 = 1차 × 2차 × 3차 산업

정답 76 ③ 77 ④

78 A농업인은 배추 산지수집상 B에게 1,000포기를 100만 원에 판매하였다. B는 유통과정 중 20%가 부패하여 폐기하고 800포기를 포기당 2,500원씩 200만 원에 판매하였다. B의 유통마진율(%)은?

① 40 　　　　　　② 50 　　　　　　③ 60 　　　　　　④ 65

> **해설** 유통마진율 $= \dfrac{\text{B판매액} - \text{A판매액}}{\text{B판매액}} \times 100 = \dfrac{200\text{만 원} - 100\text{만 원}}{200\text{만 원}} \times 100 = 50\%$

---

79 농업협동조합의 역할로 옳지 않은 것은?

① 거래교섭력 강화 　　　　　　　② 규모의 경제 실현
③ 대형유통업체 견제 　　　　　　④ 농가별 개별출하 유도

> **해설** 농업협동조합은 농가별로 분산된 생산량을 수매 또는 수집하여 공동판매를 실현한다.

---

80 공동계산제의 장점으로 옳지 않은 것은?

① 체계적 품질관리 　　　　　　　② 농가의 위험분산
③ 대량거래의 유리성 　　　　　　④ 농가의 차별성 확대

> **해설** ④ 공동계산제는 개별농가의 농산물을 공동수집하여 개별농가의 구별없이 선별작업을 통해 표준화, 등급화를 구현하므로 개별농가의 차별성은 희생된다.

> **정리** **공동계산제**
> 영세·소농이 생산한 농산물을 산지 조직에서 공동으로 선별·출하·판매하면 품질관리와 다양한 상품 공급이 가능해진다. 이를 통해 '규모의 경제'를 구현해 전체 유통 비용을 절감하고 가격 교섭력을 향상시킬 수 있으며, 이는 부가가치 확대로 이어져 농가 소득이 증대될 수 있다. 또한 소비자에게는 양질의 농산물을 저렴하게 공급할 수 있기 때문에 생산자와 소비자 모두에게 유익하다.

---

81 유닛로드시스템(Unit Load System)에 관한 설명으로 옳지 않은 것은?

① 규격품 출하를 유도한다.
② 초기 투자비용이 많이 소요된다.
③ 하역과 수송의 다양화를 가져온다.
④ 일정한 중량과 부피로 단위화할 수 있다.

> **해설** 유닛로드시스템(Unit Load System)은 하역과 수송이 일원화된 일관유통체제이다. 화물의 유통활동에 있어서 하역·수송·보관의 전체적인 비용절감을 위하여, 출발지에서 도착지까지 중간 하역작업 없이 일정한 방법으로 수송·보관하는 시스템이다.

정답　78 ②　79 ④　80 ④　81 ③

82 농산물 소매상에 관한 내용으로 옳은 것은?

① 중개기능 담당　　　　　　　　② 소비자 정보제공
③ 생산물 수급조절　　　　　　　　④ 유통경로상 중간단계

(해설) ①, ④ 소매상은 최종 판매자이다. 중개기능이나 유통경로상 중간단계는 도매시장기능이다.
　　　② 소매상은 소비자와 직접 접촉을 통해 소비정보를 수집하여 생산자에게 제공한다.
　　　③ 생산물 수급조절은 중개기능(도매시장)의 가격결정에 따라 가격이 높으면 출하가 늘고, 가격이 낮으면 출하가 줄어듦으로써 이루어진다. 또한 산지시장에서도 생산물 수급조절이 이루어진다.

83 유통마진에 관한 설명으로 옳지 않은 것은?

① 수집, 도매, 소매단계로 구분된다.
② 유통경로가 길수록 유통마진은 낮다.
③ 유통마진이 클수록 농가수취가격이 낮다.
④ 소비자 지불가격에서 농가수취가격을 뺀 것이다.

(해설) 유통마진은 유통경로가 길어질수록 중간이윤이 발생하므로 늘어난다.

(정리) **유통마진**
- 유통마진은 각 단계에서 유통기관이 수행한 효용증대 활동에 대한 기능의 대가이다.
- 유통마진은 유통효율성을 판단하는 하나의 지표이다.
- 부피가 크고 저장·수송이 어려운 농산물의 유통마진은 높다.
- 유통마진은 유통단계별 상품단위당 가격차액으로 표시된다.
- 농산물은 소매단계에서 유통마진이 가장 높다.
- 유통마진은 수송비용, 저장비용, 가공비용, 판매비용 등으로 구성된다.
- 경제가 발전할수록 유통마진이 증가하는 경향이 있다.
- 유통마진이 작다고 해서 반드시 유통능률이 높다고 할 수는 없다.

84 농산물 종합유통센터에 관한 내용으로 옳은 것은?

① 소포장, 가공기능 수행　　　　　② 출하물량 사후발주 원칙
③ 전자식 경매를 통한 도매거래　　④ 수지식 경매를 통한 소매거래

(해설) 종합유통센터는 경매기능을 하지는 않지만 농산물의 수집, 가공, 포장, 유통, 정보처리 등 종합적인 유통활동을 수행한다. 출하물량은 사전발주를 원칙으로 한다.

85 경매에 참여하는 가공업체, 대형유통업체 등의 대량수요자에 해당되는 유통주체는?

① 직판상   ② 중도매인   ③ 매매참가인   ④ 도매시장법인

(해설) **매매참가인**
"매매참가인"이란 농수산물도매시장·농수산물공판장 또는 민영농수산물도매시장의 개설자에게 신고를 하고, 농수산물도매시장·농수산물공판장 또는 민영농수산물도매시장에 상장된 농수산물을 직접 매수하는 자로서 중도매인이 아닌 가공업자·소매업자·수출업자 및 소비자단체 등 농수산물의 수요자를 말한다.

86 농산물 산지유통의 기능으로 옳은 것을 모두 고른 것은?

> ㄱ. 중개 및 분산   ㄴ. 생산공급량 조절
> ㄷ. 1차 교환   ㄹ. 상품구색 제공

① ㄱ, ㄴ   ② ㄴ, ㄷ   ③ ㄱ, ㄷ, ㄹ   ④ ㄱ, ㄴ, ㄷ, ㄹ

(해설) 중개 및 분산기능은 소비지 도매시장, 상품구색을 제공하는 것은 최종 판매상이다.

87 농산물 포전거래가 발생하는 이유로 옳지 않은 것은?

① 농가의 위험선호적 성향
② 개별농가의 가격예측 어려움
③ 노동력 부족으로 적기수확의 어려움
④ 영농자금 마련과 거래의 편의성 증대

(해설) 농가는 수확기의 가격 폭락(하락)의 위험을 피하고자 하는 위험회피적 성향으로 포전거래를 선택한다.

(정리) **포전거래**
밭에서 재배하는 작물을 밭에 있는 채로 몽땅 사고파는 일이다.

포전거래의 특징
㉠ 밭떼기거래 상품은 단기간에 수확해서 출하하는 품목들이 주류를 이룬다.
㉡ 인력 확보나 출하시기를 맞추기 어려운 농촌에서는 손해를 보더라도 손쉽게 대규모 농산물을 판매할 수 있는 밭떼기를 선호한다(영농자금의 안정적 조기회수).
㉢ 밭떼기거래는 70% 이상이 구두계약에 의존하며, 농산품 가격이 하락할 경우 농민이 산지유통인의 가격 조정의 요구를 받게 되는 문제점이 있다.

88 농산물 수송비를 결정하는 요인으로 옳은 것을 모두 고른 것은?

> ㄱ. 중량과 부피   ㄴ. 수송거리   ㄷ. 수송수단   ㄹ. 수송량

① ㄱ, ㄴ   ② ㄱ, ㄷ, ㄹ   ③ ㄴ, ㄷ, ㄹ   ④ ㄱ, ㄴ, ㄷ, ㄹ

(해설) **수송비의 증가요인**
- 중량과 부피가 클수록
- 수송거리가 길고 멀수록
- 수송수단의 선택에 따라서
- 수송량이 많을수록

89 농산물의 제도권 유통금융에 해당되는 것은?

① 선대자금   ② 밭떼기자금
③ 도·소매상의 사채   ④ 저온창고시설자금 융자

(해설) ① 선대자금은 미리 사적으로 꾸어주는 돈
② 밭떼기자금은 농업인과 상인간에 거래되는 돈
③ 사채는 비제도권(개인 또는 비금융권) 자금
④ 저온창고시설자금 융자는 정부 또는 금융권에서 행해지는 제도권내 유통금융이다.

90 농산물 유통에서 위험부담기능에 관한 설명으로 옳지 않은 것은?

① 가격변동은 경제적 위험에 해당된다.
② 소비자 선호의 변화는 경제적 위험에 해당된다.
③ 수송 중 발생하는 파손은 물리적 위험에 해당된다.
④ 간접유통경로상의 모든 피해는 생산자가 부담한다.

(해설) **위험부담**
농산물유통에서 발생하는 리스크(위험)는 대표적으로 물리적 위험과 경제적 위험이 있다. 이 리스크를 누가(농업인 또는 유통업자 중) 부담하는가가 위험부담의 문제이다. 간접유통경로상에는 중간상인이 존재하므로 모든 위험은 유통업자가 부담한다.

91 농산물 소매유통에 관한 설명으로 옳은 것은?

① 비대면거래가 불가하다.

② 카테고리 킬러는 소매유통업태에 해당된다.

③ 수집기능을 주로 담당한다.

④ 전통시장은 소매유통업태로 볼 수 없다.

해설 ① 우편판매 또는 전자상거래 등 비대면거래가 증가하고 있다.

③ 소매유통은 소비자에게 최종적으로 상품을 이전하는 분산기능을 담당한다.

④ 전통시장도 소비자와 직접 접촉하여 판매하므로 소매유통이다.

정리 카테고리 킬러

상품 분야별 전문 매장. 기존의 종합소매점에서 취급하는 상품 가운데 한 계열의 품목군을 선택, 그 상품만큼은 타업체와 비교할 수 없을 정도로 다양하고 풍부한 상품구색을 갖추고 저가격으로 판매하는 전문업태로 소비자와 직접 접촉하는 소매상이다.

92 정부의 농산물 수급안정정책으로 옳은 것을 모두 고른 것은?

| ㄱ. 채소 수급안정사업 | ㄴ. 자조금 지원 |
| ㄷ. 정부비축사업 | ㄹ. 농산물우수관리제도(GAP) |

① ㄱ, ㄴ   ② ㄱ, ㄹ   ③ ㄱ, ㄴ, ㄷ   ④ ㄴ, ㄷ, ㄹ

해설 농산물우수관리제도(GAP)는 농산물의 안전성을 확보하고 농업환경을 보전하기 위하여 농산물의 생산, 수확 후 관리(농산물의 저장·세척·건조·선별·박피·절단·조제·포장 등을 포함한다) 및 유통의 각 단계에서 작물이 재배되는 농경지 및 농업용수 등의 농업환경과 농산물에 잔류할 수 있는 농약, 중금속, 잔류성 유기오염물질 또는 유해생물 등의 위해요소를 적절하게 관리하는 것을 말한다.

93 배추 가격의 상승에 따른 무의 수요량 변화를 나타내는 것은?

① 수요의 교차탄력성   ② 수요의 가격변동률

③ 수요의 가격탄력성   ④ 수요의 소득탄력성

해설 무와 배추의 교차탄력성 $= \dfrac{\text{무의 수요량 변화율}}{\text{배추가격의 변화율}}$

정리 수요의 교차탄력성

어떤 재화의 가격 변화가 다른 재화의 수요에 미치는 영향을 나타내는 지표이며 식으로 나타내면(X, Y 2재의 경우), Y재의 X재 가격에 대한 수요의 교차탄력성 = Y재 수요량 변화율 ÷ X재 가격 변화율이다.

정답 91 ②   92 ③   93 ①

94 채소류 가격이 10% 인상되었을 경우 매출액의 변화를 조사하는 방법으로 옳은 것은?

① 사례조사　　　② 델파이법　　　③ 심충면접법　　　④ 인과관계조사

> (해설) **사례조사(연구)**
> 개인이나 집단 또는 기관 등을 하나의 단위로 택하여 그 특수성을 정밀하게 연구·조사하는 연구방법이다.
>
> **델파이법**
> 적절한 해답이 알려져 있지 않거나 일정한 합의점에 도달하지 못한 문제에 대하여 다수의 전문가를 대상으로 설문조사나 우편조사로 수차에 걸쳐 피드백하면서 그들의 의견을 수렴하고 집단적 합의를 도출해내는 조사방법이다.
>
> **심충면접법**
> 1명의 응답자와 일대일 면접을 통해 소비자의 심리를 파악하는 조사법으로, 어떤 주제에 대해 응답자의 생각이나 느낌을 자유롭게 이야기하게 함으로써 응답자의 내면 깊숙이 자리 잡고 있는 욕구·태도·감정 등을 발견하는 소비자 면접조사이다.
>
> **인과관계조사**
> 어떤 원인(가격의 인상 등)이 결과(매출액)에 어떤 영향을 미쳤는지 조사하는 것이다.

95 농산물에 대한 소비자의 구매 후 행동이 아닌 것은?

① 대안평가　　　② 반복구매　　　③ 부정적 구전　　　④ 경쟁농산물 구매

> (해설) 구매 전과 구매 후를 구분하고, 대안평가는 선택 가능한 구매 대안 중에서 소비자가 구매를 결정하기 전에 시행하는 사전적 행동이다.

96 시장세분화의 장점으로 옳지 않은 것은?

① 무차별적 마케팅　　　　　　② 틈새시장 포착
③ 효율적 자원배분　　　　　　④ 라이프스타일 반영

> (해설) 시장세분화를 비용과 시간을 들여 굳이 실시하는 이유는 구분된 시장의 특성이 다르다는 전제가 있고, 그 다른 시장에 맞춰 차별적인 마케팅을 통해 이윤의 극대화를 얻겠다는 전략이다.
>
> (정리) **차별적 마케팅**
> 전체 시장을 여러 개의 세분시장으로 나누고 이들 모두를 목표시장으로 삼아 각기 다른 세분시장의 상이한 욕구에 부응할 수 있는 마케팅 믹스를 개발하여 적용함으로써 기업의 마케팅 목표를 달성하고자 하는 고객 지향적 전략이다.
>
> **무차별적 마케팅(無差別的marketing)**
> 소비자의 특성이나 세분화된 시장의 차이를 무시하고 하나의 제품으로 전체 시장을 공략하는 마케팅으로 자본력과 기술력을 갖춘 대기업의 마케팅이다.

정답　94 ④　95 ①　96 ①

97 농산물 브랜드에 관한 설명으로 옳지 않은 것은?

① 차별화를 통한 브랜드 충성도를 형성한다.

② 규모화・조직화로 브랜드 효과가 높아진다.

③ 내셔널 브랜드(NB)는 유통업자 브랜드이다.

④ 브랜드명, 등록상표, 트레이드마크 등이 해당된다.

> (해설) **내셔널 브랜드(NB)**
>
> 원칙적으로 전국적인 규모로 판매되고 있는 의류업체 브랜드를 말한다. 또 규모가 큰 소매업자가 개발한 오리지널 제품, 즉 스토어 브랜드라 할지라도 그 판매가 전국적으로 확대되어 있는 브랜드면 이 부류에 속한다.

98 유통비용 중 직접비용에 해당되는 항목의 총 금액은?

> - 수송비 20,000원
> - 제세공과금 1,000원
> - 포장비 3,000원
> - 통신비 2,000원
> - 하역비 5,000원

① 27,000원   ② 28,000원   ③ 30,000원   ④ 31,000원

> (해설) • 직접비용: 생산에 직접 필요한 물류비(수송, 하역, 포장 등)와 원자재비・노임 등
>
> • 간접비용: 동력비・감가상각비와 통신비 및 제세공과금 등 직접생산에 관여하지 않는 비용

99 농산물의 가격을 높게 설정하여 상품의 차별화와 고품질의 이미지를 유도하는 가격전략은?

① 명성가격전략   ② 탄력가격전략

③ 침투가격전략   ④ 단수가격전략

> (해설) **명성가격전략(Prestige pricing)**
>
> 가격 결정 시 해당 제품군의 주 소비자층이 지불할 수 있는 가장 높은 가격이나 시장에서 제시된 가격 중 가장 높은 가격을 설정하는 전략으로, 주로 제품에 고급 이미지를 부여하기 위해 사용된다. 해당 제품 군의 주 소비자층이 지불할 수 있는 가장 높은 가격, 혹은 시장에서 제시된 가격 중 가장 높은 가격을 설정하는 전략으로, 할증가격전략(Premium pricing)이라고도 한다.

정답 97 ③ 98 ② 99 ①

100 경품 및 할인쿠폰 등을 통한 촉진활동의 효과로 옳지 않은 것은?

① 상품정보 전달

② 장기적 상품홍보

③ 상품에 대한 기억상기

④ 가시적, 단기적 성과창출

해설 경품 및 할인쿠폰 제공을 통한 판매촉진전략은 제품의 초기 판매촉진전략이다.

정답 100 ②

2019년

제16회 농산물품질관리사 1차 시험 기출문제

제1과목 관계 법령

01 농수산물 품질관리법령상 유전자변형농수산물의 표시 등에 관한 설명으로 옳지 않은 것은?

① 유전자변형농수산물을 판매하는 자는 대통령령으로 정하는 바에 따라 해당 농수산물에 유전자변형농수산물임을 표시하여야 한다.

② 농림축산식품부장관은 유전자변형농수산물인지를 판정하기 위하여 필요한 경우 시료의 검정기관을 지정하여 고시하여야 한다.

③ 유전자변형농수산물의 표시기준 및 표시방법에 관한 세부사항은 식품의약품안전처장이 정하여 고시한다.

④ 유전자변형농수산물의 표시대상품목, 표시기준 및 표시방법 등에 필요한 사항은 대통령령으로 정한다.

해설 **법 제56조(유전자변형농수산물의 표시)**

① 유전자변형농수산물을 생산하여 출하하는 자, 판매하는 자, 또는 판매할 목적으로 보관·진열하는 자는 대통령령으로 정하는 바에 따라 해당 농수산물에 유전자변형농수산물임을 표시하여야 한다.

② 제1항에 따른 유전자변형농수산물의 표시대상품목, 표시기준 및 표시방법 등에 필요한 사항은 대통령령으로 정한다.

법 제20조(유전자변형농수산물의 표시기준 등)

① 법 제56조제1항에 따라 유전자변형농수산물에는 해당 농수산물이 유전자변형농수산물임을 표시하거나, 유전자변형농수산물이 포함되어 있음을 표시하거나, 유전자변형농수산물이 포함되어 있을 가능성이 있음을 표시하여야 한다.

② 법 제56조제2항에 따라 유전자변형농수산물의 표시는 해당 농수산물의 포장·용기의 표면 또는 판매장소 등에 하여야 한다.

③ 제1항 및 제2항에 따른 유전자변형농수산물의 표시기준 및 표시방법에 관한 세부사항은 식품의약품안전처장이 정하여 고시한다.

④ 식품의약품안전처장은 유전자변형농수산물인지를 판정하기 위하여 필요한 경우 시료의 검정기관을 지정하여 고시하여야 한다.

정답 **01** ②

02 농수산물 품질관리법령상 지리적표시에 관한 정의이다. ( ) 안에 들어갈 내용으로 옳은 것은?

> 지리적표시란 농수산물 또는 농수산가공품의 ( )·품질, 그 밖의 특징이 본질적으로 특정 지역의 지리적 특성에 기인하는 경우 해당 농수산물 또는 농수산가공품이 그 특정 지역에서 생산·제조 및 가공되었음을 나타내는 표시를 말한다.

① 포장　　　　② 무게　　　　③ 생산자　　　　④ 명성

(해설) 법 제2조(정의) "지리적표시"란 농수산물 또는 제13호에 따른 농수산가공품의 명성·품질, 그 밖의 특징이 본질적으로 특정 지역의 지리적 특성에 기인하는 경우 해당 농수산물 또는 농수산가공품이 그 특정 지역에서 생산·제조 및 가공되었음을 나타내는 표시를 말한다.

03 농수산물 품질관리법상 농수산물품질관리심의회의 심의사항이 아닌 것은?
① 표준규격 및 물류표준화에 관한 사항
② 지리적표시에 관한 사항
③ 유전자변형농수산물의 표시에 관한 사항
④ 유기가공식품의 수입 및 통관에 관한 사항

(해설) 법 제4조(심의회의 직무)
심의회는 다음 각 호의 사항을 심의한다.
1. 표준규격 및 물류표준화에 관한 사항
2. 농산물우수관리·수산물품질인증 및 이력추적관리에 관한 사항
3. 지리적표시에 관한 사항
4. 유전자변형농수산물의 표시에 관한 사항
5. 농수산물(축산물은 제외한다)의 안전성조사 및 그 결과에 대한 조치에 관한 사항
6. 농수산물(축산물은 제외한다) 및 수산가공품의 검사에 관한 사항
7. 농수산물의 안전 및 품질관리에 관한 정보의 제공에 관하여 총리령, 농림축산식품부령 또는 해양수산부령으로 정하는 사항
8. 제69조에 따른 수산물의 생산·가공시설 및 해역(海域)의 위생관리기준에 관한 사항
9. 수산물 및 수산가공품의 제70조에 따른 위해요소중점관리기준에 관한 사항
10. 지정해역의 지정에 관한 사항
11. 다른 법령에서 심의회의 심의사항으로 정하고 있는 사항
12. 그 밖에 농수산물 및 수산가공품의 품질관리 등에 관하여 위원장이 심의에 부치는 사항

04 농수산물 품질관리법령상 농산물 생산자(단순가공을 하는 자를 포함)의 이력추적관리 등록사항이
아닌 것은?

① 재배면적　　　　　　　　　　　　　② 재배지의 주소
③ 구매자의 내역　　　　　　　　　　　④ 생산자의 성명, 주소 및 전화번호

> **해설** 시행규칙 제46조(이력추적관리의 대상품목 및 등록사항)
> ① 법 제24조제1항에 따른 이력추적관리 등록 대상품목은 법 제2조제1항제1호가목의 농산물(축산물은
> 제외한다. 이하 이 절에서 같다) 중 식용을 목적으로 생산하는 농산물로 한다.
> ② 법 제24조제1항에 따른 이력추적관리의 등록사항은 다음 각 호와 같다.
> 　　1. 생산자(단순가공을 하는 자를 포함한다)
> 　　　가. 생산자의 성명, 주소 및 전화번호
> 　　　나. 이력추적관리 대상품목명
> 　　　다. 재배면적
> 　　　라. 생산계획량
> 　　　마. 재배지의 주소
> 　　2. 유통자
> 　　　가. 유통업체의 명칭 또는 유통자의 성명, 주소 및 전화번호
> 　　　나. 삭제 〈2016. 4. 6.〉
> 　　　다. 수확 후 관리시설이 있는 경우 관리시설의 소재지
> 　　3. 판매자: 판매업체의 명칭 또는 판매자의 성명, 주소 및 전화번호

05 농수산물의 원산지 표시에 관한 법령상 일반음식점 영업을 하는 자가 농산물을 조리하여
판매하는 경우 원산지 표시 대상이 아닌 것은?

① 죽에 사용하는 쌀　　　　　　　　　② 콩국수에 사용하는 콩
③ 동치미에 사용하는 무　　　　　　　④ 배추김치의 원료인 배추와 고춧가루

> **해설** 시행령 제3조(원산지의 표시대상)
> ⑤ 법 제5조제3항에서 "대통령령으로 정하는 농수산물이나 그 가공품을 조리하여 판매·제공하는 경우"
> 란 다음 각 호의 것을 조리하여 판매·제공하는 경우를 말한다. 이 경우 조리에는 날것의 상태로 조
> 리하는 것을 포함하며, 판매·제공에는 배달을 통한 판매·제공을 포함한다.
> 　　1. 소고기(식육·포장육·식육가공품을 포함한다. 이하 같다)
> 　　2. 돼지고기(식육·포장육·식육가공품을 포함한다. 이하 같다)
> 　　3. 닭고기(식육·포장육·식육가공품을 포함한다. 이하 같다)
> 　　4. 오리고기(식육·포장육·식육가공품을 포함한다. 이하 같다)
> 　　5. 양고기(식육·포장육·식육가공품을 포함한다. 이하 같다)
> 　5의2. 염소(유산양을 포함한다. 이하 같다)고기(식육·포장육·식육가공품을 포함한다. 이하 같다)
> 　　6. 밥, 죽, 누룽지에 사용하는 쌀(쌀가공품을 포함하며, 쌀에는 찹쌀, 현미 및 찐쌀을 포함한다. 이하
> 　　　같다)

정답 04 ③ 05 ③

7. 배추김치(배추김치가공품을 포함한다)의 원료인 배추(얼갈이배추와 봄동배추를 포함한다. 이하 같다)와 고춧가루

7의2. 두부류(가공두부, 유바는 제외한다), 콩비지, 콩국수에 사용하는 콩(콩가공품을 포함한다. 이하 같다)

8. 넙치, 조피볼락, 참돔, 미꾸라지, 뱀장어, 낙지, 명태(황태, 북어 등 건조한 것은 제외한다. 이하 같다), 고등어, 갈치, 오징어, 꽃게, 참조기, 다랑어, 아귀 및 주꾸미(해당 수산물가공품을 포함한다. 이하 같다)

9. 조리하여 판매·제공하기 위하여 수족관 등에 보관·진열하는 살아있는 수산물

06 농수산물 품질관리법령상 농산물우수관리인증의 유효기간 연장신청은 인증의 유효기간이 끝나기 몇 개월 전까지 어디에 제출해야 하는가?

① 1개월, 농림축산식품부
② 1개월, 우수관리인증기관
③ 2개월, 국립농산물품질관리원
④ 2개월, 한국농수산식품유통공사

(해설) 시행규칙 제16조(우수관리인증의 유효기간 연장)
① 우수관리인증을 받은 자가 법 제7조제3항에 따라 우수관리인증의 유효기간을 연장하려는 경우에는 별지 제4호서식의 농산물우수관리인증 유효기간 연장신청서를 그 유효기간이 끝나기 1개월 전까지 우수관리인증기관에 제출하여야 한다.

07 농수산물의 원산지 표시에 관한 법령상 일반음식점 영업을 하는 자가 농산물을 조리하여 판매하는 경우 원산지 표시를 하지 않아 1차 위반행위로 부과되는 과태료 기준금액이 다른 것은? (단, 가중 및 경감사유는 고려하지 않음)

① 소고기　　　　② 양고기　　　　③ 돼지고기　　　　④ 오리고기

(해설) 소고기: 100만 원, 나머지는 30만 원

위반행위	근거 법조문	과태료			
		1차 위반	2차 위반	3차 위반	4차 이상 위반
가. 법 제5조제1항을 위반하여 원산지 표시를 하지 않은 경우	법 제18조 제1항제1호	5만 원 이상 1,000만 원 이하			
나. 법 제5조제3항을 위반하여 원산지 표시를 하지 않은 경우	법 제18조 제1항제1호				
1) 소고기의 원산지를 표시하지 않은 경우		100만 원	200만 원	300만 원	300만 원
2) 소고기 식육의 종류만 표시하지 않은 경우		30만 원	60만 원	100만 원	100만 원

정답　06 ②　07 ①

위반행위	근거 법조문	과태료			
		1차 위반	2차 위반	3차 위반	4차 이상 위반
3) 돼지고기의 원산지를 표시하지 않은 경우		30만 원	60만 원	100만 원	100만 원
4) 닭고기의 원산지를 표시하지 않은 경우		30만 원	60만 원	100만 원	100만 원
5) 오리고기의 원산지를 표시하지 않은 경우		30만 원	60만 원	100만 원	100만 원
6) 양고기 또는 염소고기의 원산지를 표시하지 않은 경우		품목별 30만 원	품목별 60만 원	품목별 100만 원	품목별 100만 원
7) 쌀의 원산지를 표시하지 않은 경우		30만 원	60만 원	100만 원	100만 원
8) 배추 또는 고춧가루의 원산지를 표시하지 않은 경우		30만 원	60만 원	100만 원	100만 원
9) 콩의 원산지를 표시하지 않은 경우		30만 원	60만 원	100만 원	100만 원
10) 넙치, 조피볼락, 참돔, 미꾸라지, 뱀장어, 낙지, 명태, 고등어, 갈치, 오징어, 꽃게, 참조기, 다랑어, 아귀 및 주꾸미의 원산지를 표시하지 않은 경우		품목별 30만 원	품목별 60만 원	품목별 100만 원	품목별 100만 원
11) 살아있는 수산물의 원산지를 표시하지 않은 경우		5만 원 이상 1,000만 원 이하			
다. 법 제5조제4항에 따른 원산지의 표시방법을 위반한 경우	법 제18조 제1항제2호	5만 원 이상 1,000만 원 이하			
라. 법 제6조제4항을 위반하여 임대점포의 임차인 등 운영자가 같은 조 제1항 각 호 또는 제2항 각 호의 어느 하나에 해당하는 행위를 하는 것을 알았거나 알 수 있었음에도 방치한 경우	법 제18조 제1항제3호	100만 원	200만 원	400만 원	400만 원
마. 법 제6조제5항을 위반하여 해당 방송채널 등에 물건 판매중개를 의뢰한 자가 같은 조 제1항 각 호 또는 제2항 각 호의 어느 하나에 해당하는 행위를 하는 것을 알았거나 알 수 있었음에도 방치한 경우	법 제18조 제1항제3호의2	100만 원	200만 원	400만 원	400만 원

위반행위	근거 법조문	과태료			
		1차 위반	2차 위반	3차 위반	4차 이상 위반
바. 법 제7조제3항을 위반하여 수거·조사·열람을 거부·방해하거나 기피한 경우	법 제18조 제1항제4호	100만 원	300만 원	500만 원	500만 원
사. 법 제8조를 위반하여 영수증이나 거래명세서 등을 비치·보관하지 않은 경우	법 제18조 제1항제5호	20만 원	40만 원	80만 원	80만 원
아. 법 제9조의2제1항에 따른 교육이수 명령을 이행하지 않은 경우	법 제18조 제2항제1호	30만 원	60만 원	100만 원	100만 원
자. 법 제10조의2제1항을 위반하여 유통이력을 신고하지 않거나 거짓으로 신고한 경우	법 제18조 제2항제2호				
1) 유통이력을 신고하지 않은 경우		50만 원	100만 원	300만 원	500만 원
2) 유통이력을 거짓으로 신고한 경우		100만 원	200만 원	400만 원	500만 원
차. 법 제10조의2제2항을 위반하여 유통이력을 장부에 기록하지 않거나 보관하지 않은 경우	법 제18조 제2항제3호	50만 원	100만 원	300만 원	500만 원
카. 법 제10조의2제3항을 위반하여 유통이력 신고의무가 있음을 알리지 않은 경우	법 제18조 제2항제4호	50만 원	100만 원	300만 원	500만 원
타. 법 제10조의3제2항을 위반하여 수거·조사 또는 열람을 거부·방해 또는 기피한 경우	법 제18조 제2항제5호	100만 원	200만 원	400만 원	500만 원

08 농수산물 품질관리법령상 이력추적관리 등록기관의 장은 이력추적관리 등록의 유효기간이 끝나기 얼마 전까지 신청인에게 갱신절차와 갱신신청 기간을 미리 알려야 하는가?

① 7일　　　　② 15일　　　　③ 1개월　　　　④ 2개월

(해설) 시행규칙 제51조(이력추적관리 등록의 갱신)
① 이력추적관리 등록을 받은 자가 법 제25조제2항에 따라 이력추적관리 등록을 갱신하려는 경우에는 별지 제23호서식의 이력추적관리 등록(신규·갱신)신청서와 제47조제1항 각 호에 따른 서류 중 변경사항이 있는 서류를 해당 등록의 유효기간이 끝나기 1개월 전까지 등록기관의 장에게 제출하여야 한다.
③ 등록기관의 장은 유효기간이 끝나기 2개월 전까지 신청인에게 갱신절차와 갱신신청 기간을 미리 알려야 한다. 이 경우 통지는 휴대전화 문자메시지, 전자우편, 팩스, 전화 또는 문서 등으로 할 수 있다.

정답 08 ④

09 농수산물의 원산지 표시에 관한 법령상 원산지 표시위반 신고 포상금의 최대 지급금액은?

① 200만 원　　　② 500만 원　　　③ 1,000만 원　　　④ 2,000만 원

> **해설** 시행령 제8조(포상금)
> ① 법 제12조제1항에 따른 포상금은 1천만 원의 범위에서 지급할 수 있다.

10 농수산물 품질관리법령상 지리적표시의 심의·공고·열람 및 이의신청 절차에 관한 규정이다.
( )에 들어갈 내용은?

> 농림축산식품부장관은 지리적표시 분과위원회에서 지리적표시의 등록 또는 중요사항의 변경등록을 하기에 부적합한 것으로 의결되면 지체 없이 그 사유를 구체적으로 밝혀 신청인에게 알려야 한다. 다만, 부적합한 사항이 ( ) 이내에 보완될 수 있다고 인정되면 일정 기간을 정하여 신청인에게 보완하도록 할 수 있다.

① 30일　　　② 40일　　　③ 50일　　　④ 60일

> **해설** 시행령 제14조(지리적표시의 심의·공고·열람 및 이의신청 절차)
> ③ 농림축산식품부장관 또는 해양수산부장관은 지리적표시 분과위원회에서 지리적표시의 등록 또는 중요사항의 변경등록을 하기에 부적합한 것으로 의결되면 지체 없이 그 사유를 구체적으로 밝혀 신청인에게 알려야 한다. 다만, 부적합한 사항이 <u>30일 이내</u>에 보완될 수 있다고 인정되면 일정 기간을 정하여 신청인에게 보완하도록 할 수 있다.

11 농수산물 품질관리법상 권장품질표시에 관한 내용으로 옳지 않은 것은?

① 농림축산식품부장관은 표준규격품의 표시를 하지 아니한 농산물의 포장 겉면에 등급·당도 등 품질을 표시하는 기준을 따로 정할 수 있다.
② 농산물을 유통·판매하는 자는 표준규격품의 표시를 하지 아니한 경우 포장 겉면에 권장품질표시를 할 수 있다.
③ 권장품질표시의 기준 및 방법 등에 필요한 사항은 국립농산물품질관리원장이 정하여 고시한다.
④ 농림축산식품부장관은 관계 공무원에게 권장품질표시를 한 농산물의 시료를 수거하여 조사하게 할 수 있다.

법 제5조의2(권장품질표시)

① 농림축산식품부장관은 포장재 또는 용기로 포장된 농산물(축산물은 제외한다. 이하 이 조에서 같다)의 상품성을 높이고 공정한 거래를 실현하기 위하여 제5조에 따른 표준규격품의 표시를 하지 아니한 농산물의 포장 겉면에 등급·당도 등 품질을 표시(이하 "권장품질표시"라 한다)하는 기준을 따로 정할 수 있다.

② 농산물을 유통·판매하는 자는 제5조에 따른 표준규격품의 표시를 하지 아니한 경우 포장 겉면에 권장품질표시를 할 수 있다.

③ 권장품질표시의 기준 및 방법 등에 필요한 사항은 농림축산식품부령으로 정한다.

12 농수산물 품질관리법령상 농산물 검사에서 농림축산식품부장관의 검사를 받아야 하는 농산물이 아닌 것은?

① 정부가 수매하거나 수출 또는 수입하는 농산물

② 정부가 수매하는 누에씨 및 누에고치

③ 생산자단체등이 정부를 대행하여 수출하는 농산물

④ 정부가 수입하여 가공한 농산물

해설 누에씨 및 누에고치의 검사: 시·도지사

정리 제30조(농산물의 검사대상 등)

① 법 제79조제1항에 따른 검사대상 농산물은 다음 각 호와 같다.

1. 정부가 수매하거나 생산자단체, 「공공기관의 운영에 관한 법률」 제4조에 따른 공공기관 또는 농업 관련 법인 등(이하 "생산자단체등"이라 한다)이 정부를 대행하여 수매하는 농산물

2. 정부가 수출 또는 수입하거나 생산자단체등이 정부를 대행하여 수출 또는 수입하는 농산물

3. 정부가 수매 또는 수입하여 가공한 농산물

4. 법 제79조제2항에 따라 다시 농림축산식품부장관의 검사를 받는 농산물

5. 그 밖에 농림축산식품부장관이 검사가 필요하다고 인정하여 고시하는 농산물

13 농수산물 품질관리법령상 우수관리인증기관이 우수관리인증을 한 후 조사, 점검 등의 과정에서 위반행위가 확인되는 경우 1차 위반 시 그 인증을 취소해야 하는 사유가 아닌 것은?

① 우수관리인증의 표시정지기간 중에 우수관리인증의 표시를 한 경우

② 거짓이나 그 밖의 부정한 방법으로 우수관리인증을 받은 경우

③ 전업(轉業)·폐업 등으로 우수관리인증농산물을 생산하기 어렵다고 판단되는 경우

④ 우수관리인증을 받은 자가 정당한 사유 없이 조사·점검 또는 자료제출 요청에 응하지 아니한 경우

정답 12 ② 13 ④

해설 농수산물 품질관리법 시행규칙 [별표 2]

우수관리인증의 취소 및 표시정지에 관한 처분기준(제18조 관련)

2. 개별기준

위반행위	위반횟수별 처분기준		
	1차 위반	2차 위반	3차 위반
가. 거짓이나 그 밖의 부정한 방법으로 우수관리인증을 받은 경우	인증취소	–	–
나. 우수관리기준을 지키지 않은 경우	표시정지 1개월	표시정지 3개월	인증취소
다. 전업(轉業)·폐업 등으로 우수관리인증농산물을 생산하기 어렵다고 판단되는 경우	인증취소	–	–
라. 우수관리인증을 받은 자가 정당한 사유 없이 조사·점검 또는 자료제출 요청에 응하지 않은 경우	표시정지 1개월	표시정지 3개월	인증취소
마. 우수관리인증을 받은 자가 법 제6조제7항에 따른 우수관리인증의 표시방법을 위반한 경우	시정명령	표시정지 1개월	표시정지 3개월
바. 법 제7조제4항에 따른 우수관리인증의 변경승인을 받지 않고 중요 사항을 변경한 경우	표시정지 1개월	표시정지 3개월	인증취소
사. 우수관리인증의 표시정지기간 중에 우수관리인증의 표시를 한 경우	인증취소	–	–

14 농수산물 품질관리법령상 농산물품질관리사의 업무가 아닌 것은?

① 농산물의 선별·저장 및 포장 시설 등의 운용·관리
② 농산물의 선별·포장 및 브랜드 개발 등 상품성 향상 지도
③ 농산물의 판매가격 결정
④ 포장농산물의 표시사항 준수에 관한 지도

해설 법 제106조(농산물품질관리사 또는 수산물품질관리사의 직무)
　① 농산물품질관리사는 다음 각 호의 직무를 수행한다.
　　1. 농산물의 등급 판정
　　2. 농산물의 생산 및 수확 후 품질관리기술 지도
　　3. 농산물의 출하 시기 조절, 품질관리기술에 관한 조언
　　4. 그 밖에 농산물의 품질 향상과 유통 효율화에 필요한 업무로서 농림축산식품부령으로 정하는 업무

정답 14 ③

15 농수산물 품질관리법령상 안전관리계획 및 안전성조사에 관한 설명으로 옳은 것은?

① 농산물 또는 농산물의 생산에 이용·사용하는 농지·용수(用水)·자재 등은 안전성조사 대상이다.

② 농림축산식품부장관은 안전관리계획을 10년마다 수립·시행하여야 한다.

③ 국립농산물품질관리원장은 안전관리계획에 따라 5년마다 세부추진계획을 수립·시행하여야 한다.

④ 농산물의 안전성 조사는 수입통관단계 및 사후관리단계로 구분하여 조사한다.

해설 법 제60조(안전관리계획)

① 식품의약품안전처장은 농수산물(축산물은 제외한다. 이하 이 장에서 같다)의 품질 향상과 안전한 농수산물의 생산·공급을 위한 안전관리계획을 매년 수립·시행하여야 한다.

② 시·도지사 및 시장·군수·구청장은 관할 지역에서 생산·유통되는 농수산물의 안전성을 확보하기 위한 세부추진계획을 수립·시행하여야 한다.

법 제61조 안전성조사단계

가. 생산단계: 총리령으로 정하는 안전기준에의 적합 여부

나. 유통·판매 단계: 「식품위생법」 등 관계 법령에 따른 유해물질의 잔류허용기준 등의 초과 여부

법 제61조(안전성조사)

① 식품의약품안전처장이나 시·도지사는 농수산물의 안전관리를 위하여 농수산물 또는 농수산물의 생산에 이용·사용하는 농지·어장·용수(用水)·자재 등에 대하여 다음 각 호의 조사(이하 "안전성조사"라 한다)를 하여야 한다.

　　1. 농산물

　　　　가. 생산단계: 총리령으로 정하는 안전기준에의 적합 여부

　　　　나. 유통·판매 단계: 「식품위생법」 등 관계 법령에 따른 유해물질의 잔류허용기준 등의 초과 여부

16 농수산물 품질관리법령상 지리적표시품의 표시방법으로 옳지 않은 것은?

① 포장하지 아니하고 판매하는 경우에는 대상품목에 스티커를 부착하여 표시할 수 있다.

② 표지도형의 한글 및 영문 글자는 고딕체로 하고, 글자 크기는 표지도형의 크기에 따라 조정한다.

③ 표지도형의 색상은 파란색을 기본색상으로 하고, 포장재의 색깔 등을 고려하여 검정색으로 한다.

④ 지리적표시품의 포장·용기의 겉면 등에 등록 명칭을 표시하여야 한다.

■ 농수산물 품질관리법 시행규칙 [별표 15]

지리적표시품의 표시(제60조 관련)

1. 지리적표시품의 표지

2. 제도법
   가. 도형표시
   1) 표지도형의 가로의 길이(사각형의 왼쪽 끝과 오른쪽 끝의 폭: W)를 기준으로 세로의 길이는 0.95×W의 비율로 한다.
   2) 표지도형의 흰색모양과 바깥 테두리(좌·우 및 상단부만 해당한다)의 간격은 0.1×W로 한다.
   3) 표지도형의 흰색모양 하단부 좌측 태극의 시작점은 상단부에서 0.55×W 아래가 되는 지점으로 하고, 우측 태극의 끝점은 상단부에서 0.75×W 아래가 되는 지점으로 한다.
   나. 표지도형의 한글 및 영문 글자는 고딕체로 하고, 글자 크기는 표지도형의 크기에 따라 조정한다.
   다. 표지도형의 색상은 녹색을 기본색상으로 하고, 포장재의 색깔 등을 고려하여 파란색 또는 빨간색으로 할 수 있다.
   라. 표지도형 내부의 "지리적표시", "(PGI)" 및 "PGI"의 글자 색상은 표지도형 색상과 동일하게 하고, 하단의 "농림축산식품부"와 "MAFRA KOREA" 또는 "해양수산부"와 "MOF KOREA"의 글자는 흰색으로 한다.
   마. 배색 비율은 녹색 C80+Y100, 파란색 C100+M70, 빨간색 M100+Y100+K10으로 한다.
3. 표시사항

	등록 명칭:　　　(영문등록 명칭) 지리적표시관리기관 명칭, 지리적표시 등록 제　호 생산자(등록법인의 명칭): 주소(전화):
이 상품은 「농수산물 품질관리법」에 따라 지리적표시가 보호되는 제품입니다.	

	등록 명칭:　　　(영문등록 명칭) 지리적표시관리기관 명칭, 지리적표시 등록 제　호 생산자(등록법인의 명칭): 주소(전화):
이 상품은 「농수산물 품질관리법」에 따라 지리적표시가 보호되는 제품입니다.	

4. 표시방법

　가. 크기: 포장재의 크기에 따라 표지와 글자의 크기를 키우거나 줄일 수 있다.

　나. 위치: 포장재 주 표시면의 옆면에 표시하되, 포장재 구조상 옆면에 표시하기 어려울 경우에는 표시위치를 변경할 수 있다.

　다. 표시내용은 소비자가 쉽게 알아볼 수 있도록 인쇄하거나 스티커로 포장재에서 떨어지지 않도록 부착하여야 한다.

　라. 포장하지 않고 낱개로 판매하는 경우나 소포장 등으로 지리적표시품의 표지를 인쇄하거나 부착하기에 부적합한 경우에는 표지와 등록 명칭만 표시할 수 있다.

　마. 글자의 크기(포장재 15kg 기준)

　　1) 등록 명칭(한글, 영문): 가로 2.0cm(57pt.) × 세로 2.5cm(71pt.)

　　2) 등록번호, 생산자(등록법인의 명칭), 주소(전화): 가로 1cm(28pt.) × 세로 1.5cm(43pt.)

　　3) 그 밖의 문자: 가로 0.8cm(23pt.) × 세로 1cm(28pt.)

　바. 제3호의 표시사항 중 표준규격, 우수관리인증 등 다른 규정 또는 「양곡관리법」 등 다른 법률에 따라 표시하고 있는 사항은 그 표시를 생략할 수 있다.

17 농수산물 유통 및 가격안정에 관한 법률상 산지유통인의 등록에 관한 설명으로 옳지 않은 것은?

① 농산물을 수집하여 도매시장에 출하하려는 자는 대통령령이 정하는 바에 따라 품목별로 농림축산식품부장관에게 등록하여야 한다.

② 국가나 지방자치단체는 산지유통인의 공정한 거래를 촉진하기 위하여 필요한 지원을 할 수 있다.

③ 산지유통인은 등록된 도매시장에서 농산물의 출하업무 외의 판매·매수 또는 중개업무를 하여서는 아니 된다.

④ 도매시장법인의 임직원은 해당 도매시장에서 산지유통인의 업무를 하여서는 아니 된다.

해설　법 제29조(산지유통인의 등록)

　① 농수산물을 수집하여 도매시장에 출하하려는 자는 농림축산식품부령 또는 해양수산부령으로 정하는 바에 따라 부류별로 도매시장 개설자에게 등록하여야 한다. 다만, 다음 각 호의 어느 하나에 해당하는 경우에는 그러하지 아니하다.

　1. 생산자단체가 구성원의 생산물을 출하하는 경우

　2. 도매시장법인이 제31조제1항 단서에 따라 매수한 농수산물을 상장하는 경우

　3. 중도매인이 제31조제2항 단서에 따라 비상장 농수산물을 매매하는 경우

　4. 시장도매인이 제37조에 따라 매매하는 경우

　5. 그 밖에 농림축산식품부령 또는 해양수산부령으로 정하는 경우

　② 도매시장법인, 중도매인 및 이들의 주주 또는 임직원은 해당 도매시장에서 산지유통인의 업무를 하여서는 아니 된다.

정답　17 ①

③ 도매시장 개설자는 이 법 또는 다른 법령에 따른 제한에 위반되는 경우를 제외하고는 제1항에 따라 등록을 하여주어야 한다.

④ 산지유통인은 등록된 도매시장에서 농수산물의 출하업무 외의 판매·매수 또는 중개업무를 하여서는 아니 된다.

⑤ 도매시장 개설자는 제1항에 따라 등록을 하여야 하는 자가 등록을 하지 아니하고 산지유통인의 업무를 하는 경우에는 도매시장에의 출입을 금지·제한하거나 그 밖에 필요한 조치를 할 수 있다.

⑥ 국가나 지방자치단체는 산지유통인의 공정한 거래를 촉진하기 위하여 필요한 지원을 할 수 있다.

18 농수산물 유통 및 가격안정에 관한 법령상 표준정산서에 포함되어야 할 사항이 아닌 것은?

① 출하자 주소
② 정산금액
③ 표준정산서의 발행일 및 발행자명
④ 경락 예정가격

(해설) **시행규칙 제38조(표준정산서)**

법 제41조제3항에 따른 도매시장법인·시장도매인 또는 공판장 개설자가 사용하는 표준정산서에는 다음 각 호의 사항이 포함되어야 한다.

1. 표준정산서의 발행일 및 발행자명
2. 출하자명
3. 출하자 주소
4. 거래형태(매수·위탁·중개) 및 매매방법(경매·입찰, 정가·수의매매)
5. 판매 명세(품목·품종·등급별 수량·단가 및 거래단위당 수량 또는 무게), 판매대금총액 및 매수인
6. 공제 명세(위탁수수료, 운송료 선급금, 하역비, 선별비 등 비용) 및 공제금액 총액
7. 정산금액
8. 송금 명세(은행명·계좌번호·예금주)

19 농수산물 유통 및 가격안정에 관한 법령상 도매시장 개설자가 도매시장법인으로 하여금 우선적으로 판매하게 할 수 있는 품목이 아닌 것은?

① 대량 입하품
② 최소출하기준 이하 출하품
③ 예약 출하품
④ 도매시장 개설자가 선정하는 우수출하주의 출하품

(해설) **시행규칙 제30조(대량 입하품 등의 우대)**

도매시장 개설자는 법 제33조제2항에 따라 다음 각 호의 품목에 대하여 도매시장법인 또는 시장도매인으로 하여금 우선적으로 판매하게 할 수 있다.

1. 대량 입하품
2. 도매시장 개설자가 선정하는 우수출하주의 출하품
3. 예약 출하품

정답 18 ④ 19 ②

4. 「농수산물 품질관리법」 제5조에 따른 표준규격품 및 같은 법 제6조에 따른 우수관리인증농산물

5. 그 밖에 도매시장 개설자가 도매시장의 효율적인 운영을 위하여 특히 필요하다고 업무규정으로 정하는 품목

20 농수산물 유통 및 가격안정에 관한 법령상 주산지 지정 등에 관한 설명으로 옳지 않은 것은?

① 해당 시·도 소속 공무원은 주산지협의체의 위원이 될 수 있다.

② 주산지의 지정은 읍·면·동 또는 시·군·구 단위로 한다.

③ 주산지의 지정 및 해제는 국립농산물품질관리원장이 한다.

④ 시·도지사는 지정된 주산지에서 주요 농산물을 생산하는 자에 대하여 생산자금의 융자 및 기술지도 등 필요한 지원을 할 수 있다.

(해설) **법 제4조(주산지의 지정 및 해제 등)**

① 시·도지사는 농수산물의 경쟁력 제고 또는 수급(需給)을 조절하기 위하여 생산 및 출하를 촉진 또는 조절할 필요가 있다고 인정할 때에는 주요 농수산물의 생산지역이나 생산수면(이하 "주산지"라 한다)을 지정하고 그 주산지에서 주요 농수산물을 생산하는 자에 대하여 생산자금의 융자 및 기술지도 등 필요한 지원을 할 수 있다.

시행령 제4조(주산지의 지정·변경 및 해제)

① 법 제4조제1항에 따른 주요 농수산물의 생산지역이나 생산수면(이하 "주산지"라 한다)의 지정은 읍·면·동 또는 시·군·구 단위로 한다.

② 특별시장·광역시장·특별자치시장·도지사 또는 특별자치도지사(이하 "시·도지사"라 한다)는 제1항에 따라 주산지를 지정하였을 때에는 이를 고시하고 농림축산식품부장관 또는 해양수산부장관에게 통지하여야 한다.

③ 법 제4조제4항에 따른 주산지 지정의 변경 또는 해제에 관하여는 제1항 및 제2항을 준용한다.

시행령 제5조의2(주산지협의체의 구성 등)

① 시·도지사는 법 제4조의2제1항에 따른 주산지협의체(이하 "협의체"라 한다)를 주산지별 또는 시·도 단위별로 설치할 수 있다.

② 협의체는 20명 이내의 위원으로 구성하며, 위원은 다음 각 호의 어느 하나에 해당하는 사람 중에서 시·도지사가 지명 또는 위촉한다.

1. 해당 시·도 소속 공무원

2. 「농업·농촌 및 식품산업 기본법」 제3조제2호에 따른 농업인 또는 「수산업·어촌 발전 기본법」 제3조제3호에 따른 어업인

3. 「농업·농촌 및 식품산업 기본법」 제3조제4호에 따른 생산자단체의 대표·임직원 또는 「수산업·어촌 발전 기본법」 제3조제5호에 따른 생산자단체의 대표·임직원

4. 법 제2조제11호에 따른 산지유통인

5. 해당 농수산물 품목에 관한 전문적 지식이나 경험을 가진 사람 중 시·도지사가 필요하다고 인정하는 사람

③ 협의체의 위원장은 위원 중에서 호선하되, 공무원인 위원과 위촉된 위원 각 1명을 공동위원장으로 선출할 수 있다.

정답 **20** ③

④ 제1항부터 제3항까지에서 규정한 사항 외에 협의체의 구성과 운영에 관한 세부사항은 농림축산식품부장관 또는 해양수산부장관이 정한다.

21 농수산물 유통 및 가격안정에 관한 법령상 농림축산식품부장관이 농산물 전자거래를 촉진하기 위하여 한국농수산식품유통공사에게 수행하게 할 수 있는 업무가 아닌 것은?

① 도매시장법인이 전자거래를 하기 위하여 구축한 전자거래시스템의 승인
② 전자거래 분쟁조정위원회에 대한 운영 지원
③ 전자거래에 관한 유통정보 서비스 제공
④ 대금결제 지원을 위한 정산소(精算所)의 운영·관리

해설 법 제70조의2(농수산물 전자거래의 촉진 등)
① 농림축산식품부장관 또는 해양수산부장관은 농수산물 전자거래를 촉진하기 위하여 한국농수산식품유통공사 및 농수산물 거래와 관련된 업무경험 및 전문성을 갖춘 기관으로서 대통령령으로 정하는 기관에 다음 각 호의 업무를 수행하게 할 수 있다.
  1. 농수산물 전자거래소(농수산물 전자거래장치와 그에 수반되는 물류센터 등의 부대시설을 포함한다)의 설치 및 운영·관리
  2. 농수산물 전자거래 참여 판매자 및 구매자의 등록·심사 및 관리
  3. 제70조의3에 따른 농수산물 전자거래 분쟁조정위원회에 대한 운영 지원
  4. 대금결제 지원을 위한 정산소(精算所)의 운영·관리
  5. 농수산물 전자거래에 관한 유통정보 서비스 제공
  6. 그 밖에 농수산물 전자거래에 필요한 업무

법 제70조의3(농수산물 전자거래 분쟁조정위원회의 설치)
① 제70조의2제1항에 따른 농수산물 전자거래에 관한 분쟁을 조정하기 위하여 한국농수산식품유통공사와 같은 항 각 호 외의 부분에 따른 기관에 농수산물 전자거래 분쟁조정위원회(이하 이 조에서 "분쟁조정위원회"라 한다)를 둔다.
② 분쟁조정위원회는 위원장 1명을 포함하여 9명 이내의 위원으로 구성하고, 위원은 농림축산식품부장관 또는 해양수산부장관이 임명하거나 위촉하며, 위원장은 위원 중에서 호선(互選)한다.
③ 제1항과 제2항에서 규정한 사항 외에 위원의 자격 및 임기, 위원의 제척(除斥)·기피·회피 등 분쟁조정위원회의 구성·운영에 필요한 사항은 대통령령으로 정한다.

정답 21 ①

22 농수산물 유통 및 가격안정에 관한 법률상 민영도매시장의 개설 및 운영 등에 관한 내용으로 옳지 않은 것은?

① 민영도매시장의 개설자는 중도매인, 매매참가인, 산지유통인 및 경매사를 두어 직접 운영하거나 시장도매인을 두어 이를 운영하게 할 수 있다.

② 민영도매시장을 개설하려는 장소가 교통체증을 유발할 수 있는 위치에 있는 경우에는 허가하지 않는다.

③ 민간인이 광역시에 민영도매시장을 개설하려면 농림축산식품부장관의 허가를 받아야 한다.

④ 민영도매시장의 중도매인은 민영도매시장의 개설자가 지정한다.

> (해설) **법 제47조(민영도매시장의 개설)**
> ① 민간인등이 특별시·광역시·특별자치시·특별자치도 또는 시 지역에 민영도매시장을 개설하려면 시·도지사의 허가를 받아야 한다.
> ② 민간인등이 제1항에 따라 민영도매시장의 개설허가를 받으려면 농림축산식품부령 또는 해양수산부령으로 정하는 바에 따라 민영도매시장 개설허가 신청서에 업무규정과 운영관리계획서를 첨부하여 시·도지사에게 제출하여야 한다.
> ③ 제2항에 따른 업무규정 및 운영관리계획서에 관하여는 제17조제5항 및 제7항을 준용한다.
> ④ 시·도지사는 다음 각 호의 어느 하나에 해당하는 경우를 제외하고는 제1항에 따라 허가하여야 한다.
>   1. 민영도매시장을 개설하려는 장소가 교통체증을 유발할 수 있는 위치에 있는 경우
>   2. 민영도매시장의 시설이 제67조제2항에 따른 기준에 적합하지 아니한 경우
>   3. 운영관리계획서의 내용이 실현 가능하지 아니한 경우
>   4. 그 밖에 이 법 또는 다른 법령에 따른 제한에 위반되는 경우
>
> **법 제48조(민영도매시장의 운영 등)**
> ① 민영도매시장의 개설자는 중도매인, 매매참가인, 산지유통인 및 경매사를 두어 직접 운영하거나 시장도매인을 두어 이를 운영하게 할 수 있다.
> ② 민영도매시장의 중도매인은 민영도매시장의 개설자가 지정한다. 이 경우 중도매인의 지정 등에 관하여는 제25조제3항 및 제4항을 준용한다.

23 농수산물 유통 및 가격안정에 관한 법령상 중앙도매시장이 아닌 곳은?

① 인천광역시 삼산 농산물도매시장   ② 부산광역시 반여 농산물도매시장
③ 광주광역시 각화동 농산물도매시장   ④ 대전광역시 노은 농산물도매시장

> (해설) **시행규칙 제3조(중앙도매시장)**
> 1. 서울특별시 가락동 농수산물도매시장   2. 서울특별시 노량진 수산물도매시장
> 3. 부산광역시 엄궁동 농산물도매시장   4. 부산광역시 국제 수산물도매시장
> 5. 대구광역시 북부 농수산물도매시장   6. 인천광역시 구월동 농산물도매시장
> 7. 인천광역시 삼산 농산물도매시장   8. 광주광역시 각화동 농산물도매시장

정답 ▶ 22 ③   23 ②

9. 대전광역시 오정 농수산물도매시장   10. 대전광역시 노은 농산물도매시장
11. 울산광역시 농수산물도매시장

24 농수산물 유통 및 가격안정에 관한 법률상 시장관리운영위원회의 심의사항으로 옳지 않은 것은?

① 도매시장의 거래제도 및 거래방법의 선택에 관한 사항
② 수수료, 시장 사용료, 하역비 등 각종 비용의 결정에 관한 사항
③ 도매시장의 거래질서 확립에 관한 사항
④ 시장관리자의 지정에 관한 사항

해설 **법 제78조(시장관리운영위원회의 심의사항)**
1. <u>도매시장의 거래제도 및 거래방법의 선택에 관한 사항</u>
2. <u>수수료, 시장 사용료, 하역비 등 각종 비용의 결정에 관한 사항</u>
3. 도매시장 출하품의 안전성 향상 및 규격화의 촉진에 관한 사항
4. <u>도매시장의 거래질서 확립에 관한 사항</u>
5. 정가매매·수의매매 등 거래 농수산물의 매매방법 운용기준에 관한 사항
6. 최소출하량 기준의 결정에 관한 사항
7. 그 밖에 도매시장 개설자가 특히 필요하다고 인정하는 사항

25 농수산물 유통 및 가격안정에 관한 법률 제22조(도매시장의 운영 등)에 관한 내용이다.
(   )에 들어갈 내용은?

> 도매시장 개설자는 도매시장에 그 (ㄱ) 등을 고려하여 적정 수의 도매시장법인·시장도매
> 인 또는 (ㄴ)을/를 두어 이를 운영하게 하여야 한다.

① ㄱ: 시설규모·거래액   ㄴ: 중도매인
② ㄱ: 취급부류·거래물량   ㄴ: 매매참가인
③ ㄱ: 시설규모·거래물량   ㄴ: 산지유통인
④ ㄱ: 취급품목·거래액   ㄴ: 경매사

해설 **법 제22조(도매시장의 운영 등)**
도매시장 개설자는 도매시장에 그 <u>시설규모·거래액</u> 등을 고려하여 적정 수의 도매시장법인·시장도매
인 또는 <u>중도매인</u>을 두어 이를 운영하게 하여야 한다. 다만, 중앙도매시장의 개설자는 농림축산식품부령
또는 해양수산부령으로 정하는 부류에 대하여는 도매시장법인을 두어야 한다.

정답 24 ④ 25 ①

26 우리나라에서 가장 넓은 재배면적을 차지하는 채소류는?

① 조미채소류　　　② 엽채류　　　③ 양채류　　　④ 근채류

(해설) 2020~2022년 통계청 자료에 의하면 우리나라 채소류의 재배면적은 과채류 40.7%, 조미채소류 40%, 엽채류 13.5%, 근채류 5.9%의 순으로 나타나고 있다.

27 채소의 식품적 가치에 관한 일반적인 특징으로 옳지 않은 것은?

① 대부분 산성 식품이다.　　　② 약리적 · 기능성 식품이다.
③ 각종 무기질이 풍부하다.　　　④ 각종 비타민이 풍부하다.

(해설) 채소는 대부분 알카리성 식품으로서 K(칼륨)성분이 많고, 그 중에도 잎채소와 줄기채소는 Ca(칼슘)성분이, 뿌리채소에는 Mg(마그네슘)이 비교적 많다.

(정리) **채소의 주요 기능성 물질**

채소	주요 기능성 물질	효능
고추	캡사이신	암세포 증식 억제
토마토	라이코펜	항산화작용, 노화 방지
	루틴	혈압 강하
수박	시트룰린	이뇨작용 촉진
오이	엘라테렌	숙취 해소
마늘	알리인	살균작용, 항암작용
양파	케르세틴	고혈압 예방, 항암작용
	디설파이드	혈액응고 억제
상추	락투신	진통효과
딸기	메틸살리실레이트	신경통 치료, 루마티즈 치료
	엘러진 산	항암작용
생강	시니그린	해독작용

28 북주기[배토(培土)]를 하여 연백(軟白) 재배하는 작물을 모두 고른 것은?

　ㄱ. 시금치　　　ㄴ. 대파　　　ㄷ. 아스파라거스　　　ㄹ. 오이

① ㄱ, ㄴ　　　② ㄱ, ㄹ　　　③ ㄴ, ㄷ　　　④ ㄷ, ㄹ

(정답) **26** ① **27** ① **28** ③

연백재배(북주기)는 인위적으로 광선을 차단하거나 수분을 충분히 공급하여 작물을 부드럽고 하얗게 키움으로써 상품 가치를 높이는 재배법이다. 대파, 아스파라거스 등을 연백재배한다.

29 비대근의 바람들이 현상은?

① 표피가 세로로 갈라지는 현상

② 조직이 갈변하고 표피가 거칠어지는 현상

③ 뿌리가 여러 개로 갈라지는 현상

④ 조직 내 공극이 커져 속이 비는 현상

해설 무의 뿌리 내부에 군데군데 비어 있는 부분이 생긴 것을 무의 바람들이라고 한다.

정리 **무의 바람들이**

㉠ 무의 뿌리 내부에 세포액이 없고 세포막만 남아서 군데군데 비어 있는 부분이 생긴 것을 무의 바람들이라고 한다.

㉡ 바람들이는 잎에서 만들어진 동화양분이 뿌리의 비대속도에 따르지 못할 때 양분의 부족현상이 일어나 생기는 것이다. 잎이 병충해의 피해를 받거나 지나친 밀식으로 인해 잎에 그늘이 많이 들면 충분한 동화작용을 하지 못해 발생하기 쉽다. 그러므로 잎을 보호하기 위해 살균제·살충제를 철저히 살포하고 재식거리를 알맞게 유지시킴으로써 예방할 수 있다.

㉢ 뿌리의 생육과 비대에는 주야간의 온도교차가 심한 것이 좋은데, 특히 생육 중기 이후에 야간온도가 높으면 생육이 억제되고 동화양분의 소모가 많아 바람들이가 빠르게 발생할 수 있다.

30 채소 작물의 식물학적 분류에서 같은 과(科)로 나열되지 않은 것은?

① 우엉, 상추, 쑥갓 　　　　　　② 가지, 감자, 고추

③ 무, 양배추, 브로콜리 　　　　　④ 당근, 근대, 셀러리

해설 ① 국화과, ② 가지과, ③ 배추과

④ 당근, 셀러리는 미나리과, 근대는 비름과이다.

31 해충에 의한 피해를 감소시키기 위한 생물적 방제법은?

① 천적곤충 이용 　　　　　　　② 토양 가열

③ 유황 훈증 　　　　　　　　　④ 작부체계 개선

해설 생물학적 방제는 특정 병해충의 천적인 육식조나 기생충을 이용하는 방법이다.

정리 **병충해의 방제방법**

(1) 생물학적 방제

특정 병해충의 천적인 육식조나 기생충을 이용하는 방법이다. 천적을 이용하는 생물학적 방제의 장점은 화학약품의 사용이나 다른 구제방법이 불필요하고, 단점은 완전한 구제가 어렵다.

① 감귤류의 개각충(介殼蟲)에 대한 천적: 베달리아 풍뎅이, 기생승(寄生蠅)

② 토마토벌레에 대한 천적: 기생말벌

③ 진딧물에 대한 천적: 무당벌레, 진디흑파리

④ 페르몬을 이용한 방제

⑤ 점박이응애의 천적: 칠레이리응애

⑥ 총채벌레류, 진딧물류, 잎응애류, 나방류 알 등 다양한 해충의 천적: 애꽃노린재

(2) 재배적 방제(경종적 방제)

재배환경을 조절하거나 특정 재배기술을 도입하여 병충해의 발생을 억제하는 방법이다.

경작토지의 개선, 품종개량, 재배양식의 변경, 중간 기주식물의 제거, 생육기 조절, 시비법 개선, 윤작 등이 있다.

(3) 화학적 방제

① 농약에 의한 방제를 말한다. 농약에는 살균제, 살충제 등이 있다.

② 농약사용에 있어 고려할 점은 다음과 같다.

㉠ 혼합제의 경우 3가지 이상을 혼합하지 않는 것이 바람직하다.

㉡ 수화제는 수화제끼리 혼합하여 사용하는 것이 좋다.

㉢ 4종 복합 비료와 혼용하여 살포하여서는 안된다.

㉣ 나무가 허약할 때나 관수하기 직전에는 살포하지 않는다.

㉤ 차고 습기가 많은 날은 살포를 피한다.

㉥ 25℃를 넘는 기온에서는 살포하지 않는다.

㉦ 농약을 살포할 때는 모자, 마스크, 방수복을 착용한다.

㉧ 바람이 강한 날은 살포하지 않는다.

㉨ 바람은 등지고 살포하여야 한다.

③ 농약의 독성은 반수치사량(LD_{50})으로 표시한다. 반수치사량이란 농약실험동물의 50% 이상이 죽는 분량이다. 농약은 독성에 따라 Ⅰ급(맹독성), Ⅱ급(고독성), Ⅲ급(보통독성), Ⅳ급(저독성)으로 분류한다.

(4) 물리적 방제

가장 오래된 방제방법으로 낙엽의 소각, 과수에 봉지씌우기, 유화등이나 유인대를 설치하여 해충 유인 후 소각, 밭토양의 담수 등의 방법으로 방제하는 것이다.

(5) 법적 방제

식물검역법 등 관계법령에 의해 병해충의 국내 유입을 막고 국내에 유입된 것이 확인되면 그 전파를 막기 위하여 제거·소각 등의 조치를 취하는 방제방법이다.

(6) IPM(Integrated Pest Management)

IPM은 해충개체군 관리시스템을 말한다. IPM은 완전방제를 목적으로 하는 것은 아니며 피해를 극소화 할 수 있도록 해충의 밀도를 줄이는 방법이다. FAO(유엔식량농업기구)는 IPM을 다음과 같이 정의하고 있다.

> "IPM은 모든 적절한 기술을 상호 모순되지 않게 사용하여 경제적 피해를 일으키지 않는 수준이 하로 해충개체군을 감소시키고 유지하는 해충개체군 관리시스템이다."

32 작물별 단일조건에서 촉진되지 않는 것은?

① 마늘의 인경 비대　　　　　　② 오이의 암꽃 착생

③ 가을 배추의 엽구 형성　　　　④ 감자의 괴경 형성

마늘의 인경은 장일에서 발육이 조장된다.

일장효과의 농업적 이용은 다음과 같다.

　　㉠ 고구마의 순을 나팔꽃에 접목하여 단일처리를 하면 고구마 꽃의 개화가 유도되어 교배육종이 가능해 진다.

　　㉡ 개화기가 다른 두 품종 간에 교배를 하고자 할 경우 일장처리에 의해 두 품종이 거의 동시에 개화하도록 조절할 수 있다.

　　㉢ 국화를 단일처리에 의해 촉성재배하거나, 장일처리에 의해 억제재배하여 연중 개화시킬 수 있다.

　　㉣ 삼은 단일에 의해 성전환이 된다. 이를 이용하여 섬유질이 좋은 암그루만 생산할 수 있다.

　　㉤ 장일은 시금치의 추대를 촉진한다.

　　㉥ 양파나 마늘의 인경은 장일에서 발육이 조장된다.

　　㉦ 단일은 마늘의 2차생장(벌마늘)을 증가시킨다.

　　㉧ 고구마의 덩이뿌리, 감자의 덩이줄기 등은 단일에서 발육이 조장된다.

　　㉨ 만생종 양파는 조생종에 비해 인경비대에 요하는 일장이 길다.

　　㉩ 단일조건에서 오이의 암꽃 착생비율이 높아진다.

33 광합성 과정에서 명반응에 관한 설명으로 옳은 것은?

① 스트로마에서 일어난다.　　　　② 캘빈회로라고 부른다.

③ 틸라코이드에서 일어난다.　　　④ CO_2와 ATP를 이용하여 당을 생성한다.

틸라코이드는 엽록체와 남세균 내부의 막을 연결하는 공간이며, 광합성의 명반응이 이루어지는 공간이다.

광합성

　(1) 광합성이란 녹색식물(엽록체)이 광에너지를 이용하여 공기 중에 있는 이산화탄소(CO_2)와 뿌리에서 흡수한 물(H_2O)로부터 포도당을 합성하고 물(H_2O)과 산소(O_2)를 방출하는 생화학적 대사작용을 말한다. 광합성의 방정식은 다음과 같다.

$$6CO_2 + 12H_2O + 빛(광에너지) \xrightarrow[온도]{엽록소} C_6H_{12}O_6 + 6H_2O + 6O_2$$

　(2) 광합성의 과정은 명반응과 암반응으로 구분된다.

　　엽록소가 광에너지를 흡수하여 환원성 물질인 NADPH를 생성하고 화학에너지인 ATP를 만드는 과정이 명반응이며, NADPH와 ATP를 이용하여 이산화탄소를 고정시켜 포도당을 만드는 과정이 암반응이다.

(3) 광의 강도는 태양광선의 20% 광도까지는 광도가 증가할수록 광합성도 비례적으로 증가한다. 그러나 광도가 어느 한계에 도달하면 광도가 증가한다하여도 광합성은 증가하지 않게 되는데, 이 한계점에 해당되는 광도를 광포화점이라고 한다. 따라서 광포화점에 도달할 때까지는 광도가 증가함에 따라 광합성량이 증가하며, 광포화점에서 광합성량은 최대가 된다고 할 수 있다.

(4) 광포화점은 온도와 이산화탄소의 농도에 따라 달라지는데, 온도가 높아질수록 광포화점은 낮아지고, 공기 중의 이산화탄소 농도가 높아질수록 광포화점도 높아진다.

(5) 광도가 약해지면 광합성을 위한 이산화탄소의 흡수량과 호흡에 의한 이산화탄소의 방출량이 동일하게 되는데, 이때의 광도를 광보상점이라고 한다.

(6) 식물은 광보상점 이상의 광을 받아야만 생육을 계속할 수 있다. 광보상점이 낮아서 그늘에도 적응하는 식물을 음지식물이라고 하고 광보상점이 높아서 내음성이 약한 식물을 양지식물이라고 한다. 강낭콩, 딸기, 사탕단풍나무, 너도밤나무, 고무나무, 드라세나, 디펜바키아 등은 음지식물이고, 소나무, 측백나무 등은 양지식물이다.

(7) C_3 식물과 C_4 식물의 비교

C_3 식물	C_4 식물
① CO_2를 기공을 통해 흡수함과 동시에 광합성에 이용한다.	① CO_2를 체내에 저장하였다가 광합성에 이용한다.
② 광호흡으로 부족한 CO_2를 공급한다. 광호흡이란 루비스코(Rubisco)라는 효소에 의해 광을 받으면 산소가 소모되고 CO_2가 방출되는 현상이다.	② 광호흡은 하지 않는다.
③ 콩, 벼, 밀 과 같은 온대식물은 C_3 식물에 해당된다.	③ 옥수수, 사탕수수와 같은 고온, 건조한 지역의 작물은 C_4 식물에 해당된다.

(8) CAM(crassulacean acid metabolism) 식물
① CAM(crassulacean acid metabolism) 식물은 탄소 고정과 에너지 생성이 시간을 다르게 하여 나타나는 식물이다.
② 밤 동안 기공을 열어 광합성에 필요한 CO_2를 저장하였다가 명반응이 가능한 낮 시간에 이를 이용하여 포도당을 생산하는 식물이다.
③ 낮 시간에 기공을 닫음으로써 수분의 손실을 최소화하고 CO_2 농도를 높여 광호흡도 저해해 준다.
④ 파인애플, 사막에서 볼 수 있는 선인장류(cactus)나 다육질 식물(즙이 많은 식물들), 돌나물과(Crassulaceae)의 식물이 속한다.

34 화훼 분류에서 구근류로 나열된 것은?

① 백합, 거베라, 장미
② 국화, 거베라, 장미
③ 국화, 글라디올러스, 칸나
④ 백합, 글라디올러스, 칸나

정답 34 ④

화훼류의 분류

생육습성에 따른 분류	초화(일년초)	채송화, 봉선화, 접시꽃, 맨드라미, 나팔꽃, 코스모스, 스토크
	숙근초화	국화, 옥잠화, 작약, 카네이션, 스타티스
	구근초화	글라디올러스, 백합, 튤립, 칸나, 수선화
	화목류	목련, 개나리, 진달래, 무궁화, 장미, 동백나무
화성유도(花成誘導)에 필요한 일장(日長)에 따른 분류	장일성(長日性)	글라디올러스, 시네라리아, 금어초
	단일성(短日性)	코스모스, 국화, 포인세티아
	중간성	카네이션, 튤립, 시클라멘
수습(水濕)의 요구도에 따른 분류	건생	채송화, 선인장
	습생	물망초, 꽃창포
	수생	연

35 여름철에 암막(단일)재배를 하여 개화를 촉진할 수 있는 화훼 작물은?

① 추국(秋菊)　　　　② 페튜니아　　　　③ 금잔화　　　　④ 아이리스

해설 짧은 일장에서 개화반응을 나타내는 식물을 단일성 식물이라고 한다. 딸기, 국화 등은 단일성 식물에 해당한다.

36 DIF에 관한 설명으로 옳은 것은?

① 낮 온도에서 밤 온도를 뺀 값으로 주야간 온도 차이를 의미한다.
② 짧은 초장 유도를 위해 정(+)의 DIF 처리를 한다.
③ 국화, 장미 등은 DIF에 대한 반응이 적다.
④ 튤립, 수선화 등은 DIF에 대한 반응이 크다.

해설 ② DIF(+, 0, −)는 초장에 영향을 준다. +DIF는 초장을 신장시키고, −DIF는 억제시킨다.
　　 ③ 국화, 장미 등은 DIF에 대한 반응이 크다.
　　 ④ 대다수 종류의 식물은 DIF에 반응하나 튤립, 수선, 히야신스 등은 예외로 반응이 적거나 없다.

정리 DIF
1. DIF의 의의
　(1) DIF란 주온(DT)에서 야온(NT)을 뺀 것을 나타내는 말로서, 영어의 difference의 제일 처음 3자를 따서 이름 붙인 것이다. DIF=DT−NT
　(2) 주온이 야온보다 높을 때를 정(+)의 DIF, 주온이 야온보다 낮을 때를 부(−)의 DIF, 주간과 야간의 온도가 같을 때를 영(0)의 DIF라 한다.

정답 35 ① 36 ①

(3) DIF에 따라 식물의 초장, 발육속도 및 개화가 다르다.

   ① 실질적인 초장 및 발육조절에는 주온과 야온 그 자체가 아니라 두 온도의 차이가 결정적인 역할을 한다.

   ② 주온과 야온이 다를지라도 같은 DIF에서 생장한 식물은 최종적으로는 같은 초장으로 된다. 예를 들면 주온 12℃, 야온 15℃에서 생장한 식물은 주온 20℃, 야온 23℃에서 생장한 식물과 개화시에는 초장이 똑같게 된다. 주온 20℃, 야온 23℃에서 생장한 식물은 평균온도가 높기 때문에 전자보다 빨리 생장하지만 개화시의 마디길이는 주온 12℃, 야온 15℃에서 생장한 식물과 같다. 두 경우 모두 DIF는 −3이기 때문이다.

   ③ DIF는 초장에 영향을 준다. +DIF는 초장을 신장시키고, −DIF는 초장을 억제시킨다. 초장은 주간의 온도가 높을수록 길어지고, 야간온도가 높을수록 짧아진다.

   ④ 개화에 있어서는 DIF, 주온이나 야온 단독 또는 양쪽 모두가 영향을 미친다.

2. DIF의 실제적인 응용

  (1) 미국에서는 포인세티아, 시클라멘, 베고니아, 페튜니아, 후쿠시아 등의 생산에 DIF 개념이 효과적으로 응용되고 있다.

  (2) 최근 일본에서는 조직배양에 DIF를 응용하고 있다.

  (3) 고온하에서 초장이 길어진 식물에 대해 야온을 낮게 하면 절간장은 억제되지 않고 오히려 촉진된다. 야온을 낮추면 평균온도가 내려감으로 식물의 발육속도는 저하하지만, 절간장은 증가한다. 이것은 DIF가 정(+)으로 되기 때문이다.

  (4) 주·야간 온도 조절(DIF 조절)을 통해 절간장을 조절할 수 있다.

  (5) 대다수 종류의 식물은 DIF에 반응하나 튤립, 수선, 히야신스, 과꽃, 프렌치메리골드, 호박, 도라지 등은 예외로 반응이 적거나 없다.

  (6) +에서 −DIF로 변함에 따라 황화현상이 발생할 수 있다. 이는 엽록소 함량이 DIF의 영향을 받기 때문이다.

  (7) DIF가 증가하면 잎은 보다 상향으로 된다.

  (8) DIF에 대한 식물의 반응은 아주 빠르며, 신장, 잎의 기울기, 잎의 엽록소 함량 등은 식물이 받는 DIF에 대해 하루 단위로 반응한다.

  (9) 일출시에 온도를 내리면 한낮에 온도를 내리는 것보다도 절간장을 보다 효과적으로 억제시키는 것이 가능하다.

3. DIF의 한계

DIF가 온도선택을 복잡하게 한다.

초장을 조절하려고 DIF를 도입하려 하면 온도의 결정이 복잡해진다. DIF를 바꾸면 일 평균온도도 바뀌게 되어 화아분화에 영향을 주기 때문에 각 작물의 개화와 발육에 필요한 온도가 몇 ℃인가를 미리 파악하여 DIF를 적용하여야 한다.

37 화훼 작물별 주된 번식방법으로 옳지 않은 것은?

① 시클라멘 – 괴경 번식

② 아마릴리스 – 주아(珠芽) 번식

③ 달리아 – 괴근 번식

④ 수선화 – 인경 번식

해설 아마릴리스는 구근 번식이다. 아마릴리스의 촉성재배에는 10월 하순에서 11월 상순 사이에 구근을 굴취, 1주일 정도 음지 건조한 구근을 사용한다.

정답 37 ②

38 식물의 춘화에 관한 설명으로 옳지 않은 것은?

① 저온에 의해 개화가 촉진되는 현상이다.

② 구근류에 냉장 처리를 하면 개화 시기를 앞당길 수 있다.

③ 종자춘화형에는 스위트피, 스타티스 등이 있다.

④ 식물이 저온에 감응하는 부위는 잎이다.

(해설) 저온처리의 감응부위는 생장점이다.

(정리) **춘화**

　㉠ 종자나 어린 식물을 저온처리하여 꽃눈분화를 유도하는 것을 춘화(vernalization)라고 한다.

　㉡ 최아종자(싹틔운 종자)의 시기에 춘화하는 것이 효과적인 식물을 종자춘화형 식물이라고 하고, 녹채기(엽록소 형성시기, 본엽 1~3매의 어린 시기)에 춘화하는 것이 효과적인 식물을 녹식물 춘화형 식물이라고 한다. 스위트피, 스타티스, 맥류, 무, 배추, 시금치 등은 종자춘화형 식물이며, 양배추, 당근 등은 녹식물 춘화형 식물이다.

　㉢ 추파맥류는 종자춘화형 식물이며, 최아종자를 저온처리하여 봄에 파종하면 좌지현상이 나타나지 않고 정상적으로 출수한다. 좌지현상(座止現象)이란 잎이 무성하게 자라다가 결국 이삭이 생기지 못하는 현상을 말하는데 추파형 품종을 봄에 파종하면 좌지현상이 나타난다. 그러나 춘화처리를 통해 좌지현상이 방지된다.

　㉣ 춘화에 필요한 온도와 기간은 작물과 품종의 유전성에 따라 차이가 크다. 대체로 배추는 −2~−1℃에서 33일 정도, 시금치는 0~2℃에서 32일 정도이다.

　㉤ 춘화처리 중간에 급격한 고온에 노출되면 춘화의 효과를 상실하게 되는데 이를 이춘화(離春花)라고 한다. 저온처리의 기간이 길수록 이춘화하기 힘들고 어느 정도의 기간이 지나면 고온에 의해서 이춘화되지 않는데 이를 춘화효과의 정착이라고 한다.

　㉥ 이춘화된 경우에도 다시 저온처리하면 춘화가 되는데 이를 재춘화(再春花)라고 한다.

　㉦ 춘화의 효과를 나타내기 위해서는 온도 이외에도 산소의 공급이 절대적으로 필요하며, 종자가 건조하거나 배(胚)나 생장점에 탄수화물이 공급되지 않으면 춘화효과가 발생하기 힘들다.

39 화훼류의 줄기 신장 촉진 방법이 아닌 것은?

① 지베렐린을 처리한다.   ② Paclobutrazol을 처리한다.

③ 질소 시비량을 늘린다.   ④ 재배환경을 개선하여 수광량을 늘린다.

(해설) 파클로뷰트라졸(Paclobutrazol)은 생장억제제로서 초장 생장을 억제한다.

40 다음 설명에 모두 해당하는 해충은?

> • 난, 선인장, 관엽류, 장미 등에 피해를 준다.
> • 노린재목에 속하는 Pseudococcus comstocki 등이 있다.
> • 식물의 수액을 흡즙하며 당이 함유된 왁스층을 분비한다.

① 깍지벌레   ② 도둑나방
③ 콩풍뎅이   ④ 총채벌레

(해설) 깍지벌레는 은행나무, 감나무, 배롱나무, 난, 선인장, 장미 등에 피해를 준다.

(정리) **깍지벌레**
     ⊙ 깍지벌레는 기주식물의 즙액을 흡즙하여 직접적인 피해를 주고, 식물체의 수세를 약화시키며, 심할 경우는 가지를 마르게 하거나 나무 전체를 죽이기도 한다.
     ⓒ 은행나무에 가루깍지벌레(Pseudococcus comstocki), 감나무에 감나무주머니깍지벌레(Asiacorno-coccus kaki), 배롱나무에 주머니깍지벌레(Eriococcus lagerstroemiae) 등이 기주한다.
     ⓒ 깍지벌레를 농약으로 방제하기 어려운 점은 그들의 몸이 밖으로 배출된 왁스에 덮여 있거나, 암컷 성충이 알이나 약충을 몸으로 덮고 있어서 약액이 몸에 직접 접촉되기 어렵기 때문이다.
     ⓔ 깍지벌레의 방제 적기는 몸 밖으로 배출된 왁스가 완성되지 않는 시기에 집중적으로 살충제를 살포하는 것이 중요하다. 우리나라의 노지에 발생하는 대부분의 깍지벌레들은 4월 하순경부터 6월에 이동을 시작하여 산란하므로 이 시기를 놓치지 말고 방제를 하는 것이 좋다.

41 에틸렌의 생성이나 작용을 억제하여 절화수명을 연장하는 물질이 아닌 것은?

① STS   ② AVG
③ Sucrose   ④ AOA

(해설) 치오황산은(STS), 1-MCP, AOA, AVG 등은 에틸렌의 합성이나 작용을 억제한다.

42 화훼류의 블라인드 현상에 관한 설명으로 옳지 않은 것은?

① 일조량이 부족하면 발생한다.
② 일반적으로 야간 온도가 높은 경우 발생한다.
③ 장미에서 주로 발생한다.
④ 꽃눈이 꽃으로 발육하지 못하는 현상이다.

해설 일반적으로 야간 온도가 낮은 경우 발생한다.

정리 **블라인드 현상**
ⓐ 화훼가 분화할 때, 체내 생리 조건 또는 환경 조건이 부적당하여 분화가 중단되고 영양생장으로 역전되는 현상이다.
ⓑ 장미가 광도, 야간 온도, 잎 수 따위가 부족하여 분화된 꽃눈이 꽃으로 발육하지 못하고 퇴화하는 블라인드 현상이 나타날 수 있다.
ⓒ 장미를 실내에서 재배하고자 한다면, 광부족이 발생하지 않도록, 그늘 지지 않는 곳에 화분을 두는 것이 좋고, 야간은 14℃ 이하로 내려가지 않도록 함으로써 블라인드 현상을 예방할 수 있다.

43 자동적 단위결과 작물로 나열된 것은?

① 체리, 키위　　　② 바나나, 배　　　③ 감, 무화과　　　④ 복숭아, 블루베리

해설 바나나, 파인애플, 감, 감귤, 무화과 등은 인위적으로 단위결과를 유기하지 않아도 단위결과가 나타난다.

정리 **단위결과(單爲結果)**
ⓐ 단위결과성(單爲結果性)이란 수정(암술머리 또는 씨방에 수분(受粉)되지 않고 과실이 비대하게 형성되는 현상을 말한다.
ⓑ 바나나, 파인애플, 감, 감귤, 무화과 등은 인위적으로 단위결과를 유기하지 않아도 단위결과가 나타난다. 이를 자동적 단위결과 또는 영양적 단위결과라고 한다.
ⓒ 단위결과(單爲結果) 유기를 위해서 옥신계통의 생장조절물질인 NAA, 2,4-D와 지베렐린 등이 사용되기도 한다.

44 개화기가 빨라 늦서리의 피해를 받을 우려가 큰 과수는?

① 복숭아나무　　　② 대추나무　　　③ 감나무　　　④ 포도나무

해설 일반적인 개화 시기는 복숭아(4월 중순), 감, 포도(5월 중순), 대추(6월 중순)의 순이다. 빠른 개화로 늦서리의 피해를 받을 수 있는 것은 복숭아이다.

정리 **서리**
ⓐ 우리나라는 일반적으로 10월경에 첫 서리가 오고, 4월경에 마지막 서리가 내린다.
ⓑ 서리 피해는 저온으로 꽃, 잎, 어린 과실의 세포가 동결돼 발생하게 된다. 꽃의 경우 발달단계에 따라 발생온도가 조금씩 달라지며 0℃ 이하로 기온이 떨어진다고 반드시 발생하는 것은 아니지만 만개기의 경우 -2.8℃에서 30분간 노출되면 10%, -4.4℃에서는 90%의 꽃이 죽는 것으로 알려져 있다.
ⓒ 피해를 받은 꽃은 개화하더라도 암술머리가 갈변돼 수정 능력을 상실하고 수분이 끝난 꽃은 과실이 한동안 자라지만 낙과하거나 과실표면에 상처나 상품과가 되지 못하는 경우가 많다.
ⓓ 이른 개화는 언제나 늦서리 피해가 발생할 수 있어 과원 관리에 주의가 필요하다.
ⓔ 서리발생이 예정된 경우에는 폐목 등을 과원 중간에서 태우는 연소법을 활용하는 것이 효율적이다.

정답 43 ③ 44 ①

45 과수의 가지(枝)에 관한 설명으로 옳지 않은 것은?

① 곁가지: 열매가지 또는 열매어미가지가 붙어 있어 결실 부위의 중심을 이루는 가지
② 덧가지: 새가지의 곁눈이 그 해에 자라서 된 가지
③ 흡지: 지하부에서 발생한 가지
④ 자람가지: 과실이 직접 달리거나 달릴 가지

> **해설** • 자람가지: 잎눈만 생기고 자라는 가지 = 발육지(發育枝)
> • 결과지(열매가지) : 꽃눈이 붙어 열매가 자랄 가지

46 과수 작물 중 장미과에 속하는 것을 모두 고른 것은?

ㄱ. 비파	ㄴ. 올리브	ㄷ. 블루베리
ㄹ. 매실	ㅁ. 산딸기	ㅂ. 포도

① ㄱ, ㄴ, ㄷ   ② ㄱ, ㄹ, ㅁ
③ ㄴ, ㄷ, ㅂ   ④ ㄹ, ㅁ, ㅂ

> **해설** • 장미과: 비파, 매실, 산딸기
> • 올리브는 물푸레나무과, 블루베리는 진달래과, 포도는 포도과이다.

47 종자 발아를 촉진하기 위한 파종 전 처리 방법이 아닌 것은?

① 온탕침지법   ② 환상박피법
③ 약제처리법   ④ 핵층파쇄법

> **해설** 환상박피란 보통 형성층 부위인 식물의 체관부를 환상으로 제거하는 것이며, 이에 따라 광합성으로 생성된 양분이 아래쪽으로 이동하지 못하게 된다. 박피를 이룬 윗부분의 성장은 활성화되는 반면, 박피 아래부분의 성장이 멈추게 되며 개화를 풍성히 하기 위한 목적이거나 과수열매의 결실을 좋게 하기 위해서 행해진다.

> **정리** **파종전 종자 처리**
> ㉠ 침지법: 사과, 배 등의 소형 종자 1~1.5일, 핵과류 종자 4~5일 동안 물에 침지한다.
> ㉡ 열탕침지법: 야자나무류의 종자는 종피가 굳어서 발아가 어려우므로 75~80℃의 온탕 속에 넣어 더운물이 식을 때까지 침지하였다가 파종한다.
> ㉢ 핵층파쇄법: 핵과류의 종자는 핵층을 파괴하여 파종한다.
> ㉣ 약제처리법: 나무딸기류의 종자는 진한 황산액에 2~4시간 침지 후 물로 잘 씻은 다음 파종, 발아촉진을 위해 생장조절물질(GA 등)을 이용하기도 한다.

> **정답** 45 ④   46 ②   47 ②

48 국내에서 육성된 과수 품종은?

① 신고   ② 거봉   ③ 홍로   ④ 부유

> (해설) 홍로는 대한민국 원예연구소에서 1980년에 스퍼어리 블레이즈에 스퍼 골든 딜리셔스를 교배하여 개발한 사과 품종으로서 1988년 홍로라는 이름으로 결정되었다. 신맛이 거의 없고 당도가 높다.

49 과수의 휴면과 함께 수체 내에 증가하는 호르몬은?

① 지베렐린   ② 옥신   ③ 아브시스산   ④ 시토키닌

> (해설) 아브시스산(ABA: abscisic acid)은 종자의 발아를 억제하고 휴면을 촉진한다. 가을이 되어 일장이 짧아지고 기온이 떨어지면 작물 체내의 ABA가 GA보다 상대적으로 많아져서 휴면에 들어간다.

> (정리) **식물호르몬 중 GA와 ABA의 대비**
>
> (1) 지베렐린(도장호르몬)
> ① 지베렐린(도장호르몬)은 지베렐린산(Gibberellic Acid)이라고도 하며 GA로 표기한다.
> ② 지베렐린은 식물체 내에서 합성되어 근, 경, 엽, 종자 등 모든 기관에 분포되어 있으며 특히 미숙종자에 많이 함유되어 있다. 또한 벼의 키다리병(벼가 도장한 다음 고사하는 병)의 병원균에 의해 분비되기도 한다.
> ③ 지베렐린의 생리작용과 재배적 이용
>   ㉠ 지베렐린은 전 식물 체내를 자유로이 이동하면서 도장적으로 신장하도록 영향을 준다. 지베렐린의 신장효과(伸長效果)는 특히 어린 조직에서 현저하며, 왜성식물에서 더욱 강하게 나타난다.
>   ㉡ 개화에 저온처리와 장일조건을 필요로 하는 식물은 지베렐린 처리에 의하여 화아형성, 개화촉진이 이루어진다. 즉, 지베렐린 처리는 저온처리 또는 장일처리의 대체적 작용을 한다.
>   ㉢ 지베렐린은 종자의 휴면을 타파하고 발아를 촉진한다. 발아에 저온처리가 필요한 종자(복숭아, 사과 등)도 지베렐린 처리를 하면 저온처리를 하지 않아도 발아한다. 또한 발아에 광을 필요로 하는 종자(상추)도 지베렐린 처리를 하면 어두운 곳에서도 발아한다.
>   ㉣ 토마토, 오이, 복숭아, 사과, 포도 등에서 지베렐린은 단위결과를 촉진한다. 따라서 지베렐린 처리를 통해 "씨없는 포도"의 생산이 가능하다.
>   ㉤ 가을이 되어 일장이 짧아지고 기온이 떨어지면 작물 체내의 ABA가 GA보다 상대적으로 많아져서 휴면에 들어간다.
>   ㉥ 봄이 되면 작물 체내의 GA가 ABA보다 많아져서 휴면이 타파되고 발아한다.
>
> (2) 아브시스산(ABA: abscisic acid)
> ① 아브시스산(ABA: abscisic acid)은 종자의 발아를 억제하고 휴면을 촉진한다.
> ② 목본식물이 단일조건(短日條件)에서 합성하는 휴면물질, 목화의 열매에 함유되어 있는 낙과촉진물질(落果促進物質) 등은 아브시스산이다.
> ③ 아브시스산은 잎의 탈리를 촉진한다.
> ④ 아브시스산은 작물의 노화를 촉진한다.
> ⑤ 토마토는 아브시스산함량이 증가하면 기공이 닫혀 내건성(耐乾性)이 강해진다.
> ⑥ 목본식물은 아브시스산함량이 증가하면 내한성(耐寒性)이 강해진다.

정답 48 ③   49 ③

50 늦서리 피해 경감 대책에 관한 설명으로 옳지 않은 것은?

① 스프링클러를 이용하여 수상 살수를 실시한다.

② 과수원 선정 시 분지와 상로(霜路)가 되는 경사지를 피한다.

③ 빙핵 세균을 살포한다.

④ 왕겨·톱밥·등유 등을 태워 과수원의 기온 저하를 막아준다.

해설 빙핵(활성)세균(ice-nucleation active bacteria)은 빙핵 형성을 촉진하는 단백질을 세포 표면에 가진 세균으로서 식물의 동해의 원인 미생물이다. 산업적으로는 인공 눈의 제조에 사용된다.

정리 **늦서리 피해**

(1) 피해 상습지의 특징

① 산지로부터 냉기류의 유입이 많은 곡간 평지

산지 사이에 위치한 곡간지는 산지로부터 유입되는 냉기류가 평지로 흘러가는 통로가 되며, 곡간지와 인접한 평지는 사방에서 유입된 냉기류가 모이게 되고, 이 찬 공기가 다른 곳으로 흘러가지 못하므로 그 곳에 정체되어 피해를 나타내게 된다.

② 사방이 산지로 둘러싸여 분지 형태를 나타내는 지역

사방이 산지로 둘러싸여 분지 형태를 나타내는 지역은 야간에 산지로부터 유입된 냉기류가 다른 곳으로 쉽게 빠져 나가지 못하므로 냉기층이 두껍게 형성되어 피해가 크다.

(2) 늦서리 피해 양상

① 일반적으로 잎보다는 꽃이나 어린 과실이 피해를 받기 쉽다.

② 개화기를 전후하여 피해를 입으면 암술머리와 배주가 흑변되며, 심한 경우에는 개화하지 못하거나, 개화하더라도 결실되지 않는다.

③ 낙화기 이후 피해를 입으면 어린 과실이 흑갈색으로 변하고 1~2주 후에 낙과한다.

④ 비교적 가벼운 경우는 과피색은 정상이나 과육내부에 갈변이 나타나기도 하고, 또 과피에 동녹이 발생하기도 한다.

(3) 대책

① 사전에 기상을 조사하여 늦서리의 피해가 심하게 나타나는 위험 지역은 가급적 피하는 것이 좋으며, 경사지는 지형의 개조, 방상림의 설치에 의한 냉기류의 유입 저지 등 대책을 강구한다.

② 개화기가 늦은 품종, 저온 요구성이 큰 품종을 선택한다.

③ 재배관리에 있어서 균형시비, 적정착과 등 수세를 안정화시켜 저온에 대한 저항성 증대에 노력한다.

④ 최저기온이 -2℃ 이하가 예상되면 서리피해 주의보가 발령하지만 지역에 따라 보도되는 최저기온의 차이가 생겨날 수 있으므로 스스로 서리가 내릴 가능성을 미리 판단하여 대처할 필요가 있다.

⑤ 적극적인 대책

㉠ 연소법(燃燒法)

땔나무, 왕겨 등을 태워서 과원내 기온을 높여주는 방법이다.

㉡ 방상선에 의한 송풍법(送風法)

방상선은 6~8m의 철제 파이프 위에 설치된 전동 모터에 날개(fan, 扇)가 부착되어 있어 기온이 내려갈 때 모터를 가동시켜 송풍시키는 방법으로서, 방상선의 송풍 방향은 냉기류가 흘러가는 방향이다.

정답 50 ③

ⓒ 살수법(撒水法)

스프링클러를 이용한 살수(撒水) 방법은 물이 얼음으로 될 때 방출되는 잠열(潛熱)을 이용하는 것으로 꽤 낮은 저온에서도 효과가 높으나 기온이 빙점일 때 살포를 중지하면 과수나무온도가 기온보다 낮아 피해가 크게 될 가능성이 있으므로 중단되지 않도록 하여야 한다.

제3과목 수확 후 품질관리론

51 원예산물의 품질요소 중 이화학적 특성이 아닌 것은?

① 경도　　　　　② 모양　　　　　③ 당도　　　　　④ 영양성분

해설 이화학적인 요소란 물리적, 화학적 요소이다.

정리 품질구성인자

1. 품질의 외적인자

(1) 크기

① 원예산물의 품질결정의 한 요소로서 크기가 있다. 크기의 측정은 당근은 뿌리의 직경과 길이로, 사과는 직경 또는 무게로 결정한다.

② 포장의 경우 산물의 크기는 허용기준 이내의 편차범위에 있어야 하며, 서로 다른 크기의 산물이 함께 포장되면 품질은 떨어진다.

(2) 모양

정상적인 재배환경에서 자란 동일 품종의 모양 및 형태는 대체로 유사하다. 이러한 유사한 형태에서 벗어난 산물은 기형으로 취급되어 형태적 측면에서 낮은 품질로 평가된다.

(3) 색깔

① 원예산물은 미숙단계에서는 엽록소가 많지만 성숙함에 따라 엽록소는 파괴되고 그 작물 고유의 독특한 색깔이 형성되는데 이러한 색상의 변화는 조직에서 색소가 만들어지고 있음을 의미한다. 즉, 토마토는 황색 색소인 β-카로틴과 적색 색소인 라이코펜(Lycopene)이 발현되고, 딸기는 적색색소인 안토시아닌이 발현되며 바나나는 황색색소인 카로티노이드가 발현된다.

② 일반적으로 사용하고 있는 객관적 색 판정지표는 먼셀(Munshell)의 색체계, 헌터(Hunter)의 색체계, CIE 색체계 등 세 가지 색체계에 기준을 두고 있다.

ⓒ 먼셀(Munshell)의 색체계

R(빨강), Y(노랑), G(녹색), B(파랑), P(보라)를 기본 5색으로 하고 그 사이 색으로 YR(주황), GY(연두), BG(청록), PB(군청), RP(자주)를 추가하여 10색으로 구분한다.

원예산물의 색깔을 판정할 때 표준 차트를 이용하여 표준색과 비교하여 판정한다. 예를 들어 원예산물의 색을 3Y7/3으로 표시하였다면 색상 3Y, 명도 7, 채도 3을 의미한다.

ⓛ 헌터(Hunter)의 색체계

헌터(Hunter)는 명도, 색상, 채도를 수치화하여 Lab 색좌표에 표시한다. L은 밝기, 즉 명도를 의미하며, a는 색상을 의미하고 b는 채도를 의미한다. L은 명도를 나타내는데 0~100의 수치로 적용하고 100에 가까울수록 밝음을 의미한다.

색상을 의미하는 a값은 −40~+40의 수치로 표시하고 −값이 클수록 녹색, +값이 클수록 적색계통, 0은 회색을 의미한다. 그리고 채도를 의미하는 b값은 −40~+40의 수치로 표시하고 −값이 클수록 청색, +값이 클수록 황색을 의미한다.

(4) 흠

원예산물의 흠은 재배과정이나 유통과정에서 발생하게 된다. 흠이 있는 원예산물은 품질이 떨어진다.

2. 품질의 내적인자

(1) 영양적 가치

원예산물은 섬유소, 비타민, 무기원소(Na, K, Fe, P 등), 탄수화물 등 인간에게 필요한 영양물질을 함유하고 있다.

영양성분 중 건강에 기여하는 기능성 성분을 많이 함유한 원예산물은 더욱 우수한 품질이라고 할 수 있다.

(2) 천연독성물질

원예산물에는 다음과 같은 천연독성물질이 함유될 수 있다.

① 오이의 쿠쿠비타신(cucurbitacin)

② 상추의 락투시린(lactucirin), 클로로젠산

③ 토란 등 근채류가 성숙과정에서 영양적인 불균형이 있으면 수산염이 생성될 수 있다.

④ 배추, 양배추는 재배과정에서 글루코시놀레이트(glucosinolate)가 축적될 수 있다.

⑤ 감자는 괴경(덩이줄기)이 광(光)에 노출되면 솔라닌(solanine)이 축적된다.

⑥ 고구마는 흑반병이 생기면 이포메아마론(ipomeamarone)이 생긴다.

⑦ 병든 작물에서는 진독균, 박테리아에서 분비되는 독소가 발생한다.

⑧ 뿌리를 통해 흡수된 과다한 수은, 카드뮴, 납 등의 중금속은 인체에 과다 축적되는 경우 치명적인 중독증상을 나타낸다.

(3) 잔류농약

① 원예산물에 잔류하는 농약에 대해 소비자의 관심과 우려가 증대하고 있으며, 소비자의 유기농산물에 대한 수요가 증가하고 있다. 농약의 잔류허용기준이 정해져 있고 신선채소에 잔류된 농약은 안전성 판정에서 중요시되고 있다.

② 우리나라의 농약잔류허용기준은 식품위생법에 의해 식품의약품안전청장이 식품위생심의위원회의 심의를 거쳐 고시한다.

③ 하나의 농약에 관하여 일생동안 매일 섭취하여도 무해(無害)한 1인당 1일섭취허용량을 ADI(mg/kg/day)라고 한다.

④ 농약잔류허용 MRL(ppm) = {(ADI × 체중) / 1일 총 식물성식품 섭취량}

⑤ 농약잔류량은 ppm으로 표시한다.

"일백만분의 일"을 뜻하는 ppm은 아주 작은 농도를 나타내는 경우에 사용하는 것으로, 1kg의 산물 중에 1mg(천분의 일 그램)의 농약이 잔류되어 있을 때의 농도를 1ppm이라고 한다.

(4) 조직감

① 촉감에 의해 느껴지는 원예산물의 경도의 정도를 조직감이라고 한다.

② 원예작물의 조직감은 수분, 전분, 효소의 복합체의 함량, 세포벽을 구성하는 펙틴류와 섬유질(셀룰로오스)의 함량 등에 따라 결정되는데, 복합체 등의 함량이 낮을수록 경도가 낮다(연하다).

③ 조직감은 원예산물의 식미의 가치를 결정하는 중요한 요인이며, 수송의 편의성에도 영향을 미친다.

(5) 풍미(향기, 맛)

① 단맛

단맛은 가용성 당의 함량에 의해서 결정되는데 굴절당도계를 이용한 당도로써 표시한다.

② 신맛

신맛은 원예산물이 가지고 있는 유기산에 의해 결정되는데 성숙될수록 신맛은 감소한다. 과일별로 신맛을 내는 유기산을 보면 사과의 능금산, 포도의 주석산, 밀감류와 딸기의 구연산 등이다.

③ 쓴맛

쓴맛은 원예산물에 장해가 발생되면 나타나는 맛이다. 당근은 에틸렌에 노출될 때 이소쿠마린을 합성하여 쓴맛을 낸다.

④ 짠맛

신선한 원예산물의 주요 맛은 아니다. 절임류 식품의 주요 맛이며 소금의 양에 의해 결정된다. 짠맛은 염도계로 측정한다.

⑤ 떫은맛

떫은맛은 성숙되지 않은 원예작물에서 나타난다. 떫은 감은 탈삽과정을 통해 탄닌이 불용화되거나 소멸되면 떫은맛은 없어진다.

52 Hunter 'b' 값이 +40일 때 측정된 부위의 과색은?

① 노란색　　　　② 빨간색　　　　③ 초록색　　　　④ 파란색

해설 b값은 −40∼+40의 수치로 표시하고 −값이 클수록 청색, +값이 클수록 황색을 의미한다.

정리 **헌터의 색체계**

헌터(Hunter)는 명도, 색상, 채도를 수치화하여 Lab 색좌표에 표시한다. L은 밝기, 즉 명도를 의미하며, a는 색상을 의미하고 b는 채도를 의미한다. L은 명도를 나타내는데 0∼100의 수치로 적용하고 100에 가까울수록 밝음을 의미한다.

색상을 의미하는 a값은 −40∼+40의 수치로 표시하고 −값이 클수록 녹색, +값이 클수록 적색계통, 0은 회색을 의미한다. 그리고 채도를 의미하는 b값은 −40∼+40의 수치로 표시하고 −값이 클수록 청색, +값이 클수록 황색을 의미한다.

53 수분손실이 원예산물의 생리에 미치는 영향으로 옳은 것은?

① ABA 함량의 감소　　　　　② 팽압의 증가
③ 세포막 구조의 유지　　　　　④ 폴리갈락투로나아제의 활성 증가

해설 폴리갈락투로나아제는 펙틴의 가수분해 효소이다.

정답 52 ① 53 ④

54 성숙 시 사과(후지) 과피의 주요 색소의 변화는?

① 엽록소 감소, 안토시아닌 감소
② 엽록소 감소, 안토시아닌 증가
③ 엽록소 증가, 카로티노이드 감소
④ 엽록소 증가, 카로티노이드 증가

해설 엽록소는 감소하고, 사과 고유의 색소인 안토시아닌이 증가한다.

정리 원예산물은 숙성과정에서 다음과 같은 변화를 나타낸다.

㉠ 크기가 커지고 고유의 모양과 향기를 갖춘다.
㉡ 세포질의 셀룰로오스, 헤미셀룰로오스, 펙틴질이 분해하여 조직이 연화된다. 과일이 성숙되면서 불용성의 프로토펙틴이 가용성펙틴(펙틴산)으로 변하여 조직이 연화된다.
㉢ 에틸렌 생성이 증가한다.
㉣ 저장 탄수화물(전분)이 당으로 변한다.
㉤ 유기산이 감소하여 신맛이 줄어든다.
㉥ 사과와 같은 호흡급등과는 일시적으로 호흡급등 현상이 나타난다.
㉦ 엽록소가 분해되고 과실 고유의 색소가 합성 발현된다. 과실별로 발현되는 색소는 다음과 같다.

색소		색깔	해당 과실
카로티노이드계	β-카로틴	황색	당근, 호박, 토마토
	라이코펜(Lycopene)	적색	토마토, 수박, 당근
	캡산틴	적색	고추
안토시아닌계		적색	딸기, 사과
플라보노이드계		황색	토마토, 양파

55 과실의 연화와 경도 변화에 관여하는 주된 물질은?

① 아미노산
② 비타민
③ 펙틴
④ 유기산

해설 원예산물은 숙성과정에서 세포질의 셀룰로오스, 헤미셀룰로오스, 펙틴질이 분해하여 조직이 연화된다.

56 원예산물의 형상선별기의 구동방식이 아닌 것은?

① 스프링식
② 벨트식
③ 롤러식
④ 드럼식

해설 스프링식은 중량선별기에 해당된다.

정답 54 ② 55 ③ 56 ①

57 원예산물의 저장 전처리 방법으로 옳은 것은?

① 마늘은 수확 후 줄기를 제거한 후 바로 저장고에 입고한다.

② 양파는 수확 후 녹변발생 억제를 위해 햇빛에 노출시킨다.

③ 고구마는 온도 30℃, 상대습도 35~50%에서 큐어링 한다.

④ 감자는 온도 15℃, 상대습도 85~90%에서 큐어링 한다.

해설 ① 마늘과 양파는 수확 직후 수분함량이 85% 정도인데 예건을 통해 65% 정도까지 감소시킴으로써 부패를 막고 응애와 선충의 밀도를 낮추어 장기 저장이 가능하게 된다.

② 양파의 녹변현상은 양파 내부의 효소가 빛을 보거나 산소와 접촉하면서 생기는 현상이다.

③ 고구마는 수확 후 1주일 이내에 온도 30~33℃, 습도 85~90%에서 4~5일간 큐어링한 후 열을 방출시키고 저장하면 상처가 치유되고 당분함량이 증가한다.

정리 **[마늘과 양파의 녹변 현상]**

㉠ 마늘은 냉장고와 상극이어서 초록색으로 변색되는 '녹변 현상'이 일어날 수 있다. 저온에서 저장할 때 마늘이 싹을 틔우기 위해 엽록소를 모으기 때문이다. 따라서 마늘은 종이에 싸서 어두운 곳에 보관하는 것이 좋다. 그렇다고 녹변 현상이 일어난 마늘이 몸에 해롭다는 것은 아니다. 녹변이 일어난 마늘은 색만 바뀌었을 뿐 충분히 섭취가 가능하다.

㉡ 양파 또한 녹색으로 변해도 식용 가능하다. 양파의 녹변 현상은 양파 내부의 효소가 빛을 보거나 산소와 접촉하면서 생기는 현상이다.

[원예산물의 저장 전처리]

1. 예건

  (1) 예건의 의의

    ① 과실 표면의 작은 상처들을 아물게 하고 과습으로 인하여 발생할 수 있는 부패 등을 방지하기 위해서, 원예산물을 수확한 후에 통풍이 양호하고 그늘진 곳에서 건조시키는 것을 예건이라고 한다.

    ② 예건은 곰팡이와 과피흑변의 발생을 방지하는데도 도움이 된다.

    과피흑변이란 과일의 표피가 흑갈색으로 변하는 것을 말하는데 과피흑변은 주로 저온과습으로 인해 발생하기 때문에 예건을 해주면 방지될 수 있다.

  (2) 품목별 예건

    ① 마늘과 양파

    마늘과 양파는 수확 직후 수분함량이 85% 정도인데 예건을 통해 65% 정도까지 감소시킴으로써 부패를 막고 응애와 선충의 밀도를 낮추어 장기 저장이 가능하게 된다.

    ② 단감

    수확 후 단감의 수분을 줄여줌으로써 곰팡이의 발생을 억제할 수 있고, 또한 예건으로 인해 과피에 큐티클층이 형성되기 때문에 과실의 상처를 줄일 수 있다.

    ③ 배

    수확 직후 배를 예건함으로써 부패를 줄이고 신선도를 유지하며 배의 과피흑변현상을 방지할 수 있다.

정답 57 ④

2. 맹아 억제
  (1) 맹아의 의의
      원예산물이 어느 정도 기간이 지나 휴면이 끝나면 싹이 돋아나는데 이를 맹아(萌芽, 움돋음)라고
      한다. 특히 고구마, 감자, 마늘, 양파 등은 저장 중에 맹아가 발생하는 경우가 많다. 맹아가 발생하
      면 저장양분이 소모되므로 상품으로서의 가치가 떨어지게 된다. 따라서 저장 중에 맹아가 발생하
      는 것을 억제하여야 한다.
  (2) 맹아 발생의 억제 방법
      ① 맹아 억제제의 사용
         생장조절제인 클로르프로팜유제(chlorpropham, CIPC)를 사용하면 맹아의 발생을 억제할 수
         있다. 또한 말레산하이드라지드(maleic hydrazide, MH) 처리를 통하여 맹아의 발생을 억제할
         수 있다.
         말레산하이드라지드 처리는 양파의 경우 많이 사용하는데 양파를 수확하기 약 2주 전에 엽면에
         0.2~0.25%의 말레산하이드라지드를 살포해 주면 생장점의 세포분열이 억제되면서 맹아의 발
         생이 억제된다.
      ② 방사선 처리(감마선 처리)
         적당량의 방사선을 조사(照査)하면 생장점의 세포분열이 저해되어 맹아의 발생을 억제할 수 있다.
3. 반감기
  (1) 반감기(半減期, half-time)의 의의
      어떤 물질의 양이 반으로 줄어드는데 소요되는 시간을 반감기라고 한다. 방사선 물질의 반감기는
      방사선 물질의 양이 반으로 줄어드는데 소요되는 시간이다.
  (2) 예냉의 반감기
      ① 예냉의 반감기는 원예산물의 품온에서 최종목표온도까지 반감되는데 소요되는 시간이다.
      ② 반감기가 짧을수록 예냉속도가 빠르다.
      ③ 반감기가 1번 경과하면 1/2 예냉수준이 되며, 반감기가 2번 경과하면 3/4 예냉수준이 되고, 반
         감기가 3번 경과하면 7/8 예냉수준이 된다. 일반적으로 7/8 예냉수준을 경제적인 예냉수준이라
         고 한다.
4. 휴면
  (1) 휴면(休眠)의 의의
      ① 원예산물이 일시적으로 생장활동을 멈추는 생리작용을 휴면이라고 한다.
      ② 식물호르몬 ABA(abscisic acid)는 휴면개시와 함께 증가한다.
      ③ 휴면이 완료되는 시기에 접어들면 전분함량이 줄어든다.
  (2) 휴면이 발생되는 경우
      ① 종자가 너무 두꺼워 수분 흡수를 못할 때
      ② 종피에 발아억제물질이 존재할 때
      ③ 종자 내부의 배(胚)가 미성숙했을 때
5. 큐어링
  (1) 큐어링(curing, 치유)의 의의
      ① 땅속에서 자라는 감자, 고구마는 수확 시 많은 물리적 상처를 입게 되고 마늘, 양파 등 인경채류
         는 잘라낸 줄기 부위가 제대로 아물어야 장기저장이 가능하다. 이와 같이 원예산물이 받은 상처
         를 치유하는 것을 큐어링이라고 한다.
      ② 큐어링은 원예산물의 상처를 아물게 하고 코르크층을 형성시켜 수분의 증발을 막으며 미생물의
         침입을 방지한다.
      ③ 큐어링은 당화를 촉진시켜 단맛을 증대시키며 원예산물의 저장성을 높인다.

⑵ 원예산물의 큐어링
① 감자

수확 후 온도 15~20℃, 습도 85~90%에서 2주일 정도 큐어링하면 코르크층이 형성되어 수분
손실과 부패균의 침입을 막을 수 있다.

② 고구마

수확 후 1주일 이내에 온도 30~33℃, 습도 85~90%에서 4~5일간 큐어링한 후 열을 방출시
키고 저장하면 상처가 치유되고 당분함량이 증가한다.

③ 양파

온도 34℃, 습도 70~80%에서 4~7일간 큐어링한다. 고온다습에서 검은 곰팡이병이 생길 수
있기 때문에 유의해야 한다.

④ 마늘

온도 35~40℃, 습도 70~80%에서 4~7일간 큐어링한다.

58 다음 ( )에 들어갈 품목을 순서대로 옳게 나열한 것은?

> 원예산물의 저장 전처리에 있어 ( )은(는) 차압통풍식으로 예냉을 하고, ( )은(는) 예건을
> 주로 실시한다.

① 당근, 근대   ② 딸기, 마늘   ③ 배추, 상추   ④ 수박, 오이

해설 딸기의 예냉은 차압통풍식으로 한다. 전국적으로 차압예냉기가 보급되어 있으며, 딸기 주산지인 논산,
부여 등지에는 농협단위로 차압예냉기가 설치되어 있다.

정리 예냉(precooling)

⑴ 예냉의 의의
① 예냉은 원예산물을 수송 또는 저장하기 전에 행하는 전처리 과정의 하나로서 수확 후 바로 원예산
물의 품온(체온)을 낮추어 주는 것을 말한다.
② 원예산물을 예냉하면 호흡작용이 억제되고 증산이 억제되는 등 생리작용을 억제하게 되어 원예산
물의 신선도를 유지하고 저장수명을 연장시키며, 품질변화를 방지할 수 있다.
③ 예냉의 최종온도는 품목에 따라 차이가 있다. 수확 후 빠른 시간 안에 소비되는 것은 5~7℃ 정도
로 하는 것이 일반적이다.

⑵ 예냉 대상 품목
① 다음과 같은 품목은 예냉의 대상이다.
㉠ 호흡작용이 왕성한 품목
㉡ 기온이 높은 여름철에 수확되는 품목
㉢ 인공적으로 높은 온도에서 수확되는 시설재배 채소류
㉣ 신선도 저하가 빠른 품목
㉤ 에틸렌 발생이 많은 품목
㉥ 수분증산이 많은 품목
② 사과, 복숭아, 포도, 브로콜리, 아스파라거스, 딸기, 오이, 토마토, 당근, 무 등은 예냉효과가 특히
높은 품목이다.

정답 58 ②

(3) 예냉의 효과
　① 호흡작용 억제
　② 증산억제 및 수분손실 억제
　③ 병원균의 번식 억제
　④ 원예산물의 신선도 유지
(4) 예냉의 방법
　① 진공예냉식
　　㉠ 공기의 압력이 낮아지면 물의 비등점이 낮아진다. 비등점은 물이 증발하기 시작하는 온도이다. 그리고 물이 증발할 때 주위의 열을 흡수하게 되어 주위의 온도가 낮아지게 된다. 진공예냉식은 공기의 압력이 낮아지면 물의 비등점이 낮아진다는 원리와 액체가 기화할 때 주위의 열을 흡수한다는 원리를 이용하여 온도를 낮추는 방법이다.
　　㉡ 진공예냉식은 예냉소요시간이 20~40분으로 예냉속도가 빠르다는 이점이 있으며 표면적이 넓은 엽채류의 예냉방법으로 적합하다.
　　㉢ 진공예냉식은 예냉 후 저온유통시스템이 필요하다는 점과 시설비용이 많이 든다는 단점이 있다.
　② 강제통풍식
　　㉠ 강제통풍식은 찬 공기를 강제적으로 원예산물 주위에 순환시켜 원예산물을 예냉하는 방법이다.
　　㉡ 강제통풍식은 예냉효과를 높이기 위해 포장용기에 통기공을 뚫어주고 원예산물 상자 사이의 간격을 넓혀주는 것이 좋으며 냉풍의 온도는 낮은 것이 좋지만 동결온도보다 낮으면 동결장해를 입을 수 있으므로 동결온도보다 약간 높은 것이 안전하다.
　　㉢ 강제통풍식의 장점
　　　• 시설비가 적게 든다.
　　　• 저온저장고에 비해 냉각능력과 순환송풍량을 증대시킬 수 있다.
　　㉣ 강제통풍식의 단점
　　　• 예냉시간이 많이 걸린다. 보통 10~15시간을 요한다.
　　　• 냉기의 흐름에 따라 냉각 불균형이 나타나기 쉽다.
　　　• 원예산물의 수분손실이 발생할 수 있다.
　③ 차압통풍식
　　㉠ 통기공이 있는 포장용기를 중앙에 간격을 두고 쌓고 윗부분을 차폐막으로 덮어 차압송풍기를 회전시킨다. 이렇게 하면 포장용기 내부와 외부 사이의 압력차로 인하여 외부의 찬 공기가 포장용기 내부로 들어가게 된다. 이와 같은 방법으로 냉기가 직접 원예산물에 접촉하게 함으로써 원예산물을 예냉하는 방법이 차압통풍식이다.
　　㉡ 차압통풍식의 예냉소요시간은 2~6시간 정도이다.
　　㉢ 차압통풍식의 장점
　　　• 강제대류에 의하므로 냉각능력을 높일 수 있다.
　　　• 냉각속도는 강제통풍식보다 빠르며 냉각불균형도 강제통풍식보다는 적다.
　　㉣ 차압통풍식의 단점
　　　• 포장용기 및 적재방법에 따라 냉각편차가 발생할 수 있다.
　　　• 포장용기가 골판지 상자인 경우 통기구멍을 냄으로써 강도가 떨어진다.
　④ 냉수냉각식
　　㉠ 냉수냉각식은 냉수샤워나 냉수침지에 의해 냉각하는 것이다. 수박, 시금치, 무, 당근, 브로콜리 등의 예냉에 주로 이용되며 예냉소요시간은 30분~1시간 정도이다.

ⓛ 냉수냉각식 장점
- 예냉과 함께 세척효과도 있다.
- 예냉 중에는 감모현상이 없으며 시듦현상이 극복된다.
- 비용이 적게 든다.
ⓒ 냉수냉각식 단점
- 물에 약한 포장재(골판지 상자 등)는 사용이 불가능하다.
- 물에 젖은 원예산물의 물기를 제거해야 한다. 그렇지 않으면 미생물에 오염되어 부패할 가능성이 있다.
⑤ 빙냉식
빙냉식은 잘게 부순 얼음을 원예산물 포장상자 안에 담아 예냉시키는 방법이다. 예냉소요시간은 5~10분 정도이다.

59 신선편이(Fresh cut) 농산물의 특징으로 옳은 것은?

① 저온유통이 권장된다.
② 에틸렌의 발생량이 적다.
③ 물리적 상처가 없다.
④ 호흡률이 낮다.

해설 ② 에틸렌의 발생량이 많다.
③ 물리적 상처가 많다.
④ 호흡률이 높다.

정리 **신선편이 농산물**
1. 신선편이 농산물의 의의
    ⑴ 신선편이(Fresh Cut) 농산물은 구입하여 즉시 식용하거나 조리할 수 있도록 수확 후 절단, 세척, 표피제거, 다듬기, 포장처리를 거친 농산물이다.
    ⑵ 신선편이 농산물의 포장은 소포장화 되고 다양화되는 추세를 보이고 있다.
    ⑶ 채소류의 경우 먹을 만큼만 절단하여 포장 유통하는 신선편이 식품이 많은데 절단을 하면 저장생리에 변화가 생기므로 이러한 생리적 변화에 대응하는 포장기술이 요구된다.
    ⑷ 오늘날 소비문화의 패턴이 맛과 영양, 그리고 간편성을 추구하는 경향이 강하여 신선편이 농산물에 대한 수요는 지속적으로 증가하고 있다.
2. 신선편이 농산물의 특징
    ⑴ 요리시간을 줄일 수 있다.
    ⑵ 농산물의 영양과 향기를 유지할 수 있도록 하는 것이 중요하다.
    ⑶ 절단, 물리적 상처 등으로 에틸렌 발생이 많으며 호흡량도 증가한다. 따라서 유통기간이 짧아야 한다.
    ⑷ 폴리페놀산화효소에 의해 갈변현상이 나타날 수 있다.
    ⑸ 신선편이 농산물의 취급온도가 높으면 에탄올, 아세트알데히드와 같은 물질이 축적되어 이취가 발생할 수 있다.

정답 59 ①

3. 신선편이 농산물의 변색억제 방법
  ⑴ 산화효소를 불활성화시킨다.
  ⑵ 항산화제를 사용한다.
  ⑶ 저온으로 유지한다.
4. 신선편이 농산물의 상품화 과정
  ⑴ 상품화 과정
    신선편이 농산물의 상품화 과정은 다음의 순서로 이루어진다.
    ① 원예생산물의 살균 및 세척
    ② 박피 및 절단
    ③ 선별
    ④ MAP포장 시 CO₂를 충전하여 원예생산물의 호흡 억제
    ⑤ 저온저장 및 저온유통
  ⑵ 상품화 과정에서 고려할 사항
    ① 원예산물의 품질이 쉽게 변한다는 점을 유의해야 한다.
    ② 절단, 물리적 상처, 화학적 변화 등이 초래되므로 유통기간은 가능한 짧아야 한다.
    ③ 살균제, 항산화제 처리 등에 있어서 식품안전성 확보를 위한 허용기준을 지켜야 한다.
    ④ 가공 공장의 청결, 위생관리를 철저히 하여야 한다.
    ⑤ 정밀한 온도관리가 중요하다.
  ⑶ 신선편이 농산물 가공공장의 위생관리
    ① 세척수를 철저히 소독하여 사용한다.
    ② 원료반입장과 세척·절단실을 분리하여 설치한다.
    ③ 공장 내의 작업자와 출입자의 위생관리를 철저히 한다.
    ④ 가공기계 및 공장 내부 바닥 등을 매일 깨끗이 청소한다.
  ⑷ 신선편이 농산물 제품의 신선도 유지방법
    ① 신선편이 농산물 제품의 신선도를 유지하기 위해서는 적절한 포장과 저온유통이 필수적이다.
    ② 절단한 과일, 채소류에서 발생하는 호흡증대와 미생물 번식을 막기 위해서 가스투과성이 있는 플라스틱 필름을 이용하여 포장하고 포장 내 이산화탄소의 농도를 높여주며 산소의 농도를 적절히 낮춘다.
    ③ 포장 내의 가스 농도 조절방법은 내용물의 호흡률과 포장의 가스투과성을 고려하여 가스의 농도가 평형에 도달하게 한다.
    ④ 절단한 과일, 채소류의 신선도 유지에 적합한 이산화탄소와 산소의 혼합가스를 포장 시에 포장 내에 주입하여 밀봉한다.
    ⑤ 신선도를 저하시키는 에틸렌, 미생물 등을 제거하는 기능성 물질이 처리된 포장재를 사용한다.

60 사과 수확기 판정을 위한 요오드 반응 검사에 관한 설명으로 옳지 않은 것은?

① 성숙 중 전분함량 감소 원리를 이용한다.

② 성숙할수록 요오드 반응 착색 면적이 줄어든다.

③ 종자 단면의 색깔 변화를 기준으로 판단한다.

④ 수확기 보름 전부터 2~3일 간격으로 실시한다.

(해설) ③ 사과를 요오드화칼륨용액에 담가서 색깔 변화를 기준으로 판단한다.

(정리) 과일은 성숙되면서 전분이 당으로 변하기 때문에 잘 익은 과일 일수록 전분의 함량이 적다. 전분함량의 변화는 요오드 반응 검사를 통해 파악된다. 요오드 반응 검사는 과일을 요오드화칼륨용액에 담가서 색깔의 변화를 관찰하는 것이다. 즉, 전분은 요오드와 결합하면 청색으로 변하는 데 과일을 요오드화칼륨용액에 담가서 청색의 면적이 작으면 전분함량이 적은 것으로 판단하여 수확적기로 판정한다.

61 원예산물의 수확에 관한 설명으로 옳은 것은?

① 마늘은 추대가 되기 직전에 수확한다.

② 포도는 열과를 방지하기 위해 비가 온 후 수확한다.

③ 양파는 수량 확보를 위해 잎이 도복되기 전에 수확한다.

④ 후지 사과는 만개 후 일수를 기준으로 수확한다.

(해설) ① 마늘은 잎이 반 정도 마른 때부터 수확한다.
② 비가 온 직후에는 수확하지 않는 것이 좋다. 비가 온 직후에 수확하면 당 함량이 2% 정도 줄어들고 과육의 경도가 떨어지며 저장 중 미생물의 발생가능성이 높기 때문이다.
③ 양파는 도복한 후 잎이 30~50% 말랐을 때 수확한다.

(정리) **수확적기의 판정**
(1) 수확적기의 판정은 호흡량의 변화, 개화 후 생육일수, 과일의 당도, 과일의 색택, 과일의 조직감과 경도, 과일의 크기와 모양 및 표면의 특성, 과일 고유의 향, 이층형성, 당산비 등에 의하여 판정한다.
(2) 호흡량의 변화
① 과일의 호흡량이 최저에 달한 후 약간 증가되는 초기단계를 클라이메트릭라이스라고 하는데 이때를 수확적기로 판정한다.
② 사과, 토마토, 감, 바나나, 복숭아, 키위, 망고, 참다래 등과 같은 호흡급등형 과실은 완숙시기보다 조금 일찍 수확한다.
(3) 개화 후 생육일수
과일은 개화 후 일정기일이 지나면 수확이 가능하기 때문에 품종마다 개화일자를 기록하여 수확적기를 판정하기도 한다. 이때에는 기상조건이나 수세(樹勢) 등을 감안하여야 한다. 예를 들면 애호박은 만개 후 7~10일, 오이는 만개 후 10일, 토마토는 만개 후 40~50일, 사과는 품종에 따라 만개 후 120~180일 정도 지나면 수확적기로 판정한다.

정답 60 ③ 61 ④

⑷ 과일의 색택(色澤)

빛나는 윤기의 정도를 색택이라고 한다. 사과, 포도, 토마토 등은 성숙도를 판별하는 컬러챠트(color chart)를 사용하여 성숙도를 판정하기도 한다.

⑸ 과일의 조직감과 경도(硬度)

과일이나 채소의 조직감은 성숙도를 판정하는 지표가 된다. 과일은 숙성됨에 따라 연화되고, 과숙한 채소는 섬유질이 많거나 거칠다.

⑹ 과일의 크기, 모양 및 표면의 특성

과일의 크기, 모양 및 표면의 특성에 의해서 수확적기를 판정하기도 한다. 채소의 경우 시장에 출하 가능한 크기가 되면 수확하고, 멜론류의 수확적기 판정은 표면광택이나 감촉에 의한다.

⑺ 이층 형성

과일은 성숙의 마지막 단계에서 숙성이 시작되는 동안에 이층세포가 발달한다. 이층은 과일이 식물에서 쉽게 떨어지게 한다. 나무에서 과일을 따는데 요구되는 힘을 이탈력이라고 하는데 이층은 이탈력을 줄인다.

⑻ 전분의 량

과일은 성숙되면서 전분이 당으로 변하기 때문에 잘 익은 과일일수록 전분의 함량이 적다. 전분함량의 변화는 요오드 반응 검사를 통해 파악된다. 요오드 반응 검사는 과일을 요오드화칼륨용액에 담가서 색깔의 변화를 관찰하는 것이다. 즉, 전분은 요오드와 결합하면 청색으로 변하는 데 과일을 요오드화칼륨용액에 담가서 청색의 면적이 작으면 전분함량이 적은 것으로 판단하여 수확적기로 판정한다.

⑼ 당산비

과일과 채소는 성숙되면서 전분이 당으로 변하고 유기산이 감소하여 당과 산의 균형이 이루어진다.

⑽ 원예작물별 수확적기 주요 판정지표

판정지표	해당 과실
개화 후 생육일수	모든 과실에 해당
적산온도	모든 과실에 해당
크기, 모양, 색택	모든 과실에 해당
전분함량	사과, 배
이층의 형성	사과, 배, 복숭아
경도	사과, 배, 복숭아
당산비(당도/산도)	감귤류, 석류, 한라봉
떫은맛	감
산 함량	밀감, 멜론, 키위
결구상태(모양의 견고함)	배추, 양배추
도복의 정도	양파

⑾ 원예작물별 수확적기 판정의 실제

① 사과

가용성 고형물(유기산, 당류, 아미노산, 펙틴 등)이 11~13% 정도일 때가 수확적기이다.

② 배

가용성 고형물이 13% 이상일 때가 수확적기이다.

③ 수박

가용성 고형물이 10% 이상일 때가 수확적기이다.

④ 멜론

가용성 고형물이 8% 이상일 때 수확한다.

⑤ 밀감류

당산비가 6.5 이상이고 품종 고유의 색이 전체의 75% 이상일 때 수확한다.

⑥ 딸기

표면적의 2/3 이상이 분홍색이나 빨간색일 때 수확한다.

⑦ 아스파라거스

싹으로 자라 나온 신초를 수확한다.

⑧ 감자

지상부의 꽃이 핀 후 지하부의 덩이줄기의 비대가 완성된 때 수확한다.

⑨ 사과, 양파, 감자 등은 생리적 성숙도와 원예적 성숙도가 일치할 때 수확하며, 오이, 가지, 애호박 등은 생리적 성숙도에 이르지 못하였더라도 원예적 성숙도에 따라 수확한다.

62 GMO 농산물에 관한 설명으로 옳지 않은 것은?

① 유전자변형 농산물을 말한다.

② 우리나라는 GMO 표시제를 시행하고 있다.

③ GMO 표시를 한 농산물에 다른 농산물을 혼합하여 판매할 수 없다.

④ GMO 표시대상이 아닌 농산물에 비(非)유전자변형 식품임을 표시할 수 있다.

(해설) ④ GMO 표시대상이 아닌 농축수산물에는 "비유전자변형식품, 무유전자변형식품, Non–GMO, GMO–free" 또는 이와 유사한 용어를 사용하여 소비자에게 오인 · 혼동을 주어서는 아니 된다.

(정리) **GMO**

(1) GMO(Genetically Modified Organism)는 우리말로 '유전자재조합생물체'라고 하며, 그 종류에 따라 유전자재조합농산물(GMO농산물), 유전자재조합동물(GMO동물), 유전자재조합미생물(GMO미생물)로 분류된다. 현재 개발된 GMO의 대부분이 식물이기 때문에 GMO는 통상유전자재조합농산물(GMO농산물)을 의미하기도 한다.

(2) GMO는 유전자재조합기술을 이용하여 어떤 생물체의 유용한 유전자를 다른 생물체의 유전자와 결합 시켜 특정한 목적에 맞도록 유전자 일부를 변형시켜 만든 것이다. 예를 들어, Bt 옥수수라는 GMO옥 수수는 바실러스 튜린겐시스(Bacillus thuringiensis)라는 토양미생물의 살충성 단백질 생산 유전자를 옥수수에 삽입시켜 만든다. 그 결과, 이 옥수수는 옥수수를 갉아 먹는 해충으로부터 자신을 보호할 수 있다.

(3) GMO는 정부의 안전성 평가를 거쳐야만 식품으로 사용될 수 있으며, 이러한 농산물 또는 이를 원료로 제조한 식품을 유전자재조합식품(GMO식품)이라고 한다.

(4) 식품위생법 제18조(유전자변형식품등의 안전성 심사 등)

① 유전자변형식품등을 식용(食用)으로 수입 · 개발 · 생산하는 자는 최초로 유전자변형식품등을 수입 하는 경우 등 대통령령으로 정하는 경우에는 식품의약품안전처장에게 해당 식품 등에 대한 안전성 심사를 받아야 한다. 〈개정 2013.3.23, 2016.2.3〉

정답 62 ④

② 식품의약품안전처장은 제1항에 따른 유전자변형식품등의 안전성 심사를 위하여 식품의약품안전처에 유전자변형식품등 안전성심사위원회(이하 "안전성심사위원회"라 한다)를 둔다. 〈개정 2013.3.23., 2016.2.3〉

⑤ 유전자변형식품등의 표시기준(식품의약품안전처 고시)

제3조(표시대상)

① 「식품위생법」 제18조에 따른 안전성 심사 결과, 식품용으로 승인된 유전자변형농축수산물과 이를 원재료로 하여 제조·가공 후에도 유전자변형 DNA 또는 유전자변형 단백질이 남아 있는 유전자변형식품등은 유전자변형식품임을 표시하여야 한다.

제5조(표시방법)

유전자변형식품의 표시방법은 다음 각 호와 같다.

8. 제3조제1항에 해당하는 표시대상 중 유전자변형식품등을 사용하지 않은 경우로서, 표시대상 원재료 함량이 50% 이상이거나, 또는 해당 원재료 함량이 1순위로 사용한 경우에는 "비유전자변형식품, 무유전자변형식품, Non-GMO, GMO-free" 표시를 할 수 있다. 이 경우에는 비의도적 혼입치가 인정되지 아니한다.

9. 제3조제1항에 해당하는 표시대상 유전자변형농축수산물이 아닌 농축수산물 또는 이를 사용하여 제조·가공한 제품에는 "비유전자변형식품, 무유전자변형식품, Non-GMO, GMO-free" 또는 이와 유사한 용어를 사용하여 소비자에게 오인·혼동을 주어서는 아니 된다.

(참고) "비의도적 혼입치"란 농산물을 생산·수입·유통 등 취급과정에서 구분하여 관리한 경우에도 그 속에 유전자변형농산물이 비의도적으로 혼입될 수 있는 비율을 말한다.

63 저장 중 원예산물에서 에틸렌에 의해 나타나는 증상을 모두 고른 것은?

> ㄱ. 아스파라거스 줄기의 경화 ㄴ. 브로콜리의 황화
> ㄷ. 떫은 감의 탈삽   ㄹ. 오이의 피팅
> ㅁ. 복숭아 과육의 스펀지화

① ㄱ, ㄴ, ㄷ   ② ㄱ, ㄹ, ㅁ   ③ ㄴ, ㄷ, ㄹ   ④ ㄷ, ㄹ, ㅁ

(해설) 오이의 피팅(군데군데 움푹 파임), 복숭아 과육의 스펀지화는 저온장해이다.

(정리) 에틸렌과 원예산물의 저장

㉠ 에틸렌 생성이 많은 작물은 저장성이 낮다. 조생종 품종은 만생종에 비해 에틸렌 생성량이 많으며 따라서 조생종이 만생종보다 저장성이 낮다.

㉡ 에틸렌은 노화를 촉진시켜 저장성을 떨어뜨린다.

㉢ 에틸렌은 오이, 수박 등의 과육이나 과피를 연화시켜 저장성을 떨어뜨린다.

㉣ 에틸렌은 오이나 당근의 쓴맛을 유기한다.

㉤ 에틸렌은 절화류의 꽃잎말이현상을 유기한다.

㉥ 에틸렌은 상추의 갈변현상(갈색으로 변하는 것)을 유기한다.

㉦ 에틸렌은 엽록소를 분해하여 양배추, 브로콜리 등의 황백화현상을 유발한다.

㉧ 에틸렌은 아스파라거스 줄기의 경화를 유발한다.

정답 63 ①

ⓩ 에틸렌은 떫은 감의 탄닌성분 탈삽과정에 작용하여 감의 후숙을 촉진한다. 감의 떫은맛은 과실 내에 존재하는 갈릭산(gallic acid) 혹은 이의 유도체에 각종 페놀(phenol)류가 결합한 고분자 화합물인 탄닌(tannin)성분에 의한 것이며 온탕침지, 알코올, 이산화탄소 처리, 에세폰 처리 등으로써 떫은맛의 원인이 되는 탄닌성분을 불용화시켜 떫은맛을 느낄 수 없게 만든다.

64 다음 ( )에 들어갈 알맞은 내용을 순서대로 옳게 나열한 것은? (단, 5℃ 동일조건으로 저장한다.)

- 호흡속도가 ( ) 사과와 양파는 저장력이 강하다.
- 호흡속도가 ( ) 아스파라거스와 브로콜리는 중량 감소가 빠르다.

① 낮은, 낮은　　　② 낮은, 높은　　　③ 높은, 낮은　　　④ 높은, 높은

해설 호흡속도가 빠르면 중량 감소가 빠르고 저장성이 약하다.

정리 **호흡속도**

(1) 호흡속도의 의의
　작물이 호흡하는 속도를 호흡속도라고 하며 일정시간 동안의 호흡량으로 측정한다. 즉, 단위시간당 발생하는 이산화탄소의 양으로 표시한다.

(2) 호흡속도와 저장력
　호흡속도가 빠르면 저장양분의 소모가 빠르다는 것이므로 저장력이 약화되고 저장기간이 단축된다. 반면에 호흡속도가 늦으면 저장력이 강화되고 저장기간이 연장된다.

(3) 물리적·생리적 장애와 호흡속도
　원예산물이 물리적 손상을 받거나 생리적 장애를 받으면 호흡속도가 빨라진다. 따라서 원예산물의 호흡속도 변화를 통해 원예산물의 안전성과 생리적 변화를 파악할 수 있다.

(4) 원예산물의 호흡속도
　생리적으로 미숙한 식물이나 잎이 큰 엽채류는 호흡속도가 빠르고, 성숙한 식물이나 양파, 감자 등 저장기관은 호흡속도가 느리다.
　과일별 호흡속도를 비교해 보면 복숭아 > 배 > 감 > 사과 > 포도 > 키위의 순으로 호흡속도가 빠르며, 채소의 경우는 딸기 > 아스파라거스, 브로콜리 > 완두 > 시금치 > 당근 > 오이 > 토마토, 양배추 > 무 > 수박 > 양파의 순으로 호흡속도가 빠르다.

65 포장재의 구비 조건에 관한 설명으로 옳지 않은 것은?

① 겉포장재는 취급과 수송 중 내용물을 보호할 수 있는 물리적 강도를 유지해야 한다.
② 겉포장재는 수분, 습기에 영향을 받지 않도록 방수성과 방습성이 우수해야 한다.
③ 속포장재는 상품이 서로 부딪히지 않게 적절한 공간을 확보해야 한다.
④ 속포장재는 호흡가스의 투과를 차단할 수 있어야 한다.

정답 64 ② 65 ④

해설 속포장재는 호흡가스의 투과성이 충분한 소재를 사용하여야 한다.

정리 **포장재의 구비조건**

ㄱ 지지력(支持力)

포장재는 수송 및 취급과정에서 내용물을 보호할 수 있어야 한다.

ㄴ 방수성과 방습성

포장재는 수분, 습기 등으로부터 내용물을 보호할 수 있어야 한다.

ㄷ 내용물의 비유동성

포장 내에서 내용물이 움직이지 않아야 한다.

ㄹ 무공해성과 호흡가스의 투과성

포장재는 무공해성과 호흡가스의 투과성이 충분한 소재를 사용하여야 하며 다음과 같은 사항이 고려되어야 한다.

• 원예산물의 성분과 반응하지 않을 것

• 노화에 의해 독성을 띄지 않을 것

• 독성 첨가제를 포함하지 않을 것

ㅁ 차단성

포장재는 빛과 외부의 열을 차단할 수 있어야 한다.

ㅂ 취급의 용이성

취급이 용이하고 봉합과 개봉이 편리해야 한다.

ㅅ 빠른 예냉과 내열성

포장재는 내용물의 빠른 예냉이 가능하고 내열성을 가지고 있어야 한다.

ㅇ 처분 및 재활용의 용이성

포장재는 처분 및 재활용이 용이하여야 한다.

66 국내 표준 파렛트 규격은?

① 1,100mm × 1,000mm
② 1,100mm × 1,100mm
③ 1,200mm × 1,100mm
④ 1,200mm × 1,200mm

해설 물류 모듈화는 화물트럭 화물칸, 화물기차 화물칸, 컨테이너의 규격을 서로 호환 가능하게 모듈화시키고, 그것에 따라 파렛트 규격도 표준화 하는 등 물류 흐름 간에 호환이 가능하게 하여 물류의 표준화를 이루고자 하는 것이다. 현재 우리나라 파렛트의 표준규격은 T-11형 팰릿(1,100×1,100mm) 또는 T-12형 팰릿(1,200×1,000mm)이다.

67 HACCP에 관한 설명으로 옳은 것은?

① 식품에 문제가 발생한 후에 대처하기 위한 관리기준이다.

② 식품의 유통단계부터 위해요소를 관리한다.

③ 7원칙에 따라 위해요소를 관리한다.

④ 중요관리점을 결정한 후에 위해요소를 분석한다.

정답 66 ② 67 ③

해설 ① 식품에 문제가 발생하기 전의 관리기준이다.

② 식품의 생산단계부터 위해요소를 관리한다.

④ 위해요소를 분석 후에 중요관리점을 결정한다.

정리 위해요소 중점관리제도의 개념

(1) 위해요소 중점관리제도(HACCP)는 식품의 화학적, 생물학적, 물리적 위해가 발생할 수 있는 요소를 분석·규명하고 이를 중점적으로 관리하는 시스템이다.

(2) 국제식품규격위원회는 HACCP를 "식품안전에 중요한 위해요인을 확인, 평가, 관리하는 시스템"이라고 정의하고 있다.

(3) 우리나라는 1995년 12월 29일 식품위생법에 HACCP제도를 도입하여 식품의 안전성 확보, 식품업체의 자율적이고 과학적 위생관리 방식의 정착과 국제기준 및 규격과의 조화를 도모하고 있다.

(4) 위해요소 중점관리제도는 위해요소 분석(HA)과 중점관리점(CCP)으로 구성되어 있다.

① 위해요소 분석(HA)

㉠ "위해요소 분석(Hazard Analysis)"이라 함은 식품안전에 영향을 줄 수 있는 화학적, 생물학적, 물리적 위해요소와 이를 유발할 수 있는 조건이 존재하는지 여부를 판별하기 위하여 필요한 정보를 수집하고 평가하는 일련의 과정을 말한다.

㉡ 농약, 다이옥신 등은 화학적 위해요소이며, 대장균 0157, 살모넬라, 리스테리아 등 병원성 미생물은 생물학적 위해요소이고, 쇠붙이, 주사바늘 등 이물질은 물리적 위해요소이다.

② 중점관리점(CCP)

㉠ 중점관리점은 위해요소를 허용수준 이하로 감소시켜 안전을 확보할 수 있는 공정을 말한다. 예를 들면 생산 시 온도관리 등을 통한 병원성 미생물의 증식 억제, 금속검출기를 통한 금속 이물질 혼입 배제 등이다.

㉡ "한계기준(Critical Limit)"이라 함은 중요관리점에서의 위해요소 관리가 허용범위 이내로 충분히 이루어지고 있는지 여부를 판단할 수 있는 기준이나 기준치를 말한다.

㉢ 한계기준은 CCP 설정의 중요한 요소가 되며, 일반적으로 다음과 같은 항목을 관리한다.

- 온도 및 시간
- 습도(수분)
- 금속검출기 감도
- 관련서류 확인
- 수분활성도(Aw) 같은 제품 특성
- 염소, 염분농도 같은 화학적 특성
- pH

(5) 위해요소 중점관리제도의 특징

① 공정관리에 의한 위생관리

② 분석에 의한 위해요소 관리

③ 필요시 신속한 조치

(6) 위해요소 중점관리제도의 효과

① 생산자 측면

㉠ 자율적이고 체계적인 위생관리 시스템의 확립이 가능하다.

㉡ 안전성이 확보된 식품의 생산이 가능하다.

㉢ 위해가 발생할 수 있는 단계를 사전에 집중적으로 관리함으로써 위생관리시스템의 효율성을 높인다.

㉣ 소비자 불만, 반품, 폐기량의 감소로 경제적 이익을 도모할 수 있다.

② 소비자 측면

㉠ 안전성과 위생이 보장된 식품을 제공받을 수 있다.

㉡ 제품에 표시된 HACCP 마크를 확인하여 소비자 스스로 안전한 식품을 선택할 수 있다.

68 포장치수 중 길이의 허용 범위(%)가 다른 포장재는?

① 골판지 상자
② 그물망
③ 직물제포대(PP대)
④ 폴리에틸렌대(PE대)

해설 그물망, 직물제포대(P·P대), 폴리에틸렌대(P·E대)의 포장치수의 허용범위는 길이의 ±10%이며, 골판지 상자의 포장치수 중 길이의 허용범위는 ±2.5%로 한다.

정리 **농산물표준규격**

제5조(포장치수의 허용범위)
① 골판지 상자의 포장치수 중 길이, 너비의 허용범위는 ±2.5%로 한다.
② 그물망, 직물제포대(P·P대), 폴리에틸렌대(P·E대)의 포장치수의 허용범위는 길이의 ±10%, 너비의 ±10mm, 지대의 경우에는 각각 길이·너비의 ±5mm, 발포폴리스티렌 상자의 경우는 길이·너비의 ±2mm로 한다.
③ 플라스틱 상자의 포장치수의 허용범위는 각각 길이·너비·높이의 ±3mm로 한다.
④ 속포장의 규격은 사용자가 적정하게 정하여 사용할 수 있다.

69 저장고의 냉장용량을 결정할 때 고려하지 않아도 되는 것은?

① 대류열
② 장비열
③ 전도열
④ 복사열

해설 ④ 복사열은 저장고 내부의 온도와 거리가 멀다.

정리 **열이 전달되는 방식**

㉠ 대류
액체나 기체에서 열이 전달되는 현상으로서 열을 포함하고 있는 물질이 직접 이동해서 열이 전달되는 것이다. 물을 끓일 때 아래에서 열을 받은 물이 위로 상승해 물 전체에 열이 퍼지는 것이 대류의 예이다. 우레탄 등의 단열재는 대류열이 집밖으로 나가는 것을 막아 주는 기능을 한다.

㉡ 전도
고체에서 열이 전달되는 현상으로서 접촉하고 있는 고체물질을 통해 열이 전달된다. 뜨거운 물체에 쇠막대를 대었을 때 막대가 뜨거워지는 것을 느낄 수 있는 것은 열이 막대를 통해 전도됐기 때문이다.

㉢ 복사
매개물질 없이 열이 전달되는 현상으로서 빛의 속도로 전달되므로 세 가지 전달방법 중 전달속도가 가장 빠르다. 태양열이 매개물질 없이도 우리에게 뜨거움을 느끼게 하는 것이 대표적인 예이다.

70 원예산물의 저장 시 상품성 유지를 위한 허용 수분손실 최대치(%)가 큰 것부터 순서대로 나열한 것은?

ㄱ. 양파	ㄴ. 양배추	ㄷ. 시금치

① ㄱ > ㄴ > ㄷ
② ㄱ > ㄷ > ㄴ
③ ㄴ > ㄱ > ㄷ
④ ㄴ > ㄷ > ㄱ

해설 양파, 양배추, 시금치의 순으로 수분손실의 허용치가 크다.

정리 수분손실은 원예산물의 증산작용에 의해 나타나며 상대습도의 영향을 받는다. 수분손실은 바로 중량감소로 이어져 경제적 손실을 초래한다. 수분손실이 심할 경우 외관의 위축이나 기타 부적합한 장해를 유발시켜 상품성이 저하된다. 수분손실이 심하게 일어나는 원예산물에 있어서는 냉장고 내의 상대습도를 더 높게 유지할 필요가 있다.

71 CA저장고의 특성으로 옳지 않은 것은?

① 시설비와 유지관리비가 높다.
② 작업자가 위험에 노출될 우려가 있다.
③ 저장산물의 품질분석이 용이하다.
④ 가스 조성농도를 유지하기 위해서는 밀폐가 중요하다.

해설 저장고의 밀폐가 중요하기 때문에 자주 출입할 수 없어 저장산물의 품질상태 파악이 쉽지 않다.

정리 CA저장(공기조절저장, Controlled Atmosphere Storage)
(1) CA저장의 의의
① CA저장은 저온저장고 내부의 공기조성을 인위적으로 조절하여 저장된 원예산물의 호흡을 억제함으로써 원예산물의 신선도를 유지하고 저장성을 높이는 저장방법이다. 즉, CA저장은 저온저장방식에 저장고 내부의 가스농도 조성을 조절하는 기술을 추가한 것이라고 할 수 있다.
② 대기의 조성은 대체로 질소(N_2) 78%, 산소(O_2) 21%, 이산화탄소(CO_2) 0.03%인데 CA저장은 저장고 내의 공기조성을 산소(O_2) 8%이하, 이산화탄소(CO_2) 1% 이상으로 만들어 준다. 즉, CA저장은 산소의 농도를 낮추고 이산화탄소의 농도를 높여 원예산물의 호흡률을 감소시키고 미생물의 성장을 억제함으로써 원예산물의 신선도를 유지하고 저장성을 높이는 저장방법이다.
(2) CA저장의 원리
① 원예산물의 품질저하는 호흡작용에 의한 영양분의 소모, 산화반응, 미생물의 작용 등에 의한 경우가 많다. 따라서 이들 작용을 제어하면 원예산물의 품질을 유지할 수 있다.
② 저장고 내부의 공기조성을 산소의 농도를 줄이고 이산화탄소의 농도를 늘림으로써 호흡작용, 산화반응, 미생물의 작용 등을 제어할 수 있다.
③ 또한 호흡이 억제되면 에틸렌의 생성도 억제되고 이에 따라 후숙 및 노화현상을 억제할 수 있기 때문에 장기저장이 가능해진다.

정답 70 ① 71 ③

④ CA처리를 하면 채소류의 엽록소 분해가 억제되어 황변(黃變)을 막아준다. 또한 당근의 풍미저하 (豊味低下)가 지연되며 감자의 당화 및 맹아가 억제된다. 또한 CA처리를 통해 저온장해를 예방할 수 있다.

⑤ 산소농도의 경우 저장고 내부의 산소농도가 낮아지면 호흡속도가 감소하지만 산소농도가 어느 수 준 이하가 되면 오히려 혐기성호흡에 의해 호흡량이 증가하게 된다. 이를 파스퇴르효과라고 하는 데 산소농도는 파스퇴르효과(Pasteur effect)를 유발하지 않는 선에서 조절되어야 한다.

(3) CA저장의 산소농도 조절(감소) 방식

① 자연소모식

자연소모식에 의한 산소농도 감소방식은 저장산물의 호흡작용에 의해 자연적으로 산소농도가 낮 아지도록 저장고나 포장상자의 밀폐도를 조절하는 방식이다.

② 연소식

연소식에 의한 산소농도 감소방식은 밀폐된 연소기내에서 프로판가스 등과 같은 연료를 태워 산소 농도를 줄이고 이 공기를 저장고에 주입하는 방식이다.

③ 질소가스 치환식

질소가스 치환식에 의한 산소농도 감소방식은 저장고 내부로 질소가스를 주입하여 저장고 내의 공기를 밀어내는 방식이다. 질소가스 치환식은 암모니아가스를 분해하는 방식, 액체질소를 이용하 는 방식, 질소발생기를 이용하는 방식 등이 있다.

㉠ 암모니아가스를 고온 하에서 분해시키면 질소와 수소가 발생하는데 이때 발생한 수소는 산소와 결합하여 물(H_2O)로 방출되고 나머지 질소를 저장고 내부로 주입시킨다(암모니아가스를 분해하 는 방식).

㉡ 실린더나 탱크에 액체질소를 충전시킨 후 이를 기화시켜 저장고 내에 주입함으로써 질소농도를 높이고 산소농도를 낮춘다. 이때 주입되는 기화질소의 온도는 매우 낮기 때문에 주입구 부위의 과일이 저온장해를 입지 않도록 주의하여야 한다(액체질소를 이용하는 방식).

㉢ 압축공기를 격막필터(membrane filter)로 제조된 여과관으로 통과시켜 투과력이 큰 산소와 수 분을 먼저 배출시키고 뒤에 배출되는 질소를 CA저장고로 주입시킨다. 이 방식은 안전성이 높 고 합리적인 방법으로 인정되고 있다(질소발생기를 이용하는 방식).

(4) CA저장의 이산화탄소 제어방식

① CA저장고 내의 이산화탄소 농도는 일정 수준까지 증가시키다가 장해가 발생하는 수준에 이르면 이를 제거해 주어야 한다.

② 이산화탄소의 제어방식으로는 다음과 같은 것이 있다.

㉠ 저장고 내의 공기를 가는 물줄기 사이로 통과시켜 순환시키면 이산화탄소가 물에 녹아 제거된 다(수세흡착식).

㉡ 산화칼슘(CaO, 생석회)을 저장고에 투입하면 생석회가 이산화탄소를 흡수하여 탄산칼슘으로 변한다(생석회흡착식).

㉢ 저장고 외부에 활성탄여과층을 장치하여 저장고 내의 공기를 강제순환시키면 이산화탄소가 활 성탄에 흡착된다. 흡착된 이산화탄소는 흡착 후 용이하게 탈착되므로 재활용이 가능하여 장기 간 교체하지 않고 사용할 수 있는 장점이 있다(활성탄흡착식).

(5) CA저장의 에틸렌가스의 제거방식

① CA저장 내에서는 생화학적으로 에틸렌가스의 발생량이 줄어들지만 CA저장만으로는 충분하지 못 하므로 특수한 방식을 이용하여 에틸렌가스를 제거한다. 에틸렌가스의 제거방식으로는 흡착입자 를 이용한 흡착식, 자외선파괴식, 촉매분해식 등이 있는데 촉매분해식이 가장 많이 이용된다.

② 6% 이하의 저농도의 산소는 에틸렌 합성을 차단하는 효과가 있다.

③ STS, 1-MCP, NBD, 에탄올 등은 에틸렌의 작용을 억제한다.

④ AOA, AVG는 ACC 합성효소의 활성을 방해하여 에틸렌의 합성을 억제한다.

⑤ 과망간산칼륨, 목탄, 활성탄, zeolite 같은 흡착제는 공기 중의 에틸렌을 흡착한다.

⑥ 오존, 자외선은 에틸렌 제거에 이용된다.

⑹ CA저장의 장단점

① CA저장의 장점

㉠ 산도, 당도 및 비타민C의 손실이 적다.

㉡ 과육의 연화가 억제된다.

㉢ 장기저장이 가능해진다.

㉣ 채소류의 엽록소 분해가 억제되어 황변을 막아준다.

㉤ 작물에 따라 저온장해와 같은 생리적 장해를 개선한다.

㉥ 곰팡이나 미생물의 번식을 줄일 수 있다.

㉦ 에틸렌의 생성을 억제한다.

② CA저장의 단점

㉠ 공기조성이 부적절할 경우 원예산물이 여러 가지 장해를 받을 수 있다.

㉡ 저장고를 자주 열 수 없어 저장물의 상태 파악이 쉽지 않다.

㉢ 시설비와 유지비가 많이 든다.

72 원예산물별 저온장해 증상이 아닌 것은?

① 수박 – 수침현상

② 토마토 – 후숙불량

③ 바나나 – 갈변현상

④ 참외 – 과숙(過熟)현상

해설 수박의 수침현상, 바나나의 갈변현상, 토마토의 후숙불량 등은 저온장해 증상이다.

정리 원예산물의 저온장해

⑴ 0℃ 이상의 온도이지만 한계온도 이하의 저온에 노출되어 나타나는 장해로서 조직이 물러지거나 표피의 색상이 변하는 증상, 내부갈변, 토마토나 고추의 함몰, 복숭아의 섬유질화 등은 저온장해의 예이다.

⑵ 조직이 물러지는 것은 저온장해를 받으면 세포막 투과성이 높아져 이온 누출량이 증가함으로써 세포의 견고성이 떨어지기 때문이다.

⑶ 저온장해 증상은 저온에 저장하다가 높은 온도로 옮기면 더 심해진다.

⑷ 특히 저온장해에 민감한 원예산물은 다음과 같다.

① 복숭아, 오렌지, 레몬 등의 감귤류

② 바나나, 아보카도(악어배), 파인애플, 망고 등 열대과일

③ 오이, 수박, 참외 등 박과채소

④ 고추, 가지, 토마토, 파프리카 등 가지과채소

⑤ 고구마, 생강

⑥ 장미, 치자, 백합, 히야신서, 난초

73 원예산물의 예냉에 관한 설명으로 옳지 않은 것은?

① 원예산물의 품온을 단시간 내 낮추는 처리이다.

② 냉매의 이동속도가 빠를수록 예냉효율이 높다.

③ 냉매는 액체보다 기체의 예냉효율이 높다.

④ 냉매와 접촉 면적이 넓을수록 예냉효율이 높다.

（참고） 자세한 설명은 본문 205쪽을 참고해주세요.

74 사과 밀증상의 주요 원인물질은?

① 구연산　　　　② 솔비톨　　　　③ 메티오닌　　　　④ 솔라닌

（해설） 밀은 솔비톨(sorbitol)이 세포 안쪽이나 세포 사이에 쌓인 것이다.

（정리） **밀병(밀증상)**

(1) 밀병의 증상

　밀은 솔비톨(sorbitol, 당을 함유한 알코올 성분의 백색의 분말)이 세포 안쪽이나 세포 사이에 쌓인 것이다. 밀병증상 부위에는 주변조직보다 더 많은 솔비톨(sorbitol)이 존재하며 과육 또는 과심의 일부가 황색의 수침상(水浸狀)이 된다.

(2) 밀병의 원인

　① 고온에서 발생하는 경향이 높다.

　② 봉지를 씌우지 않은 과실이 씌운 과실보다 발병률이 높다.

(3) 밀병의 대책

　① 생육기에 0.3% 염화칼슘액을 엽면살포하면 증상이 줄어든다.

　② 수확시기가 빠르면 발생이 적으므로 저장용 과실은 밀증상이 발현되기 전에 수확한다.

75 원예산물별 신선편이 농산물의 품질변화 현상으로 옳지 않은 것은?

① 당근 – 백화현상　　　　　　　② 감사 – 갈변현상

③ 양배추 – 황반현상　　　　　　④ 마늘 – 녹변현상

（해설） ① 신선편이 당근은 대부분 가열 조리과정 없이 소비자가 구매 후 그대로 섭취할 수 있도록 세척, 박피 등의 최소가공 처리되어 판매되고 있어 가공, 저장 중 위해미생물 증식이나 당근 표면에 나타나는 백화현상과 같은 외관 품질 저하가 유통기한을 단축시키는 것으로 알려져 있다.

② 감자, 고구마, 우엉, 마 등은 자체적으로 폴리페놀 물질을 함유하고 있다. 이 물질은 껍질을 벗기거나 잘랐을 때 공기 중에 노출되어 산소와 접촉하게 되면 갈색으로 변한다.

④ 마늘의 알리신 성분이 신선편이 식품 제조 과정에서 철 성분에 노출되면 황화철이 생성되며 녹변 현상이 생긴다.

76 산지 농산물의 공동판매 원칙은?

① 조건부 위탁 원칙
② 평균판매 원칙
③ 개별출하 원칙
④ 최고가 구매 원칙

해설 공동판매의 3원칙
- 무조건 위탁: 개별 농가의 조건별 위탁을 금지
- 평균판매: 생산자의 개별적 품질특성을 무시하고 일괄 등급별 판매 후 수취가격을 평준화하는 방식
- 공동계산: 평균판매 가격을 기준으로 일정 시점에서 공동계산

77 농산물 도매유통의 조성기능이 아닌 것은?

① 상장하여 경매한다.
② 경락대금을 정산·결제한다.
③ 경락가격을 공표한다.
④ 도매시장 반입물량을 공지한다.

해설 상장경매(매매)는 출하자로부터 경락자에게 소유권이 이전되는 기능이다.

78 우리나라 협동조합 유통 사업에 관한 설명으로 옳은 것은?

① 시장교섭력을 저하시킨다.
② 생산자의 수취가격을 낮춘다.
③ 규모의 경제를 실현할 수 있다.
④ 공동계산으로 농가별 판매결정권을 갖는다.

해설 협동조합의 유통 관여 효과
- 시장교섭력을 강화시킨다.
- 생산자 수취가격은 높이고, 소비자 지불가격은 낮춘다.
- 판매결정권은 규모 경제 실현으로 시장교섭력이 증가한다.

79 농산물 산지유통의 거래유형을 모두 고른 것은?

ㄱ. 정전거래	ㄴ. 산지공판	ㄷ. 계약재배

① ㄱ, ㄴ
② ㄱ, ㄷ
③ ㄴ, ㄷ
④ ㄱ, ㄴ, ㄷ

정답　76 ②　77 ①　78 ③　79 ④

80 우리나라 농산물 유통의 일반적 특징으로 옳은 것은?

① 표준화 · 등급화가 용이하다.

② 운반과 보관비용이 적게 소요된다.

③ 수요의 가격탄력성이 높다.

④ 생산은 계절적이나 소비는 연중 발생한다.

81 항상 낮은 가격으로 상품을 판매하는 소매업체의 가격전략은?

① High – Low가격전략　　　　　　② 명성가격전략

③ EDLP전략　　　　　　　　　　　④ 초기저가전략

82 5kg들이 참외 1상자의 유통단계별 판매 가격이 생산자 30,000원, 산지공판장 32,000원, 도매상 36,000원, 소매상 40,000원일 때, 소매상의 유통마진율(%)은?

① 10　　　　　　　② 20　　　　　　　③ 25　　　　　　　④ 30

83 거미집이론에서 균형가격에 수렴하는 조건에 관한 내용이다. ( )에 들어갈 내용을 순서대로 나열한 것은?

> 수요곡선의 기울기가 공급곡선의 기울기보다 ( ), 수요의 가격탄력성이 공급의 가격탄력성 보다 ( ).

① 작고, 작다   ② 작고, 크다   ③ 크고, 작다   ④ 크고, 크다

해설 **거미집이론의 균형가격 수렴 조건**
- 수요의 가격탄력성 > 공급의 가격탄력성
- 수요곡선의 기울기 < 공급곡선의 기울기

거미집이론

① 수렴형
- |수요곡선의 기울기| < |공급곡선의 기울기|
- 수요의 가격탄력성 > 공급의 가격탄력성

② 발산형
- |수요곡선의 기울기| > |공급곡선의 기울기|
- 수요의 가격탄력성 < 공급의 가격탄력성

③ 순환형
- |수요곡선의 기울기| = |공급곡선의 기울기|
- 수요의 가격탄력성 = 공급의 가격탄력성

(출처: 시사상식사전, pmg 지식엔진연구소)

http://post.naver.com/pmg_books

수렴형   발산형   순환형

84 선물거래에 관한 설명으로 옳은 것은?

① 헤저(hedger)는 위험 회피를 목적으로 한다.
② 거래당사자 간에 직접 거래한다.
③ 포전거래는 선물거래에 해당된다.
④ 정부의 시장개입을 전제로 한다.

정답 83 ② 84 ①

85 시장도매인제에 관한 설명으로 옳지 않은 것은?

① 상장경매를 원칙으로 한다.

② 도매시장법인과 중도매인의 역할을 겸할 수 있다.

③ 농가의 출하선택권을 확대한다.

④ 도매시장 내 유통주체 간 경쟁을 촉진한다.

해설 시장도매인 제도

- 시장도매인제는 중개거래(비상장거래)를 원칙으로 하지만 상장경매를 할 수도 있다.
- 시장도매인(市場都賣人)은 농수산물유통 및 가격안정에 관한 법률 제36조 또는 제48조의 규정에 의하여 농수산물도매시장 또는 민영농수산물도매시장의 개설자로부터 지정을 받고 농수산물을 매수 또는 위탁을 받아 도매하거나 매매를 중개하는 영업을 하는 법인을 말한다.

86 농가가 엽근채소류의 포전거래에 참여하는 이유가 아닌 것은?

① 생산량 및 수확기의 가격 예측이 곤란하기 때문이다.

② 계약금을 받아서 부족한 현금 수요를 충당할 수 있기 때문이다.

③ 채소가격안정제사업 참여가 불가능하기 때문이다.

④ 수확 및 상품화에 필요한 노동력이 부족하기 때문이다.

해설 농가의 채소가격안정제사업 참여와 포전거래는 관계가 없다(참여 가능).

정리 포전거래(圃田去來)

밭에서 재배하는 작물을 밭에 있는 채로 몽땅 사고파는 일이다. 즉, 밭에서 자라는 농산물을 수확하기 이전에 통째로 사고파는 것으로 해당 농산물의 시장가격이 결정되기 전에 거래가 사전에 진행되는 선도거래의 일종이다.

정답 85 ① 86 ③

포전거래의 특징
- 농가는 생산량 및 가격을 예측하기 어렵기 때문에 미리 판매가격을 고정시키고자 한다.
- 계약체결 시 받는 계약보증금으로 영농자재 등의 구입에 필요한 현금수요를 충당할 수 있다.
- 포전거래에서는 수확 후 노동력 비용을 유통인이 부담하는 것을 원칙으로 한다.

87 정가 · 수의매매에 관한 설명으로 옳지 않은 것은?

① 경매사가 출하자와 중도매인 간의 거래를 주관한다.
② 출하자가 시장도매인에게 거래가격을 제시할 수 없다.
③ 단기 수급상황 변화에 따른 급격한 가격변동을 완화할 수 있다.
④ 출하자의 가격 예측 가능성을 제고한다.

해설 출하자는 시장도매인에게 적정가격(정가매매)을 제시하고 그 이하의 거래는 거부할 수 있으며, 수의매매도 가능하다.

88 농산물 표준규격화에 관한 설명으로 옳지 않은 것은?

① 유통비용의 증가를 초래한다.
② 견본거래, 전자상거래 등을 촉진한다.
③ 품질에 따른 공정한 거래를 할 수 있다.
④ 브랜드화가 용이하다.

해설 표준규격화(표준화, 등급화) 초기에는 유통비용은 증가하지만, 물류비용의 감소(적재효율의 실현 등)를 통해 이를 상쇄할 수 있어 전체적으로 유통비용은 감소한다.

89 농산물 산지유통조직의 통합마케팅사업에 관한 설명으로 옳은 것을 모두 고른 것은?

ㄱ. 유통계열화 촉진　　　　　　　　ㄴ. 공동브랜드 육성
ㄷ. 농가 조직화 · 규모화　　　　　　ㄹ. 참여조직 간 과열경쟁 억제

① ㄱ, ㄴ　　　　② ㄷ, ㄹ　　　　③ ㄱ, ㄷ, ㄹ　　　　④ ㄱ, ㄴ, ㄷ, ㄹ

해설 **산지유통조직 통합마케팅**
산지유통참여조직은 사용 가능한 자원을 조직화, 계열화, 규모화, 공동브랜드화 등을 실현하므로 참여조직간 경쟁관계는 소멸되고 통합된 이익을 추구하게 된다.

정답 87 ② 88 ① 89 ④

90 농산물 수급불안 시 비상품(非商品)의 유통을 규제하거나 출하량을 조절하는 등의 수급안정정책은?

① 수매비축　　　② 직접지불제　　　③ 유통조절명령　　　④ 출하약정

해설 **유통조절명령제**
- 농수산물의 가격 폭등이나 폭락을 막기 위해 정부가 유통에 개입하여 해당 농수산물의 출하량을 조절하거나 최저가(최고가)를 임의 결정하는 제도이다.
- 농수산물 유통(조절)명령제는 농수산물의 과잉생산으로 가격폭락 등이 예상될 때 농가와 생산자단체가 협의하여 생산량·출하량 조절 등 필요한 부분에 대하여 정부에 강제적인 규제명령 요청을 하면 정부에서는 소비시장 여건 등 유통명령의 불가피성을 검토한 후 농림수산식품부장관이 이에 대한 명령을 발하는 제도이다.

91 농산물 생산과 소비의 시간적 간격을 극복하기 위한 물적 유통기능은?

① 수송　　　　　② 저장　　　　　③ 가공　　　　　④ 포장

해설 저장: 생산물의 수확 후 일시적 저장을 거쳐 유리한 출하시기를 결정하여 출하한다.

정리 **물적유통기능**
- 시간효용: 저장　　　　・형태효용: 가공　　　　・장소효용: 수송, 운송

92 단위화물적재시스템(ULS)에 관한 설명으로 옳은 것을 모두 고른 것은?

> ㄱ. 상·하역 작업의 기계화　　　　ㄴ. 수송 서비스의 효율성 증대
> ㄷ. 공영도매시장의 규격품 출하 유도　　ㄹ. 파렛트나 컨테이너를 이용한 화물 규격화

① ㄱ, ㄴ　　　② ㄷ, ㄹ　　　③ ㄱ, ㄷ, ㄹ　　　④ ㄱ, ㄴ, ㄷ, ㄹ

해설 **단위화물적재시스템(ULS)**
산지에서부터 파렛트 적재, 하역 작업을 기계화할 수 있는 일관 수송체계시스템

정리 **유닛로드시스템(Unit Load System)**
화물의 유통 활동에 있어 하역·수송·보관의 전체적인 비용절감을 위하여 출발지에서 도착지까지 중간 하역 작업 없이 일정한 방법으로 수송·보관하는 시스템이다. 단위규모의 적정화, 단위화 작업의 원활화, 협동수송체제를 확립할 수 있다.
- 단위적재운송제도의 장·단점

장점	단점
• 화물의 파손, 오손, 분실 등을 방지	• 컨테이너와 파렛트 확보에 경비 소요
• 운송수단의 운용 효율성이 매우 높음	• 하역기기 등의 고정시설 설비투자가 요구
• 포장이 간단하고 포장비가 절감되어 물류비 저감	• 자제관리의 시간 및 비용이 추가
• 시스템화가 용이함	• 파렛트로드의 경우 공간 적재효율 저하

정답　90 ③　91 ②　92 ④

93 제품수명주기상 대량생산이 본격화되고 원가 하락으로 단위당 이익이 최고점에 달하는 시기는?

① 성숙기 ② 도입기 ③ 성장기 ④ 쇠퇴기

해설 • 제품수명주기: 도입기 → 성장기 → 성숙기(가장 안정적) → 쇠퇴기

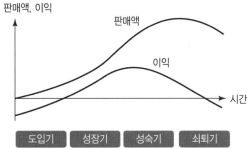

• 도입기: 신제품을 출시하는 단계
• 성장기: 제품의 판매량이 늘어나고 이윤을 얻기 시작하는 단계. 경쟁업체의 시장진입도 이루어진다.
• 성숙기: 시장의 크기가 더 이상 커지지는 않지만 매출과 이윤이 극대화되는 시기로서 쇠퇴기 직전 단계
• 쇠퇴기: 제품 판매량이 감소하는 단계

94 소비자의 구매의사결정 순서를 옳게 나열한 것은?

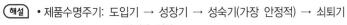

ㄱ. 필요의 인식 ㄴ. 정보의 탐색
ㄷ. 대안의 평가 ㄹ. 구매의사결정

① ㄱ → ㄴ → ㄷ → ㄹ   ② ㄴ → ㄱ → ㄷ → ㄹ
③ ㄷ → ㄱ → ㄴ → ㄹ   ④ ㄷ → ㄴ → ㄱ → ㄹ

해설 소비자의 구매의사결정
필요(문제)의 인식 → 정보 탐색 → 대안에 대한 평가 → 구매의사결정 → 사후 평가

95 농산물의 촉진가격전략이 아닌 것은?

① 고객유인 가격전략   ② 특별염가전략
③ 미끼가격전략   ④ 개수가격전략

해설 개수가격정책: 고급품질의 가격 이미지를 형성하여 구매를 자극하기 위하여 우수리가 없는 개수의 가격을 구사하는 정책 ⇔ 단수가격정책

정답 93 ① 94 ① 95 ④

96 소비자의 식생활 변화에 따라 1인당 쌀 소비량이 지속적으로 감소하는 경향과 같은 변동형태는?

① 순환변동   ② 추세변동

③ 계절변동   ④ 주기변동

(해설) 추세변동: 경제변동 중에서 장기간에 걸친 성장·정체·후퇴 등 변동경향을 나타내는 움직임

97 설문지를 이용하여 표본조사를 실시하는 방법은?

① 실험조사   ② 심층면접법

③ 서베이조사   ④ 관찰법

(해설) **서베이조사**

서베이법은 다수의 응답자들을 대상으로 설문조사에 의해 자료를 수집하는 방법이다. 기술조사를 위하여 가장 많이 이용되며 인과관계 조사를 위해서도 이용된다. 서베이법은 보통 조사 문제가 명확히 정의된 경우에 이용되며 정형화된 설문지를 사용한다.

98 정부가 농산물의 목표가격과 시장가격 간의 차액을 직접 지불하는 정책은?

① 공공비축제도   ② 부족불제도

③ 이중곡가제도   ④ 생산조정제도

(해설) **공공비축제도**

정부가 일정한 식량작물에 대하여 유사시를 대비해 매입하여 비축하는 제도이다.

부족불제도(Deficiency Payment)

EU의 CAP와 미국의 농업정책 하에서 정부가 생각하는 적정 농가수취가격과 실제 시장가격과의 차이를 세수를 통한 공공재정 또는 소비자의 높은 가격부담 등의 형태로 보전하는 것이다.

이중곡가제도

정부기 쌀·보리 등 주곡을 농민으로부터 비싼 값에 사들여 이보다 낮은 가격으로 소비자에게 파는 제도이다. 구입가격과 판매가격의 차액만큼이 정부의 재정지출로 이루어져 차액보전에 따른 적자가 누적되고 있고, 추곡수매물량을 계속 늘려온 결과 관리비 급증 등의 문제를 안고 있다.

정답   96 ②   97 ③   98 ②

99 농산물의 공급이 변동할 때 공급량의 변동폭보다 가격의 변동폭이 훨씬 더 크게 나타나는 현상과 관련된 것을 모두 고른 것은?

> ㄱ. 공급의 가격탄력성이 작다.　　　ㄴ. 공급의 가격신축성이 크다.
> ㄷ. 킹(G. King)의 법칙이 적용된다.　ㄹ. 공급의 교차탄력성이 크다.

① ㄱ, ㄴ
② ㄴ, ㄷ
③ ㄱ, ㄴ, ㄷ
④ ㄱ, ㄷ, ㄹ

(해설) 교차탄력성(交叉彈力性)이란 어떤 상품의 가격이 변화한 데 대한 다른 상품의 수요량의 반응을 나타내는 지표이다. 지문은 단일 상품의 공급량 변동폭과 가격의 변동폭의 변화를 묻는 것이므로 관련성이 없다.

(정리) **가격신축성**

수요가 공급을 초과하면 가격은 상승하고 공급이 수요를 초과하면 가격이 하락하는데, 이러한 수요와 공급의 변화가 가격의 변동을 초래하는 정도를 가격신축성이라 한다.

King의 법칙

곡물 수확고의 산술급수적 변동과 곡물가격의 기하급수적 변동에 관한 법칙으로 밀의 수확량 감소와 가격의 관계에 대하여 밝힌 법칙이다.

밀 수확이 10, 20, 30, 40, 50% 감소하면 가격은 30, 80, 160, 280, 450% 오른다고 조사하였다. 즉, 산술등급이 아닌 기하급수로 가격이 상승한다는 원칙이다.

100 광고와 홍보에 관한 설명으로 옳지 않은 것은?

① 광고는 광고주가 비용을 지불하는 비(非) 인적 판매활동이다.
② 기업광고는 기업에 대하여 호의적인 이미지를 형성시킨다.
③ 카피라이터는 고객이 공감할 수 있는 언어로 메시지를 만든다.
④ 홍보는 비용을 지불하는 상업적 활동이다.

(해설) 홍보는 기업·단체 또는 관공서 등의 조직체가 커뮤니케이션 활동을 통하여 스스로의 생각이나 계획·활동·업적 등을 널리 알리는 활동으로 비용은 기업 등의 내부에서 비용이 발생하지만, 광고는 대외에 비용을 지불하는 활동이다.

2018년 제15회 농산물품질관리사 1차 시험 기출문제

제1과목 관계 법령

01 농수산물 품질관리법 제2조(정의)에 관한 내용이다. ( ) 안에 들어갈 내용을 순서대로 옳게 나열한 것은?

> 물류표준화란 농수산물의 운송·보관·하역·포장 등 물류의 각 단계에서 사용되는 기기·용기·설비·정보 등을 ( )하여 ( )과 연계성을 원활히 하는 것을 말한다.

① 규격화, 호환성　　　　　　　　② 표준화, 신속성

③ 다양화, 호환성　　　　　　　　④ 등급화, 다양성

(해설) 법 제2조(정의)

"물류표준화"란 농수산물의 운송·보관·하역·포장 등 물류의 각 단계에서 사용되는 기기·용기·설비·정보 등을 규격화하여 호환성과 연계성을 원활히 하는 것을 말한다.

02 농수산물 품질관리법령상 농수산물품질관리심의회의 위원을 구성할 경우, 그 위원을 지명할 수 있는 단체 및 기관의 장을 모두 고른 것은?

> ㄱ. 한국보건산업진흥원의 장　　　　ㄴ. 한국식품연구원의 장
> ㄷ. 한국농촌경제연구원의 장　　　　ㄹ. 한국소비자원의 장

① ㄱ, ㄴ　　② ㄷ, ㄹ　　③ ㄴ, ㄷ, ㄹ　　④ ㄱ, ㄴ, ㄷ, ㄹ

(해설) 법 제3조(농수산물품질관리심의회의 설치)

위원을 지명할 수 있는 기관장

가. 「농업협동조합법」에 따른 농업협동조합중앙회

나. 「산림조합법」에 따른 산림조합중앙회

다. 「수산업협동조합법」에 따른 수산업협동조합중앙회

라. 「한국농수산식품유통공사법」에 따른 한국농수산식품유통공사

마. 「식품위생법」에 따른 한국식품산업협회

정답 01 ① 02 ④

바. 「정부출연연구기관 등의 설립·운영 및 육성에 관한 법률」에 따른 <u>한국농촌경제연구원</u>

사. 「정부출연연구기관 등의 설립·운영 및 육성에 관한 법률」에 따른 한국해양수산개발원

아. 「과학기술분야 정부출연연구기관 등의 설립·운영 및 육성에 관한 법률」에 따른 <u>한국식품연구원</u>

자. 「한국보건산업진흥원법」에 따른 <u>한국보건산업진흥원</u>

차. 「소비자기본법」에 따른 <u>한국소비자원</u>

03 농수산물 품질관리법령상 농산물 검사 결과의 이의신청과 재검사에 관한 설명으로 옳지 않은 것은?

① 농산물 검사 결과에 이의가 있는 자는 검사현장에서 검사를 실시한 농산물검사관에게 재검사를 요구할 수 있다.

② 재검사 요구 시 농산물검사관은 7일 이내에 재검사 여부를 결정하여야 한다.

③ 재검사 결과에 이의가 있는 자는 재검사일로부터 7일 이내에 이의신청을 할 수 있다.

④ 재검사 결과에 이의신청을 받은 기관의 장은 그 신청을 받은 날부터 5일 이내에 다시 검사하여 그 결과를 이의신청자에게 알려야 한다.

해설 검사 현장 재검사요구(검사를 실시한 검사관) → 이의신청(재검사일로부터 7일 이내) → 5일 이내 재검사 (이의신청 접수일로부터 5일 이내에 검사기관의 장) → 결과 통지

법 제85조(재검사 등)

① 제79조제1항에 따른 농산물의 검사 결과에 대하여 이의가 있는 자는 검사현장에서 검사를 실시한 농산물검사관에게 재검사를 요구할 수 있다. 이 경우 <u>농산물검사관은 즉시 재검사를 하고 그 결과를 알려주어야 한다.</u>

② 제1항에 따른 재검사의 결과에 이의가 있는 자는 재검사일부터 7일 이내에 농산물검사관이 소속된 농산물검사기관의 장에게 이의신청을 할 수 있으며, <u>이의신청을 받은 기관의 장은 그 신청을 받은 날부터 5일 이내에 다시 검사하여 그 결과를 이의신청자에게 알려야 한다.</u>

04 농수산물 품질관리법령상 농산물품질관리사의 직무가 아닌 것은?

① 농산물의 등급 판정

② 농산물의 생산 및 수확 후 품질관리기술 지도

③ 농산물의 출하 시기 조절에 관한 조언

④ 농산물의 검사 및 물류비용 조사

해설 **법 제106조(농산물품질관리사의 직무)**

1. 농산물의 등급 판정
2. 농산물의 생산 및 수확 후 품질관리기술 지도
3. 농산물의 출하 시기 조절, 품질관리기술에 관한 조언
4. 그 밖에 농산물의 품질 향상과 유통 효율화에 필요한 업무로서 농림축산식품부령으로 정하는 업무

정답 03 ② 04 ④

시행규칙 제134조(농산물품질관리사의 업무)

법 제106조제1항제4호에서 "농림축산식품부령으로 정하는 업무"란 다음 각 호의 업무를 말한다.

1. 농산물의 생산 및 수확 후의 품질관리기술 지도
2. 농산물의 선별·저장 및 포장 시설 등의 운용·관리
3. 농산물의 선별·포장 및 브랜드 개발 등 상품성 향상 지도
4. 포장농산물의 표시사항 준수에 관한 지도
5. 농산물의 규격출하 지도

05 농수산물 품질관리법령상 우수관리인증농산물의 표지 및 표시사항에 관한 설명으로 옳은 것은?

① 표지형태 및 글자표기는 변형할 수 없다.
② 표지도형의 한글 글자는 명조체로 한다.
③ 표지도형의 색상은 파란색을 기본색상으로 한다.
④ 사과는 생산연도를 표시하여야 한다.

해설

■ 농수산물 품질관리법 시행규칙 [별표 1]

우수관리인증농산물의 표시(제13조제1항 관련)

1. 우수관리인증농산물의 표지도형

2. 제도법
   가. 도형표시
      1) 표지도형의 가로의 길이(사각형의 왼쪽 끝과 오른쪽 끝의 폭: W)를 기준으로 세로의 길이는 0.95×W의 비율로 한다.
      2) 표지도형의 흰색모양과 바깥 테두리(좌·우 및 상단부만 해당한다)의 간격은 0.1×W로 한다.
      3) 표지도형의 흰색모양 하단부 좌측 태극의 시작점은 상단부에서 0.55×W 아래가 되는 지점으로 하고, 우측 태극의 끝점은 상단부에서 0.75×W 아래가 되는 지점으로 한다.
   나. 표지도형의 한글 및 영문 글자는 고딕체로 하고, 글자 크기는 표지도형의 크기에 따라 조정한다.
   다. 표지도형의 색상은 녹색을 기본색상으로 하고, 포장재의 색깔 등을 고려하여 파란색, 빨간색 또는 검은색으로 할 수 있다.

정답 05 ①

라. 표지도형 내부의 "GAP" 및 "(우수관리인증)"의 글자 색상은 표지도형 색상과 동일하게 하고, 하단의 "농림축산식품부"와 "MAFRA KOREA"의 글자는 흰색으로 한다.

마. 배색 비율은 녹색 C80+Y100, 파란색 C100+M70, 빨간색 M100+Y100+K10, 검은색 B100으로 한다.

바. 표지도형의 크기는 포장재의 크기에 따라 조정한다.

사. 표지도형 밑에 인증번호 또는 우수관리시설지정번호를 표시한다.

3. 표시사항

가. 표지

인증번호(또는 우수관리시설지정번호):

Certificate Number:

나. 표시항목: 산지(시·도, 시·군·구), 품목(품종), 중량·개수, 생산연도, 생산자(생산자집단명) 또는 우수관리시설명

4. 표시방법

가. 크기: 포장재의 크기에 따라 표지의 크기를 키우거나 줄일 수 있다.

나. 위치: 포장재 주 표시면의 옆면에 표시하되, 포장재 구조상 옆면에 표시하기 어려울 경우에는 표시위치를 변경할 수 있다.

다. 표지 및 표시사항은 소비자가 쉽게 알아볼 수 있도록 인쇄하거나 스티커로 포장재에서 떨어지지 않도록 부착하여야 한다.

라. 포장하지 않고 낱개로 판매하는 경우나 소포장 등으로 우수관리인증농산물의 표지와 표시사항을 인쇄하거나 부착하기에 부적합한 경우에는 농산물우수관리의 표지만 표시할 수 있다.

마. 수출용의 경우에는 해당 국가의 요구에 따라 표시할 수 있다.

바. 제3호나목의 표시항목 중 표준규격, 지리적표시 등 다른 규정에 따라 표시하고 있는 사항은 그 표시를 생략할 수 있다.

5. 표시내용

가. 표지: 표지크기는 포장재에 맞출 수 있으나, <u>표지형태 및 글자표기는 변형할 수 없다.</u>

나. 산지: 농산물을 생산한 지역으로 시·도명이나 시·군·구명 등 「농수산물의 원산지 표시 등에 관한 법률」에 따라 적는다.

다. 품목(품종): 「식물신품종 보호법」 제2조제2호에 따른 품종을 이 규칙 제7조제2항제3호에 따라 표시한다.

라. 중량·개수: 포장단위의 실중량이나 개수

마. 삭제 〈2014.9.30.〉

바. <u>생산연도(쌀과 현미만 해당하며 「양곡관리법」 제20조의2에 따라 표시한다)</u>

사. 우수관리시설명(우수관리시설을 거치는 경우만 해당한다): 대표자 성명, 주소, 전화번호, 작업장 소재지

아. 생산자(생산자집단명): 생산자나 조직명, 주소, 전화번호

자. 삭제 〈2014.9.30.〉

06 농수산물 품질관리법령상 농산물 유통자의 이력추적관리 등록사항에 해당하는 것만을 옳게 고른 것은?

> ㄱ. 재배면적
> ㄴ. 생산계획량
> ㄷ. 이력추적관리 대상품목명
> ㄹ. 유통업체명, 수확 후 관리시설명 및 그 각각의 주소

① ㄷ   ② ㄹ   ③ ㄷ, ㄹ   ④ ㄱ, ㄴ, ㄷ, ㄹ

해설 법 제46조(이력추적관리의 대상품목 및 등록사항)
① 법 제24조제1항에 따른 이력추적관리 등록 대상품목은 법 제2조제1항제1호가목의 농산물(축산물은 제외한다. 이하 이 절에서 같다) 중 식용을 목적으로 생산하는 농산물로 한다.
② 법 제24조제1항에 따른 이력추적관리의 등록사항은 다음 각 호와 같다.
  1. 생산자(단순가공을 하는 자를 포함한다)
    가. 생산자의 성명, 주소 및 전화번호
    나. 이력추적관리 대상품목명
    다. 재배면적
    라. 생산계획량
    마. 재배지의 주소
  2. 유통자
    가. <u>유통업체의 명칭 또는 유통자의 성명, 주소 및 전화번호</u>
    나. 삭제 〈2016. 4. 6.〉
    다. <u>수확 후 관리시설이 있는 경우 관리시설의 소재지</u>
  3. 판매자: 판매업체의 명칭 또는 판매자의 성명, 주소 및 전화번호

07 농수산물 품질관리법령상 지리적표시의 등록을 결정한 경우 공고하여야 할 사항이 아닌 것은?
① 지리적표시 대상지역의 범위
② 품질의 특성과 지리적 요인의 관계
③ 특산품의 유명성과 역사성을 증명할 수 있는 자료
④ 등록자의 자체품질기준 및 품질관리계획서

해설 법 제58조(지리적표시의 등록공고 등)
① 국립농산물품질관리원장, 국립수산물품질관리원장 또는 산림청장은 법 제32조제7항에 따라 지리적표시의 등록을 결정한 경우에는 다음 각 호의 사항을 공고하여야 한다.
  1. 등록일 및 등록번호
  2. 지리적표시 등록자의 성명, 주소(법인의 경우에는 그 명칭 및 영업소의 소재지를 말한다) 및 전화번호

정답 06 ② 07 ③

3. 지리적표시 등록 대상품목 및 등록명칭

4. 지리적표시 대상지역의 범위

5. 품질의 특성과 지리적 요인의 관계

6. 등록자의 자체품질기준 및 품질관리계획서

법 제56조(지리적표시의 등록 및 변경과 첨부서류)

① 법 제32조제3항 전단에 따라 지리적표시의 등록을 받으려는 자는 별지 제30호서식의 지리적표시 등록(변경) 신청서에 다음 각 호의 서류를 첨부하여 농산물(임산물은 제외한다. 이하 이 장에서 같다)은 국립농산물품질관리원장, 임산물은 산림청장, 수산물은 국립수산물품질관리원장에게 각각 제출하여야 한다. 다만, 지리적표시의 등록을 받으려는 자가 「상표법 시행령」 제5조제1호부터 제3호까지의 서류를 특허청장에게 제출한 경우(2011년 1월 1일 이후에 제출한 경우만 해당한다)에는 별지 제30호서식의 지리적표시 등록(변경) 신청서에 해당 사항을 표시하고 제3호부터 제6호까지의 서류를 제출하지 아니할 수 있다.

1. 정관(법인인 경우만 해당한다)

2. 생산계획서(법인의 경우 각 구성원별 생산계획을 포함한다)

3. 대상품목·명칭 및 품질의 특성에 관한 설명서

4. 해당 특산품의 유명성과 역사성을 증명할 수 있는 자료

5. 품질의 특성과 지리적 요인과 관계에 관한 설명서

6. 지리적표시 대상지역의 범위

7. 자체품질기준

8. 품질관리계획서

08 농수산물 품질관리법령상 농산물우수관리의 인증 및 기관에 관한 설명으로 옳지 않은 것은?

① 우수관리기준에 따라 생산·관리된 농산물을 포장하여 유통하는 자도 우수관리인증을 받을 수 있다.

② 수입되는 농산물에 대해서는 외국의 기관도 우수관리인증기관으로 지정될 수 있다.

③ 우수관리인증기관 지정의 유효기간은 지정을 받은 날부터 5년으로 한다.

④ 우수관리인증기관의 장은 우수관리인증 신청을 받은 경우 현지심사를 필수적으로 하여야 한다.

해설 **법 제6조(농산물우수관리의 인증)**

② 우수관리기준에 따라 농산물(축산물은 제외한다. 이하 이 절에서 같다)을 생산·관리하는 자 또는 우수관리기준에 따라 생산·관리된 농산물을 포장하여 유통하는 자는 제9조에 따라 지정된 농산물우수관리인증기관(이하 "우수관리인증기관"이라 한다)으로부터 농산물우수관리의 인증(이하 "우수관리인증"이라 한다)을 받을 수 있다.

법 제11조(우수관리인증의 심사 등)

① 우수관리인증기관은 제10조제1항에 따라 우수관리인증 신청을 받은 경우에는 제8조에 따른 우수관리인증의 기준에 적합한지를 심사하여야 하며, 필요한 경우에는 현지심사를 할 수 있다.

정답 08 ④

법 제9조(우수관리인증기관의 지정 등)
① 농림축산식품부장관은 우수관리인증에 필요한 인력과 시설 등을 갖춘 자를 우수관리인증기관으로 지정하여 다음 각 호의 업무의 전부 또는 일부를 하도록 할 수 있다. 다만, 외국에서 수입되는 농산물에 대한 우수관리인증의 경우에는 농림축산식품부장관이 정한 기준을 갖춘 외국의 기관도 우수관리인증기관으로 지정할 수 있다.
⑤ 우수관리인증기관 지정의 유효기간은 지정을 받은 날부터 5년으로 하고, 계속 우수관리인증 또는 우수관리시설의 지정 업무를 수행하려면 유효기간이 끝나기 전에 그 지정을 갱신하여야 한다.

09 농수산물 품질관리법령상 포장규격에 있어 한국산업표준과 다르게 정할 필요가 있다고 인정되는 경우 그 규격을 따로 정할 수 있는 항목이 아닌 것은?

① 포장등급　　　② 거래단위　　　③ 포장설계　　　④ 표시사항

(해설) 법 제5조(표준규격의 제정)
① 법 제5조제1항에 따른 농수산물(축산물은 제외한다. 이하 이 조 및 제7조에서 같다)의 표준규격은 포장규격 및 등급규격으로 구분한다.
② 제1항에 따른 포장규격은 「산업표준화법」 제12조에 따른 한국산업표준(이하 "한국산업표준"이라 한다)에 따른다. 다만, 한국산업표준이 제정되어 있지 아니하거나 한국산업표준과 다르게 정할 필요가 있다고 인정되는 경우에는 보관·수송 등 유통 과정의 편리성, 폐기물 처리문제를 고려하여 다음 각 호의 항목에 대하여 그 규격을 따로 정할 수 있다.
1. 거래단위
2. 포장치수
3. 포장재료 및 포장재료의 시험방법
4. 포장방법
5. 포장설계
6. 표시사항
7. 그 밖에 품목의 특성에 따라 필요한 사항

10 농수산물의 원산지 표시에 관한 법령상 대통령령으로 정하는 집단급식소를 설치·운영하는 자가 농산물이나 그 가공품을 조리하여 판매·제공하는 경우 그 원료의 원산지 표시대상이 아닌 것은?

① 소고기　　　② 돼지고기　　　③ 가공두부　　　④ 죽에 사용하는 쌀

(해설) 시행령 제3조(원산지의 표시대상)
⑤ 법 제5조제3항에서 "대통령령으로 정하는 농수산물이나 그 가공품을 조리하여 판매·제공하는 경우"란 다음 각 호의 것을 조리하여 판매·제공하는 경우를 말한다. 이 경우 조리에는 날것의 상태로 조리하는 것을 포함하며, 판매·제공에는 배달을 통한 판매·제공을 포함한다.
1. 소고기(식육·포장육·식육가공품을 포함한다. 이하 같다)

정답　09 ①　10 ③

2. 돼지고기(식육·포장육·식육가공품을 포함한다. 이하 같다)

3. 닭고기(식육·포장육·식육가공품을 포함한다. 이하 같다)

4. 오리고기(식육·포장육·식육가공품을 포함한다. 이하 같다)

5. 양고기(식육·포장육·식육가공품을 포함한다. 이하 같다)

5의2. 염소(유산양을 포함한다. 이하 같다)고기(식육·포장육·식육가공품을 포함한다. 이하 같다)

6. 밥, 죽, 누룽지에 사용하는 쌀(쌀가공품을 포함하며, 쌀에는 찹쌀, 현미 및 찐쌀을 포함한다. 이하 같다)

7. 배추김치(배추김치가공품을 포함한다)의 원료인 배추(얼갈이배추와 봄동배추를 포함한다. 이하 같다)와 고춧가루

7의2. 두부류(가공두부, 유바는 제외한다), 콩비지, 콩국수에 사용하는 콩(콩가공품을 포함한다. 이하 같다)

11 농수산물의 원산지 표시에 관한 법령상 A음식점은 배추김치의 고춧가루 원산지를 표시하지 않았으며, 매입일로부터 6개월간 구입한 원산지 표시대상 농산물의 영수증 등 증빙서류를 비치·보관하지 않아서 적발되었다. 이 A음식점에 부과할 과태료의 총 합산금액은? (단, 모두 1차 위반이며, 경감은 고려하지 않는다.)

① 30만 원　　　　② 50만 원　　　　③ 60만 원　　　　④ 100만 원

해설 1. 배추 또는 고춧가루의 원산지를 표시하지 않은 경우: 1차 위반 과태료 30만 원

2. 법 제8조를 위반하여 영수증이나 거래명세서 등을 비치·보관하지 않은 경우: 1차 위반 과태료 20만 원

위반행위	과태료			
	1차 위반	2차 위반	3차 위반	4차 이상 위반
가. 법 제5조제1항을 위반하여 원산지 표시를 하지 않은 경우	5만 원 이상 1,000만 원 이하			
나. 법 제5조제3항을 위반하여 원산지 표시를 하지 않은 경우				
1) 소고기의 원산지를 표시하지 않은 경우	100만 원	200만 원	300만 원	300만 원
2) 소고기 식육의 종류만 표시하지 않은 경우	30만 원	60만 원	100만 원	100만 원
3) 돼지고기의 원산지를 표시하지 않은 경우	30만 원	60만 원	100만 원	100만 원
4) 닭고기의 원산지를 표시하지 않은 경우	30만 원	60만 원	100만 원	100만 원
5) 오리고기의 원산지를 표시하지 않은 경우	30만 원	60만 원	100만 원	100만 원
6) 양고기 또는 염소고기의 원산지를 표시하지 않은 경우	품목별 30만 원	품목별 60만 원	품목별 100만 원	품목별 100만 원
7) 쌀의 원산지를 표시하지 않은 경우	30만 원	60만 원	100만 원	100만 원
8) 배추 또는 고춧가루의 원산지를 표시하지 않은 경우	30만 원	60만 원	100만 원	100만 원

정답 11 ②

위반행위	과태료			
	1차 위반	2차 위반	3차 위반	4차 이상 위반
9) 콩의 원산지를 표시하지 않은 경우	30만 원	60만 원	100만 원	100만 원
10) 넙치, 조피볼락, 참돔, 미꾸라지, 뱀장어, 낙지, 명태, 고등어, 갈치, 오징어, 꽃게, 참조기, 다랑어, 아귀 및 주꾸미의 원산지를 표시하지 않은 경우	품목별 30만 원	품목별 60만 원	품목별 100만 원	품목별 100만 원
11) 살아있는 수산물의 원산지를 표시하지 않은 경우	5만 원 이상 1,000만 원 이하			
다. 법 제5조제4항에 따른 원산지의 표시방법을 위반한 경우	5만 원 이상 1,000만 원 이하			
라. 법 제6조제4항을 위반하여 임대점포의 임차인 등 운영자가 같은 조 제1항 각 호 또는 제2항 각 호의 어느 하나에 해당하는 행위를 하는 것을 알았거나 알 수 있었음에도 방치한 경우	100만 원	200만 원	400만 원	400만 원
마. 법 제6조제5항을 위반하여 해당 방송채널 등에 물건 판매중개를 의뢰한 자가 같은 조 제1항 각 호 또는 제2항 각 호의 어느 하나에 해당하는 행위를 하는 것을 알았거나 알 수 있었음에도 방치한 경우	100만 원	200만 원	400만 원	400만 원
바. 법 제7조제3항을 위반하여 수거·조사·열람을 거부·방해하거나 기피한 경우	100만 원	300만 원	500만 원	500만 원
사. 법 제8조를 위반하여 영수증이나 거래명세서 등을 비치·보관하지 않은 경우	**20만 원**	**40만 원**	**80만 원**	**80만 원**
아. 법 제9조의2제1항에 따른 교육이수 명령을 이행하지 않은 경우	30만 원	60만 원	100만 원	100만 원
자. 법 제10조의2제1항을 위반하여 유통이력을 신고하지 않거나 거짓으로 신고한 경우				
1) 유통이력을 신고하지 않은 경우	50만 원	100만 원	300만 원	500만 원
2) 유통이력을 거짓으로 신고한 경우	100만 원	200만 원	400만 원	500만 원
차. 법 제10조의2제2항을 위반하여 유통이력을 장부에 기록하지 않거나 보관하지 않은 경우	50만 원	100만 원	300만 원	500만 원
카. 법 제10조의2제3항을 위반하여 유통이력 신고의무가 있음을 알리지 않은 경우	50만 원	100만 원	300만 원	500만 원
타. 법 제10조의3제2항을 위반하여 수거·조사 또는 열람을 거부·방해 또는 기피한 경우	100만 원	200만 원	400만 원	500만 원

12 농수산물 품질관리법령상 지리적표시품의 표시방법 등에 관한 설명으로 옳은 것은?

① 포장재 주 표시면의 중앙에 표시하되, 포장재 구조상 중앙에 표시하기 어려울 경우에는 표시위치를 변경할 수 있다.

② 표시사항 중 표준규격 등 다른 규정·법률에 따라 표시하고 있는 사항은 모두 표시하여야 한다.

③ 표지도형 하단의 "농림축산식품부"와 "MAFRA KOREA"의 글자는 녹색으로 한다.

④ 포장재 15kg을 기준으로 글자의 크기 중 등록명칭(한글, 영문)은 가로 2.0cm(57pt)×세로 2.5cm(71pt)이다.

해설

■ 농수산물 품질관리법 시행규칙 [별표 15]

지리적표시품의 표시(제60조 관련)

1. 지리적표시품의 표지

2. 제도법

　가. 도형표시

　　1) 표지도형의 가로의 길이(사각형의 왼쪽 끝과 오른쪽 끝의 폭: W)를 기준으로 세로의 길이는 0.95×W의 비율로 한다.

　　2) 표지도형의 흰색모양과 바깥 테두리(좌·우 및 상단부만 해당한다)의 간격은 0.1×W로 한다.

　　3) 표지도형의 흰색모양 하단부 좌측 태극의 시작점은 상단부에서 0.55×W 아래가 되는 지점으로 하고, 우측 태극의 끝점은 상단부에서 0.75×W 아래가 되는 지점으로 한다.

　나. 표지도형의 한글 및 영문 글자는 고딕체로 하고, 글자 크기는 표지도형의 크기에 따라 조정한다.

　다. 표지도형의 색상은 녹색을 기본색상으로 하고, 포장재의 색깔 등을 고려하여 파란색 또는 빨간색으로 할 수 있다.

　라. 표지도형 내부의 "지리적표시", "(PGI)" 및 "PGI"의 글자 색상은 표지도형 색상과 동일하게 하고, 하단의 "농림축산식품부"와 "MAFRA KOREA" 또는 "해양수산부"와 "MOF KOREA"의 글자는 흰색으로 한다.

　마. 배색 비율은 녹색 C80+Y100, 파란색 C100+M70, 빨간색 M100+Y100+K10으로 한다.

---

3. 표시사항

	등록 명칭:　　　(영문등록 명칭)
	지리적표시관리기관 명칭, 지리적표시 등록 제　　호
	생산자(등록법인의 명칭):
	주소(전화):
이 상품은 「농수산물 품질관리법」에 따라 지리적표시가 보호되는 제품입니다.	

	등록 명칭:　　　(영문등록 명칭)
	지리적표시관리기관 명칭, 지리적표시 등록 제　　호
	생산자(등록법인의 명칭):
	주소(전화):
이 상품은 「농수산물 품질관리법」에 따라 지리적표시가 보호되는 제품입니다.	

4. 표시방법

　가. 크기: 포장재의 크기에 따라 표지와 글자의 크기를 키우거나 줄일 수 있다.

　나. 위치: 포장재 주 표시면의 옆면에 표시하되, 포장재 구조상 옆면에 표시하기 어려울 경우에는 표시위치를 변경할 수 있다.

　다. 표시내용은 소비자가 쉽게 알아볼 수 있도록 인쇄하거나 스티커로 포장재에서 떨어지지 않도록 부착하여야 한다.

　라. 포장하지 않고 낱개로 판매하는 경우나 소포장 등으로 지리적표시품의 표지를 인쇄하거나 부착하기에 부적합한 경우에는 표지와 등록 명칭만 표시할 수 있다.

　마. 글자의 크기(포장재 15kg 기준)

　　1) 등록 명칭(한글, 영문): 가로 2.0cm(57pt.) × 세로 2.5cm(71pt.)

　　2) 등록번호, 생산자(등록법인의 명칭), 주소(전화): 가로 1cm(28pt.) × 세로 1.5cm(43pt.)

　　3) 그 밖의 문자: 가로 0.8cm(23pt.) × 세로 1cm(28pt.)

　바. 제3호의 표시사항 중 표준규격, 우수관리인증 등 다른 규정 또는 「양곡관리법」 등 다른 법률에 따라 표시하고 있는 사항은 그 표시를 생략할 수 있다.

13 농수산물 품질관리법령상 축산물을 제외한 농산물의 품질 향상과 안전한 농산물의 생산·공급을 위한 안전관리계획을 매년 수립·시행하여야 하는 자는?

① 식품의약품안전처장　　　　　　　② 농촌진흥청장

③ 농림축산식품부장관　　　　　　　④ 시·도지사

해설　**법 제60조(안전관리계획)**

　① 식품의약품안전처장은 농수산물(축산물은 제외한다. 이하 이 장에서 같다)의 품질 향상과 안전한 농수산물의 생산·공급을 위한 안전관리계획을 매년 수립·시행하여야 한다.

정답　13 ①

② 시·도지사 및 시장·군수·구청장은 관할 지역에서 생산·유통되는 농수산물의 안전성을 확보하기 위한 세부추진계획을 수립·시행하여야 한다.

③ 제1항에 따른 안전관리계획 및 제2항에 따른 세부추진계획에는 제61조에 따른 안전성조사, 제68조에 따른 위험평가 및 잔류조사, 농어업인에 대한 교육, 그 밖에 총리령으로 정하는 사항을 포함하여야 한다.

④ 삭제 〈2013. 3. 23.〉

⑤ 식품의약품안전처장은 시·도지사 및 시장·군수·구청장에게 제2항에 따른 세부추진계획 및 그 시행 결과를 보고하게 할 수 있다.

14 농수산물 품질관리법령상 안전성검사기관의 지정을 취소해야 하는 사유가 아닌 것은? (단, 경감은 고려하지 않는다.)

① 거짓으로 지정을 받은 경우
② 검사성적서를 거짓으로 내준 경우
③ 부정한 방법으로 지정을 받은 경우
④ 업무의 정지명령을 위반하여 계속 안전성조사 및 시험분석 업무를 한 경우

해설 **법 제65조(안전성검사기관의 지정 취소 등)**
식품의약품안전처장은 제64조제1항에 따른 안전성검사기관이 다음 각 호의 어느 하나에 해당하면 지정을 취소하거나 6개월 이내의 기간을 정하여 업무의 정지를 명할 수 있다. 다만, 제1호 또는 제2호에 해당하면 지정을 취소하여야 한다.
1. 거짓이나 그 밖의 부정한 방법으로 지정을 받은 경우
2. 업무의 정지명령을 위반하여 계속 안전성조사 및 시험분석 업무를 한 경우
3. 검사성적서를 거짓으로 내준 경우
4. 그 밖에 총리령으로 정하는 안전성검사에 관한 규정을 위반한 경우

15 농수산물 품질관리법령상 유전자변형농산물 표시의무자가 거짓표시 등의 금지를 위반하여 처분이 확정된 경우, 식품의약품안전처장이 지체 없이 식품의약품안전처의 인터넷 홈페이지에 게시해야 할 사항이 아닌 것은?

① 영업의 종류
② 위반 기간
③ 영업소의 명칭 및 주소
④ 처분권자, 처분일 및 처분내용

해설 **시행령 제22조(공표명령의 기준·방법 등)**
③ 식품의약품안전처장은 법 제59조제3항에 따라 지체 없이 다음 각 호의 사항을 식품의약품안전처의 인터넷 홈페이지에 게시하여야 한다.
1. "「농수산물 품질관리법」 위반사실의 공표"라는 내용의 표제
2. 영업의 종류

정답 14 ② 15 ②

3. 영업소의 명칭 및 주소
4. 농수산물의 명칭
5. 위반내용
6. 처분권자, 처분일 및 처분내용

16 농수산물 품질관리법령상 다음의 위반행위자 중 가장 무거운 처분기준(A)과 가장 가벼운 처분기준(B)에 해당하는 것은?

> ㄱ. 지리적표시품에 지리적표시품이 아닌 농산물을 혼합하여 판매한 자
> ㄴ. 유전자변형농산물의 표시를 한 농산물에 다른 농산물을 혼합하여 판매할 목적으로 보관 또는 진열한 유전자변형농산물 표시의무자
> ㄷ. 표준규격품의 표시를 한 농산물에 표준규격품이 아닌 농산물을 혼합하여 판매한 자
> ㄹ. 안전성조사 결과 생산단계 안전기준을 위반한 농산물에 대해 폐기처분 조치를 받고도 폐기조치를 이행하지 아니한 자

① A: ㄱ, B: ㄴ   ② A: ㄱ, B: ㄷ
③ A: ㄴ, B: ㄹ   ④ A: ㄷ, B: ㄹ

(해설) • ㄱ: 3년 이하의 징역 또는 3천만 원 이하의 벌금
  • ㄴ: 7년 이하의 징역 또는 1억 원 이하의 벌금
  • ㄷ: 3년 이하의 징역 또는 3천만 원 이하의 벌금
  • ㄹ: 1년 이하의 징역 또는 1천만 원 이하의 벌금

17 농수산물 유통 및 가격안정에 관한 법률에 따른 민영도매시장의 개설에 관한 사항이다. ( ) 안에 들어갈 숫자를 순서대로 나열한 것은?

> 시·도지사는 민간인등이 제반규정을 준수하여 제출한 민영도매시장 개설허가의 신청을 받은 경우 신청서를 받은 날부터 ( )일 이내에 허가 여부 또는 허가처리 지연 사유를 신청인에게 통보하여야 한다. 이때 허가처리 지연 사유를 통보하는 경우에는 허가처리 기간을 ( )일 범위에서 한 번만 연장할 수 있다.

① 30, 10   ② 45, 30   ③ 60, 30   ④ 90, 45

(해설) 법 제47조(민영도매시장의 개설)
 ⑤ 시·도지사는 제2항에 따른 민영도매시장 개설허가의 신청을 받은 경우 신청서를 받은 날부터 30일 이내(이하 "허가처리 기간"이라 한다)에 허가 여부 또는 허가처리 지연 사유를 신청인에게 통보하여야 한다. 이 경우 허가처리 기간에 허가 여부 또는 허가처리 지연 사유를 통보하지 아니하면 허가처리 기간의 마지막 날의 다음 날에 허가를 한 것으로 본다.

정답 **16** ③ **17** ①

18 농수산물 유통 및 가격안정에 관한 법령상 도매시장 개설자가 거래관계자의 편익과 소비자 보호를 위하여 이행하여야 하는 사항으로 옳지 않은 것은?

① 도매시장 시설의 정비·개선과 합리적인 관리

② 경쟁촉진과 공정한 거래질서의 확립 및 환경개선

③ 도매시장법인 간의 인수와 합병 명령

④ 상품성 향상을 위한 규격화, 포장개선 및 선도 유지의 촉진

해설 법 제20조(도매시장 개설자의 의무)

① 도매시장 개설자는 거래 관계자의 편익과 소비자 보호를 위하여 다음 각 호의 사항을 이행하여야 한다.
   1. 도매시장 시설의 정비·개선과 합리적인 관리
   2. 경쟁 촉진과 공정한 거래질서의 확립 및 환경 개선
   3. 상품성 향상을 위한 규격화, 포장 개선 및 선도(鮮度) 유지의 촉진

② 도매시장 개설자는 제1항 각 호의 사항을 효과적으로 이행하기 위하여 이에 대한 투자계획 및 거래제도 개선방안 등을 포함한 대책을 수립·시행하여야 한다.

19 농수산물 유통 및 가격안정에 관한 법령상 농림축산식품부장관이 하는 가격예시에 관한 설명으로 옳은 것은?

① 주요농산물의 수급조절과 가격안정을 위하여 해당 농산물의 수확기 이전에 하한가격을 예시할 수 있다.

② 가격예시의 대상품목은 계약생산 또는 계약출하를 하는 농산물로서 농림축산식품부장관이 지정하는 품목으로 한다.

③ 예시가격을 결정할 때에는 미리 공정거래위원장과 협의하여야 한다.

④ 예시가격을 지지하기 위하여 농산물 도매시장을 통합하는 정책을 추진하여야 한다.

해설 ① 주요 농수산물의 수급조절과 가격안정을 위하여 필요하다고 인정할 때에는 해당 농산물의 파종기 또는 수산물의 종자입식 시기 이전에 생산자를 보호하기 위한 하한가격[이하 "예시가격"(豫示價格)이라 한다]을 예시할 수 있다.

③ 미리 기획재정부장관과 협의하여야 한다.

④ 예시가격지지 정책으로 도매시장 통합정책은 없다.

정리 법 제8조(가격 예시)

① 농림축산식품부장관 또는 해양수산부장관은 농림축산식품부령 또는 해양수산부령으로 정하는 주요 농수산물의 수급조절과 가격안정을 위하여 필요하다고 인정할 때에는 해당 농산물의 파종기 또는 수산물의 종자입식 시기 이전에 생산자를 보호하기 위한 하한가격[이하 "예시가격"(豫示價格)이라 한다]을 예시할 수 있다.

② 농림축산식품부장관 또는 해양수산부장관은 제1항에 따라 예시가격을 결정할 때에는 해당 농산물의 농림업관측, 주요 곡물의 국제곡물관측 또는 「수산물 유통의 관리 및 지원에 관한 법률」 제38조에 따른 수산업관측(이하 이 조에서 "수산업관측"이라 한다) 결과, 예상 경영비, 지역별 예상 생산량 및 예상 수급상황 등을 고려하여야 한다.

③ 농림축산식품부장관 또는 해양수산부장관은 제1항에 따라 예시가격을 결정할 때에는 미리 <u>기획재정부장관과 협의</u>하여야 한다.

④ 농림축산식품부장관 또는 해양수산부장관은 제1항에 따라 가격을 예시한 경우에는 예시가격을 지지(支持)하기 위하여 다음 각 호의 사항 등을 연계하여 적절한 시책을 추진하여야 한다.

1. 제5조에 따른 농림업관측·국제곡물관측 또는 수산업관측의 지속적 실시
2. 제6조 또는 「수산물 유통의 관리 및 지원에 관한 법률」 제39조에 따른 계약생산 또는 계약출하의 장려
3. 제9조 또는 「수산물 유통의 관리 및 지원에 관한 법률」 제40조에 따른 수매 및 처분
4. 제10조에 따른 유통협약 및 유통조절명령
5. 제13조 또는 「수산물 유통의 관리 및 지원에 관한 법률」 제41조에 따른 비축사업

20 농수산물 유통 및 가격안정에 관한 법률상 공판장과 민영도매시장에 관한 설명으로 옳지 않은 것은?

① 농업협동조합중앙회가 개설한 공판장은 농협경제지주회사 및 그 자회사가 개설한 것으로 본다.
② 도매시장공판장은 농림수협등의 유통자회사로 하여금 운영하게 할 수 있다.
③ 민영도매시장의 경매사는 민영도매시장의 개설자가 임면한다.
④ 공판장의 시장도매인은 공판장의 개설자가 지정한다.

───────────────────────────────

(해설) **법 제44조(공판장의 거래 관계자)**

① 공판장에는 중도매인, 매매참가인, 산지유통인 및 경매사를 둘 수 있다.
② 공판장의 중도매인은 공판장의 개설자가 지정한다. 이 경우 중도매인의 지정 등에 관하여는 제25조제3항 및 제4항을 준용한다.
③ 농수산물을 수집하여 공판장에 출하하려는 자는 공판장의 개설자에게 산지유통인으로 등록하여야 한다. 이 경우 산지유통인의 등록 등에 관하여는 제29조제1항 단서 및 같은 조 제3항부터 제6항까지의 규정을 준용한다.
④ 공판장의 경매사는 공판장의 개설자가 임면한다. 이 경우 경매사의 자격기준 및 업무 등에 관하여는 제27조제2항부터 제4항까지 및 제28조를 준용한다.

21 농수산물 유통 및 가격안정에 관한 법령상 도매시장법인이 겸영사업(선별, 배송등)을 할 수 있는 경우는? (단, 다른 사항은 고려하지 않는다.)

① 부채비율이 250퍼센트인 경우

② 유동부채비율이 150퍼센트인 경우

③ 유동비율이 50퍼센트인 경우

④ 당기순손실이 3개 회계연도 계속하여 발생한 경우

해설 시행규칙 제34조(도매시장법인의 겸영)

① 법 제35조제4항 단서에 따른 농수산물의 선별·포장·가공·제빙(製氷)·보관·후숙(後熟)·저장·수출입·배송(도매시장법인이나 해당 도매시장 중도매인의 농수산물 판매를 위한 배송으로 한정한다) 등의 사업(이하 이 조에서 "겸영사업"이라 한다)을 겸영하려는 도매시장법인은 다음 각 호의 요건을 충족하여야 한다. 이 경우 제1호부터 제3호까지의 기준은 직전 회계연도의 대차대조표를 통하여 산정한다.

1. 부채비율(부채/자기자본×100)이 300퍼센트 이하일 것
2. 유동부채비율(유동부채/부채총액×100)이 100퍼센트 이하일 것
3. 유동비율(유동자산/유동부채×100)이 100퍼센트 이상일 것
4. 당기순손실이 2개 회계연도 이상 계속하여 발생하지 아니할 것

② 도매시장법인은 겸영사업을 하려는 경우에는 그 겸영사업 개시 전에 겸영사업의 내용 및 계획을 해당 도매시장 개설자에게 알려야 한다. 이 경우 도매시장법인이 해당 도매시장 외의 장소에서 겸영사업을 하려는 경우에는 겸영하려는 사업장 소재지의 시장(도매시장 개설자와 다른 경우에만 해당한다)·군수 또는 자치구의 구청장에게도 이를 알려야 한다.

③ 도매시장법인은 겸영사업을 하는 경우 전년도 겸영사업 실적을 매년 3월 31일까지 해당 도매시장 개설자에게 제출하여야 한다.

---

22 농수산물 유통 및 가격안정에 관한 법령상 산지유통인에 관한 설명으로 옳지 않은 것은?

① 산지유통인은 등록된 도매시장에서 농산물의 출하업무 외에 중개업무를 할 수 있다.

② 농수산물도매시장·농수산물공판장 또는 민영농수산물도매시장의 개설자에게 등록하여야 한다.

③ 주산지협의체의 위원이 될 수 있다.

④ 도매시장법인의 주주는 해당 도매시장에서 산지유통인의 업무를 하여서는 아니 된다.

해설 제29조(산지유통인의 등록)

① 농수산물을 수집하여 도매시장에 출하하려는 자는 농림축산식품부령 또는 해양수산부령으로 정하는 바에 따라 <u>부류별로 도매시장 개설자에게 등록하여야 한다.</u> 다만, 다음 각 호의 어느 하나에 해당하는 경우에는 그러하지 아니하다.

1. 생산자단체가 구성원의 생산물을 출하하는 경우
2. 도매시장법인이 제31조제1항 단서에 따라 매수한 농수산물을 상장하는 경우

정답 21 ① 22 ①

3. 중도매인이 제31조제2항 단서에 따라 비상장 농수산물을 매매하는 경우
4. 시장도매인이 제37조에 따라 매매하는 경우
5. 그 밖에 농림축산식품부령 또는 해양수산부령으로 정하는 경우

② 도매시장법인, 중도매인 및 이들의 주주 또는 임직원은 해당 도매시장에서 산지유통인의 업무를 하여서는 아니 된다.

③ 도매시장 개설자는 이 법 또는 다른 법령에 따른 제한에 위반되는 경우를 제외하고는 제1항에 따라 등록을 하여주어야 한다.

④ 산지유통인은 등록된 도매시장에서 농수산물의 출하업무 외의 판매·매수 또는 중개업무를 하여서는 아니 된다.

⑤ 도매시장 개설자는 제1항에 따라 등록을 하여야 하는 자가 등록을 하지 아니하고 산지유통인의 업무를 하는 경우에는 도매시장에의 출입을 금지·제한하거나 그 밖에 필요한 조치를 할 수 있다.

⑥ 국가나 지방자치단체는 산지유통인의 공정한 거래를 촉진하기 위하여 필요한 지원을 할 수 있다.

23 농수산물 유통 및 가격안정에 관한 법령상 주산지의 지정 등에 관한 설명으로 옳지 않은 것은?

① 시·도지사는 주요 농산물을 생산하는 자에 대하여 기술지도 등 필요한 지원을 할 수 있다.

② 주요 농산물의 재배면적은 농림축산식품부장관이 고시하는 면적 이상이어야 한다.

③ 주요 농산물의 출하량은 농림축산식품부장관이 고시하는 수량 이상이어야 한다.

④ 주요 농산물의 생산지역의 지정은 시·군·구 단위로 한정된다.

해설 **시행령 제4조(주산지의 지정·변경 및 해제)**
① 법 제4조제1항에 따른 주요 농수산물의 생산지역이나 생산수면(이하 "주산지"라 한다)의 지정은 읍·면·동 또는 시·군·구 단위로 한다.
② 특별시장·광역시장·특별자치시장·도지사 또는 특별자치도지사(이하 "시·도지사"라 한다)는 제1항에 따라 주산지를 지정하였을 때에는 이를 고시하고 농림축산식품부장관 또는 해양수산부장관에게 통지하여야 한다.
③ 법 제4조제4항에 따른 주산지 지정의 변경 또는 해제에 관하여는 제1항 및 제2항을 준용한다.

24 농수산물 유통 및 가격안정에 관한 법령상 농산물의 유통조절명령에 관한 설명으로 옳은 것은?

① 농산물수급조절위원회와의 협의를 거쳐 농림축산식품부장관이 발한다.

② 생산자단체가 유통명령을 요청할 경우 해당 생산자단체 출석회원 과반수의 찬성을 얻어야 한다.

③ 기획재정부장관이 예상 수요량을 감안하여 유통명령의 발령 기준을 고시한다.

④ 유통명령을 하는 이유, 대상품목, 대상자, 유통조절방법 등 대통령령으로 정하는 사항이 포함되어야 한다.

① 공정거래위원회와 협의를 거쳐

② 농수산물의 생산자등의 대표나 해당 생산자단체의 재적회원 3분의 2 이상의 찬성을 받아야 한다.

③ 유통명령을 하기 위한 기준과 구체적 절차, 유통명령을 요청할 수 있는 생산자등의 조직과 구성 및 운영방법 등에 관하여 필요한 사항은 농림축산식품부령 또는 해양수산부령으로 정한다.

법 제10조(유통협약 및 유통조절명령)

① 주요 농수산물의 생산자, 산지유통인, 저장업자, 도매업자·소매업자 및 소비자 등(이하 "생산자등"이라 한다)의 대표는 해당 농수산물의 자율적인 수급조절과 품질향상을 위하여 생산조정 또는 출하조절을 위한 협약(이하 "유통협약"이라 한다)을 체결할 수 있다.

② 농림축산식품부장관 또는 해양수산부장관은 부패하거나 변질되기 쉬운 농수산물로서 농림축산식품부령 또는 해양수산부령으로 정하는 농수산물에 대하여 현저한 수급 불안정을 해소하기 위하여 특히 필요하다고 인정되고 농림축산식품부령 또는 해양수산부령으로 정하는 생산자등 또는 생산자단체가 요청할 때에는 공정거래위원회와 협의를 거쳐 일정 기간 동안 일정 지역의 해당 농수산물의 생산자등에게 생산조정 또는 출하조절을 하도록 하는 유통조절명령(이하 "유통명령"이라 한다)을 할 수 있다.

③ 유통명령에는 유통명령을 하는 이유, 대상 품목, 대상자, 유통조절방법 등 대통령령으로 정하는 사항이 포함되어야 한다.

④ 제2항에 따라 생산자등 또는 생산자단체가 유통명령을 요청하려는 경우에는 제3항에 따른 내용이 포함된 요청서를 작성하여 이해관계인·유통전문가의 의견수렴 절차를 거치고 해당 농수산물의 생산자등의 대표나 해당 생산자단체의 재적회원 3분의 2 이상의 찬성을 받아야 한다.

⑤ 제2항에 따른 유통명령을 하기 위한 기준과 구체적 절차, 유통명령을 요청할 수 있는 생산자등의 조직과 구성 및 운영방법 등에 관하여 필요한 사항은 농림축산식품부령 또는 해양수산부령으로 정한다.

시행규칙 제11조의2(유통명령의 발령기준 등)

법 제10조제5항에 따른 유통명령을 발하기 위한 기준은 다음 각 호의 사항을 고려하여 농림축산식품부장관 또는 해양수산부장관이 정하여 고시한다.

1. 품목별 특성
2. 법 제5조에 따른 관측 결과 등을 반영하여 산정한 예상 가격과 예상 공급량

25 농수산물 유통 및 가격안정에 관한 법령상 대통령령으로 정하는 농산물의 유통구조개선 및 가격안정과 종자산업의 진흥을 위하여 필요한 사업 중 농산물가격안정기금에서 지출할 수 있는 사업으로 옳지 않은 것은?

① 종자산업의 진흥과 관련된 우수 유전자원의 수집 및 조사·연구

② 농산물의 유통구조 개선 및 가격안정사업과 관련된 해외시장개척

③ 식량작물의 유통구조 개선을 위한 생산자의 공동이용시설에 대한 지원

④ 농산물 가격안정을 위한 안전성 강화와 관련된 검사·분석시설 지원

해설 법 제57조(기금의 용도)

① 기금은 다음 각 호의 사업을 위하여 필요한 경우에 융자 또는 대출할 수 있다.
　1. 농산물의 가격조절과 생산·출하의 장려 또는 조절
　2. 농산물의 수출 촉진
　3. 농산물의 보관·관리 및 가공
　4. 도매시장, 공판장, 민영도매시장 및 경매식 집하장(제50조에 따른 농수산물집하장 중 제33조에 따른 경매 또는 입찰의 방법으로 농수산물을 판매하는 집하장을 말한다)의 출하촉진·거래대금정산·운영 및 시설 설치
　5. 농산물의 상품성 향상
　6. 그 밖에 농림축산식품부장관이 농산물의 유통구조 개선, 가격안정 및 종자산업의 진흥을 위하여 필요하다고 인정하는 사업

② 기금은 다음 각 호의 사업을 위하여 지출한다.
　1. 「농수산자조금의 조성 및 운용에 관한 법률」 제5조에 따른 농수산자조금에 대한 출연 및 지원
　2. 제9조, 제9조의2, 제13조 및 「종자산업법」 제22조에 따른 사업 및 그 사업의 관리
　2의2. 제12조에 따른 유통명령 이행자에 대한 지원
　3. 기금이 관리하는 유통시설의 설치·취득 및 운영
　4. 도매시장 시설현대화 사업 지원
　5. 그 밖에 대통령령으로 정하는 농산물의 유통구조 개선 및 가격안정과 종자산업의 진흥을 위하여 필요한 사업

③ 제1항에 따른 기금의 융자를 받을 수 있는 자는 농업협동조합중앙회(농협경제지주회사 및 그 자회사를 포함한다), 산림조합중앙회 및 한국농수산식품유통공사로 하고, 대출을 받을 수 있는 자는 농림축산식품부장관이 제1항 각 호에 따른 사업을 효율적으로 시행할 수 있다고 인정하는 자로 한다.

④ 기금의 대출에 관한 농림축산식품부장관의 업무는 제3항에 따라 기금의 융자를 받을 수 있는 자에게 위탁할 수 있다.

⑤ 기금을 융자받거나 대출받은 자는 융자 또는 대출을 할 때에 지정한 목적 외의 목적에 그 융자금 또는 대출금을 사용할 수 없다.

시행령 제23조(기금의 지출 대상사업)

법 제57조제2항제5호에 따라 기금에서 지출할 수 있는 사업은 다음 각 호와 같다.
1. 농산물의 가공·포장 및 저장기술의 개발, 브랜드 육성, 저온유통, 유통정보화 및 물류 표준화의 촉진
2. 농산물의 유통구조 개선 및 가격안정사업과 관련된 조사·연구·홍보·지도·교육훈련 및 해외시장 개척
3. 종자산업의 진흥과 관련된 우수 종자의 품종육성·개발, 우수 유전자원의 수집 및 조사·연구
4. 식량작물과 축산물을 제외한 농산물의 유통구조 개선을 위한 생산자의 공동이용시설에 대한 지원
5. 농산물 가격안정을 위한 안전성 강화와 관련된 조사·연구·홍보·지도·교육훈련 및 검사·분석시설 지원

26 원예작물이 속한 과(科, family)로 옳지 않은 것은?

① 아욱과: 무궁화　　　　　　　　② 국화과: 상추

③ 장미과: 블루베리　　　　　　　④ 가지과: 파프리카

해설　블루베리는 쌍떡잎식물 진달래목 진달래과의 관목이다.

정리　• 아욱과: 접시꽃, 목화, 닥풀, 무궁화

　　　• 국화과: 상추, 국화, 과꽃, 코스모스, 거베라, 다알리아, 매리골드, 머위, 백일홍

　　　• 장미과: 사과나무, 벚나무, 조팝나무, 장미

　　　• 가지과: 파프리카, 가지, 감자, 고추, 담배, 토마토

　　　• 진달래과: 블루베리, 진달래, 철쭉, 참꽃나무

27 원예작물과 주요 기능성 물질의 연결이 옳지 않은 것은?

① 토마토 - 엘라테린(elaterin)　　② 수박 - 시트룰린(citrulline)

③ 우엉 - 이눌린(inulin)　　　　　④ 포도 - 레스베라트롤(resveratrol)

해설　엘라테린은 오이에 함유된 물질로서 숙취해소의 효능이 있다.

정리　원예작물의 주요 기능성 물질

원예작물	주요 기능성 물질	효능
고추	캡사이신	암세포 증식 억제
토마토	라이코펜	항산화작용, 노화 방지
	루틴	혈압 강하
수박	시트룰린	이뇨작용 촉진
오이	엘라테린	숙취 해소
마늘	알리인	살균작용, 항암작용
양파	케르세틴	고혈압 예방, 항암작용
	디설파이드	혈액응고 억제
상추	락투신	진통효과
딸기	메틸살리실레이트	신경통 치료, 루마티즈 치료
	엘러진 산	항암작용
생강	시니그린	해독작용
우엉	이눌린	변비 완화, 소화기능 개선, 당뇨 예방
포도	레스베라트롤	항암 및 항산화작용, 혈청 콜레스톨 개선

• 이눌린은 국화과의 땅속줄기, 달리아의 알 뿌리, 우엉 뿌리 등에 함유되어 있다.

• 레스베라트롤은 포도, 오디, 땅콩, 베리 등에 함유되어 있다.

정답　26 ③　27 ①

28 양지식물을 반음지에서 재배할 때 나타나는 현상으로 옳지 않은 것은?

① 잎이 넓어지고 두께가 얇아진다.

② 뿌리가 길게 신장하고, 뿌리털이 많아진다.

③ 줄기가 가늘어지고 마디 사이는 길어진다.

④ 꽃의 크기가 작아지고, 꽃수가 감소한다.

해설 양지식물을 반음지에서 재배하면 뿌리가 지표면에서 옆으로 뻗는 경향이 있다.

정리 **양지식물(sun plant)**
(1) 양지식물의 의의
  ① 내음성(耐陰性)이 약하고, 양지에서 활발하게 생육하는 식물로서 소나무, 자작나무 등이 이에 속한다.
  ② 양지식물은 음지식물에 대응되는 용어이다. 음지식물은 충분히 무성한 삼림의 임상(林床)과 같은
    약광조건에서도 생육이 가능하나, 양지식물은 태양의 직사광선 아래와 같은 충분한 광조건에서 잘
    생육하고 약광조건에서는 생육이 나빠지거나 또는 불가능하다.
(2) 양엽과 음엽
  ① 밀도가 높은 숲에서 자라는 나무를 생각해 보자. 나무 꼭대기에서 강한 빛을 받으며 자라는 잎을
    양엽(陽葉)이라고 하고, 숲의 바닥에서 흐린 빛을 받으며 자란 잎을 음엽(陰葉)이라고 한다. 양엽과
    음엽은 동일한 식물에서도 형성될 수 있다.
  ② 양엽과 음엽은 구조가 다르다. 음엽에 비해 양엽은 엽육조직(울타리 조직과 해면조직)이 더 크고
    엽육조직에 더 많은 엽록체가 내포되어 있다.
  ③ 음엽에 비해 양엽은 울타리 조직(책상조직, 잎의 앞 표피 바로 아래)이 더 발달되어 있다.
  ④ 잎의 크기는 양엽은 음엽보다 더 작고, 잎의 두께는 양엽이 음엽보다 더 뚜껍다.
  ⑤ 양엽의 엽록체는 음엽의 엽록체보다 크기는 작고, 수량은 더 많다.
  ⑥ 양엽은 음엽보다 더 빠르게 탄소를 고정하고, 호흡도 더 빠르다.
(3) 양지식물의 광합성 작용
  ① 음지식물보다 광포화점이 높고, 또 광보상점도 높다.
  ② 음지식물보다 광포화점에서의 광합성량은 더 많다.
(4) 양지, 반양지, 반음지, 음지
  ① 양지(陽地)는 빛이 바로 드는 곳으로서 하루에 5시간 이상 직접적인 빛을 받을 수 있는 장소이다.
  ② 반양지(半陽地)는 겨울철에 하루에 2시간 정도 직접적인 햇빛을 받을 수 있는 장소이다. 그 외 시
    간 중 대부분은 반사광이나 간접적인 빛을 받는 장소인데 대부분의 꽃식물이 이 조건에서 꽃을
    피운다.
  ③ 반음지(半陰地)는 직접적인 빛은 전혀 없지만 밝고 간접적인 빛을 많이 받을 수 있는 장소이며,
    반그늘이라고도 한다. 주로 망사커튼을 통과한 빛이나 나무 밑 정도의 밝기를 말한다. 대다수의
    관엽식물이 좋아하는 조건이라고 할 수 있다.
  ④ 음지(陰地)는 그늘을 말하는데 직접적인 빛은 거의 들지 않고 정오에도 약간은 어두운 장소이다(연
    한 그림자가 생길만큼의 간접광은 존재한다).

정답 28 ②

29 DIF에 관한 설명으로 옳지 않은 것은?

① 주야간 온도 차이를 의미하며 낮 온도에서 밤 온도를 뺀 값이다.

② DIF의 적용 범위는 식물체의 생육 적정온도 내에서 이루어져야 한다.

③ 분화용 포인세티아, 국화, 나팔나리의 초장조절에 이용된다.

④ 정(+)의 DIF는 식물의 GA 생합성을 감소시켜 절간신장을 억제한다.

해설 DIF(+, 0, −)는 초장에 영향을 준다. +DIF는 초장을 신장시키고, −DIF는 억제시킨다.

정리 **DIF**

1. DIF의 의의

(1) DIF란 주온(DT)에서 야온(NT)을 뺀 것을 나타내는 말로서, 영어의 difference의 제일 처음 3자를 따서 이름 붙인 것이다. DIF=DT−NT

(2) 주온이 야온보다 높을 때를 정(+)의 DIF, 주온이 야온보다 낮을 때를 부(−)의 DIF, 주간과 야간의 온도가 같을 때를 영(0)의 DIF라 한다.

(3) DIF에 따라 식물의 초장, 발육속도 및 개화가 다르다.

① 실질적인 초장 및 발육조절에는 주온과 야온 그 자체가 아니라 두 온도의 차이가 결정적인 역할을 한다.

② 주온과 야온이 다를지라도 같은 DIF에서 생장한 식물은 최종적으로는 같은 초장으로 된다. 예를 들면 주온 12℃, 야온 15℃에서 생장한 식물은 주온 20℃, 야온 23℃에서 생장한 식물과 개화시에는 초장이 똑같게 된다. 주온 20℃, 야온 23℃에서 생장한 식물은 평균온도가 높기 때문에 전자보다 빨리 생장하지만 개화시의 마디길이는 주온 12℃, 야온 15℃에서 생장한 식물과 같다. 두 경우 모두 DIF는 −3이기 때문이다.

③ DIF는 초장에 영향을 준다. +DIF는 초장을 신장시키고, −DIF는 초장을 억제시킨다. 초장은 주간의 온도가 높을수록 길어지고, 야간온도가 높을수록 짧아진다.

④ 개화에 있어서는 DIF, 주온이나 야온 단독 또는 양쪽 모두가 영향을 미친다.

2. DIF의 실제적인 응용

(1) 미국에서는 포인세티아, 시클라멘, 베고니아, 페튜니아, 후쿠시아 등의 생산에 DIF 개념이 효과적으로 응용되고 있다.

(2) 최근 일본에서는 조직배양에 DIF를 응용하고 있다.

(3) 고온하에서 초장이 길어진 식물에 대해 야온을 낮게 하면 절간장은 억제되지 않고 오히려 촉진된다. 야온을 낮추면 평균온도가 내려감으로 식물의 발육속도는 저하하지만, 절간장은 증가한다. 이것은 DIF가 정(+)으로 되기 때문이다.

(4) 주・야간 온도 조절(DIF 조절)을 통해 절간장을 조절할 수 있다.

(5) 대다수 종류의 식물은 DIF에 반응하나 튤립, 수선, 히야신스, 과꽃, 프렌치메리골드, 호박, 도라지 등은 예외로 반응이 적거나 없다.

(6) +에서 −DIF로 변함에 따라 황화현상이 발생할 수 있다. 이는 엽록소 함량이 DIF의 영향을 받기 때문이다.

(7) DIF가 증가하면 잎은 보다 상향으로 된다.

(8) DIF에 대한 식물의 반응은 아주 빠르며, 신장, 잎의 기울기, 잎의 엽록소 함량 등은 식물이 받는 DIF에 대해 하루 단위로 반응한다.

정답 29 ④

(9) 일출시에 온도를 내리면 한낮에 온도를 내리는 것보다도 절간장을 보다 효과적으로 억제시키는 것이 가능하다.

3. DIF의 한계

DIF가 온도선택을 복잡하게 한다.

초장을 조절하려고 DIF를 도입하려 하면 온도의 결정이 복잡해진다. DIF를 바꾸면 일 평균온도도 바뀌게 되어 화아분화에 영향을 주기 때문에 각 작물의 개화와 발육에 필요한 온도가 몇 ℃인가를 미리 파악하여 DIF를 적용하여야 한다.

30 구근 화훼류를 모두 고른 것은?

| ㄱ. 거베라 | ㄴ. 튤립 | ㄷ. 칼랑코에 |
| ㄹ. 다알리아 | ㅁ. 프리지아 | ㅂ. 안스리움 |

① ㄱ, ㄴ, ㅁ 　　　　② ㄱ, ㄷ, ㅂ
③ ㄴ, ㄹ, ㅁ 　　　　④ ㄷ, ㄹ, ㅂ

해설 튤립, 다알리아, 프리지아는 구근 화훼류에 해당된다.

정리 화훼의 분류

생육습성에 따른 분류	초화(일년초)	채송화, 봉선화, 접시꽃, 맨드라미, 나팔꽃, 코스모스, 스토크
	숙근초화	국화, 옥잠화, 작약, 카네이션, 스타티스
	구근초화	글라디올러스, 백합, 튤립, 칸나, 수선화
	화목류	목련, 개나리, 진달래, 무궁화, 장미, 동백나무
화성유도(花成誘導)에 필요한 일장(日長)에 따른 분류	장일성(長日性)	글라디올러스, 시네라리아, 금어초
	단일성(短日性)	코스모스, 국화, 포인세티아
	중간성	카네이션, 튤립, 시클라멘
수습(水濕)의 요구도에 따른 분류	건생	채송화, 선인장
	습생	물망초, 꽃창포
	수생	연

정답 30 ③

31 포인세티아 재배에서 자연 일장이 짧은 시기에 전조처리를 하는 목적은?

① 휴면 타파　　　　　　　　　　② 휴면 유도

③ 개화 촉진　　　　　　　　　　④ 개화 억제

해설 포인세티아는 단일상태에서 화성이 촉진되는 단일식물이다. 따라서 전조처리를 하면 개화가 억제된다.

정리 **일장효과**

(1) 일장(日長, day-length)이란 하루 24시간 중 낮의 길이를 말한다. 일반적으로 일장이 14시간 이상일 때를 장일(long-day), 12시간 이하일 때를 단일(short-day)이라고 한다.

(2) 일장은 식물의 화아분화, 개화 등에 영향을 미치는데 이러한 현상을 일장효과라고 한다.

(3) 식물의 화성을 유도할 수 있는 일장을 유도일장(誘導日長)이라고 하고, 화성을 유도할 수 없는 일장을 비유도일장이라고 하며, 유도일장과 비유도일장의 경계가 되는 일장을 한계일장이라고 한다. 한계일 장은 식물에 따라 다르다.

(4) 장일상태에서 화성이 촉진되는 식물을 장일식물이라고 한다. 장일식물의 최적일장과 유도일장은 장 일 쪽에 있고 한계일장은 단일 쪽에 있다. 시금치, 양파, 양귀비, 상추, 감자 등은 장일식물이다.

(5) 단일상태에서 화성이 촉진되는 식물을 단일식물이라고 한다. 단일식물의 최적일장과 유도일장은 단 일 쪽에 있고 한계일장은 장일 쪽에 있다. 국화, 콩, 코스모스, 나팔꽃, 사르비아, 칼랑코에, 포인세티 아 등은 단일식물이다.

(6) 일정한 한계일장이 없고 화성은 일장에 영향을 받지 않는 식물을 중성식물(중일성식물)이라고 한다. 고추, 강낭콩, 토마토 등은 중성식물이다.

(7) 특정한 일장에서만 화성이 유도되는 식물로서 2개의 명백한 한계일장이 존재하는 식물을 정일성식물 (定日性植物, 중간식물)이라고 한다.

(8) 처음 일정기간은 장일이고, 뒤의 일정기간은 단일이 되어야 화성이 유도되는 식물을 장단일식물이라 고 한다. 밤에 피는 쟈스민은 대표적인 장단일식물이다.

(9) 처음 일정기간은 단일이고, 뒤의 일정기간은 장일이 되어야 화성이 유도되는 식물을 단장일식물이라 고 한다. 프리뮬러, 딸기 등은 대표적인 단장일식물이다.

(10) 일장효과의 농업적 이용은 다음과 같다.

　① 고구마의 순을 나팔꽃에 접목하여 단일처리를 하면 고구마 꽃의 개화가 유도되어 교배육종이 가능 해진다.

　② 개화기가 다른 두 품종 간에 교배를 하고자 할 경우 일장처리에 의해 두 품종이 거의 동시에 개화 하도록 조절할 수 있다.

　③ 국화를 단일처리에 의해 촉성재배하거나, 장일처리에 의해 억제재배하여 연중 개화시킬 수 있다.

　④ 삼은 단일에 의해 성전환이 된다. 이를 이용하여 섬유질이 좋은 암그루만 생산할 수 있다.

　⑤ 장일은 시금치의 추대를 촉진한다.

　⑥ 양파나 마늘의 인경은 장일에서 발육이 조장된다.

　⑦ 단일은 마늘의 2차생장(벌마늘)을 증가시킨다.

　⑧ 고구마의 덩이뿌리, 감자의 덩이줄기 등은 단일에서 발육이 조장된다.

　⑨ 만생종 양파는 조생종에 비해 인경비대에 요하는 일장이 길다.

　⑩ 단일조건에서 오이의 암꽃 착생비율이 높아진다.

정답 31 ④

32 종자번식과 비교할 때 영양번식의 장점이 아닌 것은?

① 모본의 유전적인 형질이 그대로 유지된다.

② 화목류의 경우 개화까지의 기간을 단축할 수 있다.

③ 번식재료의 원거리 수송과 장기저장이 용이하다.

④ 불임성이나 단위결과성 화훼류를 번식할 수 있다.

해설 원거리 수송과 장기저장이 용이한 것은 종자번식의 장점이다.

정리 (1) 종자번식의 장·단점

① 장점

㉠ 한 번에 많은 개체수를 얻을 수 있어 육묘비용이 저렴하다.

㉡ 영양번식에 비해 발육이 왕성하다.

㉢ 종자 수송이 용이하다.

② 단점

㉠ 양성된 개체(묘) 사이에는 상당한 변이(變異)가 나타날 수 있다.

㉡ 불임성과 단위결과성 식물은 종자번식이 어렵다.

• 불임성(不姙性)이란 작물의 생식과정에서 유전적 원인이나 환경적 원인 등으로 인하여 종자를 만들지 못하는 것을 말한다. 유전적 원인에 의한 불임성을 유전적 불임성이라고 하는데 유전적 불임성에는 자가불화합성과 웅성불임이 있다. 자가불화합성(自家不和合性)은 암수의 생식기관에는 형태적·기능적으로 전혀 이상이 없음에도 불구하고 자기 꽃가루의 수분에 의해서는 수정이 되지 않는 것을 말하며, 웅성불임(雄性不姙)은 웅성세포(雄性細胞)인 꽃가루가 아예 생기기 않거나 있어도 기능이 상실되어 수정이 되지 않는 것을 말한다.

• 단위결과성(單爲結果性)이란 수정되지 않고 과실이 비대하게 형성되는 현상을 말한다. 단위결과(單爲結果) 유기를 위해서 옥신계통의 생장조절물질인 NAA, 2,4-D와 지베렐린 등이 사용되기도 한다.

㉢ 목본류의 경우는 개화까지의 기간이 오래 걸리기 때문에 종자번식에 많은 시간이 걸린다. 목본류란 목질부를 형성하여 부피생장을 하는 작물을 말한다. 줄기, 뿌리, 잎 등 각 기관을 관통하는 다발조직을 유관속이라고 하며, 유관속은 목질부와 사질부로 나누어 져서 각각 물과 양분의 통로가 된다. 목질부는 목부라고도 하며 도관, 목부섬유, 목부유조직으로 형성된 복합조직이다. 도관은 수액의 통로가 되며 목부유조직은 전분이나 유지의 저장조직이 될 수도 있다.

(2) 영양번식의 장단점

① 장점

㉠ 종자번식보다 개화와 결실이 빠르다.

㉡ 수세(樹勢)의 조절이 가능하다.

㉢ 종자번식이 불가능한 경우에도 영양번식을 통해 번식이 가능해진다.

㉣ 어버이의 형질이 그대로 보존된다.

② 단점

㉠ 재생력이 왕성한 식물에만 가능하다.

㉡ 저장과 운반이 어렵다.

㉢ 종자번식보다 증식률이 낮다.

정답 32 ③

33 난과식물의 생태 분류에서 온대성 난에 속하지 않은 것은?

① 춘란　　　　　② 한란　　　　　③ 호접란　　　　　④ 풍란

> (해설) 호접란은 꽃이 나비를 닮았다고 하여 붙여진 이름이다. 야간에 CO_2를 제거해주는 공기정화식물로 알려져 있다. 난과식물로 히말라야, 아시아 동남부, 호주 북부지역의 해발이 수면보다 낮은 곳에 자생한다.

> (정리) 동양란은 한국, 일본, 대만과 같은 온대성 기후의 나라에서 자생하는 난과식물로서 다음과 같이 분류된다.
> ㉠ 춘란: 3~4월에 개화하며 잎이 좁고 키가 크다. 뿌리가 왕성하며 비교적 건조하고 햇빛이 많은 환경을 좋아한다.
> ㉡ 한란: 개화기는 9~10월경이며 잎이 아름답고 여성적이다. 개화기간이 30~45일로 난 중에서 제일 긴 부류에 속한다.
> ㉢ 혜란: 난의 잎에 무늬가 있고 꽃이 일경다화로 피며 광엽계와 세엽계로 나뉜다. 꽃보다는 잎을 관상한다.
> ㉣ 풍란: 일명 "부귀란"이라고도 하며 습도와 통풍이 좋은 따뜻한 해변가의 암벽이나 나무에 붙어서 사는 착생란이다. 4~6월에 꽃이 핀다. 난중에 향이 가장 우수하다.
> ㉤ 석곡: 일명 "장생란"이라고도 하며 풍란과 유사한 지역에서 자생한다. 5~7월에 개화하며 한약재로도 사용한다.

34 감자의 괴경이 햇빛에 노출될 경우 발생하는 독성 물질은?

① 캡사이신(capsaicin)　　　　　② 솔라닌(solanine)
③ 아미그달린(amygdalin)　　　　　④ 시니그린(sinigrin)

> (해설) 솔라닌(solanine)은 감자, 토마토, 가지 등 가지과에 속하는 종들에서 발견되는 글리코알카로이드 독이다. 감자 독이라고도 한다.

35 화훼작물에서 세균에 의해 발생하는 병과 그 원인균으로 옳은 것은?

① 풋마름병 - Pseudomonas　　　　　② 흰가루병 - Sphaerotheca
③ 줄기녹병 - Puccinia　　　　　④ 잘록병 - Pythium

> (해설) 풋마름병은 세균에 의한 병이다.

> (정리) (1) 병균별로 일으키는 병은 다음과 같다.

병균	일으키는 병
진균	탄저병, 노균병, 흰가루병, 배추뿌리잘록병, 역병
세균	근두암종병, 세균성 검은썩음병, 무름병, 풋마름병, 궤양병
바이러스	모자이크병, 사과나무고접병, 황화병, 오갈병, 잎마름병
마이코플라스마	오갈병, 감자빗자루병, 대추나무빗자루병, 오동나무빗자루병

정답　33 ③　34 ②　35 ①

(2) 탄저병은 잎자루에 검은 반점이 나타나며, 고온, 다습하고 질소질 비료가 과다할 경우 많이 발생한다.

(3) 모자이크병은 잎사귀의 일부가 황화되지만, 황화병은 잎사귀 전체가 황화된다.

(4) 오갈병(위축병)은 식물이 정상적인 것에 비해 작아지는 병으로서 바이러스나 마이코플라스마에 감염된 경우 발생한다.

36 관엽식물을 실내에서 키울 때 효과로 옳지 않은 것은?

① 유해물질 흡수에 의한 공기정화
② 음이온 발생
③ 유해전자파 감소
④ 실내습도 감소

(해설) 식물의 잎을 관상의 대상으로 하는 식물을 통틀어 관엽식물이라고 하며, 잎과 동시에 모양 전체나 꽃을 관상하는 경우도 많다. 다육식물, 베고니아, 산세비에리아, 안투리움 등이 있다. 관엽식물을 실내에서 키울 경우 공기정화, 유해전자파 차단, 음이온 발생 등의 효과가 있다. 실내용 관엽식물은 일반적으로 내습성(耐濕性)이 강한 편이다.

37 양액재배의 장점으로 옳지 않은 것은?

① 토양재배가 어려운 곳에서도 가능하다.
② 재배관리의 생력화와 자동화가 용이하다.
③ 양액의 완충능력이 토양에 비하여 크다.
④ 생육이 빠르고 균일하여 수량이 증대된다.

(해설) 양액재배는 흙이 갖는 완충작용이 없으므로 배양액 중의 양분의 농도와 조성비율 및 pH 등이 작물에 대해 민감하게 작용한다.

(정리) (1) 양액재배의 의의
양액재배란 흙을 사용하지 않고 물에 비료분을 용해한 배양액으로 작물을 재배하는 것을 말한다.

(2) 양액재배의 특징
① 반복해서 계속 재배해도 연작장애가 발생하지 않는다.
② 재배의 생력화(省力化)가 가능하다.
③ 청정재배(淸淨栽培)가 가능하다.
④ 액과 자갈을 위생적으로 관리하면 토양전염성 병충해가 적다.
⑤ 흙이 갖는 완충작용이 없으므로 배양액 중의 양분의 농도와 조성비율 및 pH 등이 작물에 대해 민감하게 작용한다.
⑥ 배양액의 주요요소와 미량요소 및 산소의 관리를 잘 하지 못하면 생육장애가 발생하기 쉽다.
⑦ 시설비용이 많이 소요된다.

정답 36 ④ 37 ③

38 절화보존제의 주요 구성성분으로 옳지 않은 것은?

① HQS   ② 에테폰   ③ $AgNO_3$ ④ sucrose

해설 에테폰은 에틸렌을 발생시켜 과일이나 채소의 착색과 숙성을 촉진시키는 생장조절물질이다.

정리 절화보존

(1) 전처리(물올림)

① 수확 직후 물올림을 할 때 물에 선도유지제(鮮度維持濟)를 넣는 것을 전처리라고 한다. 꽃은 전처리를 통해 수명이 1.5~2.5배 길어진다.

② 전처리제로 STS를 많이 사용한다. STS는 질산은($AgNO_3$)과 티오황산나트륨($Na_2S_2O_3$)을 혼합하여 만든 액체로서 물올림을 할 때 은나노 효과가 있다. 은나노(銀nano) 효과란 은이 꽃으로 옮겨가서 에틸렌의 발생을 줄이고, 세균을 죽이는 효과를 말한다.

(2) 후처리(절화에 영양분을 공급하는 것)

① 수확한 꽃을 보존용액에 꽂아 저장하거나 시장에 출하하는 것을 후처리라고 한다.

② 후처리는 절화에 영양분을 공급하여 신선도를 오래 유지하고 미생물의 발생을 억제하며 물관이 막히는 것을 방지한다.

③ 후처리제로 HQS를 많이 사용한다.

④ HQS용액에 포도당과 구연산을 혼합하여 사용하는 것이 일반적이다. 포도당은 절화의 영양공급원으로서 수명을 연장시키며, 구연산은 장미, 카네이션, 글라디올러스 등의 색상보존용액으로 사용된다.

⑤ 물을 흡수하는 능력이 낮은 스톡이나 증산량이 많은 안개꽃, 스프레이꽃(장미, 국화, 카네이션)들은 보존용액에 계면활성제를 넣어 물의 흡수능력을 높여야 한다.

⑥ 후처리는 전처리보다 효과가 훨씬 좋으며 전처리와 후처리를 병행하면 수명연장효과는 더욱 크다.

39 낙엽과수의 자발휴면 개시기의 체내 변화에 관한 설명으로 옳지 않은 것은?

① 호흡이 증가한다.

② 생장억제물질이 증가한다.

③ 체내 수분함량이 감소한다.

④ 효소의 활성이 감소한다.

해설 낙엽과수는 가을이 되어 일장이 짧아지고 기온이 떨어지면 작물 체내의 ABA가 GA보다 상대적으로 많아져서 휴면에 들어간다. 휴면은 일시적으로 생장을 멈추는 것이므로 호흡이 감소한다.

40 철사나 나무가지 등으로 틀을 만들고 식물을 심어 여러 가지 동물 모양으로 만든 화훼장식은?

① 토피어리(topiary)   ② 포푸리(potpourri)

③ 테라리움(terrarium)   ④ 디시가든(dish garden)

정답 38 ②   39 ①   40 ①

해설 ① 토피어리: 자연 그대로의 식물을 여러 가지 동물 모양으로 자르고 다듬어 보기 좋게 만드는 기술 또는 작품을 말한다. 로마시대 정원을 관리하던 한 정원사가 자신이 만든 정원의 나무에 토피아(topia= '가 다듬는다'는 뜻)를 새겨 넣은 데서 유래하였다.

② 포푸리: 실내의 공기를 정화시키기 위한 방향제의 일종인 향기주머니로서 프랑스어로 '발효시킨 항아 리'라는 뜻이다. 주된 재료는 꽃이며 여기에 향이 좋은 식물, 잎, 과일 껍질, 향료 등을 첨가한다. 장미 ·백일홍·델피니움·천일홍 등의 꽃, 월계수·계피나무·녹나무·허브식물 등의 잎, 레몬·귤·탱 자 등의 열매, 향나무의 대팻밥, 라벤더향, 장미향 등이 주로 이용된다.

③ 테라리움: 유리그릇(대개 입구가 좁은 그릇을 이용) 속에 식물을 심어 작은 정원을 꾸며보는 것

④ 디시가든(접시 정원): 배수구멍이 없는 넓은 그릇에 버미큘라이트와 펄라이트 등을 혼용한 용토를 넣고 뿌리가 있는 열대 관엽식물 또는 꽃이 피는 작은 식물을 정원에 꾸미듯 심고 실내에 장식하는 것

41 채소 재배에서 직파와 비교할 때 육묘의 목적으로 옳지 않은 것은?

① 수확량을 높일 수 있다.

② 본밭의 토지이용률을 증가시킬 수 있다.

③ 생육이 균일하고 종자 소요량이 증가한다.

④ 조기 수확이 가능하다.

해설 종자를 절약할 수 있는 것이 육묘의 이점이다.

정리 **육묘**

(1) 육묘의 의의

　① 이식을 전제로 못자리에서 키운 어린 작물을 묘(苗)라고 한다. 묘는 초본묘(줄기가 비교적 연하여 목질(木質)을 이루지 않아 꽃이 피고 열매가 맺은 뒤에 지상부가 말라죽는 식물을 초본이라고 한 다.), 목본묘(줄기 및 뿌리에서 비대생장에 의해서 다량의 목부를 형성하고 그 막은 대개 목질화하 여 견고한 식물을 목본이라고 한다.), 실생묘(종자로부터 양성된 묘), 종자 이외의 작물영양체로부 터 양성된 접목묘(접목기법에 의하여 만들어진 묘목), 삽목묘(삽목에 의하여 양성된 묘목), 취목묘 (취목법에 의하여 만들어진 묘목) 등으로 구분된다.

　② 묘를 일정 기간 동안 집약적으로 생육하고 관리하는 것을 육묘(育苗, 모종가꾸기)라고 한다.

(2) 육묘의 이점

　① 토지이용을 고도화 할 수 있다.

　② 유묘기(종자가 발아하여 본엽이 2~4엽 정도 출현하는 시기) 때의 철저한 보호관리가 가능하다.

　③ 종자를 절약할 수 있다.

　④ 직파(본포에 씨를 직접 뿌리는 것)가 불리한 고구마, 딸기 등의 재배에 유리하다.

　⑤ 조기수확이 가능하다.

(3) 육묘의 방식

　① 온상육묘

　　온상에서 육묘하는 방식이 온상육묘이다.

정답 41 ③

② 접목육묘

접목을 통해 육묘하는 것을 접목육묘라고 한다. 박과채소 및 가지과채소는 호박, 토마토 등을 대목으로 하여 접목을 실시하면 토양전염병(만할병, 위조병, 청고병 등) 및 불량환경에 대한 내성이 높아지기 때문에 박과채소 및 가지과채소는 접목육묘 방식을 많이 이용한다.

③ 양액육묘

작물의 생육에 필요한 배양액으로 육묘하는 것을 양액육묘라고 한다. 배양액을 통해 무균의 영양소를 공급하는 것이 가능하다. 양액육묘는 상토육묘에 비해 발근이 빠르며, 병충해의 위험이 적고, 노동력이 절감되는 생력육묘(省力育苗)가 가능하다.

④ 공정육묘(플러그육묘)

㉠ 공정육묘는 규격화된 자재의 사용과 집약적인 관리를 통해 육묘의 질적 향상 및 육묘비용 절감을 가능케 하는 최근의 육묘방식이다.

㉡ 공정육묘는 육묘의 생력화, 효율화, 안정화 및 연중 계획생산을 목적으로 상토제조 및 충전, 파종, 관수, 시비, 환경관리 등 제반 육묘작업을 체계화하고 장치화한 묘생산시설에서 질이 균일하고 규격화된 묘를 연중 계획적으로 생산하는 것이다.

㉢ 공정육묘는 재래육묘에 비해 다음과 같은 장점이 있다.

• 균일한 묘의 대량생산이 가능하다.
• 기계화를 통해 노동력을 줄이고, 묘의 생산비용이 절감된다.
• 묘의 운송 및 취급이 용이하다.
• 육묘기간이 단축된다.
• 자동화시설을 통해 육묘의 생력화(省力化)가 가능하다.
• 대규모생산이 가능하여 육묘의 기업화 또는 상업화가 가능하다.

42 마늘의 휴면 경과 후 인경 비대를 촉진하는 환경 조건은?

① 저온, 단일　　　② 저온, 장일　　　③ 고온, 단일　　　④ 고온, 장일

(해설) 마늘은 고온, 장일의 조건에서 인경 발육이 촉진된다.

43 과수에서 다음 설명에 공통으로 해당되는 병원체는?

• 핵산과 단백질로 이루어져 있다.
• 사과나무 고접병의 원인이다.
• 과실을 작게 하거나 반점을 만든다.

① 박테리아　　　② 바이러스　　　③ 바이로이드　　　④ 파이토플라즈마

(해설) 사과나무 고접병은 접붙이기할 때 접수(接穗)가 바이러스에 감염되어 있으면 발병한다. 1~2년 내에 나무가 쇠약해지며 갈변현상 및 목질천공(木質穿孔)현상이 나타난다. 잎은 담녹색 또는 황록색으로 되어 일찍 낙엽이 되고, 가지의 생장도 쇠약해진다.

정답 42 ④ 43 ②

44 1년생 가지에 착과되는 과수를 모두 고른 것은?

ㄱ. 포도	ㄴ. 감귤
ㄷ. 복숭아	ㄹ. 사과

① ㄱ, ㄴ   ② ㄱ, ㄹ

③ ㄴ, ㄷ   ④ ㄷ, ㄹ

(해설) 포도, 감귤은 1년생 가지, 핵과류(복숭아, 앵두, 자두 등)는 2년생 가지에 착과한다.

45 뿌리의 양분 흡수기능이 상실되거나 식물체 생육이 불량하여 빠르게 영양공급을 해야 할 때 잎에 실시하는 보조 시비방법은?

① 조구시비   ② 엽면시비

③ 윤구시비   ④ 방사구시비

(해설) 엽면시비는 토양 조건이나 뿌리의 조건이 뿌리를 통한 양분흡수에 지장이 있을 때 또는 미량원소 결핍증에 대한 응급조치로서 효과가 크다.

(정리) **엽면시비**
- ㉠ 비료를 수용액으로 만들어 잎에 살포하는 것을 엽면시비라고 한다.
- ㉡ 엽면시비는 토양 조건이나 뿌리의 조건이 뿌리를 통한 양분흡수에 지장이 있을 때 또는 미량원소 결핍증에 대한 응급조치로서 효과가 크다.
- ㉢ 엽면시비는 잎의 앞면(표면)보다 뒷면(이면)에 시비하는 것이 더 효과적이다. 그 이유는 잎의 앞면(표면)이 뒷면(이면)보다 큐티큘라층이 두꺼워 세포조직이 치밀하고 기공이 적기 때문에 비료의 흡수력은 뒷면(이면)이 더 크기 때문이다.
- ㉣ 엽면흡수는 잎의 생리작용이 왕성할 때 흡수율이 높고 가지나 줄기의 정부(頂部)에 가까운 잎에서 흡수율이 높다.
- ㉤ 석회를 가용하면 흡수가 억제된다.

46 감나무의 생리적 낙과의 방지 대책이 아닌 것은?

① 수분수를 혼식한다.

② 적과로 과다 결실을 방지한다.

③ 영양분을 충분히 공급하여 영양생장을 지속시킨다.

④ 단위결실을 유도하는 식물생장조절제를 개화 직전 꽃에 살포한다.

해설 결실의 과소로 양분이 과다하여 영양생장이 계속 될 때 생리적 낙과가 나타날 수 있다.

정리 (1) 감나무의 생리적 낙과의 의의

　　　생리적인 낙과는 과다착과를 방지하고 나무의 체력유지를 위한 일종의 자연조절적인 도태현상이라고 볼 수 있다.

　　(2) 생리적 낙과의 원인

　　　① 수분이 되지 못하여 종자가 형성되지 않을 때

　　　② 여름 장마철의 강우와 일조 부족으로 탄소동화량이 적을 때

　　　③ 토양의 과습으로 용존산소가 적어 뿌리의 활력이 저하될 때

　　　④ 결실의 과다로 영양이 부족할 때

　　　⑤ 결실의 과소로 영양생장이 계속될 때

　　　⑥ 개화기에 밀식 또는 지나친 번무에 의하여 햇빛이 차광상태가 될 때

　　(3) 생리적 낙과의 대책

　　　① 10~15% 정도는 수분수를 심어 수분과 수정이 잘되게 한다.

　　　② 과다결실이면 적과를 하여 잎 60~70개에 1개 정도가 결실하게 한다.

　　　③ 배수를 하여 토양이 과습하지 않게 한다.

　　　④ 지베리린, 토마토톤을 개화직전에 꽃에 살포하여 단위결과를 유도한다.

　　　⑤ 6월 초순 경에 5mm 정도의 폭으로 환상박피하여 양분이 뿌리로 이동하는 것을 막는다.

　　　⑥ 여름전정으로 수관 내에 통풍과 채광이 잘되도록 한다.

47 여러 개의 원줄기가 자라 지상부를 구성하는 관목성 과수에 해당하는 것은?

① 대추　　　　　　　　　　　② 사과

③ 블루베리　　　　　　　　　④ 포도

해설 관목이란 높이가 2m 이내이고 주줄기가 분명하지 않으며 밑동이나 땅속 부분에서부터 줄기가 갈라져 나는 나무를 말한다. 블루베리는 쌍떡잎식물 진달래목 진달래과의 관목이다.

48 과수의 환상박피(環狀剝皮) 효과로 옳지 않은 것은?

① 꽃눈분화 촉진　　　　　　　② 과실발육 촉진

③ 과실성숙 촉진　　　　　　　④ 뿌리생장 촉진

해설 환상박피는 식물의 탄소동화 산물이 아래로 이동하지 못하도록 하기 때문에 뿌리생장은 억제된다.

정리 환상박피란 식물체, 특히 수목과 같은 다년생 식물의 형성층 부위 바깥부분의 껍질을 벗겨내어 체관부를 제거함에 따라 식물의 탄소동화 산물이 아래로 이동하지 못하도록 하여 껍질을 벗겨낸 부분의 윗쪽이 두툼하게 되는 현상을 말하며, 도관부는 손상을 주지 않아 식물체의 생육에는 큰 문제가 없는 상태를 말한다.

정답 47 ③　48 ④

49 과수와 실생대목의 연결로 옳지 않은 것은?

① 배 – 야광나무   ② 감 – 고욤나무

③ 복숭아 – 산복사나무   ④ 사과 – 아그배나무

(해설) 배의 실생대목은 산돌배나무이다.

50 과수의 가지 종류에 관한 설명으로 옳지 않은 것은?

① 원가지: 원줄기에 발생한 큰 가지

② 열매가지: 과실이 붙어 있는 가지

③ 새가지: 그해에 자란 잎이 붙어 있는 가지

④ 곁가지: 새가지의 곁눈이 그해에 자라서 된 가지

(해설) 곁가지는 곁눈이 싹터서 생장한 가지로서 끝눈(頂芽)으로부터 생장하는 원가지(원가지에서 돋아난 것)에 대응하는 것이다.

제3과목   수확 후 품질관리론

51 원예산물의 수확에 관한 설명으로 옳지 않은 것은?

① 포도는 열과(裂果)의 발생을 방지하기 위하여 비가 온 후 바로 수확한다.

② 블루베리는 손으로 수확하는 것이 일반적이나 기계 수확기를 이용하기도 한다.

③ 복숭아는 압상을 받지 않도록 손바닥으로 감싸고 가볍게 밀어 올려 수확한다.

④ 파프리카는 과경을 매끈하게 절단하여 수확한다.

(해설) 비가 온 직후에는 수확하지 않는 것이 좋다. 비가 온 직후에 수확하면 당 함량이 2% 정도 줄어들고 과육의 경도가 떨어지며 저장 중 미생물의 발생가능성이 높기 때문이다.

(정리) **원예산물 수확의 실제**

㉠ 고추는 꼭지를 분리하지 않고 수확한다.

㉡ 절화용 장미는 꽃대를 길게 하여 수확한다.

㉢ 방울토마토는 하나하나 따서 수확한다.

㉣ 결구배추는 뿌리를 잘라서 수확한다.

㉤ 과실은 손바닥 전체로 가볍게 잡고 위로 들어서 딴다.

㉥ 원예산물에 상처가 나지 않도록 위로 치켜들어 딴다. 꼭지가 질긴 것은 가위나 칼을 사용하여 딴다.

ⓐ 수확한 원예산물을 던지거나 충격을 주면 물리적 장해를 받게 되므로 던지거나 충격을 주지 않도록 한다.
ⓞ 원예산물의 품온은 대기의 온도와 비슷하므로 기온이 낮은 시간을 이용하여 수확하는 것이 좋다.
ⓩ 수확물을 담는 용기는 높이가 낮은 것이 압상을 방지할 수 있어 좋고, 용기의 바닥에 스폰지 등을 깔아 충격을 흡수할 수 있도록 하는 것이 좋다.
ⓩ 병충해를 입은 산물은 상품가치가 없을 뿐만 아니라 저장 및 수송 중에 정상적인 다른 산물에 피해를 줄 수 있기 때문에 수확 후 별도로 처리한다.
ⓣ 직출하용, 가공용, 장기 수송용, 장기 저장용 등으로 구별하여 수확하는 것이 좋다.
ⓔ 비가 온 직후에는 수확하지 않는 것이 좋다. 비가 온 직후에 수확하면 당 함량이 2% 정도 줄어들고 과육의 경도가 떨어지며 저장 중 미생물의 발생가능성이 높기 때문이다.
ⓜ 과일을 싸고 있는 봉지가 젖은 경우에는 봉지가 마른 후 수확하는 것이 좋다.

52 과실의 수확시기에 관한 설명으로 옳은 것은?

① 포도는 산도가 가장 높을 때 수확한다.
② 바나나는 단맛이 가장 강할 때 수확한다.
③ 후지 사과는 만개 후 160~170일에 수확한다.
④ 감귤은 요오드반응으로 청색면적이 20~30%일 때 수확한다.

해설 후지 사과는 만개 후 160~170일 정도 지나면 수확적기로 판정한다.

정리 **수확적기 판단기준**

㉠ 과일은 개화 후 일정기일이 지나면 수확이 가능하기 때문에 품종마다 개화 일자를 기록하여 수확적기를 판정하기도 한다. 이때에는 기상조건이나 수세(樹勢) 등을 감안하여야 한다. 예를 들면 애호박은 만개 후 7~10일, 오이는 만개 후 10일, 토마토는 만개 후 40~50일, 후지 사과는 만개 후 160~170일 정도 지나면 수확적기로 판정한다.

㉡ 사과, 토마토, 감, 바나나, 복숭아, 키위, 망고, 참다래 등과 같은 호흡급등형 과실은 완숙시기보다 조금 일찍 수확한다.

㉢ 포도의 주요 품종별 수확적기 판단기준은 캠벨얼리는 만개 후 85~95일, 착색 후 30~35일, 당도 14% 이상, 거봉은 만개 후 95~105일, 착색 후 30~35일, 당도 17% 이상, 다노레드는 만개 후 105~115일, 착색 후 35~40일, 당도 16% 이상, 마스캇트베리에이는 만개 후 110~120일, 착색 후 40~45일, 당도 18% 이상, 세리단은 만개 후 120~130일, 착색 후 35~40일, 당도 18% 이상일 때 수확적기로 보아 수확한다.

㉣ 과일은 성숙되면서 전분이 당으로 변하기 때문에 잘 익은 과일 일수록 전분의 함량이 적다. 전분함량의 변화는 요오드 반응 검사를 통해 파악된다. 요오드 반응 검사는 과일을 요오드화칼륨용액에 담가서 색깔의 변화를 관찰하는 것이다. 즉, 전분은 요오드와 결합하면 청색으로 변하는 데 과일을 요오드화칼륨용액에 담가서 청색의 면적이 작으면 전분함량이 적은 것으로 판단하여 수확적기로 판정한다.

㉤ 사과는 가용성 고형물(유기산, 당류, 아미노산, 펙틴 등)이 11~13% 정도일 때가 수확적기이다.

㉥ 배는 가용성 고형물이 13% 이상일 때가 수확적기이다.

ⓢ 수박은 가용성 고형물이 10% 이상일 때가 수확적기이다.

ⓞ 멜론은 가용성 고형물이 8% 이상일 때 수확한다.

정답 52 ③

ⓩ 밀감류는 당산비가 6.5 이상이고 품종 고유의 색이 전체의 75% 이상일 때 수확한다.

ⓒ 딸기는 표면적의 2/3 이상이 분홍색이나 빨간색일 때 수확한다.

ⓚ 아스파라거스는 싹으로 자라 나온 신초를 수확한다.

ⓔ 감자는 지상부의 꽃이 핀 후 지하부의 덩이줄기의 비대가 완성된 때 수확한다.

ⓜ 사과, 양파, 감자 등은 생리적 성숙도와 원예적 성숙도가 일치할 때 수확하며, 오이, 가지, 애호박 등은 생리적 성숙도에 이르지 못하였더라도 원예적 성숙도에 따라 수확한다.

53 저장 중 원예산물의 증산작용에 관한 설명으로 옳지 않은 것은?

① 상대습도가 높으면 증가한다.

② 온도가 높을수록 증가한다.

③ 광(光)이 있으면 증가한다.

④ 공기 유속이 빠를수록 증가한다.

해설 상대습도가 낮을수록 증산은 증가한다.

정리 **수확 후 증산작용**

1. 증산작용의 의의
   (1) 증산은 식물체에서 수분이 빠져나가는 현상이다. 신선한 과일이나 채소의 경우 중량의 70~95%가 수분이며 수분은 원예산물의 신선도 유지와 밀접한 관련이 있다. 증산작용이 활발하게 이루어져 수분이 많이 빠져나가게 되면 원예작물의 신선도가 떨어지고 저장성이 약화되며 원예산물의 중량이 감소되어 상품성이 떨어진다.
   (2) 증산으로 인한 원예산물의 중량 감소는 호흡으로 인한 중량 감소의 약 10배 정도나 된다. 따라서 증산이 많아질 경우 원예산물의 상품성이 현저히 떨어지게 된다.

2. 증산작용에 영향을 미치는 요인
   (1) 주위의 습도가 낮을수록 증산은 증가한다.
   (2) 상대습도가 낮을수록 증산은 증가한다.
   (3) 주위의 온도가 높을수록 증산은 증가한다.
   (4) 원예산물의 표면적이 클수록 증산은 증가한다.
   (5) 큐티클층이 두꺼우면 증산은 감소한다.
   (6) 저장고 내의 온도와 과실 자체의 품온의 차이가 클수록 증산은 증가한다.
   (7) 저장고 내의 풍속이 빠를수록 증산이 증가한다.
   (8) 대기 중의 수증기압과 원예산물의 수증기압의 차이가 클수록 증산이 증가한다.

3. 증산작용의 억제 방법
   (1) 고습도를 유지하여 증산을 억제한다.
   (2) 저온을 유지하여 증산을 억제한다.
   (3) 상대습도를 높인다.
   (4) 공기 유통은 증산을 촉진하기 때문에 원예산물 저장소의 공기 유통을 최소화함으로써 증산을 억제한다.
   (5) 유닛쿨러(unit cooler)의 표면적을 넓힌다.
   (6) 플라스틱 필름포장을 한다.
   (7) 저장실 벽면을 단열 및 방습처리 한다.

정답 53 ①

54 호흡형이 같은 원예산물을 모두 고른 것은?

| ㄱ. 참다래 | ㄴ. 양앵두 | ㄷ. 가지 | ㄹ. 아보카도 |

① ㄱ, ㄴ   ② ㄱ, ㄷ   ③ ㄴ, ㄷ   ④ ㄴ, ㄷ, ㄹ

해설 양앵두, 가지는 비호흡상승과이다.

정리 **원예산물의 호흡형**

(1) 호흡상승과

① 작물이 숙성함에 따라 호흡이 현저하게 증가하는 과실을 호흡상승과(climacteric fruits)라고 하며, 사과, 토마토, 감, 바나나, 복숭아, 키위, 망고, 참다래 등이 있다.

② 호흡상승과는 장기간 저장하고자 할 경우 완숙기보다 조금 일찍 수확하는 것이 바람직하다.

③ 호흡상승과의 발육단계는 호흡의 급등전기, 급등기, 급등후기로 구분된다.

  ㉠ 급등전기는 호흡량이 최소치에 이르며 과실의 성숙이 완료되는 시기이다. 일반적으로 과실은 급등전기에서 수확한다.

  ㉡ 급등기는 과실을 수확한 후 저장 또는 유통하는 기간에 해당된다. 급등기에는 계속적으로 호흡이 증가한다.

  ㉢ 급등후기는 호흡량이 최대치에 이르는 시기이다. 급등후기는 과실이 후숙되어 식용에 가장 적합한 상태가 된다.

  ㉣ 후숙이 완료된 이후부터는 다시 호흡이 감소하기 시작하며 과실의 노화가 진행되어 품질이 급격히 떨어진다.

(2) 비호흡상승과

숙성하더라도 호흡의 증가를 나타내지 않는 과실을 비호흡상승과(non-climacteric fruits)라고 하며, 오이, 호박, 가지 등의 대부분의 채소류와 딸기, 수박, 포도, 오렌지, 파인애플, 감귤 등이 있다.

55 원예산물의 에틸렌 제어에 관한 설명으로 옳은 것은?

① STS는 에틸렌을 흡착한다.

② $KMnO_4$는 에틸렌을 분해한다.

③ 1-MCP는 에틸렌을 산화시킨다.

④ AVG는 에틸렌 생합성을 억제한다.

해설 ① STS는 에틸렌의 합성이나 작용을 억제한다.

② 과망간산칼륨($KMnO_4$)은 에틸렌을 제거한다.

③ 1-MCP는 에틸렌의 합성이나 작용을 억제한다.

정답 54 ③   55 ④

(1) 에틸렌의 작용억제
　① 치오황산은(STS), 1-MCP, AOA, AVG 등은 에틸렌의 합성이나 작용을 억제한다.
　② 1-MCP는 과일과 채소의 에틸렌 수용체에 결합함으로써 에틸렌의 작용을 근본적으로 차단한다.
　　따라서 1-MCP는 에틸렌에 의해 유기되는 숙성과 품질변화에 대한 억제제로서 활용될 수 있다.
　③ 6% 이하의 저농도산소는 식물의 에틸렌 합성을 차단한다.
(2) 에틸렌의 제거
　① 팔라디움(Pd)과 염화팔라디움($PdCl_2$)은 고습도 환경에서도 높은 에틸렌 제거 능력을 보인다.
　② 목탄(炭) 및 활성탄은 에틸렌 흡착제로서 효과가 있으나 높은 습도 조건하에서는 흡착효과가 떨어지므로 제습제를 첨가한 활성탄이 이용된다.
　③ 합성 제올라이트(zeolite)가 에틸렌 제거제로 판매되고 있다.
　④ 과망간산칼륨($KMnO_4$), 오존, 자외선 등도 에틸렌 제거에 이용된다.

56 토마토의 후숙 과정에서 조직의 연화 관련 성분과 효소의 연결이 옳은 것은?

① 펙틴 – 폴리갈락투로나제　　　　　② 펙틴 – 폴리페놀옥시다제
③ 폴리페놀 – 폴리갈락투로나제　　　④ 폴리페놀 – 폴리페놀옥시다제

해설 폴리갈락투로나제는 펙틴을 분해하는 효소이다. 이 효소의 작용으로 과실이 연화하여 물러진다.

정리 원예산물은 숙성과정에서 다음과 같은 변화를 나타낸다.
　㉠ 크기가 커지고 고유의 모양과 향기를 갖춘다.
　㉡ 세포질의 셀룰로오스, 헤미셀룰로오스, 펙틴질이 분해하여 조직이 연화된다. 과일이 성숙되면서 불용성의 프로토펙틴이 가용성펙틴(펙틴산)으로 변하여 조직이 연화된다.
　㉢ 에틸렌 생성이 증가한다.
　㉣ 저장 탄수화물(전분)이 당으로 변한다.
　㉤ 유기산이 감소하여 신맛이 줄어든다.
　㉥ 사과와 같은 호흡급등과는 일시적으로 호흡급등 현상이 나타난다.
　㉦ 엽록소가 분해되고 과실 고유의 색소가 합성 발현된다. 과실별로 발현되는 색소는 다음과 같다.

색소		색깔	해당 과실
카로티노이드계	β-카로틴	황색	당근, 호박, 토마토
	라이코펜(Lycopene)	적색	토마토, 수박, 당근
	캡산틴	적색	고추
안토시아닌계		적색	딸기, 사과
플라보노이드계		황색	토마토, 양파

57 원예산물의 성숙 과정에서 발현되는 색소 성분이 아닌 것은?

① 클로로필　　　② 라이코펜　　　③ 안토시아닌　　　④ 카로티노이드

정답 56 ① 57 ①

클로로필은 클로렐라, 시금치, 컴프리 등의 녹색식물에서 에탄올 또는 유기용제로 추출하여 얻어지는 녹색색소로서 엽록소를 주성분으로 한다.

58 신선편이 농산물의 제조 시 살균소독제로 사용되는 것은?

① 안식향산 ② 소르빈산 ③ 염화나트륨 ④ 차아염소산나트륨

(해설) 신선편이 농산물의 제조 시 차아염소산나트륨을 살균소독제로 사용한다.

(정리) **원예산물의 세척수**

(1) 오존수

오존수는 살균효과가 뛰어난 세척수이다. 그러나 원예산물 세척시 적정농도를 사용하더라도 오존수가 원예산물에 닿으면 농도가 낮아지는 문제점이 있다.

(2) 차아염소산수

① 차아염소산수는 살균력이 좋다. 특히 식중독을 일으키는 노로바이러스는 차아염소산수에서 즉시 살균된다.

② 차아염소산수는 안전성이 좋다. 생체에 대한 독성이 낮고 피부에 미치는 영향도 아주 적으며 음용하여도 특별한 위험이 없다.

③ 차아염소산수는 환경오염이 적다. 사용하는 염소농도가 일반 염소계 소독제의 1/5 ~ 1/10 정도이며, 분해가 용이하여 잔류성이 없기 때문에 환경부하가 매우 적다.

④ 염소계 살균제의 경우에는 원예산물 살균 시 클로로포름과 같은 독성물질이 생성되지만 차아염소산수는 클로로포름이 거의 생성되지 않는다.

⑤ 차아염소산수로 세척할 경우 원예산물의 영양성분에는 거의 영향을 주지 않는다.

(3) 오존수와 차아염소산수의 비교

① 오존수는 오존을 물에 녹이는 장치가 필요하지만 차아염소산수는 차아염소산을 녹일 필요가 없다.

② 오존수는 짧은 시간에 함량오존이 감소되므로 만든 즉시 사용하여야 하며, 저장사용이 안되지만 차아염소산수는 장기간 보관하여 사용할 수 있다.

③ 오존수는 적정농도를 유지하기가 어렵지만 차아염소산수는 살균능력을 일정하게 유지할 수 있다.

④ 오존수는 유효성분이 잔류하지 않지만, 차아염소산수는 유효성분의 지속성으로 인하여 재오염을 방지할 수 있다.

⑤ 오존수는 오존배출을 위한 환기장치가 필요하지만, 차아염소산수는 이취(異臭)가 발생하지 않으므로 환기가 불필요하다.

59 신선 농산물의 MA포장재료로 적합한 것은?

| ㄱ. PP | ㄴ. PET | ㄷ. LDPE | ㄹ. PVDC |

① ㄱ, ㄷ ② ㄱ, ㄹ ③ ㄴ, ㄷ ④ ㄴ, ㄹ

(해설) MA포장재료로는 가스 투과도가 높은 PP, LDPE가 적합하다.

정답 58 ④ 59 ①

정리 **포장재료**

(1) 주재료와 부재료

　① 주재료: 수확물을 둘러싸거나 담는 재료로서 골판지, 플라스틱필름 등이 있다.

　② 부재료: 포장하는데 보조적으로 사용되는 재료로서 접착제, 테이프, 끈 등이 있다.

(2) 골판지

　① 골판지는 물결모양으로 골이 파진 판지로서 사과, 배 등의 과일, 당근, 오이 등의 채소, 화훼류 등의 포장에 사용된다.

　② 골판지는 파열강도 및 압축강도가 강한 편이다. 파열강도는 파열되지 않고 견디는 정도이며, 압축강도는 압축을 견디는 정도이다.

　③ 골판지는 완충력이 뛰어나다.

　④ 골판지는 무공해이며 봉합과 개봉이 편리하다.

　⑤ 골판지는 수분을 흡수하면 강도가 떨어지므로 습한 조건에서 사용할 때에는 방습처리가 필요하다.

(3) 플라스틱

　① 폴리에틸렌

　　폴리에틸렌(PE)은 가스 투과도가 높으며 채소류와 과일의 포장재료, 하우스용 비닐 등으로 많이 사용된다. 고압법으로 제조한 폴리에틸렌이 저밀도 폴리에틸렌(LDPE) 혹은 연질 폴리에틸렌이다. 정제한 에틸렌 가스에 소량의 산소 또는 과산화물을 첨가, 2,000기압 정도로 가압하여 200℃ 정도로 가열하면 밀도가 0.915~0.925의 저밀도 폴리에틸렌(LDPE)이 생긴다. LDPE 필름은 광학적 특성, 유연성, 내약품성이 좋고 용이하게 각종 포장재를 만들 수 있을 뿐만 아니라 표면처리된 필름은 인쇄성도 좋아 식품 포장, 농업용·공업용 포장 등에 많이 쓰이고 있다.

　② 폴리프로필렌

　　폴리프로필렌(PP)은 방습성, 내열.내한성, 투명성이 좋아 투명 포장과 채소류의 수축 포장에 사용된다. 산소 투과도가 높아 차단성이 요구될 경우에는 알미늄 증착이나 PVDC코팅을 하여 사용한다. 폴리프로필렌(PP)은 폴리에틸렌(PE)보다 유연해지는 온도가 높다.

　③ 폴리염화비닐

　　폴리염화비닐(PVC)은 빗물의 홈통, 목욕용품, 지퍼백 등에 많이 사용되고 있으며 채소, 과일의 포장에도 사용된다. 폴리염화비닐은 가스 투과도가 낮은 단점이 있다.

　④ 폴리스티렌

　　폴리스티렌(PS)은 냉장고 내장 채소 실용기, 투명그릇 등에 사용되며 휘발유에 녹는 특징이 있다.

　⑤ 폴리에스터

　　폴리에스터(PET)는 간장병, 음료수병, 식용유병 등으로 많이 사용된다. 산소 투과도가 아주 낮다는 단점이 있다.

60 HACCP 7원칙에 해당하지 않는 것은?

① 위해요소 분석　　　　　　　　　② 중점관리점 결정
③ 제조공장현장 확인　　　　　　　④ 개선조치방법 수립

정리 HACCP 7원칙

(1) 원칙1: 위해요소 분석

HACCP 관리계획의 개발을 위한 첫 번째 원칙은 위해요소 분석을 수행하는 것이다. 위해요소(Hazard) 분석은 HACCP팀이 수행하여야 하며, 이는 제품설명서에서 파악된 원·부재료별로, 그리고 공정흐름도에서 파악된 공정/단계별로 구분하여 실시하여야 한다. 위해요소 분석은 다음과 같이 3단계로 실시될 수 있다.

① 첫 번째 단계는 원료별·공정별로 생물학적·화학적·물리적 위해요소와 발생원인을 모두 파악하여 목록화하는 것으로 이때 위해요소 분석을 위한 질문사항을 이용하면 도움이 된다.

② 두 번째 단계는 파악된 잠재적 위해요소에 대한 위해도를 평가하는 것이다. 위해도(risk)는 심각성(severity)과 발생가능성(likelihood of occurrence)을 종합적으로 평가하여 결정한다. 위해도 평가는 위해도 평가 기준을 이용하여 수행할 수 있다.

③ 마지막 단계는 파악된 잠재적 위해요소의 발생원인과 각 위해요소를 예방하거나 완전히 제거 또는 허용 가능한 수준까지 감소시킬 수 있는 예방조치가 있는지를 확인하여 기재하는 것이다. 이러한 예방조치는 한 가지 이상의 방법이 사용될 수 있으며, 어떤 한 가지 예방조치로 여러 가지 위해요소가 통제될 수도 있다. 예방조치는 현재 작업장에서 시행되고 있는 것만을 기재하도록 한다. 위해요소 분석 해당식품 관련 역학조사자료, 업소자체 오염실태조사자료, 작업환경조건, 종업원 현장조사, 보존시험, 미생물시험, 관련규정, 관련 연구자료 등을 활용할 수 있으며, 기존의 작업공정에 대한 정보도 이용될 수 있다. 이러한 정보는 위해요소와 관련된 목록 작성뿐만 아니라 HACCP 계획의 특별검증(재평가), 한계기준 이탈시 개선조치방법 설정, 예측하지 못한 위해요소가 발생한 경우의 대처방법 모색 등에도 활용될 수 있다. 위해요소 분석은 해당식품 및 업소와 관련된 모든 다양한 기술적·과학적 전문자료를 필요로 하므로 상당히 어렵고 시간이 많이 걸리지만, 정확한 위해분석을 실시하지 못하면 효과적인 HACCP 계획을 수립할 수 없기 때문에 철저히 수행되어야 하는 중요한 과정이다.

(2) 원칙2: 중요관리점 결정

위해요소 분석이 끝나면 해당 제품의 원료나 공정에 존재하는 잠재적인 위해요소를 관리하기 위한 중요관리점을 결정해야 한다. 중요관리점이란 원칙1에서 파악된 위해요소 및 예방조치에 관한 정보를 이용하여 해당 위해요소를 예방, 제거 또는 허용가능한 수준까지 감소시킬 수 있는 최종 단계 또는 공정을 말한다. 중요관리점(Critical Control Point, CCP)과 비교하여 관리점(Control Point, CP)이란 생물학적, 화학적 또는 물리적 요인이 관리되는 단계 또는 공정을 말한다. 주로 발생가능성이 낮거나 중간이고 심각성이 낮은 위해요소 관리에 적용된다. 중요관리점을 결정하는 유용한 방법은 중요관리점 결정도를 이용하는 것이다. 원칙1에서 위해요소 분석을 실시한 결과 확인대상으로 결정된 각각의 위해요소에 대하여 중요관리점 결정도를 적용하고, 이 결과를 중요관리점 결정표에 기재하여 정리한다.

정답 60 ③

(3) 원칙3: 중요관리점에 대한 한계기준 결정

① 세 번째 원칙은 HACCP팀이 각 중요관리점(CCP)에서 취해야 할 조치에 대한 한계기준을 설정하는 것이다. 한계기준이란 중요관리점에서 관리되어야 할 생물학적, 화학적 또는 물리적 위해요소를 예방, 제거 또는 허용 가능한 안전한 수준까지 감소시킬 수 있는 최대치 또는 최소치를 말한다.

② 한계기준은 현장에서 쉽게 확인할 수 있도록 육안관찰이나 간단한 측정으로 확인할 수 있는 수치 또는 특정지표로 나타내어야 한다. 예를 들어 온도 및 시간, 습도, 수분활성도(Aw) 같은 제품 특성, 염소, 염분농도 같은 화학적 특성, pH, 금속검출기 감도, 관련서류 확인 등을 한계기준 항목으로 설정한다.

③ 한계기준은 안전성을 보장할 수 있는 과학적 근거에 기초하여 설정되어야 한다. 한계기준을 결정할 때에는 법적 요구조건과 연구 논문이나 식품관련 전문서적, 전문가 조언, 생산공정의 기본자료 등 여러 가지 조건을 고려해야 한다. 예를 들면 제품 가열시 중심부의 최저온도, 특정온도까지 냉각시키는데 소요되는 최소시간, 제품에서 발견될 수 있는 금속조각(이물질)의 크기 등이 한계기준으로 설정될 수 있으며 이들 한계기준은 식품의 안전성을 보장할 수 있어야 한다.

(4) 원칙4: 중요관리점 관리를 위한 모니터링 체계 확립

네 번째 원칙은 중요관리점을 효율적으로 관리하기 위한 모니터링 방법을 설정하는 것이다. 모니터링이란 중요관리점에 해당되는 공정이 한계기준을 벗어나지 않고 안정적으로 운영되도록 관리하기 위하여 종업원 또는 기계적인 방법으로 수행하는 일련의 관찰 또는 측정수단이다.

(5) 원칙5: 개선조치 방법 설정

HACCP 관리계획은 식품으로 인한 위해요소가 발생하기 이전에 문제점을 미리 파악하고 시정하는 예방체계이므로, 모니터링 결과 한계기준을 벗어날 경우 취해야 할 개선조치를 사전에 설정하여 신속한 대응조치가 이루어지도록 하여야 한다.

일반적으로 취해야 할 개선조치 사항에는 공정상태의 원상복귀, 한계기준 이탈에 의해 영향을 받은 관련식품에 대한 조치사항, 이탈에 대한 원인규명 및 재발방지조치, HACCP 관리계획의 변경 등이 포함된다.

(6) 원칙6: 검증절차 및 방법 설정

여섯 번째 원칙은 HACCP 시스템이 적절하게 운영되고 있는지를 확인하기 위한 검증 방법을 설정하는 것이다. HACCP팀은 현재의 HACCP 시스템이 설정한 안전성 목표를 달성하는데 효과적인지, HACCP 관리계획대로 실행되는지, HACCP 관리계획의 변경 필요성이 있는지를 확인하기 위한 검증 방법을 설정하여야 한다.

HACCP팀은 전반적인 재평가를 위한 검증을 연 1회 이상 실시하여야 하며, HACCP 관리계획을 수립하여 최초로 현장에 적용할 때, 해당식품과 관련된 새로운 정보가 발생되거나 원료·제조공정 등의 변동에 의해 HACCP 관리계획이 변경될 때에도 실시하여야 한다.

(7) 원칙7: 문서 및 기록유지 방법 설정

HACCP 체계를 문서화하는 효율적인 기록유지 및 문서관리 방법을 설정하는 것이다. 기록유지는 HACCP 체계의 필수적인 요소이며, 기록유지가 없는 HACCP 체계의 운영은 비효율적이며 운영근거를 확보할 수 없기 때문에 HACCP 관리계획의 운영에 대한 기록 및 문서의 개발과 유지가 요구된다. 기록유지 방법 개발에 접근하는 방법 중 하나는 이전에 유지 관리하고 있는 기록을 검토하는 것이다. 가장 좋은 기록유지 체계는 현재의 작업내용을 쉽게 통합한 가장 단순한 것이어야 한다. 예를 들어, 원재료와 관련된 기록에는 입고 시 누가 기록을 작성하는가, 출고 전 누가 기록을 검토하는가, 기록을 보관할 기간은 얼마동안인가, 기록 보관 장소는 어디인가 등의 내용을 포함하는 가장 단순한 서식을 가질 수 있도록 한다.

61 CA저장고에 관한 설명으로 적합하지 않은 것은?

① 저장고의 밀폐도가 높아야 한다.

② 저장 대상 작물, 품종, 재배조건에 따라 CA조건을 적절하게 설정하여야 한다.

③ 장시간 작업 시 질식 우려가 있으므로 외부 대기자를 두어 내부를 주시하여야 한다.

④ 저장고내 산소 농도는 산소발생장치를 이용하여 조절한다.

(해설) 저장고내 산소 농도는 자연소모식, 연소식, 질소가스치환식 등으로 조절한다.

(정리) **CA저장**

(1) CA저장(공기조절저장, Controlled Atmosphere Storage)의 의의
 ① CA저장은 저온저장고 내부의 공기조성을 인위적으로 조절하여 저장된 원예산물의 호흡을 억제함으로써 원예산물의 신선도를 유지하고 저장성을 높이는 저장방법이다. 즉, CA저장은 저온저장방식에 저장고 내부의 가스농도 조성을 조절하는 기술을 추가한 것이라고 할 수 있다.
 ② 대기의 조성은 대체로 질소(N_2) 78%, 산소(O_2) 21%, 이산화탄소(CO_2) 0.03%인데 CA저장은 저장고 내의 공기조성을 산소(O_2) 8% 이하, 이산화탄소(CO_2) 1% 이상으로 만들어 준다. 즉, CA저장은 산소의 농도를 낮추고 이산화탄소의 농도를 높여 원예산물의 호흡률을 감소시키고 미생물의 성장을 억제함으로써 원예산물의 신선도를 유지하고 저장성을 높이는 저장방법이다.

(2) CA저장의 원리
 ① 원예산물의 품질저하는 호흡작용에 의한 영양분의 소모, 산화반응, 미생물의 작용 등에 의한 경우가 많다. 따라서 이들 작용을 제어하면 원예산물의 품질을 유지할 수 있다.
 ② 저장고 내부의 공기조성을 산소의 농도를 줄이고 이산화탄소의 농도를 늘림으로써 호흡작용, 산화반응, 미생물의 작용 등을 제어할 수 있다.
 ③ 또한 호흡이 억제되면 에틸렌의 생성도 억제되고 이에 따라 후숙 및 노화현상을 억제할 수 있기 때문에 장기저장이 가능해진다.
 ④ CA처리를 하면 채소류의 엽록소 분해가 억제되어 황변(黃變)을 막아준다. 또한 당근의 풍미저하(豐味低下)가 지연되며 감자의 당화 및 맹아가 억제된다. 또한 CA처리를 통해 저온장해를 예방할 수 있다.
 ⑤ 산소농도의 경우 저장고 내부의 산소농도가 낮아지면 호흡속도가 감소하지만 산소농도가 어느 수준 이하가 되면 오히려 혐기성호흡에 의해 호흡량이 증가하게 된다. 이를 파스퇴르효과라고 하는데 산소농도는 파스퇴르효과(Pasteur effect)를 유발하지 않는 선에서 조절되어야 한다.

(3) CA저장의 산소농도 조절(감소)방식
 ① 자연소모식
  자연소모식에 의한 산소농도 감소방식은 저장산물의 호흡작용에 의해 자연적으로 산소농도가 낮아지도록 저장고나 포장상자의 밀폐도를 조절하는 방식이다.
 ② 연소식
  연소식에 의한 산소농도 감소방식은 밀폐된 연소기 내에서 프로판가스 등과 같은 연료를 태워 산소농도를 줄이고 이 공기를 저장고에 주입하는 방식이다.
 ③ 질소가스 치환식
  질소가스 치환식에 의한 산소농도 감소방식은 저장고 내부로 질소가스를 주입하여 저장고 내의 공기를 밀어내는 방식이다. 질소가스 치환식은 암모니아가스를 분해하는 방식, 액체질소를 이용하는 방식, 질소발생기를 이용하는 방식 등이 있다.

정답 **61** ④

⊙ 암모니아가스를 고온 하에서 분해시키면 질소와 수소가 발생하는데 이때 발생한 수소는 산소와 결합하여 물(H_2O)로 방출되고 나머지 질소를 저장고 내부로 주입시킨다(암모니아가스를 분해하는 방식).

ⓛ 실린더나 탱크에 액체질소를 충전시킨 후 이를 기화시켜 저장고 내에 주입함으로써 질소농도를 높이고 산소농도를 낮춘다. 이때 주입되는 기화질소의 온도는 매우 낮기 때문에 주입구 부위의 과일이 저온장해를 입지 않도록 주의하여야 한다(액체질소를 이용하는 방식).

ⓒ 압축공기를 격막필터(membrane filter)로 제조된 여과관으로 통과시켜 투과력이 큰 산소와 수분을 먼저 배출시키고 뒤에 배출되는 질소를 CA저장고로 주입시킨다. 이 방식은 안전성이 높고 합리적인 방법으로 인정되고 있다(질소발생기를 이용하는 방식).

⑷ CA저장의 이산화탄소 제어방식

① CA저장고 내의 이산화탄소 농도는 일정 수준까지 증가시키다가 장해가 발생하는 수준에 이르면 이를 제거해 주어야 한다.

② 이산화탄소의 제어방식으로는 다음과 같은 것이 있다.

⊙ 저장고 내의 공기를 가는 물줄기 사이로 통과시켜 순환시키면 이산화탄소가 물에 녹아 제거된다(수세흡착식).

ⓛ 산화칼슘(CaO, 생석회)을 저장고에 투입하면 생석회가 이산화탄소를 흡수하여 탄산칼슘으로 변한다(생석회흡착식).

ⓒ 저장고 외부에 활성탄여과층을 장치하여 저장고 내의 공기를 강제순환시키면 이산화탄소가 활성탄에 흡착된다. 흡착된 이산화탄소는 흡착 후 용이하게 탈착되므로 재활용이 가능하여 장기간 교체하지 않고 사용할 수 있는 장점이 있다(활성탄흡착식).

⑸ CA저장의 에틸렌가스의 제거방식

① CA저장 내에서는 생화학적으로 에틸렌가스의 발생량이 줄어들지만 CA저장만으로는 충분하지 못하므로 특수한 방식을 이용하여 에틸렌가스를 제거한다. 에틸렌가스의 제거방식으로는 흡착입자를 이용한 흡착식, 자외선파괴식, 촉매분해식 등이 있는데 촉매분해식이 가장 많이 이용된다.

② 6% 이하의 저농도의 산소는 에틸렌 합성을 차단하는 효과가 있다.

③ STS, 1-MCP, NBD, 에탄올 등은 에틸렌의 작용을 억제한다.

④ AOA, AVG는 ACC 합성효소의 활성을 방해하여 에틸렌의 합성을 억제한다.

⑤ 과망간산칼륨, 목탄, 활성탄, zeolite 같은 흡착제는 공기 중의 에틸렌을 흡착한다.

⑥ 오존, 자외선은 에틸렌 제거에 이용된다.

⑹ CA저장의 장단점

① CA저장의 장점

⊙ 산도, 당도 및 비타민C의 손실이 적다.

ⓛ 과육의 연화가 억제된다.

ⓒ 장기저장이 가능해진다.

ⓔ 채소류의 엽록소 분해가 억제되어 황변을 막아준다.

ⓜ 작물에 따라 저온장해와 같은 생리적 장해를 개선한다.

ⓗ 곰팡이나 미생물의 번식을 줄일 수 있다.

ⓢ 에틸렌의 생성을 억제한다.

② CA저장의 단점

⊙ 공기조성이 부적절할 경우 원예산물이 여러 가지 장해를 받을 수 있다.

ⓛ 저장고를 자주 열 수 없어 저장물의 상태 파악이 쉽지 않다.

ⓒ 시설비와 유지비가 많이 든다.

62 원예산물의 저장 중 동해에 관한 설명으로 옳지 않은 것은?

① 빙점 이하의 온도에서 조직의 결빙에 의해 나타난다.

② 동해 증상은 결빙 상태일 때보다 해동 후 잘 나타난다.

③ 세포내 결빙이 일어난 경우 서서히 해동시키면 동해 증상이 나타나지 않는다.

④ 동해 증상으로 수침현상, 과피함몰, 갈변이 나타난다.

(해설) 동해는 빙점 이하의 저온에 의해서 결빙이 생겨 나타나는 장해로서 엽채류나 사과의 수침현상이 동해의 예이다. 세포내 결빙이 일어난 경우 서서히 해동시킨다고 하여 동해 증상이 나타나지 않는 것은 아니다.

63 원예산물의 풍미를 결정하는 요인을 모두 고른 것은?

ㄱ. 당도	ㄴ. 산도	ㄷ. 향기	ㄹ. 색도

① ㄱ, ㄴ   ② ㄱ, ㄴ, ㄷ   ③ ㄱ, ㄷ, ㄹ   ④ ㄴ, ㄷ, ㄹ

(해설) 풍미는 단맛, 신맛 등의 맛과 향기이다.

(정리) **원예산물의 풍미(향기, 맛)**

 ㉠ 단맛

  단맛은 가용성 당의 함량에 의해서 결정되는데 굴절당도계를 이용한 당도로써 표시한다.

 ㉡ 신맛

  신맛은 원예산물이 가지고 있는 유기산에 의해 결정되는데 성숙될수록 신맛은 감소한다. 과일별로 신맛을 내는 유기산을 보면 사과의 능금산, 포도의 주석산, 밀감류와 딸기의 구연산 등이다.

 ㉢ 쓴맛

  쓴맛은 원예산물에 장해가 발생되면 나타나는 맛이다. 당근은 에틸렌에 노출될 때 이소쿠마린을 합성하여 쓴맛을 낸다.

 ㉣ 짠맛

  신선한 원예산물의 주요 맛은 아니다. 절임류 식품의 주요 맛이며 소금의 양에 의해 결정된다. 짠맛은 염도계로 측정한다.

 ㉤ 떫은맛

  떫은맛은 성숙되지 않은 원예작물에서 나타난다. 떫은 감은 탈삽과정을 통해 탄닌이 불용화되거나 소멸되면 떫은맛은 없어진다.

64 비파괴 품질평가 방법에 관한 설명으로 옳지 않은 것은?

① 동일한 시료를 반복해서 측정할 수 있다.

② 분석이 신속하다.

③ 당도선별에 사용할 수 있다.

④ 화학적인 분석법에 비해 정확도가 높다.

정답 62 ③ 63 ② 64 ④

비파괴적 품질평가 방법은 화학적인 분석법에 비해 정확도가 낮다.

정리 비파괴적 품질평가 방법

(1) 근적외선을 이용하는 방법
① 원예산물에 근적외선을 투사하여 근적외선의 반사 및 투과 스펙트럼을 조사하면 원예산물의 화학적 조성을 예측할 수 있다. 예를 들어 반사 데이터로부터 밀가루 시료의 조성을 예측할 수 있고, 투과 데이터로부터 해바라기와 콩 종자의 유지와 수분함량을 예측할 수 있다.
② 최근에는 근적외선을 이용하는 방법은 사과, 배 등의 과일류의 당도 선별에 많이 이용되고 있다.

(2) X선 및 감마선을 이용하는 방법
① X선 및 감마선이 원예산물을 투과하는 정도는 원예산물의 질량밀도와 흡수계수에 따라 다르다. 따라서 X선 및 감마선은 원예산물의 질량밀도를 비파괴적으로 평가하는데 이용된다.
② X-ray를 이용하여 사과의 손상, 감자의 중공, 배의 씨, 오렌지의 과립화를 검출할 수 있다.
③ 최근 X선 센스는 원예산물에 묻어 있는 흙, 돌멩이 등의 이물질을 검출하는데도 많이 활용되고 있다.

(3) 자기공명영상법(MRI법)
MRI는 과실과 채소의 손상, 건조부, 충해, 내부파손, 숙도, 공극 및 씨의 존재 등과 같은 내부 품질인자의 비파괴적 평가에 이용된다.

(4) 비파괴적 방법의 장점
① 비파괴적 방법은 빠르고 신속하다.
② 비파괴적 방법은 동일한 시험용 재료를 반복하여 사용할 수 있다.
③ 비파괴적 방법은 숙련된 검사원을 필요로 하지 않는다.
④ 비파괴 방법은 전수조사가 가능하다.

65 저장고 관리에 관한 설명으로 옳지 않은 것은?

① 저장고내 온도는 저장중인 원예산물의 품온을 기준으로 조절하는 것이 가장 정확하다.
② 입고시기에는 품온이 적정 수준에 도달한 안정기 때보다 더 큰 송풍량으로 공기를 순환시킨다.
③ 저장고내 산소를 제거하기 위해 소석회를 이용한다.
④ 저장고내 습도 유지를 위해 온도가 상승하지 않는 선에서 공기 유동을 억제하고 환기는 가능한한 극소화한다.

CA저장고 내의 이산화탄소 농도는 일정 수준까지 증가시키다가 장해가 발생하는 수준에 이르면 이를 제거해 주어야 한다. 저장고내 이산화탄소를 제거하기 위해 소석회를 이용한다.

정리 생석회, 소석회의 이산화탄소 제거

㉠ 산화칼슘(생석회, CaO) + CO_2 → $CaCO_3$
㉡ 수산화칼슘(소석회, $Ca(OH)_2$) + CO_2 → $CaCO_3$ + H_2O

정답 65 ③

66 다음의 용어로 옳은 것은?

> ㄱ. 수확한 생산물이 가지고 있는 열
> ㄴ. 생산물의 생리대사에 의해 발생하는 열
> ㄷ. 저장고 문을 여닫을 때 외부에서 유입되는 열

① ㄱ: 호흡열 ㄴ: 포장열 ㄷ: 대류열   ② ㄱ: 포장열 ㄴ: 호흡열 ㄷ: 대류열

③ ㄱ: 대류열 ㄴ: 호흡열 ㄷ: 포장열   ④ ㄱ: 포장열 ㄴ: 대류열 ㄷ: 호흡열

(해설) ㉠ 포장열: 포장에서 태양열을 받아서 복사되는 열
ㄴ 호흡열: 호흡과정에서 산소가 소모되며 이산화탄소와 에너지 및 호흡열이 생성된다. 호흡열의 발생으로 원예산물의 당분, 향미 등이 소모되기 때문에 호흡열은 원예산물의 저장수명을 단축시킨다.
ㄷ 대류열: 공기 등의 유체가 흐르며 옮기는 열

67 원예산물의 수확 후 전처리에 관한 설명으로 옳지 않은 것은?

① 양파는 적재 큐어링 시 햇빛에 노출되면 녹변이 발생할 수 있다.

② 감자는 상처보호 조직의 빠른 재생을 위하여 30℃에서 큐어링한다.

③ 감귤은 중량비의 3~5%가 감소될 때까지 예건하여 저장하면 부패를 줄일 수 있다.

④ 마늘은 인편 중앙의 줄기 부위가 물기 없이 건조되었을 때 예건을 종료한다.

(해설) 감자는 상처보호 조직의 빠른 재생을 위하여 온도 15~20℃, 습도 85~90%에서 2주일 정도 큐어링한다.

(정리) **원예산물의 저장 전 전처리**
1. 예건
(1) 예건의 의의
① 과실 표면의 작은 상처들을 아물게 하고 과습으로 인하여 발생할 수 있는 부패 등을 방지하기 위해서, 원예산물을 수확한 후에 통풍이 양호하고 그늘진 곳에서 건조시키는 것을 예건이라고 한다.
② 예건은 곰팡이와 과피흑변의 발생을 방지하는데도 도움이 된다. 과피흑변이란 과일의 표피가 흑갈색으로 변하는 것을 말하는데 과피흑변은 주로 저온과습으로 인해 발생하기 때문에 예건을 해주면 방지될 수 있다.
(2) 품목별 예건
① 마늘과 양파
마늘과 양파는 수확 직후 수분함량이 85% 정도인데 예건을 통해 65% 정도까지 감소시킴으로써 부패를 막고 응애와 선충의 밀도를 낮추어 장기 저장이 가능하게 된다.
② 단감
수확 후 단감의 수분을 줄여줌으로써 곰팡이의 발생을 억제할 수 있고, 또한 예건으로 인해 과피에 큐티클층이 형성되기 때문에 과실의 상처를 줄일 수 있다.

(정답) **66** ② **67** ②

③ 배

수확 직후 배를 예건함으로써 부패를 줄이고 신선도를 유지하며 배의 과피흑변현상을 방지할 수 있다.

2. 맹아 억제

(1) 맹아의 의의

원예산물이 어느 정도 기간이 지나 휴면이 끝나면 싹이 돋아나는데 이를 맹아(萌芽, 움돋음)라고 한다. 특히 고구마, 감자, 마늘, 양파 등은 저장 중에 맹아가 발생하는 경우가 많다. 맹아가 발생하면 저장양분이 소모되므로 상품으로서의 가치가 떨어지게 된다. 따라서 저장 중에 맹아가 발생하는 것을 억제하여야 한다.

(2) 맹아 발생의 억제 방법

① 맹아 억제제의 사용

생장조절제인 클로르프로팜유제(chlorpropham, CIPC)를 사용하면 맹아의 발생을 억제할 수 있다. 또한 말레산하이드라지드(maleic hydrazide, MH) 처리를 통하여 맹아의 발생을 억제할 수 있다. 말레산하이드라지드 처리는 양파의 경우 많이 사용하는데 양파를 수확하기 약 2주전에 엽면에 0.2 ~ 0.25%의 말레산하이드라지드를 살포해 주면 생장점의 세포분열이 억제되면서 맹아의 발생이 억제된다.

② 방사선 처리(감마선 처리)

적당량의 방사선을 조사(照査)하면 생장점의 세포분열이 저해되어 맹아의 발생을 억제할 수 있다.

3. 반감기

(1) 반감기(半減期, half-time)의 의의

어떤 물질의 양이 반으로 줄어드는데 소요되는 시간을 반감기라고 한다. 방사선 물질의 반감기는 방사선 물질의 양이 반으로 줄어드는데 소요되는 시간이다.

(2) 예냉의 반감기

① 예냉의 반감기는 원예산물의 품온에서 최종목표온도까지 반감되는데 소요되는 시간이다.

② 반감기가 짧을수록 예냉속도가 빠르다.

③ 반감기가 1번 경과하면 1/2 예냉수준이 되며, 반감기가 2번 경과하면 3/4 예냉수준이 되고, 반감기가 3번 경과하면 7/8 예냉수준이 된다. 일반적으로 7/8 예냉수준을 경제적인 예냉수준이라고 한다.

4. 휴면

(1) 휴면(休眠)의 의의

① 원예산물이 일시적으로 생장활동을 멈추는 생리작용을 휴면이라고 한다.

② 식물호르몬 ABA(abscisic acid)는 휴면개시와 함께 증가한다.

③ 휴면이 완료되는 시기에 접어들면 전분함량이 줄어든다.

(2) 휴면이 발생되는 경우

① 종자가 너무 두꺼워 수분 흡수를 못할 때

② 종피에 발아억제물질이 존재할 때

③ 종자 내부의 배(胚)가 미성숙했을 때

5. 큐어링

(1) 큐어링(curing, 치유)의 의의

① 땅속에서 자라는 감자, 고구마는 수확 시 많은 물리적 상처를 입게 되고 마늘, 양파 등 인경채류는 잘라낸 줄기 부위가 제대로 아물어야 장기저장이 가능하다. 이와 같이 원예산물이 받은 상처를 치유하는 것을 큐어링이라고 한다.

② 큐어링은 원예산물의 상처를 아물게 하고 코르크층을 형성시켜 수분의 증발을 막으며 미생물의 침입을 방지한다.

③ 큐어링은 당화를 촉진시켜 단맛을 증대시키며 원예산물의 저장성을 높인다.

(2) 원예산물의 큐어링

① 감자

수확 후 온도 15~20℃, 습도 85~90%에서 2주일 정도 큐어링하면 코르크층이 형성되어 수분 손실과 부패균의 침입을 막을 수 있다.

② 고구마

수확 후 1주일 이내에 온도 30~33℃, 습도 85~90%에서 4~5일간 큐어링한 후 열을 방출시키고 저장하면 상처가 치유되고 당분함량이 증가한다.

③ 양파

온도 34℃, 습도 70~80%에서 4~7일간 큐어링한다. 고온다습에서 검은 곰팡이병이 생길 수 있기 때문에 유의해야 한다.

④ 마늘

온도 35~40℃, 습도 70~80%에서 4~7일간 큐어링한다.

68 다음 원예산물 중 5℃의 동일조건에서 측정한 호흡속도가 가장 높은 것은?

① 사과　　　　② 배　　　　③ 감자　　　　④ 아스파라거스

해설 생리적으로 미숙한 식물이나 잎이 큰 엽채류는 호흡속도가 빠르고, 성숙한 식물이나 양파, 감자 등 저장기관은 호흡속도가 느리다.

과일별 호흡속도를 비교해 보면 복숭아 > 배 > 감 > 사과 > 포도 > 키위의 순으로 호흡속도가 빠르며, 채소의 경우는 딸기 > 아스파라거스, 브로콜리 > 완두 > 시금치 > 당근 > 오이 > 토마토, 양배추 > 무 > 수박 > 양파의 순으로 호흡속도가 빠르다.

69 원예산물의 적재 및 유통에 관한 설명으로 옳지 않은 것은?

① 유통과정 중 장시간의 진동으로 원예산물의 손상이 발생할 수 있다.

② 팰릿 적재화물의 안정성 확보를 위하여 상자를 3단 이상 적재 시에는 돌려쌓기 적재를 한다.

③ 골판지 상자의 적재방법에 따라 상자에 가해지는 압축강도는 달라진다.

④ 신선채소류는 수확 후 수분증발이 일어나지 않아 골판지 상자의 강도가 달라지지 않는다.

해설 신선채소류는 수확 후 수분증발이 일어나므로 골판지 상자의 강도가 달라진다.

70 농산물의 포장재료 중 겉포장재에 해당하지 않는 것은?

① 트레이

② 골판지 상자

③ 플라스틱 상자

④ PP대(직물제 포대)

(해설) 트레이(tray)는 그릇 등을 받쳐 드는 데에 쓰는 널찍하고 반반한 도구이다.

71 원예산물에서 에틸렌에 의해 나타나는 증상으로 옳은 것은?

① 배의 과심갈변

② 브로콜리의 황화

③ 오이의 피팅

④ 사과의 밀증상

(해설) 에틸렌은 엽록소를 분해하여 황백화현상을 유발한다.

(정리) 에틸렌

1. 에틸렌의 의의

   에틸렌은 식물조직에서 생성되는 식물호르몬으로서 과실의 숙성을 촉진하기 때문에 숙성호르몬이라고도 하고 잎과 꽃의 노화를 촉진시키므로 노화호르몬이라고도 하며 식물체가 자극이나 병, 해충의 피해를 받을 경우 많이 생성되기 때문에 스트레스호르몬이라고도 한다. 또한 에틸렌은 엽록소(클로로필)를 분해하는 작용을 한다.

2. 에틸렌의 생성

   (1) 과일의 발육과정에서 에틸렌의 생성량의 변화는 호흡량의 변화양상과 일치한다. 호흡이 급격히 증가하면 에틸렌의 생성량도 급격히 증가한다.

   (2) 대부분의 원예산물은 수확 후 노화가 진행될 때나 과실이 숙성되는 동안 에틸렌이 발생한다.

   (3) 작물을 수확하거나 잎을 절단하면 절단면에서 에틸렌이 발생한다.

   (4) 원예산물의 취급과정에서 상처를 입거나 스트레스에 노출되면 에틸렌이 발생하는데 이는 원예산물의 품질을 떨어뜨리는 요인이 된다.

   (5) 에틸렌은 일단 생성되면 스스로의 합성을 촉진시키는 자가촉매적 성질이 있다.

   (6) 공기 중의 산소는 에틸렌의 발생에 필수적인 요소이다. 산소농도가 6% 이하가 되면 에틸렌의 발생이 억제된다. 청과물의 신선도 유지와 장기간 저장을 위해서는 에틸렌의 발생을 억제하는 기술이 필요하다.

3. 에틸렌의 발생과 저장성

   (1) 에틸렌 생성이 많은 작물은 저장성이 낮다. 조생종 품종은 만생종에 비해 에틸렌 생성량이 많으며 따라서 조생종이 만생종보다 저장성이 낮다.

   (2) 에틸렌은 노화를 촉진시켜 저장성을 떨어뜨린다.

   (3) 에틸렌은 오이, 수박 등의 과육이나 과피를 연화시켜 저장성을 떨어뜨린다.

   (4) 에틸렌은 오이나 당근의 쓴맛을 유기한다.

   (5) 에틸렌은 절화류의 꽃잎말이현상을 유기한다.

   (6) 에틸렌은 상추의 갈변현상(갈색으로 변하는 것)을 유기한다.

   (7) 에틸렌은 양배추의 엽록소를 분해하여 황백화현상을 유발한다.

(정답) **70** ① **71** ②

⑧ 원예산물의 신선도를 유지하기 위해 에틸렌의 합성을 억제하여야 하는데 이를 위해 CA저장법이 많이 이용되고 있다.

4. 에틸렌 발생과 원예산물 저장 시 주의사항
(1) 에틸렌을 다량으로 발생하는 품종과 그렇지 않은 품종을 같은 장소에 저장하지 않도록 하여야 한다. 사과, 복숭아, 토마토, 바나나 등은 에틸렌을 다량으로 발생하는 품종이며, 감귤류, 포도, 신고배, 딸기, 엽채류, 근채류 등은 에틸렌을 미량으로 발생하는 품종이다.
(2) 엽근채류는 에틸렌 발생이 매우 적지만 주위의 에틸렌에 의해서 쉽게 피해를 보게 된다. 에틸렌의 피해로 상추나 배추는 갈변현상이 나타나고 당근은 쓴 맛이 나며 오이는 과피의 황화가 촉진된다.

5. 에틸렌의 농업적 이용
(1) 에틸렌은 가스 상태로 존재하기 때문에 처리가 용이하지 않다. 따라서 에틸렌을 발생시키는 생장조절제로서 에세폰(ethephon)이라는 액체물질이 이용되고 있다.
(2) 에틸렌(에세폰)의 농업적 이용
① 에틸렌을 발생하는 에세폰을 처리하여 조생종 감귤이나 고추 등의 착색 및 연화를 촉진시킨다.
② 에틸렌은 엽록소의 분해를 촉진하고 안토시아닌(antocyanins), 카로티노이드(carotenoids)색소의 합성을 유도하므로 감, 감귤류, 참다래, 바나나, 토마토, 고추 등의 착색을 증진시키고 과육의 연화를 촉진시킨다.
③ 에틸렌은 떫은 감의 탄닌성분 탈삽과정에 작용하여 감의 후숙을 촉진한다. 감의 떫은맛은 과실내에 존재하는 갈릭산(gallic acid) 혹은 이의 유도체에 각종 페놀(phenol)류가 결합한 고분자화합물인 탄닌(tannin)성분에 의한 것이며 온탕침지, 알코올, 이산화탄소 처리, 에세폰 처리 등으로써 떫은맛의 원인이 되는 탄닌성분을 불용화시켜 떫은맛을 느낄 수 없게 만든다.
④ 에틸렌은 노화 및 열개 촉진작용이 있으므로 조기수확과 호두의 품질 향상에 이용된다.
⑤ 에세폰의 종자처리로 휴면타파 및 발아율 향상에 이용된다.
⑥ 에틸렌은 파인애플의 개화를 유도한다.

6. 에틸렌의 제거
(1) 에틸렌의 작용억제
① 치오황산은(STS), 1-MCP, AOA, AVG 등은 에틸렌의 합성이나 작용을 억제한다.
② 1-MCP는 과일과 채소의 에틸렌 수용체에 결합함으로써 에틸렌의 작용을 근본적으로 차단한다. 따라서 1-MCP는 에틸렌에 의해 유기되는 숙성과 품질변화에 대한 억제제로서 활용될 수 있다.
③ 6% 이하의 저농도산소는 식물의 에틸렌 합성을 차단한다.
(2) 에틸렌의 제거
① 팔라디움(Pd)과 염화팔라디움(PdCl_2)은 고습도 환경에서도 높은 에틸렌 제거 능력을 보인다.
② 목탄(숯) 및 활성탄은 에틸렌 흡착제로서 효과가 있으나 높은 습도 조건하에서는 흡착효과가 떨어지므로 제습제를 첨가한 활성탄이 이용된다.
③ 합성 제올라이트(zeolite)가 에틸렌 제거제로 판매되고 있다.
④ 과망간산칼륨(KMnO_4), 오존, 자외선 등도 에틸렌 제거에 이용된다.

72 원예산물별 수확 후 손실경감 대책으로 옳지 않은 것은?

① 마늘을 예건하면 휴면에도 영향을 주어 맹아신장이 억제된다.

② 배는 수확 즉시 저온저장을 하여야 과피흑변을 막을 수 있다.

③ 딸기는 예냉 후 소포장으로 수송하면 감모를 줄일 수 있다.

④ 복숭아 유통 시 에틸렌 흡착제를 사용하면 연화 및 부패를 줄일 수 있다.

해설 '과피흑변'은 수확한 배를 0℃ 가까운 낮은 온도에서 보관할 때 과피가 검게 변하는 현상으로서, 정상적인 과실의 껍질에 많이 있는 페놀류 물질이 저온에 반응하여 검은색으로 변색되어 나타난다.

정리 **과피흑변현상**

(1) 과피흑변현상의 증상

과피에 짙은 흑색의 반점이 생긴다.

(2) 과피흑변현상의 원인

① 과피에 함유된 폴리페놀화합물이 폴리페놀옥시다제(폴리페놀산화효소)의 작용으로 멜라닌(흑색색소)을 형성한다.

② 재배시 질소질 비료를 과다 사용하는 경우 발생한다.

③ 수확 후 충분히 예건하지 못한 경우 발생한다.

④ 저온・다습한 환경에서 저장할 때 발생한다.

⑤ 에틸렌가스의 오염으로 폴리페놀 작용이 촉진되면 발생한다.

(3) 과피흑변현상의 대책

① 플라즈마케어(농산물 신선도 유지기)를 저온저장고 내에 설치하면 저온저장고 내의 에틸렌 확산을 막아 주어 폴리페놀의 작용을 억제한다.

② 수확 후 10~12일 정도 예건한 후 입고한다.

③ 과피흑변 또는 갈변방지용 기능성 과실봉지를 이용한다.

73 0~4℃에서 저장할 경우 저온장해가 일어날 수 있는 원예산물을 모두 고른 것은?

ㄱ. 파프리카	ㄴ. 배추	ㄷ. 고구마
ㄹ. 브로콜리	ㅁ. 호박	

① ㄱ, ㄴ, ㄹ   ② ㄱ, ㄷ, ㅁ   ③ ㄴ, ㄷ, ㄹ   ④ ㄷ, ㄹ, ㅁ

해설 열대과일, 가지과채소(고추, 가지, 토마토, 파프리카), 박과채소(오이, 수박, 호박, 참외)는 저온장해가 잘 발생한다.

정리 특히 저온장해에 민감한 원예산물은 다음과 같다.

㉠ 복숭아, 오렌지, 레몬 등의 감귤류

㉡ 바나나, 아보카도(악어배), 파인애플, 망고 등 열대과일

㉢ 오이, 수박, 참외 등 박과채소

㉣ 고추, 가지, 토마토, 파프리카 등 가지과채소

정답 72 ② 73 ②

ⓜ 고구마, 생강

ⓗ 장미, 치자, 백합, 히야신서, 난초

74 원예산물의 화학적 위해요인에 해당하지 않는 것은?

① 곰팡이 독소   ② 중금속   ③ 다이옥신   ④ 병원성 대장균

(해설) 병원성 대장균은 생물학적 위해요소이다.

(정리) 식품의 화학적, 생물학적, 물리적 위해가 발생할 수 있는 요소를 분석·규명하고 이를 중점적으로 관리하는 시스템을 위해요소 중점관리제도(HACCP)라고 한다. 농약, 다이옥신 등은 화학적 위해요소이며, 대장균 0157, 살모넬라, 리스테리아 등 병원성 미생물은 생물학적 위해요소이고, 쇠붙이, 주사바늘 등 이물질은 물리적 위해요소이다.

75 GMO에 관한 설명으로 옳지 않은 것은?

① GMO는 유전자변형농산물을 말한다.

② GMO는 병충해 저항성, 바이러스 저항성, 제초제 저항성을 기본 형질로 하여 개발되었다.

③ GMO 표시 대상 품목에는 콩, 옥수수, 양파가 있다.

④ GMO 표시 대상 품목 중 유전자변형 원재료를 사용하지 않은 식품은 비유전자변형식품, Non-GMO로 표시할 수 있다.

(해설) GMO 표시 대상 원재료(품목)는 대두, 옥수수, 카놀라, 면화, 사탕무, 알팔파이다.

(정리) GMO

(1) GMO(Genetically Modified Organism)는 우리말로 '유전자재조합생물체'라고 하며, 그 종류에 따라 유전자재조합농산물(GMO농산물), 유전자재조합동물(GMO동물), 유전자재조합미생물(GMO미생물)로 분류된다. 현재 개발된 GMO의 대부분이 식물이기 때문에 GMO는 통상유전자재조합농산물(GMO농산물)을 의미하기도 한다.

(2) GMO는 유전자재조합기술을 이용하여 어떤 생물체의 유용한 유전자를 다른 생물체의 유전자와 결합시켜 특정한 목적에 맞도록 유전자 일부를 변형시켜 만든 것이다. 예를 들어, Bt 옥수수라는 GMO옥수수는 바실러스 튜린겐시스(Bacillus thuringiensis)라는 토양미생물의 살충성 단백질 생산 유전자를 옥수수에 삽입시켜 만든다. 그 결과, 이 옥수수는 옥수수를 갉아 먹는 해충으로부터 자신을 보호할 수 있다.

(3) GMO는 정부의 안전성 평가를 거쳐야만 식품으로 사용될 수 있으며, 이러한 농산물 또는 이를 원료로 제조한 식품을 유전자재조합식품(GMO식품)이라고 한다.

정답 74 ④ 75 ③

76 다음 내용에 해당하는 농산물 유통의 효용(utility)은?

> 하우스에서 수확한 블루베리를 농산물 산지유통센터(APC)의 저온저장고로 이동하여 보관한다.

① 형태(form) 효용
② 장소(place) 효용
③ 시간(time) 효용
④ 소유(possession) 효용

(해설) 저온저장고에 일정 시간 보관 후 지연출하를 하는 시간효용이다.

77 우리나라 농업협동조합에 관한 설명으로 옳지 않은 것은?

① 규모의 경제 확대에 기여하고 있다.
② 완전경쟁시장에서 적합한 조직이다.
③ 거래비용을 절감하는 기능을 하고 있다.
④ 유통업체의 지나친 이윤 추구를 견제하고 있다.

(해설) 농업협동조합은 독점적 시장에 해당한다. 독점적 경쟁시장은 본질적으로 완전경쟁시장과 유사하다. 다수의 기업이 존재하고, 시장 진입과 퇴출이 자유롭고, 시장에 대한 정보가 완전하다. 독점적 경쟁시장과 완전경쟁시장의 유일한 차이는 제품의 동질성 여부이다. 완전경쟁시장에서 상품은 동질적인데 반하여 독점적 경쟁시장에서의 상품은 차별화되어 있다. 예를 들어 패스트푸드 산업의 경우 상품은 햄버거, 피자, 중국집, 치킨 등으로 차별화되어 있다.

78 선물거래에 관한 설명으로 옳지 않은 것은?

① 표준화된 조건에 따라 거래를 진행한다.
② 공식 거래소를 통해서 거래가 성사된다.
③ 당사자끼리의 직접 거래에 의존한다.
④ 헤저(hedger)와 투기자(speculator)가 참여한다.

(해설) 선물거래소를 통하여 선물거래사가 개입하는 간접적 방식이며, 투자자와 생산자가 직접 거래를 하지는 않는다.

정답 76 ③ 77 ② 78 ③

정리 **선물거래**

선물(futures)거래란 장래 일정 시점에 미리 정한 가격으로 매매할 것을 현재 시점에서 약정하는 거래로, 미래의 가치를 사고파는 것이다. 선물의 가치가 현물시장에서 운용되는 기초자산(채권, 외환, 주식 등)의 가격 변동에 의해 파생적으로 결정되는 파생상품(derivatives) 거래의 일종이다. 미리 정한 가격으로 매매를 약속한 것이기 때문에 가격변동 위험의 회피가 가능하다는 특징이 있다.

79 농산물의 산지 유통에 관한 설명으로 옳지 않은 것은?

① 농산물 중개기능이 가장 중요하게 작용한다.
② 조합공동사업법인이 설립되어 판매사업을 수행한다.
③ 농산물 산지유통센터(APC)가 선별 기능을 하고 있다.
④ 포전거래를 통해 농가의 시장 위험이 상인에게 전가된다.

해설 중개기능이 활성화된 것은 도매시장을 통한 거래이며, 산지유통시장은 직접거래 위주이다.

80 농산물 유통정보의 평가 기준에 관한 설명으로 옳지 않은 것을 모두 고른 것은?

> ㄱ. 정보의 신뢰성을 높이기 위해 주관성이 개입된다.
> ㄴ. 알권리 차원에서 정보수집 대상에 대한 개인정보를 공개한다.
> ㄷ. 시의적절성을 위해 이용자가 원하는 시기에 유통정보가 제공되어야 한다.

① ㄱ   ② ㄱ, ㄴ   ③ ㄴ, ㄷ   ④ ㄱ, ㄴ, ㄷ

해설 정보는 객관적이어야 하며, 주관성이 개입되면 정보가 왜곡될 수 있다. 개인정보는 법에 의하여 공개될 수 없다.

정리 **유통정보의 요건**

- 정확성   • 신속성과 적시성   • 객관성
- 유용성과 간편성   • 계속성과 비교가능성

81 배추 가격이 10% 상승함에 따라 무의 수요량이 15% 증가하였다. 이때 농산물가격 탄력성에 관한 설명으로 옳은 것은?

① 배추와 무의 수요량 계측 단위가 같아야만 한다.
② 배추와 무는 서로 대체재의 관계를 가진다.
③ 교차가격 탄력성이 비탄력적인 경우이다.
④ 가격 탄력성의 값이 음(−)으로 계측된다.

정답 79 ① 80 ② 81 ②

82 마케팅 믹스(marketing mix)의 4P 전략에 관한 설명으로 옳지 않은 것은?

① 상품(product)전략: 판매 상품의 특성을 설정한다.

② 가격(price)전략: 상품 가격의 수준을 결정한다.

③ 장소(place)전략: 상품의 유통경로를 결정한다.

④ 정책(policy)전략: 상품에 대한 규제에 대응한다.

83 농산물 표준화에 관한 내용으로 옳지 않은 것은?

① 포장은 농산물 표준화의 대상이다.

② 농산물은 표준화를 통하여 품질이 균일하게 된다.

③ 농산물 표준화를 위한 공동선별은 개별농가에서 이루어진다.

④ 농산물 표준화는 유통의 효율성을 높일 수 있다.

84 농산물 수요곡선이 공급곡선보다 더 탄력적일 때 거미집 모형에 의한 가격 변동에 관한 설명으로 옳은 것은?

① 가격이 발산한다.

② 가격이 균형가격으로 수렴한다.

③ 가격이 균형가격으로 수렴하다 다시 발산한다.

④ 가격이 일정한 폭으로 진동한다.

정답 82 ④ 83 ③ 84 ②

거미집 모형

거미집 모형의 유형은 공급의 가격탄력성이 수요의 가격탄력성보다 작은 '수렴형'과 공급의 가격탄력성이 수요의 가격탄력성보다 큰 '발산형', 공급의 가격탄력성과 수요의 가격탄력성이 동일한 '순환형'으로 나눌 수 있다.

ⓐ 수렴형: 시간이 경과하면서 새로운 균형으로 접근하는 경우이다. 공급곡선의 기울기의 절댓값이 수요곡선의 기울기의 절댓값보다 큰 경우에 나타난다.
  - |수요곡선의 기울기| < |공급곡선의 기울기|
  - 수요의 가격탄력성 > 공급의 가격탄력성
ⓑ 발산형: 시간이 경과하면서 새로운 균형에서 점점 멀어지는 경우이다. 공급곡선의 기울기의 절댓값이 수요곡선의 기울기의 절댓값보다 작은 경우에 나타난다.
  - |수요곡선의 기울기| > |공급곡선의 기울기|
  - 수요의 가격탄력성 < 공급의 가격탄력성
ⓒ 순환형: 시간이 경과하면서 새로운 균형점에 접근하지도, 멀어지지도 않는 경우이다. 수요곡선과 공급곡선의 기울기의 절댓값이 같은 경우에 나타난다.
  - |수요곡선의 기울기| = |공급곡선의 기울기|
  - 수요의 가격탄력성 = 공급의 가격탄력성

85 완전경쟁시장에 관한 설명으로 옳은 것은?

① 소비자가 가격을 결정한다.
② 다양한 품질의 상품이 거래된다.
③ 시장에 대한 진입과 탈퇴가 자유롭다.
④ 시장 참여자들은 서로 다른 정보를 갖는다.

해설 완전경쟁시장은 수많은 공급자와 수많은 수요자가 있어 어느 누구도 가격결정을 할 수 없다고 보며, 가격은 '보이지 않는 손'에 의해 결정된다.
① 소비자도 가격결정자가 될 수 없다.
② 동질의 상품이 거래되어야 한다.
④ 정보 역시 모든 시장참여자에게 동등하게 제공되어야 한다.

정리 **완전경쟁시장**

모든 기업이 동질적인 재화를 생산하는 시장을 말한다. 재화의 품질뿐만 아니라 판매조건, 기타 서비스 등 모든 것이 동일하다. 따라서 소비자가 특정 생산자를 특별히 선호하지 않는다. 그리고 다수의 소비자와 생산자가 시장 내에 존재하여 소비자와 생산자 모두 가격에 영향력을 행사할 수 없는 가격수용자(price taker)이다.

경제주체들이 가격 등 시장에 관한 완전한 정보를 보유하고 있으며 진입과 퇴출이 자유롭다. 시장 내에 기업들은 가격수용자로 행동하여 장기적으로 이윤을 확보하지 못하는 시장을 의미한다.

정답 85 ③

86 SWOT분석의 구성요소가 아닌 것은?

① 기회　　　　　② 위협　　　　　③ 강점　　　　　④ 가치

해설 SWOT분석이란 기업의 환경분석을 통해 강점(strength)과 약점(weakness), 기회(opportunity)와 위협(threat) 요인을 규정하고 이를 토대로 마케팅 전략을 수립하는 기법을 말한다.

> ### SWOT분석
>
> 기업의 환경분석을 통해 강점(strength)과 약점(weakness), 기회(opportunity)와 위협(threat) 요인을 규정하고 이를 토대로 마케팅 전략을 수립하는 기법이다.
> 어떤 기업의 내부환경을 분석하여 강점과 약점을 발견하고, 외부환경을 분석하여 기회와 위협을 찾아내어 이를 토대로 강점은 살리고 약점은 죽이고, 기회는 활용하고 위협은 억제하는 마케팅 전략을 수립하는 것을 말한다.
> 이때 사용되는 4요소를 강점·약점·기회·위협(SWOT)이라고 하는데, 강점은 경쟁기업과 비교하여 소비자로부터 강점으로 인식되는 것은 무엇인지, 약점은 경쟁기업과 비교하여 소비자로부터 약점으로 인식되는 것은 무엇인지, 기회는 외부환경에서 유리한 기회요인은 무엇인지, 위협은 외부환경에서 불리한 위협요인은 무엇인지를 찾아낸다. 기업 내부의 강점과 약점을, 기업 외부의 기회와 위협을 대응시켜 기업의 목표를 달성하려는 SWOT분석에 의한 마케팅 전략의 특성은 다음과 같다.
> ① SO전략(강점-기회전략): 시장의 기회를 활용하기 위해 강점을 사용하는 전략을 선택한다.
> ② ST전략(강점-위협전략): 시장의 위협을 회피하기 위해 강점을 사용하는 전략을 선택한다.
> ③ WO전략(약점-기회전략): 약점을 극복함으로써 시장의 기회를 활용하는 전략을 선택한다.
> ④ WT전략(약점-위협전략): 시장의 위협을 회피하고 약점을 최소화하는 전략을 선택한다.
> 학자에 따라서는 기업 자체보다는 기업을 둘러싸고 있는 외부환경을 강조한다는 점에서 위협·기회·약점·강점(TOWS)으로 부르기도 한다.
>
> 출처: SWOT분석 [SWOT analysis] (두산백과 두피디아, 두산백과)

87 마케팅 분석을 위한 2차 자료의 특징으로 옳지 않은 것은?

① 1차 자료보다 객관성이 높다.
② 조사방식에는 관찰조사, 설문조사, 실험이 있다.
③ 1차 자료수집과 비교하여 시간이나 비용을 줄일 수 있다.
④ 공공기관에서 발표하는 자료도 포함된다.

해설 1차 자료: 자신이 직접 수집한 자료
2차 자료: 이미 가공되어 있는 자료의 수집
⇒ ② 관찰조사, 설문조사, 실험은 1차 자료 조사방식이다.

정답　86 ④　87 ②

88 농산물 구매행동 결정에 영향을 미치는 인구학적 요인을 모두 고른 것은?

| ㄱ. 성별 | ㄴ. 소득 | ㄷ. 직업 |

① ㄱ, ㄴ   ② ㄱ, ㄷ   ③ ㄴ, ㄷ   ④ ㄱ, ㄴ, ㄷ

(해설) 인구학적 요인은 사람의 특성에 관련된 것으로 위 보기는 모두 해당된다.

(정리) 소비자 구매의사 결정과정에 영향을 미치는 요인

문화적 요인	문화, 사회규범
사회적 요인	사회계층, 준거집단, 가족
인구통계적 요인	연령, 성별, 소득, 직업, 가족생활주기, 교육, 라이프 스타일
심리적 요인	동기, 지각, 학습, 신념과 태도, 개성과 자기개념

89 제품수명주기(PLC)의 단계가 아닌 것은?

① 도입기   ② 성장기   ③ 성숙기   ④ 안정기

(해설) 마지막 단계는 쇠퇴기이다. "제품수명주기"는 말 그대로 제품이 처음 개발되어~성장, 성숙단계에 이른 후 쇠퇴기까지 이르는 일련의 과정이다.

브랜드나 제품은 생명을 지닌 생명체처럼 그들만의 수명주기를 지니며 시장에 존재하고 있는 브랜드나 제품은 생명을 지닌 생명체처럼 그들만의 수명주기를 지니며 시장에 존재하고 있다. '도입기−성장기− 성숙기−쇠퇴기'의 단계별 일생을 살아가는데, 각 단계에 따라 프로모션 프로그램을 통해 커뮤니케이션 전략을 펼치게 된다.

90 소비자를 대상으로 하는 심리적 가격전략이 아닌 것은?

① 단수가격전략   ② 교역가격전략
③ 명성가격전략   ④ 관습가격전략

(해설) 교역가격은 국가간 무역이 이루어질 때 성립하는 가격이다.

(정리) **단수가격전략**
제품 가격을 설정할 때 가격의 끝자리를 단수로 표시하여 정상가격보다 약간 낮게 설정하는 마케팅 전략 이다. 예를 들어 제품의 정상가격이 2달러일 경우 1.99달러, 원화로는 30,000원을 29,900원으로 표시할 경우 불과 1센트 혹은 100원의 차이임에도 불구하고 가격대가 변함으로써 소비자는 그 차이를 더 크게 인지하고 구매 결정을 내리게 된다.

정답   88 ④   89 ④   90 ②

명성가격전략

가격 결정 시 해당 제품군의 주 소비자층이 지불할 수 있는 가장 높은 가격이나 시장에서 제시된 가격 중 가장 높은 가격을 설정하는 전략으로 주로 제품에 고급 이미지를 부여하기 위해 사용된다.

관습가격전략

시장에서 상품에 대해 장기간 고정되어 있는 가격으로 이를 벗어나면 소비자의 저항이 발생한다. 시장에서 한 제품군에 대해 오랜 기간 고정되어 있는 가격을 말하며 껌, 라면, 담배, 휴지 등 습관적으로 구매하는 제품들에서 주로 형성된다.

91 농산물 판매 확대를 위한 촉진기능이 아닌 것은?

① 새로운 상품에 대한 정보 제공　　② 소비자 구매 행동의 변화 유도
③ 소비자 맞춤형 신제품 개발　　④ 브랜드 인지도 제고

(해설) 촉진(Promotion)기능은 적극적으로 자사 제품을 소비자에게 알리는 것이다. 신제품개발은 4P전략에서 product 단계이다.

92 유닛로드시스템(unit load system)에 관한 설명으로 옳지 않은 것은?

① 농산물의 파손과 분실을 유발한다.
② 유닛로드시스템은 팰릿화와 컨테이너화가 있다.
③ 팰릿을 이용하여 일정한 중량과 부피로 단위화 할 수 있다.
④ 초기 투자비용이 많이 소요된다.

(해설) 유닛로드시스템(unit load system)이란 화물의 유통활동에 있어서 하역·수송·보관의 전체적인 비용절감을 위하여, 출발지에서 도착지까지 중간 하역작업 없이 일정한 방법으로 수송·보관하는 시스템을 말한다. 이를 가능하게 한 유통혁명의 시작은 화물운송의 콘테이너화이고 팰릿화와 지게차의 기여가 절대적이었다.

93 농산물의 물적유통기능이 아닌 것은?

① 가공　　　　　　② 표준화 및 등급화
③ 상·하역　　　　④ 포장

(해설) • 표준화 및 등급화는 유통조성기능이다.
　　　• 물적유통기능: 포장, 수송, 보관·저장, 가공, 상·하역

94 농산물 소매유통에 관한 설명으로 옳지 않은 것은?

① 무점포 거래가 가능하다. ② 대형 소매업체의 비중이 늘고 있다.

③ TV 홈쇼핑은 소매유통에 해당된다. ④ 농산물의 수집 기능을 주로 담당한다.

해설 수집기능은 도매유통이다(도매시장 또는 농협에서 하는 활동).
소매유통은 소비자와 상품이 만나는 최종 유통단계이다.

95 농산물 도매시장에 관한 설명으로 옳지 않은 것은?

① 농산물 도매시장의 시장도매인은 상장수수료를 부담한다.

② 농산물 도매시장은 수집과 분산 기능을 가지고 있다.

③ 농산물 도매시장은 출하자에 대한 대금정산 기능을 수행한다.

④ 농산물 도매시장의 가격은 경매와 정가·수의매매 등을 통하여 발견된다.

해설 도매시장법인 또는 시장도매인은 도매시장의 운영주체로서 수수료를 받는 주체이다. 상장수수료를 부담
하는 자는 상품의 경매를 위하여 상장위탁하는 상품소유주(또는 유통인)이다. 참고로 시장도매인의 주
기능은 경매가 아니다.

96 농산물의 일반적인 특성이 아닌 것은?

① 농산물은 부패성이 강하여 특수저장시설이 요구된다.

② 농산물은 계절성이 없어 일정한 물량이 생산된다.

③ 농산물은 생산자의 기술수준에 따라 생산량에 차이가 발생된다.

④ 농산물은 단위가치에 비해 부피가 크다.

해설 농산물은 계절적 편재성을 가진다.

97 배추 1포기당 농가수취가격이 3천 원이고 소비자가 구매한 가격이 6천 원일 때, 유통마진율은?

① 25% ② 50% ③ 75% ④ 100%

해설 유통마진율 $= \dfrac{b-a}{b} \times 100 = \dfrac{6000-3000}{6000} \times 100 = 50\%$

98 농산물의 유통조성기능에 해당하는 것은?

① 농산물을 구매한다.
② 농산물을 수송한다.
③ 농산물을 저장한다.
④ 농산물의 거래대금을 융통한다.

(해설) ① 소유권이전기능, ② 물적유통기능, ③ 물적유통기능, ④ 유통조성기능(금융)

99 농산물 등급화에 관한 설명으로 옳은 것은?

① 농산물의 등급화는 소비자의 탐색비용을 증가시킨다.
② 농산물은 크기와 모양이 다양하여 등급화하기 쉽다.
③ 농산물 등급의 설정은 최종소비자의 인지능력을 고려한다.
④ 농산물 등급의 수가 많을수록 가격의 효율성은 낮아진다.

(해설) ① 소비자 비용 감소
② 등급화가 어렵다.
③ 등급의 단계수를 어떻게 조정할 것인지 선택해야 한다.
④ 가격에 따라 소비자의 선택이 좌우된다고 할 때 등급의 수가 많으면 가격도 다양해지고 가격의 다양성이란 측면에서 가격의 효율성이 높아졌다고 할 수 있다.

100 농산물 수급안정을 위한 정책으로 옳지 않은 것은?

① 생산자 단체의 의무자조금 조성을 지원한다.
② 수매 비축 및 방출을 통해 농산물의 과부족을 대비한다.
③ 농업관측을 강화하여 시장변화에 선제적으로 대응한다.
④ 계약재배를 폐지하여 개별농가의 출하자율권을 확대한다.

(해설) 계약재배에 의한 유통 역시 유통활동의 하나로서 생산자의 자율적 선택권을 확대할 수 있는 요인이 된다.

정답 98 ④ 99 ③ 100 ④

2017년 제14_회 농산물품질관리사 1차 시험 기출문제

제1과목	관계 법령

01 농수산물 품질관리법령상 농산물의 지리적표시 등록거절 사유에 해당되지 않는 것은?

① 해당 품목이 지리적표시 대상지역에서만 생산된 것이 아닌 경우

② 해당 품목이 지리적표시 대상지역에서 생산된 역사가 깊지 않은 경우

③ 해당 품목의 우수성이 국내에는 널리 알려져 있지만 국외에는 알려지지 아니한 경우

④ 「상표법」에 따라 먼저 출원되었거나 등록된 타인의 상표와 같거나 비슷한 경우

해설 **법 제32조 지리적표시의 등록거절 사유**

1. 제3항에 따라 먼저 등록 신청되었거나, 제7항에 따라 등록된 타인의 지리적표시와 같거나 비슷한 경우

2. 「상표법」에 따라 먼저 출원되었거나 등록된 타인의 상표와 같거나 비슷한 경우

3. 국내에서 널리 알려진 타인의 상표 또는 지리적표시와 같거나 비슷한 경우

4. 일반명칭[농수산물 또는 농수산가공품의 명칭이 기원적(起原的)으로 생산지나 판매장소와 관련이 있지만 오래 사용되어 보통 명사화된 명칭을 말한다]에 해당되는 경우

5. 제2조제1항제8호에 따른 지리적표시 또는 같은 항 제9호에 따른 동음이의어 지리적표시의 정의에 맞지 아니하는 경우

6. 지리적표시의 등록을 신청한 자가 그 지리적표시를 사용할 수 있는 농수산물 또는 농수산가공품을 생산·제조 또는 가공하는 것을 업(業)으로 하는 자에 대하여 단체의 가입을 금지하거나 가입조건을 어렵게 정하여 실질적으로 허용하지 아니한 경우

시행령 제15조 지리적표시의 등록거절 세부 사유

1. 해당 품목이 농수산물인 경우에는 지리적표시 대상지역에서만 생산된 것이 아닌 경우

1의2. 해당 품목이 농수산가공품인 경우에는 지리적표시 대상지역에서만 생산된 농수산물을 주원료로 하여 해당 지리적표시 대상지역에서 가공된 것이 아닌 경우

2. 해당 품목의 우수성이 국내 및 국외에서 모두 널리 알려지지 아니한 경우

3. 해당 품목이 지리적표시 대상지역에서 생산된 역사가 깊지 않은 경우

4. 해당 품목의 명성·품질 또는 그 밖의 특성이 본질적으로 특정지역의 생산환경적 요인과 인적 요인 모두에 기인하지 아니한 경우

5. 그 밖에 농림축산식품부장관 또는 해양수산부장관이 지리적표시 등록에 필요하다고 인정하여 고시하는 기준에 적합하지 않은 경우

정답 01 ③

02 농수산물 품질관리법령상 농산물의 이력추적관리 등록에 관한 설명으로 옳지 않은 것은?

① 이력추적관리 표시정지 명령을 위반하여 계속 표시한 경우는 등록을 취소하여야 한다.

② 이력추적관리 등록 유효기간의 연장기간은 해당 품목의 이력추적관리 등록의 유효기간을 초과할 수 없다.

③ 이력추적관리 등록 대상품목은 농산물(축산물은 제외) 중 식용을 목적으로 생산하는 농산물로 한다.

④ 이력추적관리 등록을 하려는 자는 이상이 있는 농산물에 대한 위해요소관리계획서를 제출하여야 한다.

> (해설) **법 제47조(이력추적관리의 등록절차 등)**
> 법 제24조제1항 또는 제2항에 따라 이력추적관리 등록을 하려는 자는 별지 제23호서식의 농산물이력추적관리 등록(신규·갱신) 신청서에 다음 각 호의 서류를 첨부하여 국립농산물품질관리원장에게 제출하여야 한다.
> 1. 법 제24조제5항에 따른 이력추적관리농산물의 관리계획서
> 2. 이상이 있는 농산물에 대한 회수 조치 등 사후관리계획서

03 농수산물 품질관리법령상 3년 이하의 징역 또는 3천만 원 이하의 벌금에 처해지는 위반행위를 한 자는?

① 우수표시품이 아닌 농산물에 우수표시품의 표시를 하거나 이와 비슷한 표시를 한 자

② 전자변형농산물 표시의 이행·변경·삭제 등 시정명령을 이행하지 아니한 자

③ 검사를 받아야 하는 농산물에 대하여 검사를 받지 아니한 자

④ 다른 사람에게 농산물품질관리사의 명의를 사용하게 하거나 그 자격증을 빌려준 자

> (해설) ②, ③, ④ 1년 이하의 징역 또는 1천만 원 이하의 벌금
> **법 제119조(벌칙)** 3년 이하의 징역 또는 3천만 원 이하의 벌금
> 1. 제29조제1항제1호를 위반하여 <u>우수표시품이 아닌 농수산물(우수관리인증농산물이 아닌 농산물의 경우에는 제7조제4항에 따른 승인을 받지 아니한 농산물을 포함한다) 또는 농수산가공품에 우수표시품의 표시를 하거나 이와 비슷한 표시를 한 자</u>
> 1의2. 제29조제1항제2호를 위반하여 우수표시품이 아닌 농수산물(우수관리인증농산물이 아닌 농산물의 경우에는 제7조제4항에 따른 승인을 받지 아니한 농산물을 포함한다) 또는 농수산가공품을 우수표시품으로 광고하거나 우수표시품으로 잘못 인식할 수 있도록 광고한 자
> 2. 제29조제2항을 위반하여 다음 각 목의 어느 하나에 해당하는 행위를 한 자
>   가. 제5조제2항에 따라 표준규격품의 표시를 한 농수산물에 표준규격품이 아닌 농수산물 또는 농수산가공품을 혼합하여 판매하거나 혼합하여 판매할 목적으로 보관하거나 진열하는 행위
>   나. 제6조제6항에 따라 우수관리인증의 표시를 한 농산물에 우수관리인증농산물이 아닌 농산물(제7조제4항에 따른 승인을 받지 아니한 농산물을 포함한다) 또는 농산가공품을 혼합하여 판매하거나 혼합하여 판매할 목적으로 보관하거나 진열하는 행위

정답 **02** ④ **03** ①

다. 제14조제3항에 따라 품질인증품의 표시를 한 수산물 또는 수산특산물에 품질인증품이 아닌 수산물 또는 수산가공품을 혼합하여 판매하거나 혼합하여 판매할 목적으로 보관 또는 진열하는 행위

라. 삭제

마. 제24조제4항에 따라 이력추적관리의 표시를 한 농산물에 이력추적관리의 등록을 하지 아니한 농산물 또는 농산가공품을 혼합하여 판매하거나 혼합하여 판매할 목적으로 보관하거나 진열하는 행위

3. 제38조제1항을 위반하여 지리적표시품이 아닌 농수산물 또는 농수산가공품의 포장·용기·선전물 및 관련 서류에 지리적표시나 이와 비슷한 표시를 한 자

4. 제38조제2항을 위반하여 지리적표시품에 지리적표시품이 아닌 농수산물 또는 농수산가공품을 혼합하여 판매하거나 혼합하여 판매할 목적으로 보관 또는 진열한 자

5. 제73조제1항제1호 또는 제2호를 위반하여 「해양환경관리법」 제2조제4호에 따른 폐기물, 같은 조 제7호에 따른 유해액체물질 또는 같은 조 제8호에 따른 포장유해물질을 배출한 자

6. 제101조제1호를 위반하여 거짓이나 그 밖의 부정한 방법으로 제79조에 따른 농산물의 검사, 제85조에 따른 농산물의 재검사, 제88조에 따른 수산물 및 수산가공품의 검사, 제96조에 따른 수산물 및 수산가공품의 재검사 및 제98조에 따른 검정을 받은 자

7. 제101조제2호를 위반하여 검사를 받아야 하는 수산물 및 수산가공품에 대하여 검사를 받지 아니한 자

8. 제101조제3호를 위반하여 검사 및 검정 결과의 표시, 검사증명서 및 검정증명서를 위조하거나 변조한 자

9. 제101조제5호를 위반하여 검정 결과에 대하여 거짓광고나 과대광고를 한 자

04 농수산물 품질관리법령상 농산물의 등급규격을 정할 때 고려해야 하는 사항을 모두 고른 것은?

| ㄱ. 형태 | ㄴ. 향기 | ㄷ. 성분 | ㄹ. 숙도 |

① ㄱ, ㄴ   ② ㄱ, ㄹ   ③ ㄴ, ㄷ   ④ ㄱ, ㄷ, ㄹ

(해설) 법 제5조(표준규격의 제정)

① 법 제5조제1항에 따른 농수산물(축산물은 제외한다. 이하 이 조 및 제7조에서 같다)의 표준규격은 포장규격 및 등급규격으로 구분한다.

② 제1항에 따른 포장규격은 「산업표준화법」 제12조에 따른 한국산업표준(이하 "한국산업표준"이라 한다)에 따른다. 다만, 한국산업표준이 제정되어 있지 아니하거나 한국산업표준과 다르게 정할 필요가 있다고 인정되는 경우에는 보관·수송 등 유통 과정의 편리성, 폐기물 처리문제를 고려하여 다음 각 호의 항목에 대하여 그 규격을 따로 정할 수 있다.

1. 거래단위
2. 포장치수
3. 포장재료 및 포장재료의 시험방법
4. 포장방법
5. 포장설계
6. 표시사항
7. 그 밖에 품목의 특성에 따라 필요한 사항

정답 04 ②

③ 제1항에 따른 등급규격은 품목 또는 품종별로 그 특성에 따라 고르기, 크기, 형태, 색깔, 신선도, 건조도, 결점, 숙도(熟度) 및 선별 상태 등에 따라 정한다.

④ 국립농산물품질관리원장, 국립수산물품질관리원장 또는 산림청장은 표준규격의 제정 또는 개정을 위하여 필요하면 전문연구기관 또는 대학 등에 시험을 의뢰할 수 있다.

05 농수산물 품질관리법령상 안전성조사 결과 생산단계 안전기준을 위반한 농산물 또는 농지에 대한 조치방법으로 옳지 않은 것은?

① 해당 농산물의 몰수
② 해당 농산물의 출하 연기
③ 해당 농지의 개량
④ 해당 농지의 이용 금지

(해설) 법 제63조(안전성조사 결과에 따른 조치)

① 식품의약품안전처장이나 시·도지사는 생산과정에 있는 농수산물 또는 농수산물의 생산을 위하여 이용·사용하는 농지·어장·용수·자재 등에 대하여 안전성조사를 한 결과 생산단계 안전기준을 위반하였거나 유해물질에 오염되어 인체의 건강을 해칠 우려가 있는 경우에는 해당 농수산물을 생산한 자 또는 소유한 자에게 다음 각 호의 조치를 하게 할 수 있다.

1. 해당 농수산물의 폐기, 용도 전환, 출하 연기 등의 처리
2. 해당 농수산물의 생산에 이용·사용한 농지·어장·용수·자재 등의 개량 또는 이용·사용의 금지
2의2. 해당 양식장의 수산물에 대한 일시적 출하 정지 등의 처리
3. 그 밖에 총리령으로 정하는 조치

06 농수산물 품질관리법령상 유전자변형농산물의 표시 위반에 대한 처분에 해당되지 않는 것은?

① 표시의 변경 명령
② 표시의 삭제 명령
③ 위반품의 용도전환 명령
④ 위반품의 거래행위 금지 처분

(해설) 법 제59조(유전자변형농수산물의 표시 위반에 대한 처분)

① 식품의약품안전처장은 제56조 또는 제57조를 위반한 자에 대하여 다음 각 호의 어느 하나에 해당하는 처분을 할 수 있다.
1. 유전자변형농수산물 표시의 이행·변경·삭제 등 시정 명령
2. 유전자변형 표시를 위반한 농수산물의 판매 등 거래행위의 금지

② 식품의약품안전처장은 제57조를 위반한 자에게 제1항에 따른 처분을 한 경우에는 처분을 받은 자에게 해당 처분을 받았다는 사실을 공표할 것을 명할 수 있다.

③ 식품의약품안전처장은 유전자변형농수산물 표시의무자가 제57조를 위반하여 제1항에 따른 처분이 확정된 경우 처분내용, 해당 영업소와 농수산물의 명칭 등 처분과 관련된 사항을 대통령령으로 정하는 바에 따라 인터넷 홈페이지에 공표하여야 한다.

④ 제1항에 따른 처분과 제2항에 따른 공표명령 및 제3항에 따른 인터넷 홈페이지 공표의 기준·방법 등에 필요한 사항은 대통령령으로 정한다.

07 농수산물 품질관리법령상 농산물의 안전성조사에 관한 설명으로 옳은 것은?

① 식품의약품안전처장은 안전한 농축산물의 생산·공급을 위한 안전관리계획을 5년마다 수립·시행하여야 한다.

② 농림축산식품부장관은 농산물의 생산에 이용·사용하는 농지·용수(用水)·자재 등에 대하여 안전성조사를 하여야 한다.

③ 식품의약품안전처장은 농산물의 생산단계 안전기준을 정할 때에는 관계 시·도지사와 합의하여야 한다.

④ 식품의약품안전처장은 유해물질 잔류조사를 위하여 필요하면 관계 공무원에게 무상으로 시료 수거를 하게 할 수 있다.

(해설) **법 제60조(안전관리계획)**

① 식품의약품안전처장은 농수산물(축산물은 제외한다. 이하 이 장에서 같다)의 품질 향상과 안전한 농수산물의 생산·공급을 위한 안전관리계획을 매년 수립·시행하여야 한다.

② 시·도지사 및 시장·군수·구청장은 관할 지역에서 생산·유통되는 농수산물의 안전성을 확보하기 위한 세부추진계획을 수립·시행하여야 한다.

③ 제1항에 따른 안전관리계획 및 제2항에 따른 세부추진계획에는 제61조에 따른 안전성조사, 제68조에 따른 위험평가 및 잔류조사, 농어업인에 대한 교육, 그 밖에 총리령으로 정하는 사항을 포함하여야 한다.

④ 삭제 〈2013. 3. 23.〉

⑤ 식품의약품안전처장은 시·도지사 및 시장·군수·구청장에게 제2항에 따른 세부추진계획 및 그 시행 결과를 보고하게 할 수 있다.

제61조(안전성조사)

① 식품의약품안전처장이나 시·도지사는 농수산물의 안전관리를 위하여 농수산물 또는 농수산물의 생산에 이용·사용하는 농지·어장·용수(用水)·자재 등에 대하여 다음 각 호의 조사(이하 "안전성조사"라 한다)를 하여야 한다.

1. 농산물
　가. 생산단계: 총리령으로 정하는 안전기준에의 적합 여부
　나. 유통·판매 단계: 「식품위생법」 등 관계 법령에 따른 유해물질의 잔류허용기준 등의 초과 여부
2. 수산물
　가. 생산단계: 총리령으로 정하는 안전기준에의 적합 여부
　나. 저장단계 및 출하되어 거래되기 이전 단계: 「식품위생법」 등 관계 법령에 따른 잔류허용기준 등의 초과 여부

② 식품의약품안전처장은 제1항제1호가목 및 제2호가목에 따른 생산단계 안전기준을 정할 때에는 관계 중앙행정기관의 장과 협의하여야 한다.

③ 안전성조사의 대상품목 선정, 대상지역 및 절차 등에 필요한 세부적인 사항은 총리령으로 정한다.

정답 07 ④

08 농수산물 품질관리법령상 농산물 지리적표시의 등록을 취소하였을 때 공고하여야 하는 사항은?

① 등록일 및 등록번호
② 지리적표시 등록 대상품목 및 등록명칭
③ 지리적표시품의 품질 특성과 지리적 요인의 관계
④ 지리적표시 대상지역의 범위

(해설) **법 제58조(지리적표시의 등록공고 등)**

① 국립농산물품질관리원장, 국립수산물품질관리원장 또는 산림청장은 법 제32조제7항에 따라 지리적표시의 등록을 결정한 경우에는 다음 각 호의 사항을 공고하여야 한다.
  1. 등록일 및 등록번호
  2. 지리적표시 등록자의 성명, 주소(법인의 경우에는 그 명칭 및 영업소의 소재지를 말한다) 및 전화번호
  3. 지리적표시 등록 대상품목 및 등록명칭
  4. 지리적표시 대상지역의 범위
  5. 품질의 특성과 지리적 요인의 관계
  6. 등록자의 자체품질기준 및 품질관리계획서
② 국립농산물품질관리원장, 국립수산물품질관리원장 또는 산림청장은 지리적표시를 등록한 경우에는 별지 제32호서식의 지리적표시 등록증을 발급하여야 한다.
③ 국립농산물품질관리원장, 국립수산물품질관리원장 또는 산림청장은 법 제40조에 따라 지리적표시의 등록을 취소하였을 때에는 다음 각 호의 사항을 공고하여야 한다.
  1. 취소일 및 등록번호
  2. 지리적표시 등록 대상품목 및 등록명칭
  3. 지리적표시 등록자의 성명, 주소(법인의 경우에는 그 명칭 및 영업소의 소재지를 말한다) 및 전화번호
  4. 취소사유
④ 제1항 및 제3항에 따른 지리적표시의 등록 및 등록취소의 공고에 관한 세부 사항은 농림축산식품부장관 또는 해양수산부장관이 정하여 고시한다.

---

09 농수산물 품질관리법령상 정부가 수매하는 농산물로서 농림축산식품부장관의 검사를 받아야 하는 것이 아닌 것은?

① 겉보리   ② 쌀보리   ③ 누에씨   ④ 땅콩

(해설) 정부가 수매하거나 수출 또는 수입하는 농산물 등 대통령령으로 정하는 농산물(축산물은 제외한다.)은 공정한 유통질서를 확립하고 소비자를 보호하기 위하여 농림축산식품부장관이 정하는 기준에 맞는지 등에 관하여 농림축산식품부장관의 검사를 받아야 한다. 다만, 누에씨 및 누에고치의 경우에는 시·도지사의 검사를 받아야 한다.

정답 08 ② 09 ③

> **■ 농수산물 품질관리법 시행령 [별표 3]**
>
> **검사대상 농산물의 종류별 품목**(제30조제2항 관련)
>
> 1. 정부가 수매하거나 생산자단체등이 정부를 대행하여 수매하는 농산물
>   가. 곡류: 벼·겉보리·쌀보리·콩
>   나. 특용작물류: 참깨·땅콩
>   다. 과실류: 사과·배·단감·감귤
>   라. 채소류: 마늘·고추·양파
>   마. 잠사류: 누에씨·누에고치
> 2. 정부가 수출·수입하거나 생산자단체등이 정부를 대행하여 수출·수입하는 농산물
>   가. 곡류
>   1) 조곡(粗穀): 콩·팥·녹두
>   2) 정곡(精穀): 현미·쌀
>   나. 특용작물류: 참깨·땅콩
>   다. 채소류: 마늘·고추·양파
> 3. 정부가 수매 또는 수입하여 가공한 농산물
>   곡류: 현미·쌀·보리쌀

10 농수산물 품질관리법령상 농산물의 검사판정 취소 사유로 옳지 않은 것은?

① 농림축산식품부령으로 정하는 검사 유효기간이 지나고, 검사 결과의 표시가 없어지거나 명확하지 아니하게 된 경우

② 거짓이나 그 밖의 부정한 방법으로 검사를 받은 사실이 확인된 경우

③ 검사 또는 재검사 결과의 표시 또는 검사증명서를 위조하거나 변조한 사실이 확인된 경우

④ 검사 또는 재검사를 받은 농산물의 포장이나 내용물을 바꾼 사실이 확인된 경우

해설 ①은 취소 사유가 아니라 실효 사유이다.

법 제86조(검사판정의 실효)
제79조제1항에 따라 검사를 받은 농산물이 다음 각 호의 어느 하나에 해당하면 검사판정의 효력이 상실된다.
1. 농림축산식품부령으로 정하는 검사 유효기간이 지난 경우
2. 제84조에 따른 검사 결과의 표시가 없어지거나 명확하지 아니하게 된 경우

법 제87조(검사판정의 취소)
농림축산식품부장관은 제79조에 따른 검사나 제85조에 따른 재검사를 받은 농산물이 다음 각 호의 어느 하나에 해당하면 검사판정을 취소할 수 있다. 다만, 제1호에 해당하면 검사판정을 취소하여야 한다.

정답 10 ①

1. 거짓이나 그 밖의 부정한 방법으로 검사를 받은 사실이 확인된 경우
2. 검사 또는 재검사 결과의 표시 또는 검사증명서를 위조하거나 변조한 사실이 확인된 경우
3. 검사 또는 재검사를 받은 농산물의 포장이나 내용물을 바꾼 사실이 확인된 경우

11 농수산물 품질관리법령상 농산물품질관리사의 업무로 옳지 않은 것은?

① 포장농산물의 표시사항 준수에 관한 지도
② 농산물의 생산 및 수확 후의 품질관리기술 지도
③ 농산물 및 농산가공품의 품위·성분 등에 대한 검정
④ 농산물의 선별·저장 및 포장 시설 등의 운용·관리

해설 법 제106조(농산물품질관리사 또는 수산물품질관리사의 직무)
① 농산물품질관리사는 다음 각 호의 직무를 수행한다.
1. 농산물의 등급 판정
2. 농산물의 생산 및 수확 후 품질관리기술 지도
3. 농산물의 출하 시기 조절, 품질관리기술에 관한 조언
4. 그 밖에 농산물의 품질 향상과 유통 효율화에 필요한 업무로서 농림축산식품부령으로 정하는 업무

시행규칙 제134조(농산물품질관리사의 업무)
법 제106조제1항제4호에서 "농림축산식품부령으로 정하는 업무"란 다음 각 호의 업무를 말한다.
1. 농산물의 생산 및 수확 후의 품질관리기술 지도
2. 농산물의 선별·저장 및 포장 시설 등의 운용·관리
3. 농산물의 선별·포장 및 브랜드 개발 등 상품성 향상 지도
4. 포장농산물의 표시사항 준수에 관한 지도
5. 농산물의 규격출하 지도

12 농수산물 품질관리법령상 농산물우수관리인증을 신청할 수 있는 자는?

① 우수표시품이 아닌 농산물에 우수표시품의 표시를 하거나 이와 비슷한 표시를 하여 벌금 이상의 형이 확정된 후 1년이 지나지 아니한 자
② 이력추적관리의 표시를 한 농산물에 이력추적관리의 등록을 하지 아니한 농산물 또는 농산가공품을 혼합판매하여 벌금 이상의 형이 확정된 후 1년이 지나지 아니한 자
③ 농산물에 대한 검사 및 검정 결과의 표시, 검사증명서 및 검정증명서를 위조하여 벌금 이상의 형이 확정된 후 1년이 지나지 아니한 자
④ 유전자변형농산물의 표시를 거짓으로 하거나 이를 혼동하게 할 우려가 있는 표시를 하여 벌금 이상의 형이 확정된 후 1년이 지나지 아니한 자

정답 11 ③ 12 ④

해설 법 제6조(농산물우수관리의 인증)

① 농림축산식품부장관은 농산물우수관리의 기준(이하 "우수관리기준"이라 한다)을 정하여 고시하여야 한다.

② 우수관리기준에 따라 농산물(축산물은 제외한다. 이하 이 절에서 같다)을 생산·관리하는 자 또는 우수관리기준에 따라 생산·관리된 농산물을 포장하여 유통하는 자는 제9조에 따라 지정된 농산물우수관리인증기관(이하 "우수관리인증기관"이라 한다)으로부터 농산물우수관리의 인증(이하 "우수관리인증"이라 한다)을 받을 수 있다.

③ 우수관리인증을 받으려는 자는 우수관리인증기관에 우수관리인증의 신청을 하여야 한다. 다만, 다음 각 호의 어느 하나에 해당하는 자는 우수관리인증을 신청할 수 없다.

1. 제8조제1항에 따라 우수관리인증이 취소된 후 1년이 지나지 아니한 자
2. 제119조(3년 이하의 징역 3천만 원 이하의 벌금) 또는 제120조(1년 이하의 징역 1천만 원 이하의 벌금)를 위반하여 벌금 이상의 형이 확정된 후 1년이 지나지 아니한 자

법 제8조(우수관리인증의 취소 등)

① 우수관리인증기관은 우수관리인증을 한 후 제6조제5항에 따른 조사, 점검, 자료제출 요청 등의 과정에서 다음 각 호의 사항이 확인되면 우수관리인증을 취소하거나 3개월 이내의 기간을 정하여 그 우수관리인증의 표시정지를 명하거나 시정명령을 할 수 있다. 다만, 제1호 또는 제3호의 경우에는 우수관리인증을 취소하여야 한다.

1. 거짓이나 그 밖의 부정한 방법으로 우수관리인증을 받은 경우
2. 우수관리기준을 지키지 아니한 경우
3. 업종전환·폐업 등으로 우수관리인증농산물을 생산하기 어렵다고 판단되는 경우
4. 우수관리인증을 받은 자가 정당한 사유 없이 제6조제5항에 따른 조사·점검 또는 자료제출 요청에 따르지 아니한 경우
4의2. 우수관리인증을 받은 자가 제6조제7항에 따른 우수관리인증의 표시방법을 위반한 경우
5. 제7조제4항에 따른 우수관리인증의 변경승인을 받지 아니하고 중요 사항을 변경한 경우
6. 우수관리인증의 표시정지기간 중에 우수관리인증의 표시를 한 경우

13 농수산물 품질관리법령상 농림축산식품부장관이 6개월 이내의 기간을 정하여 우수관리인증기관의 업무정지를 명할 수 있는 경우가 아닌 것은?

① 우수관리인증 업무와 관련하여 우수관리인증기관의 장 등 임원·직원에 대하여 벌금 이상의 형이 확정된 경우

② 우수관리인증의 기준을 잘못 적용하는 등 우수관리인증 업무를 잘못한 경우

③ 정당한 사유없이 1년 이상 우수관리인증 실적이 없는 경우

④ 거짓이나 그 밖의 부정한 방법으로 우수관리인증기관 지정을 받은 경우

해설 ①, ④ 지정 취소 사유

정답 13 ④

우수관리인증기관의 지정 취소 및 우수관리인증 업무의 정지에 관한 처분기준(개별사유)

위반행위	근거 법조문	위반횟수별 처분기준		
		1회	2회	3회 이상
가. 거짓이나 그 밖의 부정한 방법으로 지정을 받은 경우	법 제10조 제1항제1호	지정 취소	–	–
나. 업무정지 기간 중에 우수관리인증 업무를 한 경우	법 제10조 제1항제2호	지정 취소	–	–
다. 우수관리인증기관의 해산·부도로 인하여 우수관리인증 업무를 할 수 없는 경우	법 제10조 제1항제3호	지정 취소	–	–
라. 법 제9조제2항 본문에 따른 변경신고를 하지 않고 우수관리인증 업무를 계속한 경우	법 제10조 제1항제4호	–	–	–
1) 조직·인력 및 시설 중 어느 하나가 변경되었으나 1개월 이내에 신고하지 않은 경우	–	경고	업무정지 1개월	업무정지 3개월
2) 조직·인력 및 시설 중 둘 이상이 변경되었으나 1개월 이내에 신고하지 않은 경우	–	업무정지 1개월	업무정지 3개월	업무정지 6개월
마. 우수관리인증업무와 관련하여 인증기관의 장 등 임원·직원에 대하여 벌금 이상의 형이 확정된 경우	법 제10조 제1항제5호	지정 취소	–	–
바. 법 제9조제5항에 따른 지정기준을 갖추지 않은 경우	법 제10조 제1항제6호	–	–	–
1) 조직·인력 및 시설 중 어느 하나가 지정기준에 미달할 경우	–	업무정지 1개월	업무정지 3개월	업무정지 6개월
2) 조직·인력 및 시설 중 어느 둘 이상이 지정기준에 미달할 경우	–	업무정지 3개월	업무정지 6개월	지정 취소
사. 법 제9조의2에 따른 준수사항을 지키지 아니한 경우	법 제10조 제1항제6호의2	경고	업무정지 1개월	업무정지 3개월
아. 우수관리인증의 기준을 잘못 적용하는 등 우수관리인증 업무를 잘못한 경우	법 제10조 제1항제7호	–	–	–
1) 우수관리인증의 기준을 잘못 적용하여 인증을 한 경우	–	경고	업무정지 1개월	업무정지 3개월
2) 별표 3 제3호다목 및 마목부터 자목까지의 규정 중 둘 이상을 이행하지 않은 경우	–	경고	업무정지 1개월	업무정지 3개월
3) 인증 외의 업무를 수행하여 인증업무가 불공정하게 수행된 경우	–	업무정지 6개월	지정 취소	–
4) 농산물우수관리기준을 지키는지 조사·점검을 하지 않은 경우	–	경고	업무정지 1개월	업무정지 3개월
5) 우수관리인증 취소 등의 기준을 잘못 적용하여 처분한 경우	–	업무정지 1개월	업무정지 3개월	지정 취소

위반행위	근거 법조문	위반횟수별 처분기준		
		1회	2회	3회 이상
자. 정당한 사유 없이 1년 이상 우수관리인증 실적이 없는 경우	법 제10조 제1항제8호	업무정지 3개월	지정 취소	–
차. 법 제31조제3항을 위반하여 농림축산식품부장관의 요구를 정당한 이유 없이 따르지 않은 경우	법 제10조 제1항제9호	업무정지 3개월	업무정지 6개월	지정 취소
카. 그 밖의 사유로 우수관리인증 업무를 수행할 수 없는 경우	법 제10조 제1항제10호	지정 취소		

14 농수산물 품질관리법령상 우수관리인증의 취소 및 표시정지에 해당하는 다음의 위반사항 중 1차 위반만으로는 인증취소가 되지 않는 것을 모두 고른 것은?

ㄱ. 우수관리기준을 지키지 않은 경우
ㄴ. 거짓이나 그 밖의 부정한 방법으로 우수관리인증을 받은 경우
ㄷ. 우수관리인증의 변경승인을 받지 않고 중요 사항을 변경한 경우
ㄹ. 전업·폐업 등으로 우수관리인증농산물을 생산하기 어렵다고 판단되는 경우
ㅁ. 우수관리인증을 받은 자가 정당한 사유 없이 조사·점검 요청에 응하지 않은 경우

① ㄱ, ㄷ   ② ㄱ, ㄷ, ㅁ   ③ ㄴ, ㄷ, ㄹ   ④ ㄴ, ㄹ, ㅁ

(해설) 농수산물 품질관리법 시행규칙 [별표 2]

우수관리인증의 취소 및 표시정지에 관한 처분기준(제18조 관련)

1. 일반기준
   가. 위반행위가 둘 이상인 경우에는 그 중 무거운 처분기준을 적용하며, 둘 이상의 처분기준이 같은 업무정지인 경우에는 무거운 처분기준의 2분의 1까지 가중할 수 있다. 이 경우 각 처분 기준을 합산한 기간을 초과할 수 없다.
   나. 위반행위의 횟수에 따른 행정처분의 기준은 최근 1년간 같은 위반행위로 행정처분을 받은 경우에 적용한다. 이 경우 행정처분 기준의 적용은 같은 위반행위에 대하여 최초로 행정처분을 한 날과 다시 같은 위반행위를 적발한 날을 기준으로 한다.
   다. 위반행위의 내용으로 보아 고의성이 없거나 그 밖에 특별한 사유가 있다고 인정되는 경우에는 그 처분을 표시정지의 경우에는 2분의 1 범위에서 경감할 수 있고, 인증취소인 경우에는 3개월의 표시정지 처분으로 경감할 수 있다.

라. 생산자집단의 구성원의 위반행위에 대해서는 1차적으로 위반행위를 한 구성원에 대하여 처분을 하고, 구성원이 소속된 생산자집단에 대해서도 구성원에 대한 처분기준보다 한 단계 낮은 처분기준을 적용하여 처분하되, 위반행위를 한 구성원이 복수인 경우에는 처분을 받는 구성원의 처분기준 중 가장 무거운 처분기준(각각의 처분기준이 같은 경우에는 그 처분기준)보다 한 단계 낮은 처분기준을 적용하여 처분한다.

2. 개별기준

위반행위	근거 법조문	위반횟수별 처분기준		
		1차 위반	2차 위반	3차 위반
가. 거짓이나 그 밖의 부정한 방법으로 우수관리인증을 받은 경우	법 제8조 제1항제1호	인증취소	–	–
나. 우수관리기준을 지키지 않은 경우	법 제8조 제1항제2호	표시정지 1개월	표시정지 3개월	인증취소
다. 전업(轉業)·폐업 등으로 우수관리인증농산물을 생산하기 어렵다고 판단되는 경우	법 제8조 제1항제3호	인증취소	–	–
라. 우수관리인증을 받은 자가 정당한 사유 없이 조사·점검 또는 자료제출 요청에 응하지 않은 경우	법 제8조 제1항제4호	표시정지 1개월	표시정지 3개월	인증취소
마. 우수관리인증을 받은 자가 법 제6조제7항에 따른 우수관리인증의 표시방법을 위반한 경우	법 제8조 제1항제4호의2	시정명령	표시정지 1개월	표시정지 3개월
바. 법 제7조제4항에 따른 우수관리인증의 변경승인을 받지 않고 중요 사항을 변경한 경우	법 제8조 제1항제5호	표시정지 1개월	표시정지 3개월	인증취소
사. 우수관리인증의 표시정지기간 중에 우수관리인증의 표시를 한 경우	법 제8조 제1항제6호	인증취소	–	–

15 농수산물의 원산지 표시에 관한 법령상 개별기준에 의한 위반금액별 과징금의 부과기준으로 옳지 않은 것은?

① 100만 원 초과 500만 원 이하: 위반금액×0.5
② 500만 원 초과 1,000만 원 이하: 위반금액×1.0
③ 1,000만 원 초과 2,000만 원 이하: 위반금액×1.5
④ 2,000만 원 초과 3,000만 원 이하: 위반금액×2.0

시행령 [별표 1의2] 과징금의 부과기준

위반금액	과징금의 금액
100만 원 이하	위반금액 × 0.5
100만 원 초과 500만 원 이하	**위반금액 × 0.7**
500만 원 초과 1,000만 원 이하	위반금액 × 1.0
1,000만 원 초과 2,000만 원 이하	위반금액 × 1.5
2,000만 원 초과 3,000만 원 이하	위반금액 × 2.0
3,000만 원 초과 4,500만 원 이하	위반금액 × 2.5
4,500만 원 초과 6,000만 원 이하	위반금액 × 3.0
6,000만 원 초과	위반금액 × 4.0(최고 3억 원)

16 농수산물의 원산지 표시에 관한 법령상 일반음식점 영업을 하는 자가 농산물을 조리하여 판매하는 경우 원산지 표시 대상이 아닌 것은?

① 누룽지에 사용하는 쌀　　　　　　② 깍두기에 사용하는 무
③ 콩국수에 사용하는 콩　　　　　　④ 육회에 사용하는 소고기

해설 **법 제5조(원산지 표시)**
③ 식품접객업 및 집단급식소 중 대통령령으로 정하는 영업소나 집단급식소를 설치·운영하는 자는 다음 각 호의 어느 하나에 해당하는 경우에 그 농수산물이나 그 가공품의 원료에 대하여 원산지(소고기는 식육의 종류를 포함한다. 이하 같다)를 표시하여야 한다. 다만, 「식품산업진흥법」 제22조의2 또는 「수산식품산업의 육성 및 지원에 관한 법률」 제30조에 따른 원산지인증의 표시를 한 경우에는 원산지를 표시한 것으로 보며, 소고기의 경우에는 식육의 종류를 별도로 표시하여야 한다.
　1. 대통령령으로 정하는 농수산물이나 그 가공품을 조리하여 판매·제공(배달을 통한 판매·제공을 포함한다)하는 경우
　2. 제1호에 따른 농수산물이나 그 가공품을 조리하여 판매·제공할 목적으로 보관하거나 진열하는 경우
④ 제1항이나 제3항에 따른 표시대상, 표시를 하여야 할 자, 표시기준은 대통령령으로 정하고, 표시방법과 그 밖에 필요한 사항은 농림축산식품부와 해양수산부의 공동 부령으로 정한다.

법 제3조(원산지의 표시대상)
⑤ 법 제5조제3항에서 "대통령령으로 정하는 농수산물이나 그 가공품을 조리하여 판매·제공하는 경우"란 다음 각 호의 것을 조리하여 판매·제공하는 경우를 말한다. 이 경우 조리에는 날것의 상태로 조리하는 것을 포함하며, 판매·제공에는 배달을 통한 판매·제공을 포함한다.
　1. 소고기(식육·포장육·식육가공품을 포함한다. 이하 같다)
　2. 돼지고기(식육·포장육·식육가공품을 포함한다. 이하 같다)
　3. 닭고기(식육·포장육·식육가공품을 포함한다. 이하 같다)
　4. 오리고기(식육·포장육·식육가공품을 포함한다. 이하 같다)

정답 16 ②

5. 양고기(식육·포장육·식육가공품을 포함한다. 이하 같다)

5의2. 염소(유산양을 포함한다. 이하 같다)고기(식육·포장육·식육가공품을 포함한다. 이하 같다)

6. 밥, 죽, 누룽지에 사용하는 쌀(쌀가공품을 포함하며, 쌀에는 찹쌀, 현미 및 찐쌀을 포함한다. 이하 같다)

7. 배추김치(배추김치가공품을 포함한다)의 원료인 배추(얼갈이배추와 봄동배추를 포함한다. 이하 같다)와 고춧가루

7의2. 두부류(가공두부, 유바는 제외한다), 콩비지, 콩국수에 사용하는 콩(콩가공품을 포함한다. 이하 같다)

17 농수산물 유통 및 가격안정에 관한 법령상 전자거래를 촉진하기 위하여 한국농수산식품유통공사 등에 수행하게 할 수 있는 업무가 아닌 것은?

① 대금결제 지원을 위한 인터넷 은행의 설립
② 농산물 전자거래 분쟁조정위원회에 대한 운영 지원
③ 농산물 전자거래 참여 판매자 및 구매자의 등록·심사 및 관리
④ 농산물 전자거래에 관한 유통정보 서비스 제공

해설 법 제70조의2(농수산물 전자거래의 촉진 등)
① 농림축산식품부장관 또는 해양수산부장관은 농수산물 전자거래를 촉진하기 위하여 한국농수산식품유통공사 및 농수산물 거래와 관련된 업무경험 및 전문성을 갖춘 기관으로서 대통령령으로 정하는 기관에 다음 각 호의 업무를 수행하게 할 수 있다.
   1. 농수산물 전자거래소(농수산물 전자거래장치와 그에 수반되는 물류센터 등의 부대시설을 포함한다)의 설치 및 운영·관리
   2. 농수산물 전자거래 참여 판매자 및 구매자의 등록·심사 및 관리
   3. 제70조의3에 따른 농수산물 전자거래 분쟁조정위원회에 대한 운영 지원
   4. 대금결제 지원을 위한 정산소(精算所)의 운영·관리
   5. 농수산물 전자거래에 관한 유통정보 서비스 제공
   6. 그 밖에 농수산물 전자거래에 필요한 업무
② 농림축산식품부장관 또는 해양수산부장관은 농수산물 전자거래를 활성화하기 위하여 예산의 범위에서 필요한 지원을 할 수 있다.
③ 제1항과 제2항에서 규정한 사항 외에 거래품목, 거래수수료 및 결제방법 등 농수산물 전자거래에 필요한 사항은 농림축산식품부령 또는 해양수산부령으로 정한다.

정답 17 ①

18 농수산물 유통 및 가격안정에 관한 법령상 도매시장 개설자로부터 중도매업의 허가를 받을 수 있는 자는?

① 파산선고를 받고 복권되지 아니한 사람이나 피성년후견인
② 절도죄로 징역형을 선고받고 그 형의 집행이 종료된 지 1년이 지나지 아니한 자
③ 중도매업 허가증을 타인에게 대여하여 허가가 취소된 날부터 1년이 지난 자
④ 도매시장법인의 주주가 해당 도매시장법인의 업무와 경합되는 중도매업을 하려는 자

해설 법 제25조(중도매업의 허가)

① 중도매인의 업무를 하려는 자는 부류별로 해당 도매시장 개설자의 허가를 받아야 한다.
② 도매시장 개설자는 다음 각 호의 어느 하나에 해당하는 경우를 제외하고는 제1항에 따른 허가 및 제7항에 따른 갱신허가를 하여야 한다.
 1. 제3항 각 호의 어느 하나에 해당하는 경우
 2. 그 밖에 이 법 또는 다른 법령에 따른 제한에 위반되는 경우
③ 다음 각 호의 어느 하나에 해당하는 자는 중도매업의 허가를 받을 수 없다.
 1. 파산선고를 받고 복권되지 아니한 사람이나 피성년후견인
 2. 이 법을 위반하여 금고 이상의 실형을 선고받고 그 형의 집행이 끝나거나(집행이 끝난 것으로 보는 경우를 포함한다) 면제되지 아니한 사람
 3. 제82조제5항에 따라 중도매업의 허가가 취소(제25조제3항제1호에 해당하여 취소된 경우는 제외한다)된 날부터 2년이 지나지 아니한 자
 4. 도매시장법인의 주주 및 임직원으로서 해당 도매시장법인의 업무와 경합되는 중도매업을 하려는 자
 5. 임원 중에 제1호부터 제4호까지의 어느 하나에 해당하는 사람이 있는 법인
 6. 최저거래금액 및 거래대금의 지급보증을 위한 보증금 등 도매시장 개설자가 업무규정으로 정한 허가조건을 갖추지 못한 자

---

19 농수산물 유통 및 가격안정에 관한 법령상 농산물가격안정기금으로 출하를 약정하는 생산자에게 그 대금의 일부를 미리 지급할 수 있는 대상 농산물을 모두 고른 것은?

ㄱ. 배추	ㄴ. 양파	ㄷ. 쌀	ㄹ. 감귤

① ㄱ, ㄴ   ② ㄷ, ㄹ   ③ ㄱ, ㄴ, ㄹ   ④ ㄱ, ㄴ, ㄷ, ㄹ

해설 법 제13조(비축사업 등)

① 농림축산식품부장관은 농산물(쌀과 보리는 제외한다. 이하 이 조에서 같다)의 수급조절과 가격안정을 위하여 필요하다고 인정할 때에는 제54조에 따른 농산물가격안정기금으로 농산물을 비축하거나 농산물의 출하를 약정하는 생산자에게 그 대금의 일부를 미리 지급하여 출하를 조절할 수 있다.
② 제1항에 따른 비축용 농산물은 생산자 및 생산자단체로부터 수매하여야 한다. 다만, 가격안정을 위하여 특히 필요하다고 인정할 때에는 도매시장 또는 공판장에서 수매하거나 수입할 수 있다.

정답 18 ② 19 ③

③ 농림축산식품부장관은 제2항 단서에 따라 비축용 농산물을 수입하는 경우 국제가격의 급격한 변동에 대비하여야 할 필요가 있다고 인정할 때에는 선물거래(先物去來)를 할 수 있다.

④ 농림축산식품부장관은 제1항에 따른 사업을 농림협중앙회 또는 한국농수산식품유통공사에 위탁할 수 있다.

⑤ 제1항부터 제4항까지의 규정에 따른 비축용 농산물의 수매·수입·관리 및 판매 등에 필요한 사항은 대통령령으로 정한다.

20 농수산물 유통 및 가격안정에 관한 법령상 도매시장거래 분쟁조정위원회의 위원으로 위촉할 수 있는 사람을 모두 고른 것은?

> ㄱ. 출하자를 대표하는 사람
> ㄴ. 도매시장 업무에 관한 학식과 경험이 풍부한 사람
> ㄷ. 소비자단체에서 3년 이상 근무한 경력이 있는 사람
> ㄹ. 변호사의 자격이 있는 사람

① ㄱ, ㄴ   ② ㄷ, ㄹ
③ ㄱ, ㄴ, ㄷ   ④ ㄱ, ㄴ, ㄷ, ㄹ

─────

(해설) **법 제36조의2(도매시장거래 분쟁조정위원회의 구성 등)**

① 법 제78조의2제1항에 따른 도매시장거래 분쟁조정위원회(이하 "조정위원회"라 한다)는 위원장 1명을 포함하여 9명 이내의 위원으로 구성한다.

② 조정위원회의 위원장은 위원 중에서 도매시장 개설자가 지정하는 사람으로 한다.

③ 조정위원회의 위원은 다음 각 호의 어느 하나에 해당하는 사람 중에서 도매시장 개설자가 임명하거나 위촉한다. 이 경우 제1호 및 제2호에 해당하는 사람이 1명 이상 포함되어야 한다.

> 1. 출하자를 대표하는 사람
> 2. 변호사의 자격이 있는 사람
> 3. 도매시장 업무에 관한 학식과 경험이 풍부한 사람
> 4. 소비자단체에서 3년 이상 근무한 경력이 있는 사람

④ 조정위원회의 위원의 임기는 2년으로 한다.

⑤ 조정위원회에 출석한 위원에게는 예산의 범위에서 수당과 여비를 지급할 수 있다. 다만, 공무원인 위원이 소관 업무와 직접적으로 관련하여 조정위원회의 회의에 출석하는 경우에는 그러하지 아니하다.

⑥ 조정위원회의 구성·운영 등에 관한 세부 사항은 도매시장 개설자가 업무규정으로 정한다.

21 농수산물 유통 및 가격안정에 관한 법령상 농산물의 비축사업 등을 위탁하기 위하여 정하는 사항으로 옳지 않은 것은?

① 대상 농산물의 품목 및 수량

② 대상 농산물의 수출에 관한 사항

③ 대상 농산물의 판매 방법·수매에 필요한 사항

④ 대상 농산물의 품질·규격 및 가격

해설 법 제12조(비축사업등의 위탁)

① 농림축산식품부장관은 법 제13조제4항에 따라 다음 각 호의 농산물의 비축사업 또는 출하조절사업 (이하 "비축사업등"이라 한다)을 농업협동조합중앙회·농협경제지주회사·산림조합중앙회 또는 한국농수산식품유통공사에 위탁하여 실시한다.

1. 비축용 농산물의 수매·수입·포장·수송·보관 및 판매

2. 비축용 농산물을 확보하기 위한 재배·양식·선매 계약의 체결

3. 농산물의 출하약정 및 선급금(先給金)의 지급

4. 제1호부터 제3호까지의 규정에 따른 사업의 정산

② 농림축산식품부장관은 제1항에 따라 농산물의 비축사업등을 위탁할 때에는 다음 각 호의 사항을 정하여 위탁하여야 한다.

1. 대상 농산물의 품목 및 수량

2. 대상 농산물의 품질·규격 및 가격

2의2. 대상 농산물의 안전성 확인 방법

3. 대상 농산물의 판매방법·수매 또는 수입시기 등 사업실시에 필요한 사항

22 농수산물 유통 및 가격안정에 관한 법령상 농산물 수탁판매의 원칙에 관한 설명으로 옳은 것은?

① 시장도매인은 해당 도매시장의 도매시장 법인·중도매인에게 농산물을 판매하지 못한다.

② 중도매인이 전자 거래소에서 농산물을 거래하는 경우에도 도매시장으로 반입하여야 한다.

③ 중도매인 간 거래액은 최저거래금액 산정 시에 포함한다.

④ 상장되지 아니한 농산물의 거래는 도매시장 법인의 허가를 받아야 한다.

해설 법 제37조(시장도매인의 영업)

① 시장도매인은 도매시장에서 농수산물을 매수 또는 위탁받아 도매하거나 매매를 중개할 수 있다. 다만, 도매시장 개설자는 거래질서의 유지를 위하여 필요하다고 인정하는 경우 등 농림축산식품부령 또는 해양수산부령으로 정하는 경우에는 품목과 기간을 정하여 시장도매인이 농수산물을 위탁받아 도매하는 것을 제한 또는 금지할 수 있다.

② 시장도매인은 해당 도매시장의 도매시장법인·중도매인에게 농수산물을 판매하지 못한다.

정답 21 ② 22 ①

수탁판매의 원칙

1. 도매시장에서 도매시장법인이 하는 도매는 출하자로부터 위탁을 받아 하여야 한다. 다만, 농림축산식품부령 또는 해양수산부령으로 정하는 특별한 사유가 있는 경우에는 매수하여 도매할 수 있다.
2. 중도매인은 도매시장법인이 상장한 농수산물 외의 농수산물은 거래할 수 없다. 다만, 농림축산식품부령 또는 해양수산부령으로 정하는 <u>도매시장법인이 상장하기에 적합하지 아니한 농수산물과 그 밖에 이에 준하는 농수산물로서 그 품목과 기간을 정하여 도매시장 개설자로부터 허가를 받은 농수산물의 경우에는 그러하지 아니하다.</u>
3. 제2항 단서에 따른 중도매인의 거래에 관하여는 제35조제1항, 제38조, 제39조, 제40조제2항·제4항, 제41조(제2항 단서는 제외한다), 제42조제1항제1호·제3호 및 제81조를 준용한다.
4. 중도매인이 제2항 단서에 해당하는 물품을 제70조의2제1항제1호에 따른 농수산물 전자거래소에서 거래하는 경우에는 그 물품을 <u>도매시장으로 반입하지 아니할 수 있다.</u>
5. 중도매인은 도매시장법인이 상장한 농수산물을 농림축산식품부령 또는 해양수산부령으로 정하는 연간 거래액의 범위에서 해당 도매시장의 다른 중도매인과 거래하는 경우를 제외하고는 다른 중도매인과 농수산물을 거래할 수 없다.
6. 제5항에 따른 중도매인 간 거래액은 제25조제3항제6호의 <u>최저거래금액 산정 시 포함하지 아니한다.</u>
7. 제5항에 따라 다른 중도매인과 농수산물을 거래한 중도매인은 농림축산식품부령 또는 해양수산부령으로 정하는 바에 따라 그 거래 내역을 도매시장 개설자에게 통보하여야 한다.

23 농수산물 유통 및 가격안정에 관한 법령상 시(市)가 지방도매시장 개설허가를 받을 경우에 갖추어야 할 요건이 아닌 것은?

① 개설하려는 장소가 농수산물 거래의 중심지로서 적절한 위치에 있을 것
② 도매시장이 보유하여야 하는 시설의 기준은 부류별로 그 지역의 인구 및 거래물량 등을 고려하여 정할 것
③ 농산물집하장의 설치 운영에 관한 사항을 정할 것
④ 운영관리 계획서의 내용이 충실하고 그 실현이 확실하다고 인정되는 것일 것

(해설) 법 제19조(허가기준 등)
① 도지사는 제17조제3항에 따른 허가신청의 내용이 다음 각 호의 요건을 갖춘 경우에는 이를 허가한다.
　1. 도매시장을 개설하려는 장소가 농수산물 거래의 중심지로서 적절한 위치에 있을 것
　2. 제67조제2항에 따른 기준에 적합한 시설을 갖추고 있을 것
　3. 운영관리계획서의 내용이 충실하고 그 실현이 확실하다고 인정되는 것일 것

> **법 제67조(유통시설의 개선 등)** ① 농림축산식품부장관 또는 해양수산부장관은 농수산물의 원활한 유통을 위하여 도매시장·공판장 및 민영도매시장의 개설자나 도매시장법인에 대하여 농수산물의 판매·수송·보관·저장 시설의 개선 및 정비를 명할 수 있다.
> ② 도매시장·공판장 및 민영도매시장이 보유하여야 하는 시설의 기준은 부류별로 그 지역의 인구 및 거래물량 등을 고려하여 농림축산식품부령 또는 해양수산부령으로 정한다.

정답 23 ③

법 제17조(도매시장의 개설 등) ③ 시가 제1항 단서에 따라 지방도매시장의 개설허가를 받으려면 농림축산식품부령 또는 해양수산부령으로 정하는 바에 따라 지방도매시장 개설허가 신청서에 업무규정과 운영관리계획서를 첨부하여 도지사에게 제출하여야 한다.

② 도지사는 제1항제2호에 따라 요구되는 시설이 갖추어지지 아니한 경우에는 일정한 기간 내에 해당 시설을 갖출 것을 조건으로 개설허가를 할 수 있다.
③ 특별시·광역시·특별자치시 또는 특별자치도가 도매시장을 개설하려면 제1항 각 호의 요건을 모두 갖추어 개설하여야 한다.

법 제50조(농수산물집하장의 설치·운영)
① 생산자단체 또는 공익법인은 농수산물을 대량 소비지에 직접 출하할 수 있는 유통체제를 확립하기 위하여 필요한 경우에는 농수산물집하장을 설치·운영할 수 있다.
② 국가와 지방자치단체는 농수산물집하장의 효과적인 운영과 생산자의 출하편의를 도모할 수 있도록 그 입지 선정과 도로망의 개설에 협조하여야 한다.
③ 생산자단체 또는 공익법인은 제1항에 따라 운영하고 있는 농수산물집하장 중 제67조제2항에 따른 공판장의 시설기준을 갖춘 집하장을 시·도지사의 승인을 받아 공판장으로 운영할 수 있다.

24 농수산물 유통 및 가격안정에 관한 법령상 주산지의 지정 및 해제에 관한 설명으로 옳지 않은 것은?

① 주요 농산물의 재배면적이 농림축산식품부장관이 고시하는 면적 이상이어야 한다.
② 주요 농산물의 출하량이 농림축산식품부장관이 고시하는 수량 이상이어야 한다.
③ 주요 농산물의 생산지역의 지정은 읍·면·동 또는 시·군·구 단위로 한다.
④ 농림축산식품부장관은 주산지가 지정요건에 적합하지 아니하게 되었을 때에는 그 지정을 변경하거나 해제할 수 있다.

해설 법 제4조(주산지의 지정 및 해제 등)
① 시·도지사는 농수산물의 경쟁력 제고 또는 수급(需給)을 조절하기 위하여 생산 및 출하를 촉진 또는 조절할 필요가 있다고 인정할 때에는 주요 농수산물의 생산지역이나 생산수면(이하 "주산지"라 한다)을 지정하고 그 주산지에서 주요 농수산물을 생산하는 자에 대하여 생산자금의 융자 및 기술지도 등 필요한 지원을 할 수 있다.
② 제1항에 따른 주요 농수산물은 국내 농수산물의 생산에서 차지하는 비중이 크거나 생산·출하의 조절이 필요한 것으로서 농림축산식품부장관 또는 해양수산부장관이 지정하는 품목으로 한다.
③ 주산지는 다음 각 호의 요건을 갖춘 지역 또는 수면(水面) 중에서 구역을 정하여 지정한다.
  1. 주요 농수산물의 재배면적 또는 양식면적이 농림축산식품부장관 또는 해양수산부장관이 고시하는 면적 이상일 것
  2. 주요 농수산물의 출하량이 농림축산식품부장관 또는 해양수산부장관이 고시하는 수량 이상일 것
④ 시·도지사는 제1항에 따라 지정된 주산지가 제3항에 따른 지정요건에 적합하지 아니하게 되었을 때에는 그 지정을 변경하거나 해제할 수 있다.

정답 24 ④

주산지의 지정·변경 및 해제
1. 법 제4조제1항에 따른 주요 농수산물의 생산지역이나 생산수면(주산지)의 지정은 읍·면·동 또는 시·군·구 단위로 한다.
2. 특별시장·광역시장·특별자치시장·도지사 또는 특별자치도지사는 제1항에 따라 주산지를 지정하였을 때에는 이를 고시하고 농림축산식품부장관 또는 해양수산부장관에게 통지하여야 한다.

25 농수산물 유통 및 가격안정에 관한 법령상 도매시장법인이 과도한 겸영사업으로 인하여 도매업무가 약화될 우려가 있는 경우 겸영사업 제한으로 옳지 않은 것은?

① 보완명령 ② 6개월 금지 ③ 1년 금지 ④ 2년 금지

(해설) 법 제17조의6(도매시장법인의 겸영사업의 제한)
① 도매시장 개설자는 법 제35조제5항에 따라 도매시장법인이 겸영사업(兼營事業)으로 수탁·매수한 농수산물을 법 제32조, 제33조제1항, 제34조 및 제35조제1항부터 제3항까지의 규정을 위반하여 판매함으로써 산지 출하자와의 업무 경합 또는 과도한 겸영사업으로 인한 도매시장법인의 도매업무 약화가 우려되는 경우에는 법 제78조에 따른 시장관리운영위원회의 심의를 거쳐 법 제35조제4항 단서에 따른 겸영사업을 다음 각 호와 같이 제한할 수 있다.
1. 제1차 위반: 보완명령
2. 제2차 위반: 1개월 금지
3. 제3차 위반: 6개월 금지
4. 제4차 위반: 1년 금지
② 제1항에 따라 겸영사업을 제한하는 경우 위반행위의 차수(次數)에 따른 처분기준은 최근 3년간 같은 위반행위로 처분을 받은 경우에 적용한다.

제2과목 **원예작물학**

26 채소 작물과 주요 기능성 물질의 연결이 옳지 않은 것은?

① 양파 - 케르세틴(quercetin) ② 상추 - 락투신(lactucin)
③ 딸기 - 엘라그산(ellagic acid) ④ 생강 - 알리인(alliin)

(해설) 채소의 주요 기능성 물질

채소	주요 기능성 물질	효능
고추	캡사이신	암세포 증식 억제
토마토	라이코펜	항산화작용, 노화 방지
	루틴	혈압 강하

채소	주요 기능성 물질	효능
수박	시트룰린	이뇨작용 촉진
오이	엘라테렌	숙취 해소
마늘	알리인	살균작용, 항암작용
양파	케르세틴	고혈압 예방, 항암작용
양파	디설파이드	혈압응고 억제
상추	락투신	진통효과
딸기	메틸살리실레이트	신경통 치료, 루마티즈 치료
딸기	엘러진 산	항암작용
생강	시니그린	해독작용

27 채소 작물 중 조미채소는?

① 마늘, 배추   ② 마늘, 양파   ③ 배추, 호박   ④ 호박, 양파

해설 조미채소는 음식의 맛을 내는 데 쓰는 양념 채소로서 고추, 마늘, 양파, 파, 생강 등이 있다.

28 작업의 편리성을 높이기 위해 양액재배 베드를 허리 높이로 설치하여 NFT 방식 또는 점적관수 방식으로 딸기를 재배하는 방법은?

① 고설재배   ② 아칭재배   ③ 매트재배   ④ 홈통재배

해설
- 땅에 시설물을 설치하여 어른 허리 높이 정도에서 작물을 재배하는 방법을 고설재배 또는 고설형이라고 한다. 딸기에 있어서도 NFT 방식의 고설형 또는 점적관수 방식의 고설형으로 작업성을 개선하여 이용한다.
- NFT(Nutrient Film Technique) 방식이란 플라스틱필름으로 만든 베드 내에 배양액을 흘러 보내는 시스템이다. 이 방식은 1960년대 말 영국의 Allen Cooper에 의해 개발되어 1970년대 네덜란드의 전자산업과 결합됨으로써 전자동 수경재배시스템으로 발전하였다. NFT 방식은 기존의 수경재배에 비해 양액탱크를 1/10 수준으로 줄일 수 있어 수경재배시스템의 획기적인 발전을 가능하게 하였다.
- 점적관수는 마이크로 플라스틱튜브 끝에서 물방울을 똑똑 떨어지게 하거나 천천히 흘러나오도록 하여 원하는 부위에만 제한적으로 소량의 물을 지속적으로 공급하는 관수방법이다.
- 아칭재배는 대규모 장미 재배온실에서 일반적으로 사용되고 있다. 절단한 장미가지에서 새롭게 올라오는 가지나 꽃이 피지 않는 가지(blind shoot)를 옆으로 굽혀 키움으로써 장미 전체적인 수세를 강하게 유지하도록 재배하는 방식을 "아칭재배"라 하고, 가지를 옆으로 구부리는 기술을 "절곡기술"이라고 한다.

29 다음 채소종자 중 장명(長命)종자를 모두 고른 것은?

| ㄱ. 파 | ㄴ. 양파 | ㄷ. 오이 | ㄹ. 가지 |

① ㄱ, ㄴ   ② ㄷ, ㄹ   ③ ㄱ, ㄴ, ㄷ   ④ ㄴ, ㄷ, ㄹ

해설 종자의 수명에 따라 단명종자, 상명종자, 장명종자로 구분된다. 단명종자는 실온에 저장하였을 때 2년 이내에 발아력을 잃는 종자이며, 상명종자는 3~5년간 활력을 유지하고, 장명종자는 5년 이상 활력을 유지하는 종자이다.

	단명종자	상명종자	장명종자
채소류	강낭콩, 상추, 파, 양파, 고추, 당근	배추, 양배추, 멜론, 시금치, 무, 호박, 우엉	비트, 토마토, 오이, 가지, 수박
화훼류	베고니아, 팬지, 스타티스, 일일초,	카네이션, 시클라멘, 공작초	접시꽃, 나팔꽃, 스토크, 백일홍, 데이지

30 채소류의 추대와 개화에 관한 설명으로 옳지 않은 것은?

① 상추는 저온단일 조건에서 추대가 촉진된다.
② 배추는 고온장일 조건에서 추대가 촉진된다.
③ 오이는 저온단일 조건에서 암꽃의 수가 증가한다.
④ 당근은 녹식물 상태에서 저온에 감응하여 꽃눈이 분화된다.

해설
- 추대(bolting)는 식물이 영양생장 단계에서 생식생장 단계로 전환되면서 형성되는 꽃대(꽃줄기)를 말한다. 식물이 어느 정도 영양생장을 하면서 충분한 성장을 하게 되면, 식물호르몬인 개화호르몬(플로리겐, Florigen), 일장효과, 춘화(vernalization) 등에 의해 개화가 유도되는데, 다양한 개화 유도 신호들이 추대를 형성하게 된다.
- 개화에 저온처리와 장일조건을 필요로 하는 식물은 지베렐린 처리에 의하여 개화촉진이 이루어진다. 즉, 지베렐린 처리는 저온처리 또는 장일처리의 대체적 작용을 한다.
- 무, 상추와 같이 뿌리 또는 잎과 같은 영양기관을 수확하는 경우, 추대가 형성되면 뿌리 또는 잎의 영양분이 꽃을 만드는 추대로 이동하게 되어 '바람 든 무'와 같이 상품성이 떨어지게 된다.
- 상추는 20℃ 이상의 고온에서 추대가 촉진되며, 일장이 길면 추대는 더욱 촉진된다.

31 채소 작물재배 시 병해충의 경종적(耕種的) 방제법에 속하는 것은?

① 윤작   ② 천적 방사   ③ 농약 살포   ④ 페로몬 트랩

해설 경종적 방제는 재배적 방제라고도 하며 재배환경을 조절하거나 특정 재배기술을 도입하여 병충해의 발생을 억제하는 방법이다. 경작토지의 개선, 품종개량, 재배양식의 변경, 중간 기주식물의 제거, 생육기 조절, 시비법 개선, 윤작 등이 있다.

정답 29 ② 30 ① 31 ①

병충해의 방제방법

(1) 생물학적 방제

특정 병해충의 천적인 육식조나 기생충을 이용하는 방법이다. 생물학적 방제의 장점은 화학약품의 사용이나 다른 구제방법이 불필요하다는 점이고, 단점은 완전한 구제가 어렵다는 점이다.

① 감귤류의 개각충(介殼蟲)에 대한 천적: 베달리아 풍뎅이, 기생승(寄生蠅)

② 토마토벌레에 대한 천적: 기생말벌

③ 진딧물에 대한 천적: 무당벌레, 진디흑파리

④ 페르몬을 이용한 방제

⑤ 점박이응애의 천적: 칠레이리응애

⑥ 총채벌레류, 진딧물류, 잎응애류, 나방류 알 등 다양한 해충의 천적: 애꽃노린재

(2) 재배적 방제(경종적 방제)

재배환경을 조절하거나 특정 재배기술을 도입하여 병충해의 발생을 억제하는 방법이다. 경작토지의 개선, 품종개량, 재배양식의 변경, 중간 기주식물의 제거, 생육기 조절, 시비법 개선, 윤작 등이 있다.

(3) 화학적 방제

① 농약에 의한 방제를 말한다. 농약에는 살균제, 살충제 등이 있다.

② 농약사용에 있어 고려할 점은 다음과 같다.

㉠ 혼합제의 경우 3가지 이상을 혼합하지 않는 것이 바람직하다.

㉡ 수화제는 수화제끼리 혼합하여 사용하는 것이 좋다.

㉢ 4종 복합 비료와 혼용하여 살포하여서는 안된다.

㉣ 나무가 허약할 때나 관수하기 직전에는 살포하지 않는다.

㉤ 차고 습기가 많은 날은 살포를 피한다.

㉥ 25℃를 넘는 기온에서는 살포하지 않는다.

㉦ 농약을 살포할 때는 모자, 마스크, 방수복을 착용한다.

㉧ 바람이 강한 날은 살포하지 않는다.

㉨ 바람은 등지고 살포하여야 한다.

③ 농약의 독성은 반수치사량(LD_{50})으로 표시한다. 반수치사량이란 농약실험동물의 50% 이상이 죽는 분량이다. 농약은 독성에 따라 Ⅰ급(맹독성), Ⅱ급(고독성), Ⅲ급(보통독성), Ⅳ급(저독성)으로 분류한다.

(4) 물리적 방제

가장 오래된 방제방법으로 낙엽의 소각, 과수에 봉지씌우기, 유화등이나 유인대를 설치하여 해충 유인 후 소각, 밭토양의 담수 등의 방법으로 방제하는 것이다.

(5) 법적 방제

식물검역법 등 관계법령에 의해 병해충의 국내 유입을 막고 국내에 유입된 것이 확인되면 그 전파를 막기 위하여 제거·소각 등의 조치를 취하는 방제방법이다.

(6) IPM(Integrated Pest Management)

IPM은 해충개체군 관리시스템을 말한다. IPM은 완전방제를 목적으로 하는 것은 아니며 피해를 극소화 할 수 있도록 해충의 밀도를 줄이는 방법이다. FAO(유엔식량농업기구)는 IPM을 다음과 같이 정의하고 있다.

> "IPM은 모든 적절한 기술을 상호 모순되지 않게 사용하여 경제적 피해를 일으키지 않는 수준이하로 해충개체군을 감소시키고 유지하는 해충개체군 관리시스템이다."

32 채소 작물의 과실 착과와 발육에 관한 설명으로 옳은 것은?

① 토마토는 위과이며 자방이 비대하여 과실이 된다.

② 딸기는 진과이고 화탁이 발달하여 과실이 된다.

③ 멜론은 시설재배 시 인공 수분이나 착과제 처리를 하는 것이 좋다.

④ 오이는 단위결과성이 약하여 인공수분이나 착과제 처리가 필요하다.

(해설) • 네트멜론은 착과제 만으로 착과시키면 당도가 떨어진다. 따라서 수꽃을 따서 화분을 묻혀주는 인공수분을 하거나 벌 등의 매개곤충을 이용하여 수정시키는 것이 좋으며, 인공수분이나 벌 등을 이용한 수정이 어려울 경우에 착과제를 처리한다. 착과제로는 토마토톤, 풀메트 등이 있다. 지베렐린은 착과효과는 없고 토마토톤이 잘 부착되도록 하는 전착제의 작용을 하므로 토마토톤과 지베렐린의 혼용액을 사용하기도 한다.

④ 오이는 단위결과성 작물로서 토마토, 호박 등과는 달리 인공수정하지 않아도 과실발육이 잘 된다.

(정리) **과수의 분류**

ㄱ 인과류

인과류는 꽃받기와 씨방이 함께 발육하여 자란 열매로서 식용부위는 위과(僞果)이다. 꽃은 꽃잎, 꽃받기, 수술, 암술로 되어 있고 수술은 수술머리와 수술대로, 암술은 암술머리, 암술대, 씨방(자방)으로 구성되어 있는데 이 중 꽃받기가 발육하여 과실이 된 것을 위과라고 한다. 사과, 배, 모과 등은 인과류에 해당한다.

ㄴ 준인과류

감, 감귤류, 오렌지 등은 준인과류에 해당한다.

ㄷ 핵과류

핵과류는 암술의 씨방(자방)이 발육하여 자란 열매로서 식용부위는 진과(眞果)이다. 진과는 심부에 1개의 씨를 가지고 있는 것이 특징이다. 복숭아, 앵두, 자두, 살구, 대추, 매실 등은 진과(眞果)이며 핵과류에 해당한다.

ㄹ 견과류(각과류)

견과류에는 호두, 개암, 밤, 아몬드 등이 있다.

ㅁ 장과류

장과류에는 포도, 무화과, 석류, 나무딸기 등이 있다.

---

33 식물체 내에서 수분의 역할에 관한 설명으로 옳지 않은 것은?

① 광합성의 원료가 된다.

② 세포 팽압 조절에 관여한다.

③ 식물에 필요한 영양원소를 이동시킨다.

④ 증산작용을 통해 잎의 온도를 상승시킨다.

(해설) 증산작용을 통해 잎의 온도를 낮춘다.

(정답) **32** ③ **33** ④

정리 작물의 생리작용과 수분

    ㉠ 수분은 식물체의 중요한 구성물질이며 식물의 체제유지를 가능케 하는 것도 수분이다. 일반적으로 과일은 85~95%가 수분이며, 종자에도 10% 이상의 수분이 함유되어 있고 원형질에도 75% 이상의 수분이 함유되어 있다.

    ㉡ 수분은 원형질의 생활 상태를 유지하는 역할을 한다. 원형질은 살아 있는 세포의 내용물이며 세포질과 핵으로 구성되어 있다.

    ㉢ 수분은 작물이 필요로 하는 물질을 흡수 가능한 상태인 수용액으로 만드는 작용을 한다. 즉, 수분은 양분의 이동과 흡수가 가능하도록 용매역할을 한다.

    ㉣ 수분은 체내 물질의 분포를 고르게 하는 운반체의 역할을 한다.

    ㉤ 수분은 광합성의 원료가 되는 등 필요한 물질을 합성·분해하는 매개체가 된다.

    ㉥ 작물에 수분이 충분히 공급되면 수분흡수율과 증산율이 일치하게 된다. 이때는 기공이 활짝 열리고 이산화탄소가 기공을 통해 충분히 흡수되어서 광합성이 활발하게 이루어진다.

    ㉦ 작물에 수분공급이 부족하면 기공이 닫혀 광합성률이 감소한다.

    ㉧ 수분공급이 증산량보다 많은 경우에는 식물이 도장(徒長)하고 연약하게 되어 병에 걸리기 쉽다. 도장이란 웃자람이라고도 하며 식물이 키만 크고 연약하게 자라는 현상을 말한다. 광선이 부족하거나 습기가 많은 환경에서 많이 나타난다. 따라서 수분과잉시는 배수를 철저히 하여 유효수분량을 줄이고, 솎아주기를 하여 증산작용을 촉진시킬 필요가 있다.

34 다음 화훼작물 중 화목류에 해당하는 것을 모두 고른 것은?

| ㄱ. 산수유 | ㄴ. 작약 | ㄷ. 철쭉 | ㄹ. 무궁화 |

① ㄱ, ㄴ   ② ㄷ, ㄹ   ③ ㄱ, ㄷ, ㄹ   ④ ㄴ, ㄷ, ㄹ

해설 작약은 숙근초화에 해당된다.

정리 화훼의 분류

생육습성에 따른 분류	초화(일년초)	채송화, 봉선화, 접시꽃, 맨드라미, 나팔꽃, 코스모스, 스토크
	숙근초화	국화, 옥잠화, 작약, 카네이션, 스타티스
	구근초화	글라디올러스, 백합, 튤립, 칸나, 수선화
	화목류	목련, 개나리, 진달래, 무궁화, 장미, 동백나무, 산수유, 철쭉
화성유도(花成誘導)에 필요한 일장(日長)에 따른 분류	장일성(長日性)	글라디올러스, 시네라리아, 금어초
	단일성(短日性)	코스모스, 국화, 포인세티아
	중간성	카네이션, 튤립, 시클라멘
수습(水濕)의 요구도에 따른 분류	건생	채송화, 선인장
	습생	물망초, 꽃창포
	수생	연

정답 34 ③

35 화훼작물과 주된 영양번식 방법의 연결이 옳지 않은 것은?

① 국화 – 삽목 ② 백합 – 취목

③ 베고니아 – 엽삽 ④ 무궁화 – 경삽

(해설) 백합의 영양번식 방법은 분구(分球)이다.

(정리) **영양번식**

(1) 영양번식의 의의

　① 영양번식은 무성번식(asexual propagation)이라고도 하며 잎, 뿌리, 줄기 등의 영양기관의 일부를 사용하여 번식하는 것을 말한다.

　② 영양번식은 자연영양번식과 인공영양번식으로 구분할 수 있다.

　　㉠ 자연영양번식은 고구마, 감자, 딸기, 글라디올러스, 마늘, 백합, 양파 등과 같이 모체에서 자연적으로 생성 분리된 영양기관을 번식에 이용하는 것이다. 고구마는 뿌리로 번식하며 감자는 땅속줄기, 딸기는 기는줄기, 백합과 양파는 비늘줄기로 번식한다.

　　㉡ 인공영양번식은 배, 포도, 사과 등과 같이 영양체의 재생 및 분생의 기능을 이용하여 인위적으로 영양체를 분할하여 번식시키는 것이다. 분주(分株, 포기 나누기), 분구(分球, 알뿌리 나누기), 취목(取木: 휘묻이), 삽목(揷木: 꺾꽂이), 접목(椄木, 접붙이기), 조직배양 등의 방법이 있다.

(2) 영양번식의 방법

　① 분주(分株, 포기 나누기)

　　모체에서 발생하는 흡지(吸枝: 지하경의 관절에서 발근하여 발육한 싹이 지상에 나타나 모체에서 분리되어 독립의 개체로 된 것)를 뿌리가 달린 채로 절취하여 번식시키는 것을 분주라고 한다. 분주에 적합한 시기는 화아분화 및 개화시기에 따라 다르다.

　　㉠ 봄~여름에 개화하는 모란, 황매화, 소철, 연산홍, 작약 등은 추기분주(9월경)한다.

　　㉡ 여름~가을에 개화하는 능수, 라일락, 철쭉, 조팝나무 등은 춘기분주(4월경)한다.

　　㉢ 아이리스, 꽃창포, 석류나무 등은 하기분주(6~7월)한다.

　② 분구(分球)

　　분구는 구근류에 있어서 자연적으로 생성되는 자구(子球), 목자(木子), 주아(珠芽) 등을 분리하여 번식시키는 것을 말한다. 백합, 글라디올라스, 튤립, 히야신스, 토란, 마늘 등과 같은 인경(비늘줄기)식물에서 뿌리의 주구에서 나오는 새끼구를 자구(子球)라고 하며, 지하부에 형성된 소구근을 목자(木子)라고 한다. 그리고 줄기에 상당하는 부분에 양분을 저장하여 형성된 다육질의 작은 덩어리가 모체에서 땅에 떨어져 발아하는 살눈을 주아라고 한다.

　③ 취목(取木, 휘묻이)

　　가지를 모체에서 분리시키지 않고 휘어서 땅에 묻거나 보습상태를 유지시켜 부정근을 발생시킨 후에 그것을 잘라서 증식시키는 것을 취목이라고 한다. 취목시기는 온실용 원예작물의 경우 3~5월, 일반 노지 관상 원예작물은 봄철 발아 전과 6~7월 장마기에 취목한다.

　④ 삽목(揷木, 꺾꽂이)

　　㉠ 모체로부터 뿌리, 줄기(경삽), 잎(엽삽)을 분리한 다음 이를 땅에 꽂아서 발근시켜 독립개체로 번식시키는 것을 삽목이라고 한다.

　　㉡ 쌍자엽식물(쌍떡잎식물)은 삽목으로 발근이 잘 되지만, 단자엽식물(외떡잎식물)은 발근이 잘 되지 않는다.

ⓒ 삽목의 시기는 목본성(나무)은 낙엽수가 3~4월, 상록수는 6~7월이 적합하며, 초본성(풀)은 봄부터 가을까지 가능하지만 여름철은 고온다습하여 배수가 좋지 못하면 삽수가 부패하기 쉽다.

ⓔ 삽목의 방법
- 관삽이 일반적이다. 관삽이란 줄기나 가지를 10~20cm의 길이로 끊어서 그대로 꽂는 방법을 말한다.
- 삽수에 잎이 붙어 있는 것은 1~2매만 남기고 잘라 버리는 것이 좋다.
- 꽂는 깊이는 초본성은 삽수길이의 1/2 정도, 목본성은 2/3 정도의 깊이로 꽂는다.
- 삽수를 상토(모판의 흙)면과 45°로 비스듬히 꽂고, 삽수의 끝이 서로 닿지 않을 정도의 밀도를 유지한다.
- 꽂은 후에는 관수를 충분하게 하고 3~4일간은 직사광선을 가려주는 것이 좋다.
- 삽수의 발근율을 높이기 위해서는 삽목에 알맞은 환경(온도, 습도, 수분, 광선)을 조성해 줄 필요가 있다. 이를 위한 장치로 분무삽(가는 안개 뿌리기)을 활용할 수 있다. 습도는 꽂을 당시 90%, 발근이 시작할 무렵에는 75% 정도로 조절하는 것이 좋다.

⑤ 접목(接木, 접붙이기)
ⓐ 접수를 대목에 접착시켜 대목과 접수의 형성층이 서로 밀착되도록 함으로써 새로운 독립개체를 만드는 것을 접목이라고 한다. 접수(接穗)는 눈 또는 눈이 붙어 있는 줄기이며 대목(臺木)은 뿌리가 있는 줄기로서 번식의 매개체가 되는 작물이다.

ⓑ 접목한 것이 생리작용의 교류가 원만하게 이루어져 잘 활착한 후 발육과 결실도 좋은 것을 접목친화(接木親和)라고 한다. 생물집단의 분류학상의 단위는 문 → 강 → 목 → 과 → 속 → 종이며, 접목친화성은 동종간이 가장 좋고, 동속이품종간, 동과이속간의 순서이다.

ⓒ 접목변이
재배적으로 유리한 접목변이(接木變異)를 이용하는 것이 접목의 목적이다. 이러한 접목변이에는 다음과 같은 것이 있다.
- 접목묘를 이용하는 것이 실생묘(종자가 발아하여 자란 것)를 이용하는 것보다 결과(結果)에 소요되는 기간이 단축된다. 예를 들면 감의 경우 실생묘로부터 열매를 맺는 데는 10년이 걸리지만 접목묘로부터 열매를 맺는 데는 5년이 걸린다.
- 접목을 통해 나무의 크기나 형태 등을 조절할 수 있다. 왜성대목에 접목하여 관리상의 편의를 기대할 수 있고, 강화대목(강세대목)에 접목하여 수령을 늘릴 수 있다. 사과를 파라다이스 대목에 접목하면 현저히 왜화 하여 결과연령이 단축되고 관리도 편해진다. 한편 앵두를 복숭아 대목에 접목하면 지상부의 생육이 왕성하고 수령도 길어진다.
- 접목을 통해 풍토적응성을 증대시킬 수 있다. 자두를 산복숭아의 대목에 접목하면 알칼리성 토양에 대한 적응성이 높아지며, 배를 중국 콩배의 대목에 접목하면 건조한 토양에 대한 적응성이 높아진다.
- 접목을 통해 병충해에 대한 저항성을 증대시킬 수 있다. 수박, 참외, 오이를 호박에 접목하면 덩굴쪼김병이 방제된다.
- 접목을 통해 수세(樹勢)회복이 가능하다.
- 고접(高接)으로 품종을 갱신할 수 있다.

ⓓ 접목의 적기
- 대목의 세포분열이 활발할 때가 좋다.
- 대목은 수액이 움직이기 시작하고 접수는 아직 휴면상태인 때가 좋다.
- 춘접은 3월 중순~4월 초순이 적절하다.
- 사과, 배 등은 3월 중순, 감, 밤 등은 4월 중순이 적기이다.
- 여름접은 8월 초순~9월 초순이 적절하다.

ⓜ 접목의 종류
- 접목시기에 따라 춘접(휴면접)과 발육지접(녹지접)으로 나눈다. 춘접(휴면접)은 눈이 트기 전에 하는 접목이며, 발육지접(녹지접)은 눈이 자라고 있을 때 하는 접목으로서 새로 나온 줄기에 접을 한다.
- 합목의 위치에 따라 고접, 복접, 근접 등으로 나눈다. 고접(高接)은 줄기의 높은 곳에 접하는 것, 복접(腹接)은 자르지 않고 그대로 나무 옆면에 접하는 것, 근접(根接)은 뿌리에 접하는 것이다.
- 접목하는 방법에 따라 아접(芽接), 지접(枝接), 교접(僑接) 등으로 나눈다. 아접(눈접)은 눈 하나를 분리시켜 대목에 부착하는 방법인데 T자형 눈접(T자 모양으로 칼금을 주어 피층을 벌리고 눈을 2~2.5cm 길이로 절단하여 대목의 피층에 밀어 넣는 방법)이 일반적이다. 지접(가지접)은 가지를 접수로 하는 것이며, 낙엽수는 몇 개의 눈이 붙은 휴면가지를 접수로 사용하고 상록수는 2개 정도의 잎이 붙은 가지를 접수로 한다. 교접(다리접)은 주간(원줄기)이나 가지가 손상을 입어 상하부의 연결이 안 될 경우 상하부를 연결시켜 주는 방법이다.
- 접목작업의 위치에 따라 거접과 양접으로 나눈다. 거접(居接)은 대목이 심어져 있는 곳에서 접하는 것이고, 양접(揚接)은 대목을 심은 곳에서 캐내어 접하는 것이다.

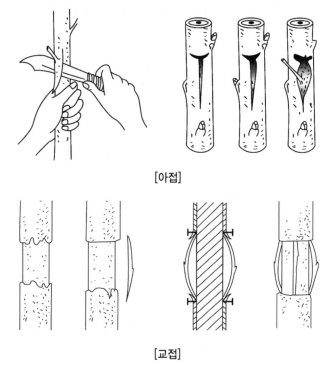

[아접]

[교접]

[출처: 원예학원론, 건국대학교 출판부]

ⓗ 조직배양
- 조직배양이란 식물체의 어떤 부위든 상관없이 세포나 조직의 일부를 취하여 살균한 다음, 무균적으로 배양하여 callus를 형성시키고 여기에서 새로운 개체를 만들어내는 방법이다.
- 조직배양을 통해 식물의 대량번식이 가능하고, 바이러스가 없는 식물체(virus-free stock)를 얻을 수 있다. 특히 생장점에는 바이러스가 거의 없기 때문에 무병주(virus-free stock, 메리클론(mericlone))생산에 생장점배양이 많이 이용되고 있다.

- 생장점배양을 통해서 얻을 수 있는 영양번식체로서 바이러스 등 조직 내에 존재하는 병이 제거된 묘를 무병주라고 한다. 감자, 마늘, 딸기, 카네이션은 무병주 생산이 산업적으로 이용되고 있다.

(3) 영양번식의 장단점

① 장점

㉠ 종자번식보다 개화와 결실이 빠르다.

㉡ 수세(樹勢)의 조절이 가능하다.

㉢ 종자번식이 불가능한 경우에도 영양번식을 통해 번식이 가능해진다.

㉣ 어버이의 형질이 그대로 보존된다.

② 단점

㉠ 재생력이 왕성한 식물에만 가능하다.

㉡ 저장과 운반이 어렵다.

㉢ 종자번식보다 증식률이 낮다.

36 1경1화 형태로 출하하기 때문에 개화 전에 측뢰, 측지를 따 주어야 상품성이 높은 절화용 화훼작물은?

① 능소화 　　② 시클라멘 　　③ 스탠다드국화 　　④ 글라디올러스

해설 국화, 카네이션, 장미 등은 산방화서로서 자연상태에서는 상위절부터 꽃이 핀다. 여태까지는 봉오리가 적을 때 측뢰를 따 버리고 꽃은 하나만 피우는 일경일화재배가 일반적이었다(스탠다드형). 스프레이형은 측뢰를 따지 않거나 제일 위의 봉오리만 따고(카네이션), 나머지 곁꽃은 모조리 꽃 피우는 방법이다.

37 절화류 취급방법에 관한 설명으로 옳지 않은 것은?

① 수국은 수명을 유지하고 수분흡수를 높이기 위해 워터튜브에 꽂아 유통되고 있다.

② 국화는 저장 시 암흑상태가 지속되면 잎이 황변되어 상품성이 떨어진다.

③ 안수리움은 저장 시 4℃ 이하의 저온에 두어야 수명이 길어진다.

④ 줄기 끝을 비스듬히 잘라 물과의 접촉면적을 넓혀 물의 흡수를 증가시킨다.

해설 안수리움은 공기 중의 수분을 흡수하는 특성이 있고, 열대작물이기 때문에 고온다습한 환경을 유지해 주어야 한다.

38 일조량의 부족, 낮은 야간온도 및 엽수 부족으로 인하여 장미 꽃눈이 꽃으로 발육하지 못하는 현상은?

① 수침 현상 　　　　　　　② 블라인드 현상

③ 일소 현상 　　　　　　　④ 로제트 현상

정답 36 ③ 37 ③ 38 ②

해설 장미가 광도, 야간 온도, 잎 수 따위가 부족하여 분화된 꽃눈이 꽃으로 발육하지 못하고 퇴화하는 현상을 블라인드 현상(blind現象)이라고 한다.

39 절화 유통 과정에서 눕혀 수송하면 화서 선단부가 중력 반대방향으로 휘어지는 현상을 보이는 화훼작물은?

① 장미, 백합 　　　　　　　　　　② 칼라, 튤립
③ 거베라, 스토크 　　　　　　　　　④ 글라디올러스, 금어초

해설 글라디올러스, 금어초 등은 세워서 수송 또는 저장해야 한다. 글라디올러스, 금어초 등은 수평으로 보관하면 중력을 받는 반대 방향으로 휘어져 올라가는 습성이 있기 때문이다.

40 ( ) 안에 들어갈 말을 순서대로 옳게 나열한 것은?

> ( )은(는) 파종부터 아주심기 할 때까지의 작업을 말한다. 이 중 ( )은(는) 발아 후 아주심기까지 잠정적으로 1~2회 옮겨 심는 작업을 말한다.

① 육묘, 가식 　　② 가식, 육묘 　　③ 육묘, 정식 　　④ 재배, 정식

해설 식물을 현재의 위치에서 다른 위치로 옮겨 심는 것을 이식(移植, 옮겨심기)이라고 한다. 묘를 묘상에서 화분으로 옮겨 심는 것을 분심이라고 하고, 삼베 같은 것으로 받쳐 흙을 뭉쳐 옮겨 심는 것을 뭉쳐옮기기라고 하며, 화분이나 묘상에서 정원이나 밭으로 옮겨 심는 것을 내심기라고 한다. 그리고 계속 그대로 둘 위치에 옮겨 심는 것을 정식(定植)이라고 하며 정식할 때까지 잠정적으로 이식해 두는 것을 가식(假植)이라고 한다.

정리 육묘
1. 육묘의 의의
   (1) 이식을 전제로 못자리에서 키운 어린 작물을 묘(苗)라고 한다. 묘는 초본묘(줄기가 비교적 연하여 목질(木質)을 이루지 않아 꽃이 피고 열매가 맺은 뒤에 지상부가 말라죽는 식물을 초본이라고 한다.), 목본묘(줄기 및 뿌리에서 비대생장에 의해서 다량의 목부를 형성하고 그 막은 대개 목질화하여 견고한 식물을 목본이라고 한다.), 실생묘(종자로부터 양성된 묘), 종자 이외의 작물영양체로부터 양성된 접목묘(접목기법에 의하여 만들어진 묘목), 삽목묘(삽목에 의하여 양성된 묘목), 취목묘(취목법에 의하여 만들어진 묘목) 등으로 구분된다.
   (2) 묘를 일정 기간 동안 집약적으로 생육하고 관리하는 것을 육묘(育苗, 모종가꾸기)라고 한다.
2. 육묘의 이점
   (1) 토지이용을 고도화 할 수 있다.
   (2) 유묘기(종자가 발아하여 본엽이 2~4엽 정도 출현하는 시기) 때의 철저한 보호관리가 가능하다.
   (3) 종자를 절약할 수 있다.

정답 39 ④ 40 ①

320 · 농산물품질관리사 1차 기출문제집

⑷ 직파(본포에 씨를 직접 뿌리는 것)가 불리한 고구마, 딸기 등의 재배에 유리하다.
⑸ 조기수확이 가능하다.

3. 육묘의 방식

⑴ 온상육묘
온상에서 육묘하는 방식이 온상육묘이다.

⑵ 접목육묘
접목을 통해 육묘하는 것을 접목육묘라고 한다. 박과채소 및 가지과채소는 호박, 토마토 등을 대목으로 하여 접목을 실시하면 토양전염병(만할병, 위조병, 청고병 등) 및 불량환경에 대한 내성이 높아지기 때문에 박과채소 및 가지과채소는 접목육묘 방식을 많이 이용한다.

⑶ 양액육묘
작물의 생육에 필요한 배양액으로 육묘하는 것을 양액육묘라고 한다. 배양액을 통해 무균의 영양소를 공급하는 것이 가능하다. 양액육묘는 상토육묘에 비해 발근이 빠르며, 병충해의 위험이 적고, 노동력이 절감되는 생력육묘(省力育苗)가 가능하다.

⑷ 공정육묘(플러그육묘)
① 공정육묘는 규격화된 자재의 사용과 집약적인 관리를 통해 육묘의 질적 향상 및 육묘비용 절감을 가능케 하는 최근의 육묘방식이다.
② 공정육묘는 육묘의 생력화, 효율화, 안정화 및 연중 계획생산을 목적으로 상토제조 및 충전, 파종, 관수, 시비, 환경관리 등 제반 육묘작업을 체계화하고 장치화한 묘생산시설에서 질이 균일하고 규격화된 묘를 연중 계획적으로 생산하는 것이다.
③ 공정육묘는 재래육묘에 비해 다음과 같은 장점이 있다.
  ㉠ 균일한 묘의 대량생산이 가능하다.
  ㉡ 기계화를 통해 노동력을 줄이고, 묘의 생산비용이 절감된다.
  ㉢ 묘의 운송 및 취급이 용이하다.
  ㉣ 육묘기간이 단축된다.
  ㉤ 자동화시설을 통해 육묘의 생력화(省力化)가 가능하다.
  ㉥ 대규모생산이 가능하여 육묘의 기업화 또는 상업화가 가능하다.

41 절화보존용액 구성성분 중 에틸렌 생성 및 작용을 억제시키는 목적으로 사용되는 물질이 아닌 것은?

① 황산알루미늄　　　　　　　　　② STS
③ AOA　　　　　　　　　　　　　④ AVG

(해설) • 치오황산은(STS), 1-MCP, AOA, AVG 등은 에틸렌의 합성이나 작용을 억제한다.
• STS는 질산은($AgNO_3$)과 티오황산나트륨($Na_2S_2O_3$)을 혼합하여 만든 액체로서 절화의 전처리(물올림)를 할 때 은나노 효과가 있다. 은나노(銀nano) 효과란 은이 꽃으로 옮겨가서 에틸렌의 발생을 줄이고, 세균을 죽이는 효과를 말한다.

정답 41 ①

42 다음 중 야파(夜破, night break) 처리를 하면 개화시기가 늦춰지는 화훼작물을 모두 고른 것은?

| ㄱ. 국화 | ㄴ. 스킨답서스 | ㄷ. 장미 | ㄹ. 포인세티아 |

① ㄱ, ㄴ　　　② ㄱ, ㄹ　　　③ ㄴ, ㄷ　　　④ ㄷ, ㄹ

(해설) 야간조파(night break)란 단일연속암기 중간에 광을 조사하는 것을 말한다. 단일식물은 일정기간 동안의 연속암기가 필요하다. 즉, 연속암기 중간에 광을 조사하여 암기의 요구도 이하로 분단하면 암기의 합계가 아무리 길다고 하여도 단일효과는 발생하지 않는다. 예를 들어 만생종 콩은 16시간의 암기가 필요한데 10시간 암기 후 야간조파(night break), 뒤이어 9시간 암기를 해도 개화는 되지 않는다.
설문의 작물은 단일식물에 해당된다. 단일식물은 단일상태에서 화성이 촉진되는 식물이다. 단일식물에는 국화, 콩, 코스모스, 나팔꽃, 사르비아, 칼랑코에, 포인세티아 등이 있다.

43 핵과류(核果類, stone fruit)에 해당하는 과실은?

① 배　　　② 사과　　　③ 호두　　　④ 복숭아

(해설) 핵과류는 암술의 씨방(자방)이 발육하여 자란 열매로서 식용부위는 진과(眞果)이다. 진과는 심부에 1개의 씨를 가지고 있는 것이 특징이다. 복숭아, 앵두, 자두, 살구, 대추, 매실 등은 진과(眞果)이며 핵과류에 해당한다.

44 과수의 번식에 관한 설명으로 옳지 않은 것은?

① 분주, 조직배양은 영양번식에 해당한다.
② 취목은 실생번식에 비해 많은 개체를 얻을 수 있다.
③ 접목은 대목과 접수를 조직적으로 유합·접착시키는 번식법이다.
④ 발아가 어려운 종자의 파종전 처리방법에는 침지법, 약제처리법이 있다.

(해설) 영양번식은 종자번식보다 증식률이 낮으며, 많은 개체를 얻을 수 없다.

(정리) 발아가 어려운 종자의 파종전 처리방법
　　㉠ 종피파상법: 경실종자의 종피에 상처를 내서 파종한다.
　　㉡ 농황산처리법: 경실종자를 농황산에 침식시킨 후 물에 씻어 파종한다.
　　㉢ 지베렐린처리법: 감자를 절단하여 지베렐린수용액에 30~60분간 침지하여 파종한다.

(정답)　42 ②　43 ④　44 ②

45 과수의 병해충에 관한 설명으로 옳은 것은?

① 사과 근두암종병은 진균에 의한 병이다.

② 바이러스는 테트라사이클린으로 치료가 가능하다.

③ 대추나무 빗자루병은 파이토플라즈마에 의한 병이다.

④ 과수류를 가해하는 응애에는 점박이응애, 긴털이리응애가 있다.

해설 ① 사과 근두암종병은 세균에 의한 병이다.

② 바이러스는 테트라사이클린으로 치료되지 않는다.

④ 긴털이리응애는 과수류를 가해하는 점박이응애에 대한 천적이다.

긴털이리응애는 한국, 일본, 타이완 등에 분포하며 사과나무, 뽕나무, 딸기, 콩, 잡초 등에 발생하는 잎응애류 해충을 포식한다. 주요 해충인 점박이응애, 간자와응애, 차응애의 알과 어린 약충을 잡아먹는다. 암컷 성충으로 월동하며 행동이 활발하고 발육기간이 짧고 포식량이 많아서 잎응애류의 생물적 방제용으로 중요한 천적이다.

정리 **병충해와 방제**

1. 해충
   (1) 곤충류
   ① 줄기와 잎을 먹는 곤충: 나방의 모충, 메뚜기의 유충, 투구풍뎅이
   ② 뿌리를 먹는 곤충: 딸기뿌리벌레, 오이흰테벌레, 오이투구풍뎅이 유충
   ③ 줄기에 구멍을 뚫는 곤충: 옥수수벌레, 호박덩굴을 뚫는 곤충
   ④ 표피를 뚫고 엽록체, 수용성 자양분 등을 빨아 먹는 곤충: 진딧물, 풍뎅이, 멸구, 개각충
   (2) 기생 선충류
   ① 뿌리를 침범하는 선충: 노트, 라이전, 팁
   ② 잎을 침범하는 선충: 잎선충
   ③ 살구, 아보카도, 복숭아, 감귤, 대추야자 등은 기생 선충류에 저항성을 가지고 있다.
2. 병균
   (1) 병균별로 일으키는 병은 다음과 같다.

병균	일으키는 병
진균	탄저병, 노균병, 흰가루병, 배추뿌리잘록병, 역병
세균	근두암종병, 세균성 검은썩음병, 무름병, 풋마름병, 궤양병
바이러스	모자이크병, 사과나무고접병, 황화병, 오갈병, 잎마름병
마이코플라스마	오갈병, 감자빗자루병, 대추나무빗자루병, 오동나무빗자루병

   (2) 탄저병은 잎자루에 검은 반점이 나타나며, 고온·다습하고 질소질 비료가 과다할 경우 많이 발생한다.
   (3) 모자이크병은 잎사귀의 일부가 황화되지만, 황화병은 잎사귀 전체가 황화된다.
   (4) 오갈병(위축병)은 식물이 정상적인 것에 비해 작아지는 병으로서 바이러스나 마이코플라스마에 감염된 경우 발생한다.
3. 병충해의 방제방법
   (1) 생물학적 방제
   특정 병해충의 천적인 육식조나 기생충을 이용하는 방법이다. 생물학적 방제의 장점은 화학약품의 사용이나 다른 구제방법이 불필요하다는 점이고, 단점은 완전한 구제가 어렵다는 점이다.

정답 **45** ③

① 감귤류의 개각충(介殼蟲)에 대한 천적: 베달리아 풍뎅이, 기생승(寄生蠅)

② 토마토벌레에 대한 천적: 기생말벌

③ 진딧물에 대한 천적: 무당벌레, 진디흑파리

④ 페르몬을 이용한 방제

　㉠ 페르몬은 휘발성이 높은 화합물로서 곤충의 조직에서 분비되어 동종의 다른 개체에 특유한 행동이나 발육분화를 일으키는 물질이다.

　㉡ 페르몬트랩을 이용하여 방제할 수 있는 것으로는 사과무늬잎말이나방, 사과굴나방, 은무늬굴나방, 복숭아심식나방, 복숭아순나방, 배추좀나방, 담배나방 등이 있다.

⑤ 점박이응애의 천적: 칠레이리응애

⑥ 총채벌레류, 진딧물류, 잎응애류, 나방류 알 등 다양한 해충의 천적: 애꽃노린재

(2) 재배적 방제(경종적 방제)

재배환경을 조절하거나 특정 재배기술을 도입하여 병충해의 발생을 억제하는 방법이다. 경작토지의 개선, 품종개량, 재배양식의 변경, 중간 기주식물의 제거, 생육기 조절, 시비법 개선, 윤작 등이 있다.

(3) 화학적 방제

① 농약에 의한 방제를 말한다. 농약에는 살균제, 살충제 등이 있다.

② 농약사용에 있어 고려할 점은 다음과 같다.

　㉠ 혼합제의 경우 3가지 이상을 혼합하지 않는 것이 바람직하다.

　㉡ 수화제는 수화제끼리 혼합하여 사용하는 것이 좋다.

　㉢ 4종 복합 비료와 혼용하여 살포하여서는 안된다.

　㉣ 나무가 허약할 때나 관수하기 직전에는 살포하지 않는다.

　㉤ 차고 습기가 많은 날은 살포를 피한다.

　㉥ 25℃를 넘는 기온에서는 살포하지 않는다.

　㉦ 농약을 살포할 때는 모자, 마스크, 방수복을 착용한다.

　㉧ 바람이 강한 날은 살포하지 않는다.

　㉨ 바람은 등지고 살포하여야 한다.

③ 농약의 독성은 반수치사량(LD$_{50}$)으로 표시한다. 반수치사량이란 농약실험동물의 50% 이상이 죽는 분량이다. 농약은 독성에 따라 Ⅰ급(맹독성), Ⅱ급(고독성), Ⅲ급(보통독성), Ⅳ급(저독성)으로 분류한다.

(4) 물리적 방제

가장 오래된 방제방법으로 낙엽의 소각, 과수에 봉지씌우기, 유화등이나 유인대를 설치하여 해충 유인 후 소각, 밭토양의 담수 등의 방법으로 방제하는 것이다.

(5) 법적 방제

식물검역법 등 관계법령에 의해 병해충의 국내 유입을 막고 국내에 유입된 것이 확인되면 그 전파를 막기 위하여 제거·소각 등의 조치를 취하는 방제방법이다.

(6) IPM(Integrated Pest Management)

IPM은 해충개체군 관리시스템을 말한다. IPM은 완전방제를 목적으로 하는 것은 아니며 피해를 극소화 할 수 있도록 해충의 밀도를 줄이는 방법이다. FAO(유엔식량농업기구)는 IPM을 다음과 같이 정의하고 있다.

> "IPM은 모든 적절한 기술을 상호 모순되지 않게 사용하여 경제적 피해를 일으키지 않는 수준 이하로 해충개체군을 감소시키고 유지하는 해충개체군 관리시스템이다."

46 과원의 토양관리 방법 중 초생법에 관한 설명으로 옳은 것은?

① 토양침식이 촉진된다.

② 토양의 입단화가 억제된다.

③ 지온의 변화가 심해 유기물의 분해가 촉진된다.

④ 과수와 풀 사이에 양·수분 쟁탈이 일어날 수 있다.

(해설) ① 토양침식이 억제된다.

② 토양의 입단화가 촉진된다.

③ 지온의 조절효과가 있다.

(정리) **토양관리방법**

(1) 청경법: 토양에 풀을 자라지 않게 하고 관리하는 방법으로서

　장점은

　① 양분, 수분에 대한 경합이 없다.

　② 병해충의 잠복장소를 제공하지 않는다.

　③ 토양관리에 노동력이 적게 요구되고 비교적 관리가 쉽다.

　단점은

　① 토양이 유실되기 쉽고 영양분과 유기물이 세탈되기 쉽다.

　② 주야간 지온교차가 심하다.

(2) 초생법: 토양에 풀을 자라게 하여 관리하는 방법으로서

　장점은

　① 유기물의 환원으로 지력이 유지된다.

　② 토양의 유실이 억제되고 영양분과 유기물의 세탈이 억제된다.

　③ 과실의 당도와 착색이 좋아진다.

　④ 지온의 조절효과가 있다.

　단점은

　① 과수와 초생식물과의 양수분 경합이 있다.

　② 토양관리가 어렵고 비용이 많이 든다.

　③ 병해충의 잠복장소를 제공하기 쉽다.

　④ 저온기의 지온상승이 어렵다.

　⑤ 풀 관리가 어렵고 비용이 많이 든다.

(3) 부초법: 토양을 덮어서(멀칭) 관리하는 방법으로서

　장점은

　① 토양 침식을 방지할 수 있다.

　② 멀칭재료에서 양분이 공급된다.

　③ 토양수분의 증발이 억제된다.

　④ 지온이 조절된다.

　⑤ 토양 유기물의 증가와 토양 물리성을 좋게 한다.

　⑥ 잡초 발생이 억제된다.

　⑦ 낙과 시 입상이 경감된다.

정답 46 ④

단점은
① 이른 봄에 지온 상승이 늦어진다.
② 과실 착색이 지연된다.
③ 건조기에 화재 우려가 있다.
④ 근군이 표층으로 발달할 우려가 있다.
⑤ 겨울동안 쥐 피해가 많다.

47 다음 중 재배에 적합한 토양 산도가 가장 낮은 과수는?

① 감   ② 포도   ③ 참다래   ④ 블루베리

(해설) 일반적으로 작물의 생육에는 pH 6~7(약산성~중성)이 가장 알맞고 pH 5이하(강한 산성, 블루베리) 또는 pH 8이상(강한 알카리성, 사탕무우)에 알맞은 작물은 거의 없다.

(정리) 산성토양에 대한 작물의 적응성

작물	재배에 적합한 토양의 산도
사탕무우	pH 6.5~8.0
아스파라거스, 알팔파	pH 6.0~8.0
참다래	pH 6.5
포도	pH 6.5~7.5
감, 토마토	pH 6.0~7.0
수박	pH 5.5~6.5
사과	pH 5.0~6.5
밤, 복숭아	pH 5.0~6.0
블루베리	pH 4.0~5.0

48 과원의 시비관리에 관한 설명으로 옳지 않은 것은?

① 칼슘은 산성 토양을 중화시키는 토양개량제로 이용되고 있다.
② 질소는 과다시비하면 식물체가 도장하고 꽃눈형성이 불량하게 된다.
③ 망간은 과다시비하면 착색이 늦어지고 과육에 내부갈변이 나타난다.
④ 마그네슘은 엽록소의 필수 구성 성분으로 부족 시 엽맥 사이의 황화현상을 일으킨다.

(해설) 망간(Mn)은 동화물질의 합성·분해, 호흡작용, 광합성 등에 관여한다. 결핍되면 엽맥에서 먼 부분이 황색으로 변한다. 그러나 망간이 과다하면 줄기, 잎에 갈색의 반점이 생기고 뿌리가 갈색으로 변한다. 사과의 적진병은 망간과다가 원인이 되기도 한다.

49 복숭아 재배 시 봉지씌우기의 목적이 아닌 것은?

① 무기질 함량을 높인다.　　　　　　② 병해충으로부터 과실을 보호한다.

③ 열과를 방지한다.　　　　　　　　④ 농약이 과실에 직접 묻지 않도록 한다.

（해설） 복숭아 봉지씌우기는 병해충으로부터 과실을 보호하고, 농약이 과실에 직접 묻지 않게 하며, 표면이 갈라
지는 열과 현상을 예방하기 위해 실시한다. 복숭아 봉지씌우는 시기는 적과를 마치고, 꽃이 만개한 뒤
50~60일 후(5월 하순~6월 상순)에 실시한다.

50 다음 중 자발휴면 타파에 필요한 저온요구도가 가장 낮은 과수는?

① 사과　　　　　　② 살구　　　　　　③ 무화과　　　　　　④ 동양배

（해설） 무화과는 난지성(暖地性) 과수로 저온요구도가 매우 낮다.

（정리） **저온요구도**
낙엽과수는 이른 가을쯤부터 휴면에 들어가는데, 휴면을 타파한 후에만 발아가 가능하다. 휴면타파를 위
해서는 일정한 저온에 노출되어야 하는데 이것을 저온요구도라고 한다. 예를 들면 사과는 7.2℃ 이하의
온도에서 1,400~1,600시간, 동양배 1,200~1,500시간, 감 800~1,000시간, 살구 700~1,000시간을 지
나야 휴면이 타파되어 발아한다.

제3과목　　수확 후 품질관리론

51 다음 원예작물의 수확기 판정기준으로 옳지 않은 것은?

① 당근은 뿌리가 오렌지색이고 심부는 녹색일 때 수확한다.

② 감자는 괴경의 전분이 축적되고 표피가 코르크화 되었을 때 수확한다.

③ 양파는 부패율 감소를 위해 잎이 90% 정도 도복되었을 때 수확한다.

④ 마늘은 잎이 30% 정도 황화되면서부터 경엽이 1/2~1/3 정도 건조되었을 때 수확한다.

（해설） 당근은 겉잎이 지면에 닿을 정도로 아래로 처지면 수확한다.

（정리） **원예작물의 수확적기의 판정**
(1) 수확적기의 판정은 호흡량의 변화, 개화 후 생육일수, 과일의 당도, 과일의 색택, 과일의 조직감과
경도, 과일의 크기와 모양 및 표면의 특성, 과일 고유의 향, 이층형성, 당산비 등에 의하여 판정한다.

⑵ 호흡량의 변화
　　① 과일의 호흡량이 최저에 달한 후 약간 증가되는 초기단계를 클라이메트릭라이스라고 하는데 이때
　　　를 수확적기로 판정한다.
　　② 사과, 토마토, 감, 바나나, 복숭아, 키위, 망고, 참다래 등과 같은 호흡급등형 과실은 완숙시기보다
　　　조금 일찍 수확한다.
⑶ 개화 후 생육일수
　　과일은 개화 후 일정기일이 지나면 수확이 가능하기 때문에 품종마다 개화일자를 기록하여 수확적기
　　를 판정하기도 한다. 이때에는 기상조건이나 수세(樹勢) 등을 감안하여야 한다. 예를 들면 애호박은
　　만개 후 7~10일, 오이는 만개 후 10일, 토마토는 만개 후 40~50일, 사과는 품종에 따라 만개 후
　　120~180일 정도 지나면 수확적기로 판정한다.
⑷ 과일의 색택(色澤)
　　빛나는 윤기의 정도를 색택이라고 한다. 사과, 포도, 토마토 등은 성숙도를 판별하는 컬러챠트(color
　　chart)를 사용하여 성숙도를 판정하기도 한다.
⑸ 과일의 조직감과 경도(硬度)
　　과일이나 채소의 조직감은 성숙도를 판정하는 지표가 된다. 과일은 숙성됨에 따라 연화되고, 과숙한
　　채소는 섬유질이 많거나 거칠다.
⑹ 과일의 크기, 모양 및 표면의 특성
　　과일의 크기, 모양 및 표면의 특성에 의해서 수확적기를 판정하기도 한다. 채소의 경우 시장에 출하
　　가능한 크기가 되면 수확하고, 멜론류의 수확적기 판정은 표면광택이나 감촉에 의한다.
⑺ 이층 형성
　　과일은 성숙의 마지막 단계에서 숙성이 시작되는 동안에 이층세포가 발달한다. 이층은 과일이 식물에
　　서 쉽게 떨어지게 한다. 나무에서 과일을 따는데 요구되는 힘을 이탈력이라고 하는데 이층은 이탈력
　　을 줄인다.
⑻ 전분의 량
　　과일은 성숙되면서 전분이 당으로 변하기 때문에 잘 익은 과일일수록 전분의 함량이 적다. 전분함량
　　의 변화는 요오드 반응 검사를 통해 파악된다. 요오드 반응 검사는 과일을 요오드화칼륨용액에 담가
　　서 색깔의 변화를 관찰하는 것이다. 즉, 전분은 요오드와 결합하면 청색으로 변하는 데 과일을 요오드
　　화칼륨용액에 담가서 청색의 면적이 작으면 전분함량이 적은 것으로 판단하여 수확적기로 판정한다.
⑼ 당산비
　　과일과 채소는 성숙되면서 전분이 당으로 변하고 유기산이 감소하여 당과 산의 균형이 이루어진다.
⑽ 원예작물별 수확적기 주요 판정지표

판정지표	해당 과실
개화 후 생육일수	모든 과실에 해당
적산온도	모든 과실에 해당
크기, 모양, 색택	모든 과실에 해당
전분함량	사과, 배
이층의 형성	사과, 배, 복숭아
경도	사과, 배, 복숭아
당산비(당도/산도)	감귤류, 석류, 한라봉
떫은맛	감

판정지표	해당 과실
산 함량	밀감, 멜론, 키위
결구상태(모양의 견고함)	배추, 양배추
도복의 정도	양파

(11) 원예작물별 수확적기 판정의 실제

① 사과

가용성 고형물(유기산, 당류, 아미노산, 펙틴 등)이 11~13% 정도일 때가 수확적기이다.

② 배

가용성 고형물이 13% 이상일 때가 수확적기이다.

③ 수박

가용성 고형물이 10% 이상일 때가 수확적기이다.

④ 멜론

가용성 고형물이 8% 이상일 때 수확한다.

⑤ 밀감류

당산비가 6.5 이상이고 품종 고유의 색이 전체의 75% 이상일 때 수확한다.

⑥ 딸기

표면적의 2/3 이상이 분홍색이나 빨간색일 때 수확한다.

⑦ 아스파라거스

싹으로 자라 나온 신초를 수확한다.

⑧ 감자

지상부의 꽃이 핀 후 지하부의 덩이줄기의 비대가 완성된 때 수확한다.

⑨ 사과, 양파, 감자 등은 생리적 성숙도와 원예적 성숙도가 일치할 때 수확하며, 오이, 가지, 애호박 등은 생리적 성숙도에 이르지 못하였더라도 원예적 성숙도에 따라 수확한다.

52 겉포장재와 속포장재의 기본요건에 관한 설명으로 옳지 않은 것은?

① 겉포장재는 수송 및 취급이 편리하여야 한다.

② 겉포장재는 외부의 환경으로부터 상품을 보호해야 한다.

③ 속포장재는 상품 간 압상, 마찰을 방지할 수 있어야 한다.

④ 속포장재는 기능성보다는 심미성을 우선으로 한 재질을 선택해야 한다.

해설 겉포장은 원예산물을 수송, 하역, 보관할 때 외부충격이나 부적합한 환경으로부터 보호하기 위해 포장하는 것을 말하며, 속포장은 원예산물 개개의 손상을 방지하기 위해 겉포장 내부에 포장하는 것을 말한다. 속포장 자재로는 비닐이나 타원형 등의 칸막이 감이 많이 이용되며, 기능성을 중시한다.

53 원예산물의 MA포장용 필름 조건으로 옳지 않은 것은?

① 인장강도가 높아야 한다.
② 결로현상을 막을 수 있어야 한다.
③ 외부로부터의 가스차단성이 높아야 한다.
④ 접착작업과 상업적 취급이 용이해야 한다.

해설 이산화탄소 및 산소의 투과성이 요구된다.

정리 MA포장

(1) MA포장의 의의
　① MA포장(modified atmosphere)은 수확 후 원예산물의 호흡에 의해 조성되는 포장내부의 산소농도 저하와 이산화탄소 농도 상승에 따른 품질 변화를 억제하기 위해 원예산물을 고밀도 필름으로 밀봉하는 포장 단위를 말한다.
　② MA포장은 원예산물의 호흡속도에 따라 필름의 종류와 두께, 포장물량, 보관 및 유통온도, 에틸렌 발생량과 감응도 등을 고려하여야 한다.
　③ 포장 내의 산소농도가 낮으면 부패로 인한 이취가 발생하고, 이산화탄소 농도가 높으면 과육갈변 등 고이산화탄소 장해가 나타나게 되므로 MA포장에 사용되는 필름은 이산화탄소투과성이 산소투과성보다 3~5배 높아야 한다.

(2) 능동적 MA포장과 수동적 MA포장
　① 능동적 MA포장
　　포장을 하는 시점에서 인위적으로 포장 내의 산소 농도와 이산화탄소 농도를 일정한 수준으로 조성하는 포장으로서, 계면활성제를 처리하여 결로현상을 방지하고 방담필름과 항균필름 등을 이용한다.
　② 수동적 MA포장
　　원예산물의 자연적 호흡으로 포장내의 대기조성이 호흡의 억제수준이 되도록 하는 포장이다.

(3) MA포장용 필름
　① MA포장용 필름의 조건
　　㉠ 필름의 이산화탄소투과도가 산소투과도보다 높아야 한다.
　　㉡ 투습도가 있어야 한다.
　　㉢ 필름의 인장강도와 내열강도가 높아야 한다.
　　㉣ 포장 내에 유해물질을 방출하지 않아야 한다.
　② 폴리에틸렌(PE), 폴리프로필렌(PP), 폴리염화비닐(PVC), 셀로판 등이 사용되며 특히 폴리에틸렌은 가스 투과도가 높아 가장 널리 사용되고 있다.

(4) MA포장의 효과
　① 사과와 같은 호흡급등형 과실의 숙성 및 노화 지연
　② 엽채류와 과채류의 수분손실 억제
　③ 에틸렌 발생 억제
　④ 저온장해 억제
　⑤ 병충해 발생 억제

정답 53 ③

54 저온유통수송에 관한 설명으로 옳은 것은?

① 예냉한 농산물을 일반트럭이나 컨테이너를 사용하여 운송한다.

② 저장고를 구비하여 출하 전까지 저온저장을 해야 한다.

③ 상온유통에 비하여 압축강도가 낮은 포장상자를 사용한다.

④ 다품목 운송 시 수송온도를 동일하게 적용하면 경제성을 높일 수 있다.

(해설) ① 예냉한 농산물을 냉장시설을 갖춘 트럭이나 컨테이너를 사용하여 운송한다.
③ 저온유통시스템은 상온유통에 비해 방습도와 압축강도가 높은 포장상자를 사용한다.
④ 다품목 운송 시 수송온도를 차등하여 적용하면 경제성을 높일 수 있다.

(정리) **저온유통시스템**

(1) 저온유통시스템의 개념

저온유통시스템(Cold Chain System)은 원예산물의 수확에서 소비자에게 도달하는 전 과정을 저온상태로 유지하는 유통체계이다. 저온유통시스템은 예냉, 저온냉장수송, 저온냉장저장, 저온냉장진열, 매장에서의 저온관리를 포함한다. 저온유통시스템은 상온유통에 비해 방습도와 압축강도가 높은 포장상자를 사용한다.

(2) 저온유통시스템의 효과

① 원예산물의 신선도 유지

저온유통시스템은 원예산물의 호흡 억제, 증산 억제, 에틸렌 발생 억제, 미생물의 생육 억제 등을 가능하게 하여 산물의 신선도를 유지하고 상품가치를 높여준다.

② 유통의 안정화

저온유통시스템의 도입은 신선도를 유지하면서 유통 가능한 기간을 늘려준다. 따라서 수급조절이 가능하게 되어 원예산물의 안정적인 유통에 기여한다.

55 품질관리측면에서 일반 청과물과 비교했을 때 신선편이 농산물이 갖는 특징으로 옳지 않은 것은?

① 노출된 표면적이 크다.　　② 물리적인 상처가 많다.

③ 호흡속도가 느리다.　　④ 미생물 오염 가능성이 높다.

(해설) 절단, 물리적 상처 등으로 에틸렌 발생이 많으며 호흡속도도 빠르다. 따라서 유통기간이 짧아야 한다.

(정리) **신선편이 농산물**

1. 신선편이 농산물의 의의

(1) 신선편이(Fresh Cut) 농산물은 구입하여 즉시 식용하거나 조리할 수 있도록 수확 후 절단, 세척, 표피제거, 다듬기, 포장처리를 거친 농산물이다.

(2) 신선편이 농산물의 포장은 소포장화되고 다양화되는 추세를 보이고 있다.

(3) 채소류의 경우 먹을 만큼만 절단하여 포장 유통하는 신선편이 식품이 많은데 절단을 하면 저장생리에 변화가 생기므로 이러한 생리적 변화에 대응하는 포장기술이 요구된다.

(4) 오늘날 소비문화의 패턴이 맛과 영양, 그리고 간편성을 추구하는 경향이 강하여 신선편이 농산물에 대한 수요는 지속적으로 증가하고 있다.

정답　54 ②　55 ③

2. 신선편이 농산물의 특징

　⑴ 요리시간을 줄일 수 있다.

　⑵ 농산물의 영양과 향기를 유지할 수 있도록 하는 것이 중요하다.

　⑶ 절단, 물리적 상처 등으로 에틸렌 발생이 많으며 호흡량도 증가한다. 따라서 유통기간이 짧아야 한다.

　⑷ 폴리페놀산화효소에 의해 갈변현상이 나타날 수 있다.

　⑸ 신선편이 농산물의 취급온도가 높으면 에탄올, 아세트알데히드와 같은 물질이 축적되어 이취가 발생할 수 있다.

3. 신선편이 농산물의 변색억제 방법

　⑴ 산화효소를 불활성화시킨다.

　⑵ 항산화제를 사용한다.

　⑶ 저온으로 유지한다.

4. 신선편이 농산물의 상품화 과정

　⑴ 상품화 과정

　　신선편이 농산물의 상품화 과정은 다음의 순서로 이루어진다.

　　① 원예생산물의 살균 및 세척

　　② 박피 및 절단

　　③ 선별

　　④ MAP포장 시 CO_2를 충전하여 원예생산물의 호흡 억제

　　⑤ 저온저장 및 저온유통

　⑵ 상품화 과정에서 고려할 사항

　　① 원예산물의 품질이 쉽게 변한다는 점을 유의해야 한다.

　　② 절단, 물리적 상처, 화학적 변화 등이 초래되므로 유통기간은 가능한 짧아야 한다.

　　③ 살균제, 항산화제 처리 등에 있어서 식품안전성 확보를 위한 허용기준을 지켜야 한다.

　　④ 가공 공장의 청결, 위생관리를 철저히 하여야 한다.

　　⑤ 정밀한 온도관리가 중요하다.

　⑶ 신선편이 농산물 가공공장의 위생관리

　　① 세척수를 철저히 소독하여 사용한다.

　　② 원료반입장과 세척·절단실을 분리하여 설치한다.

　　③ 공장 내의 작업자와 출입자의 위생관리를 철저히 한다.

　　④ 가공기계 및 공장 내부 바닥 등을 매일 깨끗이 청소한다.

　⑷ 신선편이 농산물 제품의 신선도 유지방법

　　① 신선편이 농산물 제품의 신선도를 유지하기 위해서는 적절한 포장과 저온유통이 필수적이다.

　　② 절단한 과일, 채소류에서 발생하는 호흡증대와 미생물 번식을 막기 위해서 가스투과성이 있는 플라스틱 필름을 이용하여 포장하고 포장 내 이산화탄소의 농도를 높여주며 산소의 농도를 적절히 낮춘다.

　　③ 포장 내의 가스 농도 조절방법은 내용물의 호흡률과 포장의 가스투과성을 고려하여 가스의 농도가 평형에 도달하게 한다.

　　④ 절단한 과일, 채소류의 신선도 유지에 적합한 이산화탄소와 산소의 혼합가스를 포장 시에 포장 내에 주입하여 밀봉한다.

　　⑤ 신선도를 저하시키는 에틸렌, 미생물 등을 제거하는 기능성 물질이 처리된 포장재를 사용한다.

56 원예산물과 저온장해 증상의 연결이 옳은 것은?

① 참외 – 발효촉진　　　　　　② 토마토 – 후숙억제

③ 사과 – 탈피증상　　　　　　④ 복숭아 – 막공현상

(해설) 토마토는 한계온도 이하의 저온에 노출되면 후숙이 억제되고 함몰되는 현상이 나타난다.

(정리) **저온장해**

(1) 0℃ 이상의 온도이지만 한계온도 이하의 저온에 노출되어 나타나는 장해로서 조직이 물러지거나 표피의 색상이 변하는 증상, 내부갈변, 토마토나 고추의 함몰, 복숭아의 섬유질화 등은 저온장해의 예이다.

(2) 조직이 물러지는 것은 저온장해를 받으면 세포막 투과성이 높아져 이온 누출량이 증가함으로써 세포의 견고성이 떨어지기 때문이다.

(3) 저온장해 증상은 저온에 저장하다가 높은 온도로 옮기면 더 심해진다.

(4) 저온장해는 간헐적인 온도상승 처리로 억제할 수 있다.

(5) 특히 저온장해에 민감한 원예산물은 다음과 같다.

① 복숭아, 오렌지, 레몬 등의 감귤류

② 바나나, 아보카도(악어배), 파인애플, 망고 등 열대과일

③ 오이, 수박, 참외 등 박과채소

④ 고추, 가지, 토마토, 파프리카 등 가지과채소

⑤ 고구마, 생강

⑥ 장미, 치자, 백합, 히야신서, 난초

57 기계적 장해를 회피하기 위한 수확 후 관리 방법으로 옳은 것을 모두 고른 것은?

ㄱ. 포장용기의 규격화

ㄴ. 포장박스 내 적재물량 조절

ㄷ. 정확한 선별 후 저온수송 컨테이너 이용

ㄹ. 골판지 격자 또는 스티로폼 그물망 사용

① ㄱ, ㄷ　　　　② ㄴ, ㄷ　　　　③ ㄱ, ㄴ, ㄹ　　　　④ ㄱ, ㄴ, ㄷ, ㄹ

(해설) 모두 해당된다.

(정리) **원예산물의 저장 장해**

1. 기계적 장해

(1) 기계적 장해의 의의

기계적 장해는 물리적 장해라고도 하며 표피에 상처를 입거나 멍이 들어 나타나는 장해이다. 원예산물이 기계적 장해를 받으면 활성산소(세포에 손상을 입히는 해로운 산소)가 증가하며 부패율이 증가하고 저장성은 감소한다.

정답　56 ②　57 ④

⑵ 기계적 장해의 원인

① 마찰, 충격: 선별과정이나 수송 시 마찰이나 충격에 의해 표피에 상처를 입거나 멍이 들 수 있다.

② 압축: 수송 또는 저장과정에서 압축에 의해 표피에 상처를 입거나 멍이 들 수 있다.

③ 진동: 수송 시 포장 내의 원예산물들이 진동에 의해 표피에 상처를 입거나 멍이 들 수 있다.

⑶ 기계적 장해의 영향

① 원예산물의 외관 및 향미에 영향을 준다.

② 각종 곰팡이의 발생장소를 제공한다.

③ 수분 및 영양의 손실을 초래한다.

④ 에틸렌 발생을 증가시킨다.

⑤ 호흡량이 증가한다.

⑥ 중량 감소를 초래한다.

⑦ 부패 발생률이 증가한다.

⑷ 기계적 장해의 대책

선별과정에서 마찰, 충격을 최소화 할 수 있도록 하고, 유통과정에서 튼튼한 상자에 골판지 격자를 넣거나 과일을 스티로폼 그물망으로 포장하여 물리적 장해를 최소화 할 수 있도록 한다.

2. 병리적 장해

⑴ 병리적 장해의 의의

수확 후 각종 병해에 의한 피해를 병리적 장해라고 한다. 물리적 장해나 온도 장해 등은 결과적으로 원예산물의 병원균에 대한 저항력을 떨어뜨리게 되기 때문에 병리적 장해로 유도되는 경우가 많다.

⑵ 병리적 장해의 원인(병균의 감염)

① 수확 전 감염

작물의 균열된 표피나 기공을 통해 수확 전에 침입한 병균이 잠복해 있다가 병해를 일으키기도 한다.

② 수확 후 감염

수확 후 제반과정에서 생긴 절단면, 상처, 멍 등을 통해 병균이나 미생물이 침입하여 병해를 일으키기도 한다.

⑶ 병리적 장해의 방제

① 감염 방지

염소, SOPP 등을 첨가한 세척수를 사용한다. 저장고는 SO_2 가스로 훈증하여 소독한다.

② 병원의 박멸

살균제 처리 또는 열처리 방법 등으로 병균을 박멸한다.

3. 생리적 장해

⑴ 온도에 의한 장해

① 동해

빙점 이하의 저온에 의해서 결빙이 생겨 나타나는 장해로서 엽채류나 사과의 수침현상이 동해의 예이다.

② 저온장해

㉠ 0℃ 이상의 온도이지만 한계온도 이하의 저온에 노출되어 나타나는 장해로서 조직이 물러지거나 표피의 색상이 변하는 증상, 내부갈변, 토마토나 고추의 함몰, 복숭아의 섬유질화 등은 저온장해의 예이다.

㉡ 조직이 물러지는 것은 저온 장해를 받으면 세포막 투과성이 높아져 이온 누출량이 증가함으로써 세포의 견고성이 떨어지기 때문이다.

㉢ 저온장해 증상은 저온에 저장하다가 높은 온도로 옮기면 더 심해진다.

ⓔ 특히 저온장해에 민감한 원예산물은 다음과 같다.
- 복숭아, 오렌지, 레몬 등의 감귤류
- 바나나, 아보카도(악어배), 파인애플, 망고 등 열대과일
- 오이, 수박, 참외 등 박과채소
- 고추, 가지, 토마토, 파프리카 등 가지과채소
- 고구마, 생강
- 장미, 치자, 백합, 히야신서, 난초

③ 고온장해

생육적온보다 높은 고온에 노출됨으로써 나타나는 장해로서 과일의 표면이 갈라지는 것과 과피의 표면이 불규칙하게 갈색으로 변하는 것(껍질덴병), 토마토의 경우 고온으로 라이코펜의 합성이 억제되어 착색불량이 나타나는 것 등은 고온장해의 예이다.

(2) 가스에 의한 장해

① 이산화탄소 장해

고농도의 이산화탄소에 민감한 작물은 표피에 갈색의 함몰 증상이 나타나기도 하는데 이는 이산화탄소 장해에 해당된다.

② 저산소 장해

과피흑변 및 탈색현상이 나타나는 것은 저산소로 인한 장해이다.

③ 에틸렌 장해

저장고 내에 에틸렌이 축적되면 과일의 연화, 과립의 탈립 등이 나타나는데 이는 에틸렌 장해에 해당된다.

(3) 영양 장해

① 영양 장해는 수확 전 영양의 불균형에서 비롯되는 장해이다.

② 사과의 고두병, 토마토, 고추, 수박의 배꼽썩음병, 양배추의 흑심병 등은 칼슘 결핍으로 인해 발생하는 영양 장해이며 칼슘제 처리에 의해 줄일 수 있다.

(4) 생리적 장해를 줄이기 위한 수확 후 관리

원예산물의 부패를 줄이기 위한 처리를 함으로써 생리적 장해를 줄일 수 있다. 고구마, 감자, 마늘 등의 큐어링, 양배추, 단감, 벼 등의 예건, 배추, 과일 등의 예냉, 복숭아, 딸기 등의 이산화탄소 처리, 양파, 딸기 등의 방사선 조사, 사과의 칼슘 처리, 장미의 열탕침지 등은 원예산물의 부패를 줄일 수 있다.

58 수확 후 손실경감 대책으로 옳지 않은 것은?

① 바나나는 수확 후 후숙억제를 위해 5℃에서 저장한다.

② 배, 감귤은 수확 후 7~10일 정도 통풍이 잘되는 곳에서 예건한다.

③ 단감은 갈변을 예방하기 위해 수확 후 0℃에서 3~4주간 저온저장한 후 MA포장을 실시한다.

④ 조생종 사과는 수확 직후에 호흡이 가장 왕성하기 때문에 예냉을 통해 5℃까지 낮춘다.

> (해설) 바나나는 12℃ 이하에서 저온장해를 받는다. 따라서 5℃에서 저장하면 저온장해로 인한 손실이 증가될 것이다.

정답 58 ①

59 인경과 화채류의 호흡에 관한 설명이다. ( ) 안에 들어갈 원예산물을 순서대로 나열한 것은?

> 인경(鱗莖)인 ( )의 호흡속도는 화채류인 ( )보다 느리다.

① 무, 배추
② 당근, 콜리플라워
③ 양파, 브로콜리
④ 마늘, 아스파라거스

해설 브로콜리의 호흡속도는 양파의 호흡속도보다 빠르다. 브로콜리는 화채류에 해당하고 양파는 인경에 해당된다.

정리 원예산물의 호흡속도
- 생리적으로 미숙한 식물이나 잎이 큰 엽채류는 호흡속도가 빠르고, 성숙한 식물이나 양파, 감자 등 저장기관의 호흡속도는 느리다.
- 과일별 호흡속도를 비교해 보면 복숭아 > 배 > 감 > 사과 > 포도 > 키위의 순으로 호흡속도가 빠르며, 채소의 경우는 딸기 > 아스파라거스, 브로콜리 > 완두 > 시금치 > 당근 > 오이 > 토마토, 양배추 > 무 > 수박 > 양파의 순으로 호흡속도가 빠르다.

60 에틸렌이 원예산물에 미치는 영향으로 옳지 않은 것은?

① 토마토의 착색
② 아스파라거스 줄기의 연화
③ 떫은 감의 탈삽
④ 브로콜리의 황화

해설 아스파라거스는 햇빛을 차단하여 백색으로 연화재배할 수 있다.

정리 에틸렌
1. 에틸렌의 의의
   에틸렌은 식물조직에서 생성되는 식물호르몬으로서 과실의 숙성을 촉진하기 때문에 숙성호르몬이라고도 하고 잎과 꽃의 노화를 촉진시키므로 노화호르몬이라고도 하며 식물체가 자극이나 병, 해충의 피해를 받을 경우 많이 생성되기 때문에 스트레스호르몬이라고도 한다. 또한 에틸렌은 엽록소(클로로필)를 분해하는 작용을 한다.
2. 에틸렌의 생성
   (1) 과일의 발육과정에서 에틸렌의 생성량의 변화는 호흡량의 변화양상과 일치한다. 호흡이 급격히 증가하면 에틸렌의 생성량도 급격히 증가한다.
   (2) 대부분의 원예산물은 수확 후 노화가 진행될 때나 과실이 숙성되는 동안 에틸렌이 발생한다.
   (3) 작물을 수확하거나 잎을 절단하면 절단면에서 에틸렌이 발생한다.
   (4) 원예산물의 취급과정에서 상처를 입거나 스트레스에 노출되면 에틸렌이 발생하는데 이는 원예산물의 품질을 떨어뜨리는 요인이 된다.
   (5) 에틸렌은 일단 생성되면 스스로의 합성을 촉진시키는 자가촉매적 성질이 있다.
   (6) 공기 중의 산소는 에틸렌의 발생에 필수적인 요소이다. 산소농도가 6% 이하가 되면 에틸렌의 발생이 억제된다. 청과물의 신선도 유지와 장기간 저장을 위해서는 에틸렌의 발생을 억제하는 기술이 필요하다.

정답 59 ③ 60 ②

3. 에틸렌의 발생과 저장성
   (1) 에틸렌 생성이 많은 작물은 저장성이 낮다. 조생종 품종은 만생종에 비해 에틸렌 생성량이 많으며 따라서 조생종이 만생종보다 저장성이 낮다.
   (2) 에틸렌은 노화를 촉진시켜 저장성을 떨어뜨린다.
   (3) 에틸렌은 오이, 수박 등의 과육이나 과피를 연화시켜 저장성을 떨어뜨린다.
   (4) 에틸렌은 오이나 당근의 쓴맛을 유기한다.
   (5) 에틸렌은 절화류의 꽃잎말이현상을 유기한다.
   (6) 에틸렌은 상추의 갈변현상(갈색으로 변하는 것)을 유기한다.
   (7) 에틸렌은 양배추의 엽록소를 분해하여 황백화현상을 유발한다.
   (8) 원예산물의 신선도를 유지하기 위해 에틸렌의 합성을 억제하여야 하는데 이를 위해 CA저장법이 많이 이용되고 있다.
4. 에틸렌 발생과 원예산물 저장 시 주의사항
   (1) 에틸렌을 다량으로 발생하는 품종과 그렇지 않은 품종을 같은 장소에 저장하지 않도록 하여야 한다. 사과, 복숭아, 토마토, 바나나 등은 에틸렌을 다량으로 발생하는 품종이며, 감귤류, 포도, 신고배, 딸기, 엽채류, 근채류 등은 에틸렌을 미량으로 발생하는 품종이다.
   (2) 엽근채류는 에틸렌 발생이 매우 적지만 주위의 에틸렌에 의해서 쉽게 피해를 보게 된다. 에틸렌의 피해로 상추나 배추는 갈변현상이 나타나고 당근은 쓴 맛이 나며 오이는 과피의 황화가 촉진된다.
5. 에틸렌의 농업적 이용
   (1) 에틸렌은 가스 상태로 존재하기 때문에 처리가 용이하지 않다. 따라서 에틸렌을 발생시키는 생장조절제로서 에세폰(ethephon)이라는 액체물질이 이용되고 있다.
   (2) 에틸렌(에세폰)의 농업적 이용
     ① 에틸렌을 발생하는 에세폰을 처리하여 조생종 감귤이나 고추 등의 착색 및 연화를 촉진시킨다.
     ② 에틸렌은 엽록소의 분해를 촉진하고 안토시아닌(antocyanins), 카로티노이드(carotenoids)색소의 합성을 유도하므로 감, 감귤류, 참다래, 바나나, 토마토, 고추 등의 착색을 증진시키고 과육의 연화를 촉진시킨다.
     ③ 에틸렌은 떫은 감의 탄닌성분 탈삽과정에 작용하여 감의 후숙을 촉진한다. 감의 떫은맛은 과실 내에 존재하는 갈릭산(gallic acid) 혹은 이의 유도체에 각종 페놀(phenol)류가 결합한 고분자 화합물인 탄닌(tannin)성분에 의한 것이며 온탕침지, 알코올, 이산화탄소 처리, 에세폰 처리 등으로써 떫은맛의 원인이 되는 탄닌성분을 불용화시켜 떫은맛을 느낄 수 없게 만든다.
     ④ 에틸렌은 노화 및 열개 촉진작용이 있으므로 조기수확과 호두의 품질 향상에 이용된다.
     ⑤ 에세폰의 종자처리로 휴면타파 및 발아율 향상에 이용된다.
     ⑥ 에틸렌은 파인애플의 개화를 유도한다.
6. 에틸렌의 제거
   (1) 에틸렌의 작용 억제
     ① 치오황산은(STS), 1-MCP, AOA, AVG 등은 에틸렌의 합성이나 작용을 억제한다.
     ② 1-MCP는 과일과 채소의 에틸렌 수용체에 결합함으로써 에틸렌의 작용을 근본적으로 차단한다. 따라서 1-MCP는 에틸렌에 의해 유기되는 숙성과 품질변화에 대한 억제제로서 활용될 수 있다.
     ③ 6% 이하의 저농도산소는 식물의 에틸렌 합성을 차단한다.
   (2) 에틸렌의 제거
     ① 팔라디움(Pd)과 염화팔라디움($PdCl_2$)은 고습도 환경에서도 높은 에틸렌 제거 능력을 보인다.
     ② 목탄(숯) 및 활성탄은 에틸렌 흡착제로서 효과가 있으나 높은 습도 조건하에서는 흡착효과가 떨어지므로 제습제를 첨가한 활성탄이 이용된다.
     ③ 합성 제올라이트(zeolite)가 에틸렌 제거제로 판매되고 있다.
     ④ 과망간산칼륨($KMnO_4$), 오존, 자외선 등도 에틸렌 제거에 이용된다.

61 원예산물의 성숙 과정에서 착색에 관한 설명으로 옳지 않은 것은?

① 고추는 캡사이신 색소의 합성으로 일어난다.

② 사과는 안토시아닌 색소의 합성으로 일어난다.

③ 토마토는 카로티노이드 색소의 합성으로 일어난다.

④ 바나나는 가려져 있던 카로티노이드 색소가 엽록소의 분해로 전면에 나타난다.

(해설) 캡사이신은 고추의 매운 맛을 내는 성분이다.

(정리) 원예작물의 착색 성분(색소)

색소		색깔	해당 과실
카로티노이드계	β-카로틴	황색	당근, 호박, 토마토
	라이코펜(Lycopene)	적색	토마토, 수박, 당근
	캡산틴	적색	고추
안토시아닌계		적색	딸기, 사과
플라보노이드계		황색	토마토, 양파

62 감자 수확 후 큐어링이 저장 중 수분 손실을 줄이고 부패균의 침입을 막을 수 있는 주된 이유는?

① 슈베린 축적   ② 큐틴 축적

③ 펙틴질 축적   ④ 왁스질 축적

(해설) 큐어링(curing, 치유)은 슈베린(suberin, 식물세포막에 다량으로 함유되어 있는 코르크물질)을 축적시켜 코르크층을 형성하고 수분의 증발을 막으며 미생물의 침입을 방지한다.

(정리) 큐어링

(1) 큐어링의 의의

① 땅속에서 자라는 감자, 고구마는 수확 시 많은 물리적 상처를 입게 되고 마늘, 양파 등 인경채류는 잘라낸 줄기 부위가 제대로 아물어야 장기저장이 가능하다. 이와 같이 원예산물이 받은 상처를 치유하는 것을 큐어링(curing, 치유)이라고 한다.

② 큐어링은 원예산물의 상처를 아물게 하고 코르크층을 형성시켜 수분의 증발을 막으며 미생물의 침입을 방지한다.

③ 큐어링은 당화를 촉진시켜 단맛을 증대시키며 원예산물의 저장성을 높인다.

(2) 원예산물의 큐어링

① 감자

수확 후 온도 15~20℃, 습도 85~90%에서 2주일 정도 큐어링하면 코르크층이 형성되어 수분손실과 부패균의 침입을 막을 수 있다.

② 고구마

수확 후 1주일 이내에 온도 30~33℃, 습도 85~90%에서 4~5일간 큐어링한 후 열을 방출시키고 저장하면 상처가 치유되고 당분함량이 증가한다.

③ 양파

온도 34℃, 습도 70~80%에서 4~7일간 큐어링한다. 고온다습에서 검은 곰팡이병이 생길 수 있기 때문에 유의해야 한다.

④ 마늘

온도 35~40℃, 습도 70~80%에서 4~7일간 큐어링한다.

63 원예산물의 풍미를 결정짓는 인자는?

① 크기, 모양

② 색도, 경도

③ 당도, 산도

④ 염도, 밀도

(해설) 단맛은 당도, 신맛은 산도, 짠맛은 염도로 측정한다.

(정리) **원예산물의 풍미(향기, 맛)**

㉠ 단맛

단맛은 가용성 당의 함량에 의해서 결정되는데 굴절당도계를 이용한 당도로써 표시한다.

㉡ 신맛

신맛은 원예산물이 가지고 있는 유기산에 의해 결정되는데 성숙될수록 신맛은 감소한다. 과일별로 신맛을 내는 유기산을 보면 사과의 능금산, 포도의 주석산, 밀감류와 딸기의 구연산 등이다.

㉢ 쓴맛

쓴맛은 원예산물에 장해가 발생되면 나타나는 맛이다. 당근은 에틸렌에 노출될 때 이소쿠마린을 합성하여 쓴맛을 낸다.

㉣ 짠맛

신선한 원예산물의 주요 맛은 아니다. 절임류 식품의 주요 맛 이며 소금의 양에 의해 결정된다. 짠맛은 염도계로 측정한다.

㉤ 떫은맛

떫은맛은 성숙되지 않은 원예작물에서 나타난다. 떫은 감은 탈삽과정을 통해 탄닌이 불용화되거나 소멸되면 떫은맛은 없어진다.

64 Hunter L, a, b 값에 관한 설명으로 옳지 않은 것은?

① 과피색을 수치화하는데 이용한다.

② L 값이 클수록 밝음을 의미한다.

③ 양(+)의 a 값은 적색도를 나타낸다.

④ 양(+)의 b 값은 녹색도를 나타낸다.

(해설) 헌터(Hunter)의 Lab 색좌표에서 +b 방향은 황색도를 나타낸다.

(정답) 63 ③ 64 ④

원예산물의 색깔 판정

(1) 원예산물은 미숙단계에서는 엽록소가 많지만 성숙함에 따라 엽록소는 파괴되고 그 작물 고유의 독특한 색깔이 형성되는데 이러한 색상의 변화는 조직에서 색소가 만들어지고 있음을 의미한다. 즉, 토마토는 황색 색소인 β-카로틴과 적색 색소인 라이코펜(Lycopene)이 발현되고, 딸기는 적색색소인 안토시아닌이 발현되며 바나나는 황색색소인 카로티노이드가 발현된다.

(2) 일반적으로 사용하고 있는 객관적 색 판정지표는 먼셀(Munshell)의 색체계, 헌터(Hunter)의 색체계, CIE 색체계 등 세 가지 색체계에 기준을 두고 있다.

① 먼셀(Munshell)의 색체계

R(빨강), Y(노랑), G(녹색), B(파랑), P(보라)를 기본 5색으로 하고 그 사이 색으로 YR(주황), GY(연두), BG(청록), PB(군청), RP(자주)를 추가하여 10색으로 구분한다. 원예산물의 색깔을 판정할 때 표준 차트를 이용하여 표준색과 비교하여 판정한다. 예를 들어 원예산물의 색을 3Y7/3으로 표시하였다면 색상 3Y, 명도 7, 채도 3을 의미한다.

② 헌터(Hunter)의 색체계

헌터(Hunter)는 명도, 색상, 채도를 수치화하여 Lab 색좌표에 표시한다. L은 밝기, 즉 명도를 의미하며, a는 색상을 의미하고 b는 채도를 의미한다. 색상을 의미하는 a값은 +a 방향은 적색도를, -a 방향은 녹색도를 나타낸다. 그리고 채도를 의미하는 b값은 +b 방향은 황색도를, -b 방향은 청색도를 나타낸다.

③ CIE 색체계

㉠ CIE는 L*a*b 색체계로써 색깔을 판정한다.

㉡ L*는 명도를 나타내는데 0~100의 수치로 적용하고 100에 가까울수록 밝음을 의미한다.

㉢ a*는 색상을 나타내는데 -40~+40의 수치로 표시하고 -값이 클수록 녹색, +값이 클수록 적색 계통, 0은 회색을 의미한다.

㉣ b*는 채도를 나타내는데 -40~+40의 수치로 표시하고 -값이 클수록 청색, +값이 클수록 황색을 의미한다.

65 사과의 비파괴 품질 측정법으로서 근적외선(NIR) 분광법의 주요 용도는?

① 당도 선별　　② 무게 선별　　③ 모양 선별　　④ 색도 선별

해설 최근에는 근적외선을 이용하는 방법은 사과, 배 등의 과일류의 당도 선별에 많이 이용되고 있다.

정리 **원예산물의 품질평가방법**

(1) 품질인자별 평가방법

① 외관품질

크기, 모양, 색깔, 흠 등의 외관품질은 시각적 방법 및 비파괴적 방법으로 평가하는 것이 일반적이다.

② 경도

㉠ 과일의 경도는 과일의 숙성도가 높을수록 감소하다가 완숙단계에 이르면 급격히 감소한다. 그리고 과숙하거나 손상된 과일의 경도는 아주 낮다.

㉡ 과일의 경도는 과숙하거나 손상된 과일을 질 좋은 과실로부터 분리하는 기준으로 이용될 수 있다.

㉢ 경도(hardness)는 과실 경도계로 조직을 찔러 측정하며 Newton(N)으로 표시한다.

정답 **65** ①

③ 밀도

    ㉠ 원예산물의 밀도는 성숙도가 높을수록 증가한다.

    ㉡ 과일의 밀도는 물이나 밀도가 알려진 용액을 이용하여 측정한다. 즉, 물에 과일을 넣으면 밀도가 작은 과일은 밀도가 큰 과일보다 더 빨리 떠오르기 때문에 먼저 부유하는 과일을 밀도가 낮은 것으로 평가한다.

④ 당도

    ㉠ 당도의 측정은 소량의 과즙을 짜내어서 굴절당도계로 측정한다. 설탕물 10% 용액의 당도를 10% 또는 10°Brix로 표준화하거나, 물의 당도를 0% 또는 0°Brix로 당도계의 수치를 보정한 후 측정한다.

    ㉡ 굴절당도계는 빛이 통과할 때 과즙 속에 녹아 있는 고형물에 의해 빛이 굴절된다는 원리를 이용한 것이다.

⑤ 향미품질

    향기, 맛 등의 향미품질은 주로 관능검사로써 평가한다.

⑥ 영양가치

    원예산물에 함유된 비타민, 식이섬유, 탄수화물, 아미노산, 지방산 등의 영양가에 대한 다양한 분석방법이 있다.

⑦ 안전성 요소

    곰팡이 독소, 박테리아 독소, 중금속, 잔류농약 등과 같은 안전성 요소에 대해서는 생물학적 검사, 화학적 검사, 독성 검사 등의 방법이 있다.

(2) 관능검사법

① 물리적 방법이나 화학적 방법으로 측정하지 못하는 향기, 맛 등은 사람의 감각으로 측정하여 평가하는데 이를 관능검사라고 한다.

② 관능검사의 정확도를 높이기 위해서는 검사원을 잘 구성하고 검사원에 대한 훈련과 관리를 과학적, 체계적으로 잘 하여야 한다.

③ 관능검사는 검사조건을 표준화함으로써 측정의 재현성과 신뢰성을 높여야 한다.

④ 관능검사는 검사결과에 대한 통계적 자료를 축적하여 검사의 정밀도를 높이고 오차관리를 잘 하여야 한다.

⑤ 관능검사실은 조용하고 외부의 시끄러운 소리나 냄새가 들어오지 않는 구조이어야 한다.

(3) 비파괴적 방법

① 근적외선을 이용하는 방법

    ㉠ 원예산물에 근적외선을 투사하여 근적외선의 반사 및 투과 스펙트럼을 조사하면 원예산물의 화학적 조성을 예측할 수 있다. 예를 들어 반사 데이터로부터 밀가루 시료의 조성을 예측할 수 있고, 투과 데이터로부터 해바라기와 콩 종자의 유지와 수분함량을 예측할 수 있다.

    ㉡ 최근에는 근적외선을 이용하는 방법은 사과, 배 등의 과일류의 당도 선별에 많이 이용되고 있다.

② X선 및 감마선을 이용하는 방법

    ㉠ X선 및 감마선이 원예산물을 투과하는 정도는 원예산물의 질량밀도와 흡수계수에 따라 다르다. 따라서 X선 및 감마선은 원예산물의 질량밀도를 비파괴적으로 평가하는데 이용된다.

    ㉡ X-ray를 이용하여 사과의 손상, 감자의 중공, 배의 씨, 오렌지의 과립화를 검출할 수 있다.

    ㉢ 최근 X선 센스는 원예산물에 묻어 있는 흙, 돌멩이 등의 이물질을 검출하는데도 많이 활용되고 있다.

③ 자기공명영상법(MRI법)

    MRI는 과실과 채소의 손상, 건조부, 충해, 내부파손, 숙도, 공극 및 씨의 존재 등과 같은 내부 품질 인자의 비파괴적 평가에 이용된다.

④ 비파괴적 방법의 장점
　　㉠ 비파괴적 방법은 빠르고 신속하다.
　　㉡ 비파괴적 방법은 동일한 시험용 재료를 반복하여 사용할 수 있다.
　　㉢ 비파괴적 방법은 숙련된 검사원을 필요로 하지 않는다.
　　㉣ 비파괴 방법은 전수조사가 가능하다.

66 원예산물의 경도와 연관성이 큰 품질 구성 요소는?

① 조직감　　　　　② 착색도　　　　　③ 안전성　　　　　④ 기능성

해설　촉감에 의해 느껴지는 원예산물의 경도의 정도를 조직감이라고 한다.

정리　**조직감**
　㉠ 촉감에 의해 느껴지는 원예산물의 경도의 정도를 조직감이라고 한다.
　㉡ 원예작물의 조직감은 수분, 전분, 효소의 복합체의 함량, 세포벽을 구성하는 펙틴류와 섬유질(셀룰로 오스)의 함량 등에 따라 결정되는데, 복합체 등의 함량이 낮을수록 경도가 낮다(연하다).
　㉢ 조직감은 원예산물의 식미의 가치를 결정하는 중요한 요인이며 수송의 편의성에도 영향을 미친다.

67 저장 중인 원예산물의 증산작용에 관한 설명으로 옳지 않은 것은?

① 온도를 낮추면 증산이 감소한다.
② 기압을 낮추면 증산이 증가한다.
③ CO_2 농도를 높이면 증산이 감소한다.
④ 키위나 복숭아처럼 표피에 털이 많으면 증산이 증가한다.

해설　키위나 복숭아처럼 표피에 털이 많으면 증산이 감소한다.

정리　**수확 후 증산작용**
　1. 증산작용의 의의
　　⑴ 증산은 식물체에서 수분이 빠져나가는 현상이다. 신선한 과일이나 채소의 경우 중량의 70~95%가 수분이며 수분은 원예산물의 신선도 유지와 밀접한 관련이 있다. 증산작용이 활발하게 이루어져 수분이 많이 빠져나가게 되면 원예작물의 신선도가 떨어지고 저장성이 약화되며 원예산물의 중량 이 감소되어 상품성이 떨어진다.
　　⑵ 증산으로 인한 원예산물의 중량 감소는 호흡으로 인한 중량 감소의 약 10배 정도나 된다. 따라서 증산이 많아질 경우 원예산물의 상품성이 현저히 떨어지게 된다.
　2. 증산작용에 영향을 미치는 요인
　　⑴ 주위의 습도가 낮을수록 증산은 증가한다.
　　⑵ 상대습도가 낮을수록 증산은 증가한다.
　　⑶ 주위의 온도가 높을수록 증산은 증가한다.
　　⑷ 원예산물의 표면적이 클수록 증산은 증가한다.
　　⑸ 큐티클층이 두꺼우면 증산은 감소한다.

정답　66 ① 　67 ④

⑹ 저장고 내의 온도와 과실 자체의 품온의 차이가 클수록 증산은 증가한다.

⑺ 저장고 내의 풍속이 빠를수록 증산이 증가한다.

⑻ 대기 중의 수증기압과 원예산물의 수증기압의 차이가 클수록 증산이 증가한다.

3. 증산작용의 억제방법

⑴ 고습도를 유지하여 증산을 억제한다.

⑵ 저온을 유지하여 증산을 억제한다.

⑶ 상대습도를 높인다.

⑷ 공기 유통은 증산을 촉진하기 때문에 원예산물 저장소의 공기 유통을 최소화함으로써 증산을 억제한다.

⑸ 유닛쿨러(unit cooler)의 표면적을 넓힌다.

⑹ 플라스틱 필름포장을 한다.

⑺ 저장실 벽면을 단열 및 방습처리 한다.

68 농산물의 안전성에 위협이 되는 곰팡이 독소로 옳지 않은 것은?

① 아플라톡신(aflatoxin)B$_1$　　② 오크라톡신(ochratoxin) A

③ 보툴리눔 톡신(botulinum toxin)　　④ 제랄레논(zearalenone)

해설 보툴리눔 톡신은 일종의 신경독성 물질이다.

정리 곰팡이 독소는 다음과 같이 분류된다.

㉠ Aspergillus속: 아플라톡신(Aflatoxin), 오크라톡신(Ochratoxin)

㉡ Penicillium속: 파툴린(Patulin), 시트리닌(Citrinin)

㉢ Fusarium속: 푸모니신(Fumonisin), 디옥시니발레놀(Deoxynivalenol), 제랄레논(Zeralenon)

69 과실의 성숙 과정에서 일어나는 현상으로 옳지 않은 것은?

① 전분이 당으로 변한다.　　② 유기산이 증가하여 신맛이 증가한다.

③ 엽록소가 감소하여 녹색이 감소한다.　　④ 펙틴질이 분해되어 조직이 연화된다.

해설 유기산이 감소하여 신맛이 줄어든다.

정리 **원예산물의 숙성과정**

⑴ 원예산물의 종자나 과일에서 품종별 특징인 외관이 갖추어지고 내용물이 충실해지며 발아력도 완전하여 해당 품종을 수확하는데 최적상태에 도달하는 것을 성숙이라고 한다.

⑵ 과일의 성숙과정은 경숙, 완숙, 과숙으로 나누어 볼 수 있는데, 경숙(硬熟)은 과일이 단단한 초기 상태이며, 완숙(完熟)은 과일이 고유의 향기와 색상을 띄며 과일이 연해진 상태이다. 그리고 과숙(過熟)은 완숙의 단계를 넘어 식용과 취급에 부적당하게 연화된 상태이다.

(3) 원예산물은 숙성과정에서 다음과 같은 변화를 나타낸다.

① 크기가 커지고 고유의 모양과 향기를 갖춘다.

② 세포질의 셀룰로오스, 헤미셀룰로오스, 펙틴질이 분해하여 조직이 연화된다. 과일이 성숙되면서 불용성의 프로토펙틴이 가용성펙틴(펙틴산)으로 변하여 조직이 연화된다.

③ 에틸렌 생성이 증가한다.

④ 저장 탄수화물(전분)이 당으로 변한다.

⑤ 유기산이 감소하여 신맛이 줄어든다.

⑥ 사과와 같은 호흡급등과는 일시적으로 호흡급등 현상이 나타난다.

⑦ 엽록소가 분해되고 과실 고유의 색소가 합성 발현된다. 과실별로 발현되는 색소는 다음과 같다.

색소		색깔	해당 과실
카로티노이드계	β-카로틴	황색	당근, 호박, 토마토
	라이코펜(Lycopene)	적색	토마토, 수박, 당근
	캡산틴	적색	고추
안토시아닌계		적색	딸기, 사과
플라보노이드계		황색	토마토, 양파

70 다음 농산물 포장재 중 기계적 강도가 높고 산소 투과도가 가장 낮은 것은?

① 저밀도 폴리에틸렌(LDPE) ② 폴리에스테르(PET)

③ 폴리스티렌(PS) ④ 폴리비닐클로라이드(PVC)

해설 폴리에스터(PET)는 간장병, 음료수병, 식용유병 등으로 많이 사용된다. 산소 투과도가 아주 낮다는 단점이 있다.

정리 플라스틱 포장재

㉠ 폴리에틸렌

폴리에틸렌(PE)은 가스 투과도가 높으며 채소류와 과일의 포장재료, 하우스용 비닐 등으로 많이 사용된다.

㉡ 폴리프로필렌

폴리프로필렌(PP)은 방습성, 내열·내한성, 투명성이 좋아 투명포장과 채소류의 수축포장에 사용된다. 산소 투과도가 높아 차단성이 요구될 경우에는 알미늄 증착이나 PVDC코팅을 하여 사용한다. 폴리프로필렌(PP)은 폴리에틸렌(PE)보다 유연해지는 온도가 높다.

㉢ 폴리염화비닐

폴리염화비닐(PVC)은 빗물의 홈통, 목욕용품, 지퍼백 등에 많이 사용되고 있으며 채소, 과일의 포장에도 사용된다. 폴리염화비닐은 가스 투과도가 낮은 단점이 있다.

㉣ 폴리스티렌

폴리스티렌(PS)은 냉장고 내장 채소 실용기, 투명그릇 등에 사용되며 휘발유에 녹는 특징이 있다.

㉤ 폴리에스터

폴리에스터(PET)는 간장병, 음료수병, 식용유병 등으로 많이 사용된다. 산소 투과도가 아주 낮다는 단점이 있다.

정답 70 ②

71 HACCP 7원칙 중 다음 4단계의 실시 순서가 옳은 것은?

> ㄱ. 위해분석 실시　　　　　　　　ㄴ. 관리기준 결정
> ㄷ. 중점관리점 결정　　　　　　　ㄹ. 중점관리점에 대한 모니터링 방법 설정

① ㄱ → ㄴ → ㄷ → ㄹ　　　　　　② ㄱ → ㄷ → ㄴ → ㄹ
③ ㄴ → ㄱ → ㄹ → ㄷ　　　　　　④ ㄴ → ㄹ → ㄷ → ㄱ

해설 위해요소 분석 → 중요관리점 결정 → 중요관리점에 대한 한계기준 결정 → 중요관리점 관리를 위한 모니터링 체계 확립 → 개선조치 방법 설정 → 검증절차 및 방법 설정 → 문서 및 기록유지 방법 설정

정리 HACCP 7원칙

(1) 원칙1: 위해요소 분석

　　HACCP 관리계획의 개발을 위한 첫 번째 원칙은 위해요소 분석을 수행하는 것이다. 위해요소 (Hazard) 분석은 HACCP팀이 수행하여야 하며, 이는 제품설명서에서 파악된 원·부재료별로, 그리고 공정흐름도에서 파악된 공정/단계별로 구분하여 실시하여야 한다. 위해요소 분석은 다음과 같이 3단계로 실시될 수 있다.

① 첫 번째 단계는 원료별·공정별로 생물학적·화학적·물리적 위해요소와 발생원인을 모두 파악하여 목록화하는 것으로 이때 위해요소 분석을 위한 질문사항을 이용하면 도움이 된다.

② 두 번째 단계는 파악된 잠재적 위해요소에 대한 위해도를 평가하는 것이다. 위해도(risk)는 심각성 (severity)과 발생가능성(likelihood of occurrence)을 종합적으로 평가하여 결정한다. 위해도 평가는 위해도 평가 기준을 이용하여 수행할 수 있다.

③ 마지막 단계는 파악된 잠재적 위해요소의 발생원인과 각 위해요소를 예방하거나 완전히 제거 또는 허용 가능한 수준까지 감소시킬 수 있는 예방조치가 있는지를 확인하여 기재하는 것이다. 이러한 예방조치는 한 가지 이상의 방법이 사용될 수 있으며, 어떤 한 가지 예방조치로 여러 가지 위해요소가 통제될 수도 있다. 예방조치는 현재 작업장에서 시행되고 있는 것만을 기재하도록 한다. 위해요소 분석 해당식품 관련 역학조사자료, 업소자체 오염실태조사자료, 작업환경조건, 종업원 현장조사, 보존시험, 미생물시험, 관련규정, 관련 연구자료 등을 활용할 수 있으며, 기존의 작업공정에 대한 정보도 이용될 수 있다. 이러한 정보는 위해요소와 관련된 목록 작성뿐만 아니라 HACCP 계획의 특별검증(재평가), 한계기준 이탈시 개선조치방법 설정, 예측하지 못한 위해요소가 발생한 경우의 대처방법 모색 등에도 활용될 수 있다. 위해요소 분석은 해당식품 및 업소와 관련된 모든 다양한 기술적·과학적 전문자료를 필요로 하므로 상당히 어렵고 시간이 많이 걸리지만, 정확한 위해분석을 실시하지 못하면 효과적인 HACCP 계획을 수립할 수 없기 때문에 철저히 수행되어야 하는 중요한 과정이다.

(2) 원칙2: 중요관리점 결정

위해요소 분석이 끝나면 해당 제품의 원료나 공정에 존재하는 잠재적인 위해요소를 관리하기 위한 중요관리점을 결정해야 한다. 중요관리점이란 원칙 1에서 파악된 위해요소 및 예방조치에 관한 정보를 이용하여 해당 위해요소를 예방, 제거 또는 허용 가능한 수준까지 감소시킬 수 있는 최종 단계 또는 공정을 말한다. 중요관리점(Critical Control Point, CCP)과 비교하여 관리점(Control Point, CP) 이란 생물학적, 화학적 또는 물리적 요인이 관리되는 단계 또는 공정을 말한다. 주로 발생가능성이 낮거나 중간이고 심각성이 낮은 위해요소 관리에 적용된다. 중요관리점을 결정하는 유용한 방법은 중요관리점 결정도를 이용하는 것이다. 원칙 1에서 위해요소 분석을 실시한 결과 확인대상으로 결정된 각각의 위해요소에 대하여 중요관리 점결정도를 적용하고, 이 결과를 중요관리점 결정표에 기재하여 정리한다.

(3) 원칙3: 중요관리점에 대한 한계기준 결정

① 세 번째 원칙은 HACCP팀이 각 중요관리점(CCP)에서 취해야 할 조치에 대한 한계기준을 설정하는 것이다. 한계기준이란 중요관리점에서 관리되어야 할 생물학적, 화학적 또는 물리적 위해요소를 예방, 제거 또는 허용 가능한 안전한 수준까지 감소시킬 수 있는 최대치 또는 최소치를 말한다.

② 한계기준은 현장에서 쉽게 확인할 수 있도록 육안관찰이나 간단한 측정으로 확인할 수 있는 수치 또는 특정지표로 나타내어야 한다. 예를 들어 온도 및 시간, 습도, 수분활성도(Aw) 같은 제품 특성, 염소, 염분농도 같은 화학적 특성, pH, 금속검출기 감도, 관련서류 확인 등을 한계기준 항목으로 설정한다.

③ 한계기준은 안전성을 보장할 수 있는 과학적 근거에 기초하여 설정되어야 한다. 한계기준을 결정할 때에는 법적 요구조건과 연구 논문이나 식품관련 전문서적, 전문가 조언, 생산공정의 기본자료 등 여러 가지 조건을 고려해야 한다. 예를 들면 제품 가열시 중심부의 최저온도, 특정온도까지 냉각시키는데 소요되는 최소시간, 제품에서 발견될 수 있는 금속조각(이물질)의 크기 등이 한계기준으로 설정될 수 있으며 이들 한계기준은 식품의 안전성을 보장할 수 있어야 한다.

(4) 원칙4: 중요관리점 관리를 위한 모니터링 체계 확립

네 번째 원칙은 중요관리점을 효율적으로 관리하기 위한 모니터링 방법을 설정하는 것이다. 모니터링이란 중요관리점에 해당되는 공정이 한계기준을 벗어나지 않고 안정적으로 운영되도록 관리하기 위하여 종업원 또는 기계적인 방법으로 수행하는 일련의 관찰 또는 측정수단이다.

(5) 원칙5: 개선조치 방법 설정

HACCP 관리계획은 식품으로 인한 위해요소가 발생하기 이전에 문제점을 미리 파악하고 시정하는 예방체계이므로, 모니터링 결과 한계기준을 벗어날 경우 취해야 할 개선조치를 사전에 설정하여 신속한 대응조치가 이루어지도록 하여야 한다.

일반적으로 취해야할 개선조치 사항에는 공정상태의 원상복귀, 한계기준 이탈에 의해 영향을 받은 관련식품에 대한 조치사항, 이탈에 대한 원인규명 및 재발방지 조치, HACCP 관리계획의 변경 등이 포함된다.

(6) 원칙6: 검증절차 및 방법 설정

여섯 번째 원칙은 HACCP 시스템이 적절하게 운영되고 있는지를 확인하기 위한 검증 방법을 설정하는 것이다. HACCP팀은 현재의 HACCP 시스템이 설정한 안전성 목표를 달성하는데 효과적인지, HACCP 관리계획대로 실행되는지, HACCP 관리계획의 변경 필요성이 있는지를 확인하기 위한 검증 방법을 설정하여야 한다.

HACCP팀은 전반적인 재평가를 위한 검증을 연 1회 이상 실시하여야 하며, HACCP 관리계획을 수립하여 최초로 현장에 적용할 때, 해당식품과 관련된 새로운 정보가 발생되거나 원료·제조공정 등의 변동에 의해 HACCP 관리계획이 변경될 때에도 실시하여야 한다.

(7) 원칙7: 문서 및 기록유지 방법 설정

HACCP 체계를 문서화하는 효율적인 기록유지 및 문서관리 방법을 설정하는 것이다. 기록유지는 HACCP 체계의 필수적인 요소이며, 기록유지가 없는 HACCP 체계의 운영은 비효율적이며 운영근거를 확보할 수 없기 때문에 HACCP 관리계획의 운영에 대한 기록 및 문서의 개발과 유지가 요구된다. 기록유지 방법 개발에 접근하는 방법 중 하나는 이전에 유지 관리하고 있는 기록을 검토하는 것이다. 가장 좋은 기록유지 체계는 현재의 작업내용을 쉽게 통합한 가장 단순한 것이어야 한다. 예를 들어 원재료와 관련된 기록에는 입고시 누가 기록을 작성하는가, 출고 전 누가 기록을 검토하는가, 기록을 보관할 기간은 얼마동안인가, 기록 보관 장소는 어디인가 등의 내용을 포함하는 가장 단순한 서식을 가질 수 있도록 한다.

72 저장 과정에서 과도하게 증산되어 사과의 과피가 쭈글쭈글해지는 수확 후 장해는?

① 고두병   ② 밀증상   ③ 껍질덴병   ④ 위조증상

해설 저장 중 수분이 과도하게 증산되어 과피가 쭈글쭈글하게 되는 것은 위조의 증상이다.

정리 **수확 후 장해의 증상**

1. 고두병
   (1) 고두병의 증상
      과피에 반점이 생긴다. 발생 부위의 과피를 벗기면 과육이 갈색으로 변해 있고 스폰지처럼 되어 있다.
   (2) 고두병의 원인
      재배토양에 칼륨과 마그네슘함량이 많을 때 발생하며, 질소비료를 과다하게 사용한 경우에 많이 발생한다. 소과(小果)보다는 대과(大果)에서 많이 발생하고 칼슘 함량이 적은 과실에서 많이 발생한다.
   (3) 고두병의 대책
      ① 질소비료의 과다사용을 피한다.
      ② 너무 큰 과실이 되지 않게 착과량을 조절한다.
      ③ 0.3~0.4% 염화칼슘액을 수확 40일 전부터 5~7일 간격으로 살포해 주어 과실내 칼슘함량을 증가시킨다.
2. 밀병(밀증상)
   (1) 밀병의 증상
      밀은 솔비톨(sorbitol, 당을 함유한 알코올 성분의 백색의 분말)이 세포 안쪽이나 세포 사이에 쌓인 것이다. 밀병 증상 부위에는 주변조직보다 더 많은 솔비톨(sorbitol)이 존재하며 과육 또는 과심의 일부가 황색의 수침상(水浸狀)이 된다.
   (2) 밀병의 원인
      ① 고온에서 발생하는 경향이 높다.
      ② 봉지를 씌우지 않은 과실이 씌운 과실보다 발병률이 높다.
   (3) 밀병의 대책
      ① 생육기에 0.3% 염화칼슘액을 엽면살포하면 증상이 줄어든다.
      ② 수확시기가 빠르면 발생이 적으므로 저장용 과실은 밀증상이 발현되기 전에 수확한다.

정답 72 ④

3. 껍질덴병
    (1) 껍질덴병의 증상
        과피 표면이 불규칙하게 갈색으로 변색된다. 껍질덴병은 저장생리장해의 대표적인 것으로서 모든 품종에서 발생한다.
    (2) 껍질덴병의 원인
        ① 수확시기가 빠르고 착색이 불량한 과실에서 많이 발생한다.
        ② 질소질 비료를 많이 사용하여 재배한 과실에서 많이 발생한다.
        ③ 저장온도가 높거나 습도가 높을 때 많이 발생한다.
    (3) 껍질덴병의 대책
        ① 저장적기에 수확한다.
        ② 질소비료의 과다사용을 피한다.
        ③ 적절한 저장온도와 습도를 유지한다.
4. 위조
    (1) 위조의 증상
        저장 중 수분이 과도하게 증산되어 과피가 쭈글쭈글하게 된다.
    (2) 위조의 원인
        ① 습도가 낮은 조건에서 장시간 저장하는 경우 발생한다.
        ② 저장고 내에서 찬 공기와 직접 닿는 부위에서 많이 발생한다.
    (3) 위조의 대책
        ① 저장고 내의 습도를 적절하게 유지한다.
        ② 냉각팬에서 나온 냉기가 직접 닿지 않도록 비닐 등으로 감싸준다.
5. 내부갈변현상
    (1) 내부갈변현상의 증상
        과육이 갈색으로 변한다. 내부갈변현상은 고무병과는 구별된다. 고무병은 저장기간이 길어질 경우 노화로 인해 발생하며 과육 전체가 갈변한다.
    (2) 내부갈변현상의 원인
        ① CA저장 시 산소와 이산화탄소의 조성이 적절하지 못할 때 발생한다.
        ② 저온저장 시 환기가 불충분하여 발생한다.
        ③ 밀증상(밀병)이 많은 과실에서 발생하는 경우가 많다.
        ④ 수확이 늦어 성숙이 많이 진행된 과실에서 많이 발생한다.
        ⑤ 질소질 비료를 많이 사용하여 재배한 과실에서 많이 발생한다.
        ⑥ 소과(小果)보다는 대과(大果)에서 많이 발생한다.
    (3) 내부갈변현상의 대책
        ① CA저장 시 품종에 따라 적정 저장환경을 설정한다.
        ② 저온저장 시 환기를 충분히 한다.
        ③ 밀증상(밀병)이 많은 과실은 저장용 과실로서 적합하지 않다.
        ④ 저장용 과실은 즉시 판매할 과실보다 조금 일찍 수확하여 저장한다.
6. 과피흑변현상
    (1) 과피흑변현상의 증상
        과피에 짙은 흑색의 반점이 생긴다.
    (2) 과피흑변현상의 원인
        ① 과피에 함유된 폴리페놀화합물이 폴리페놀옥시다제(폴리페놀산화효소)의 작용으로 멜라닌(흑색 색소)을 형성한다.

② 질소질 비료를 과다 사용하는 경우 발생한다.

(3) 과피흑변현상의 대책

과피흑변 또는 갈변방지용 기능성 과실봉지를 이용한다.

73 원예산물의 수확 후 가스장해에 관한 설명으로 옳지 않은 것은?

① 복숭아의 섬유질화가 대표적이다.

② 저농도 산소 조건에서는 이취가 발생한다.

③ 고농도 이산화탄소 조건에서는 과육갈변이 발생한다.

④ 에틸렌에 의해서 포도의 연화(노화) 현상이 발생한다.

(해설) 복숭아의 섬유질화 등은 저온장해의 예이다.

74 강제통풍식 예냉 방법에 관한 설명으로 옳지 않은 것은?

① 진공식 예냉 방법에 비하여 시설비가 적게 든다.

② 냉풍냉각 방법에 비하여 적재 위치에 따른 온도 편차가 적다.

③ 차압통풍 방법에 비하여 냉각속도가 빨라 급속 냉각이 요구되는 작물에 효과적으로 사용될 수 있다.

④ 예냉고 내의 공기를 송풍기로 강제적으로 교반시키거나 예냉 산물에 직접 냉기를 불어넣는 방법이다.

(해설) 차압통풍식의 예냉소요시간은 2~6시간 정도이며, 강제통풍식의 예냉시간은 10~15시간을 요한다.

(정리) **예냉의 방법**

(1) 진공예냉식

① 공기의 압력이 낮아지면 물의 비등점이 낮아진다. 비등점은 물이 증발하기 시작하는 온도이다. 그리고 물이 증발할 때 주위의 열을 흡수하게 되어 주위의 온도가 낮아지게 된다. 진공예냉식은 공기의 압력이 낮아지면 물의 비등점이 낮아진다는 원리와 액체가 기화할 때 주위의 열을 흡수한다는 원리를 이용하여 온도를 낮추는 방법이다.

② 진공예냉식은 예냉소요시간이 20~40분으로 예냉속도가 빠르다는 이점이 있으며 표면적이 넓은 엽채류의 예냉방법으로 적합하다.

③ 진공예냉식은 예냉 후 저온유통시스템이 필요하다는 점과 시설비용이 많이 든다는 단점이 있다.

(2) 강제통풍식

① 강제통풍식은 찬 공기를 강제적으로 원예산물 주위에 순환시켜 원예산물을 예냉하는 방법이다.

② 강제통풍식은 예냉효과를 높이기 위해 포장용기에 통기공을 뚫어주고 원예산물 상자 사이의 간격을 넓혀주는 것이 좋으며 냉풍의 온도는 낮은 것이 좋지만 동결온도보다 낮으면 동결장해를 입을 수 있으므로 동결온도보다 약간 높은 것이 안전하다.

③ 강제통풍식의 장점
　　㉠ 시설비가 적게 든다.
　　㉡ 저온저장고에 비해 냉각능력과 순환송풍량을 증대시킬 수 있다.
④ 강제통풍식의 단점
　　㉠ 예냉시간이 많이 걸린다. 보통 10~15시간을 요한다.
　　㉡ 냉기의 흐름에 따라 냉각 불균형이 나타나기 쉽다.
　　㉢ 원예산물의 수분손실이 발생할 수 있다.
(3) 차압통풍식
① 통기공이 있는 포장용기를 중앙에 간격을 두고 쌓고 윗부분을 차폐막으로 덮어 차압송풍기를 회전시킨다. 이렇게 하면 포장용기 내부와 외부 사이의 압력차로 인하여 외부의 찬 공기가 포장용기 내부로 들어가게 된다. 이와 같은 방법으로 냉기가 직접 원예산물에 접촉하게 함으로써 원예산물을 예냉하는 방법이 차압통풍식이다.
② 차압통풍식의 예냉소요시간은 2~6시간 정도이다.
③ 차압통풍식의 장점
　　㉠ 강제대류에 의하므로 냉각능력을 높일 수 있다.
　　㉡ 냉각속도는 강제통풍식보다 빠르며 냉각불균형도 강제통풍식보다는 적다.
④ 차압통풍식의 단점
　　㉠ 포장용기 및 적재방법에 따라 냉각편차가 발생할 수 있다.
　　㉡ 포장용기가 골판지 상자인 경우 통기구멍을 냄으로써 강도가 떨어진다.
(4) 냉수냉각식
① 냉수냉각식은 냉수샤워나 냉수침지에 의해 냉각하는 것이다. 수박, 시금치, 무, 당근, 브로콜리 등의 예냉에 주로 이용되며 예냉소요시간은 30분~1시간 정도이다.
② 냉수냉각식 장점
　　㉠ 예냉과 함께 세척효과도 있다.
　　㉡ 예냉 중에는 감모현상이 없으며 시듦현상이 극복된다.
　　㉢ 비용이 적게 든다.
③ 냉수냉각식 단점
　　㉠ 물에 약한 포장재(골판지 상자 등)는 사용이 불가능하다.
　　㉡ 물에 젖은 원예산물의 물기를 제거해야 한다. 그렇지 않으면 미생물에 오염되어 부패할 가능성이 있다.
(5) 빙냉식
빙냉식은 잘게 부순 얼음을 원예산물 포장상자 안에 담아 예냉시키는 방법이다. 예냉소요시간은 5~10분 정도이다.

75 저온 저장고의 벽면 시공에 사용되는 재료 중에서 단열 효과가 우수한 것은?

① 합판　　　　　　　　　　　② 시멘트 블록
③ 폴리우레탄 패널　　　　　　④ 콘크리트

(해설) 폴리우레탄 패널은 단열성과 방음성이 뛰어나다.

정답　75 ③

76 우리나라 농산물 유통정책 과제에 관한 설명으로 옳지 않은 것은?

① 소비자 지향적 유통체계 구축이 필요하다.

② 우리나라 유통 상황에 적합한 수확 후 관리기술체계를 구축해야 한다.

③ 기존 유통관련시설 운영의 효율성을 높여야 한다.

④ 유통조성사업 규모는 감축시키고 유통시설투자는 확충해야 한다.

> (해설) 우리나라 영농규모가 영세한 실정이므로 유통조성 사업규모의 확충도 필요하다.

77 최근 산지직거래 확대에 따른 유통경로 다양화에 관한 설명으로 옳지 않은 것은?

① 도매시장 외 거래가 위축되고 있다.

② 대형유통업체는 구입가격을 조정할 수 있다.

③ 종합유통센터를 경유하면 유통단계가 축소된다.

④ 수직적 유통경로의 특성을 보인다.

> (해설) • 도매시장을 통하지 않은 계약재배 또는 산지직거래방식의 거래가 확장되고 있다.
> • 수직적 직거래: 생산자 단체와 소비자가 직결된 형태

78 농산물 유통경로에 관한 설명으로 옳지 않은 것은?

① 도매단계, 소매단계는 유통단계에 포함된다.

② 유통경로는 단계와 길이로 구분한다.

③ 중간상이 늘어날수록 유통비용은 증가한다.

④ 유통단계가 많을수록 전체 유통경로의 길이는 짧아진다.

> (해설) 유통단계가 많을수록 전체 유통경로는 길어진다.

79 공동계산제도에 관한 설명으로 옳지 않은 것은?

① 주단위, 월단위 등 일정기간의 평균가격을 적용한다.

② 출하자별로 출하물량과 등급을 구분하지 않는다.

③ 다품목에 대해 서로 독립된 공동계산을 형성할 수 있다.

④ 신선채소와 같이 수확량의 변동이 큰 품목의 경우 가격변동 위험을 축소하는 효과가 더 크다.

> 정답 76 ④ 77 ① 78 ④ 79 ②

출하물량은 계산의 기준이 되지만 출하자의 상품 개성은 사라지고, 원칙적으로 개별 출하자의 상품이 출하자별로 등급화 되는 것은 아니지만 공동계산제의 유형에 따라 등급을 구분하기도 한다.

80 농산물을 구매하기 위하여 설립한 소비자협동조합에 관한 설명으로 옳지 않은 것은?

① 농가수취가격과 소비자 구매가격의 인하를 유도하고 있다.
② 자연을 지키는 사회 참여 활동을 하기도 한다.
③ 가격보다 안전하고 믿을 수 있는 품질을 우선시하는 경향이 있다.
④ 생산자와 농산물의 직거래를 꾀하고 있다.

（해설） • 소비자협동조합은 도시 소비자와 농촌 생산자가 공동체를 결합한 형태이다.
       • 농가수취가격은 올리고 소비자구매가격은 낮추는 효과를 기대한다.

81 농산물 선물거래를 활성화하기 위한 조건을 모두 고른 것은?

> ㄱ. 시장의 규모가 클수록 좋다.
> ㄴ. 가격변동성이 비교적 커야 한다.
> ㄷ. 많이 생산되고 품질, 규격 등이 균일해야 한다.
> ㄹ. 상품가치가 클수록 헤저(hedger)의 참여를 촉진할 수 있다.

① ㄱ, ㄴ   ② ㄷ, ㄹ   ③ ㄱ, ㄴ, ㄷ   ④ ㄱ, ㄴ, ㄷ, ㄹ

（해설） 선물시장 상품의 조건
     • 품질이나 조건의 표준화
     • 현물거래량이 많아야 한다.
     • 가격변동성이 커서 장래 시장가격의 변동 위험성이 커야 한다.
     • 시장에서의 정보는 자유롭고 공개적인 상태에서 획득이 가능해야 한다.

82 농산물의 소매단계 유통조직이 아닌 것은?

① 인터넷 판매   ② 체인스토어 물류센터
③ 전통시장   ④ 대형마트(할인점)

（해설） 소매단계는 소비자와 직접 거래가 이뤄지는 유통기구이고, 물류센터는 도매단계 유통조직이다.

정답   80 ①   81 ④   82 ②

83 계약자가 생산농가에게 종자, 비료, 농약 등을 제공하고 생산된 물량을 전량 구매하는 조건의 계약형태는?

① 유통협약계약
② 판매특정계약
③ 경영소득보장계약
④ 자원공급계약

(해설) 종자, 비료, 농약 등은 생산자원요소이다.

84 다음과 같은 매매방법은?

- A농가가 판매예정가격을 정하여 지방도매시장 B농산물공판장에 사과를 출하하였다.
- B농산물공판장은 구매자와 가격, 수량 등 거래조건을 협의하여 결정된 금액을 정산 후 A농가에 지급하였다.
- 이 거래는 가격변동성을 완화시키는 장점이 있다.

① 상장경매
② 비상장 거래
③ 정가·수의매매
④ 시장도매인 거래

(해설) • 판매예정가격이 결정되어 있으므로 이는 정가매매이고, 공판장이 구매자와 협의하여 가격을 결장한 것이므로 수의매매이다. 경매시장에 상장하지 않은 것은 비상장거래가 옳지만 이것만으로 질문의 요지를 충족하였다고 볼 수는 없다.
• 정가·수의매매는 가격과 물량이 미리 정해지거나, 1대1 협상을 통해 조절된다. 그날그날 출하된 농산물을 중도매인과 매매참가인이 살펴보고 나서 경쟁을 통해 경락값이 매겨지는 경매와 차이가 나는 지점이다.

85 현재 우리나라 농산물종합유통센터의 발전 방안으로 옳지 않은 것은?

① 유통센터간 통합·조정기능 강화
② 실질적 예약상대거래 체계 구축
③ 첨단 유통정보시스템 구축
④ 수입농산물 취급 추진

(해설) 종합유통센터는 지역 및 국내 생산 농수산물 취급을 원칙으로 한다. 이를 통하여 수입농산물에 대한 견제기능을 강화해야 한다.

(정리) **종합유통센터의 발전방향**
• 도매물류사업의 활성화
• 유통센터간 통합·조정기능 강화
• 실질적 예약상대거래 체계 구축
• 산지형 종합유통센터의 활성화
• 유통정보화 및 전자상거래 추진

정답 83 ④ 84 ③ 85 ④

86 산지에서 이루어지는 밭떼기, 입도선매(立稻先賣) 농산물 거래방식은?

① 정전거래　　　　② 포전거래　　　　③ 문전거래　　　　④ 창고거래

> **해설** 포전거래
>
> 포전매매(포전거래)란 농작물의 파종 직후 또는 파종 후 수확기 전에 작물이 밭에 심겨진 채로 그 밭 전체 농작물을 통째로 거래하는 방법을 말하며, 일명 '밭떼기 계약'이라고도 한다.
> 입도선매(立稻先賣)란 수확기 이전에 작물을 원상태 그대로 매도하는 것. 주로 영세 농민이 생활비나 기타 필요한 자금을 얻기 위해 도매상이나 중간 상인에게 헐값으로 매도한다.

87 농산물 등급화에 관한 설명으로 옳지 않은 것은?

① 등급의 수를 증가시킬수록 유통의 효율성 중 가격의 효율성이 낮아진다.
② 등급기준은 생산자보다 최종소비자의 입장을 우선적으로 고려해야 한다.
③ 등급화가 정착되면 농산물 거래가 보다 효율적으로 진행된다.
④ 농산물은 무게, 크기, 모양이 균일하지 않기 때문에 등급화가 어렵다.

> **해설** 등급의 수를 증가(예 특상보통 3등급이 아닌 A++A+A, B++B+B, C++C+C)시키면 상품성에 따른 가격 효율성은 높일 수 있지만 유통의 효율성은 낮아진다.
>
> **정리** 상품 등급화의 장단점

장점	단점
•신용거래 및 견본거래의 실현(유통비용 절감) •도매시장에서 상장거래가 용이 •공정거래의 실현 •상품의 가격효율성 제고 •시장정보의 세분화 및 정확성 •소비자의 선호도 충족과 수요 창출	•산지단계의 유통비용 증가 •추가비용 회수에 대한 위험성 증가 •출하자간 등급화의 차이로 전국적인 신용거래 및 통명거래의 어려움

88 유통조성기능에 관한 설명으로 옳지 않은 것은?

① 유통기능이 효율적으로 이루어지도록 하는 기능이다.
② 유통정보, 표준화, 등급화가 포함된다.
③ 상적(商的) 유통기능을 의미한다.
④ 유통금융과 위험부담 기능이 포함된다.

> **해설** 농산물유통의 기능
>
> ㉠ 소유권이전기능: 구매, 판매
> ㉡ 물적유통기능: 수송, 저장, 가공 등

정답 86 ② 87 ① 88 ③

ⓒ 유통조성기능: 표준화, 등급화, 유통금융, 위험부담, 시장정보

유통조성기능

(1) 표준화
- 표준화란 유통과정에 참여하는 각 기구 간에 공적으로 합의된 척도를 말한다.
- 표준화는 유통시장에서 공정한 거래가 이뤄지는 환경을 조성하여 준다.
- 표준화의 항목: 포장, 등급, 보관, 하역, 정보 등

(2) 등급화
- 등급화란 상품의 크기나 품질, 상태 등의 기준에 따라서 상품을 분류하는 것
- 농산물의 등급규격은 품목 또는 품종별로 그 특성에 따라 형태, 크기, 색택, 신선도, 건조도 또는 선별상태 등에 따라 정한다.

(3) 유통금융
유통기구에 참여하는 자에게 자금을 조달해주는 것

(4) 위험부담
농산물 유통과정 중에 발생할 수 있는 손실을 보전해 주는 것. 유통기구의 한 주체가 떠안아야 할 위험을 제3의 주체에게 전가시키는 것을 위험부담이라 한다.

(5) 시장정보
유통과정 중 각 유통기구에 제공되는 정보의 수집, 분석, 분배활동

---

89 농산물의 공급량 변동이 가격에 얼마만큼 영향을 미치는지를 계측하는 수치는?

① 가격신축성　　② 가격변동률　　③ 가격탄력성　　④ 공급탄력성

(해설) **가격신축성**

수요가 공급보다 증가하면 가격은 오르고 그 반대가 되면 가격이 떨어진다. 이와 같이 수급관계의 변동이 가격의 변동을 초래하는 정도를 가격 신축성이라 하며 비신축성을 가격경직성이라고 한다.
- 가격변동률이란 시간의 경과에 따라 과거의 가격과 현재의 가격을 비교하여 비율로 표시한 값이다.
- 가격탄력성이란 가격이 수요와 공급에 어느 정도 영향을 미치는가를 측정하는 값이다.
- 공급탄력성이란 가격의 변화율에 대한 공급의 변화율을 말한다.

---

90 농산물 가격의 안정을 추구하는 방법이 아닌 것은?

① 계약재배사업 확대　　　　② 자조금제도 시행
③ 출하약정사업 실시　　　　④ 공동판매사업 제한

(해설) 공동판매사업을 촉진함으로써 유통경제에서 약자로 존재하는 영세농민들의 영향력을 제고할 수 있는 규모의 경제가 실현되므로 농산물 가격안정에 기여할 수 있다.

91 생산자, 유통인, 소비자 등의 대표가 농산물 수급조절과 품질향상을 위해 도모하는 사업은?

① 수매비축　　　　② 자조금　　　　③ 유통협약　　　　④ 농업관측

(해설) **유통협약**
주요 농수산물의 생산자, 산지유통인, 저장업자, 도·소매업자 및 소비자 등의 대표는 당해 농수산물의 자율적인 수급조절과 품질향상을 위하여 생산조정 또는 출하조절을 위한 협약을 체결할 수 있다.

92 최근 솔로 이코노미(solo economy)의 사회현상에서 1인 가구의 증가에 따른 농식품 소비 트렌드로 옳지 않은 것은?

① 쌀 소비량 감소　　　　　　　　② HMR(간편가정식) 구매량 감소
③ 소분포장 제품 선호 및 외식 증가　　④ 편의점 도시락 판매량 증가

(해설) 편의식품의 구매량이 증가하고 있다.

93 시장세분화의 목적으로 옳지 않은 것은?

① 고객만족의 극대화　　　　　　② 핵심역량을 집중할 시장의 결정
③ 광고와 마케팅 비용의 절감　　　④ 자사 제품 간의 경쟁 방지

(해설) 시장세분화에 따른 목표시장의 증가로 시장별 광고와 마케팅 비용을 차별화하여야 하므로 비용이 증가된다.

시장세분화전략(market segmentation strategy, 市場細分化戰略)

가치관의 다양화, 소비의 다양화라는 현대의 마케팅 환경에 적응하기 위하여 수요의 이질성을 존중하고 소비자·수요자의 필요와 욕구를 정확하게 충족시킴으로써 경쟁상의 우위를 획득·유지하려는 경쟁전략·제품차별화전략이 대량생산이나 대량판매라는 생산자측 논리에 지배되고 있는 데 대하여, 시장세분화전략은 고객의 필요나 욕구를 중심으로 생각하는 고객지향적인 전략이다. 먼저 다양한 욕구를 가진 고객층을 어느 정도 유사한 욕구를 가진 고객층으로 분류하는 방법이 취해진다. 특정의 제품에 대한 시장을 구성하는 고객을 어떤 기준에 의해 유형별로 나눈다. 시장의 세분화를 통하여 고객의 욕구를 보다 정확하게 만족시키는 제품을 개발하고, 세분화된 고객의 욕구를 보다 정확하게 충족시키는 광고, 그 밖의 마케팅 전략을 전개함에 있어서 경쟁상의 우위에 서려는 것이 시장세분화전략의 기본적인 어프로치이다.

시장세분화전략에는 다음과 같이 서로 다른 마케팅 전략이 있다.

① 시장집중전략: 시장세분화에 의한 각 세분시장의 수요의 크기, 성장성·수익성을 예측하고 그중에서 가장 유리한 세분시장을 선택하여 시장표적(市場標的)으로 하고, 그것에 대해 제품전략에서 촉진적 전략에 이르는 마케팅 전략을 집중해 나간다. 이 전략은 자원이 한정되어 있는 중소기업에서 채택되는 경우가 많다.

② 종합주의전략: 대기업에서 채택되는 일이 많으며, 각 세분시장을 각기 시장표적으로 하여 각 시장표적의 고객이 정확하게 만족할 제품을 설계·개발하고, 다시 각 시장표적을 향한 촉진적 전략을 전개해 나간다.

시장세분화의 기준으로는,

① 사회경제적 변수(연령·성별·소득별·가족수별·가족의 라이프 사이클별·직업별·사회계층별 등)

② 지리적 변수(국내 각 지역, 도시와 지방, 해외의 각 시장지역)

③ 심리적 욕구변수(자기현시욕·기호)

④ 구매동기(경제성·품질·안전성·편리성) 등을 들 수 있는데, 문제는 시장세분화의 기준에 대해 혁신적 아이디어를 적용하여 잠재적으로 큰 세분시장을 탐구·발견하는 데 있다. 각종 세분화 기준 중에서 풍요한 사회일수록 포착하기 힘든 심리적 욕구변수가 중요하다.

출처: 시장세분화전략 [market segmentation strategy, 市場細分化戰略] (두산백과 두피디아, 두산백과)

94 소비자의 구매의사결정 과정을 순서대로 나열한 것은?

① 정보의 탐색 → 필요의 인식 → 구매의사결정 → 대안의 평가 → 구매 후 평가
② 정보의 탐색 → 필요의 인식 → 대안의 평가 → 구매의사결정 → 구매 후 평가
③ 필요의 인식 → 정보의 탐색 → 대안의 평가 → 구매의사결정 → 구매 후 평가
④ 필요의 인식 → 구매의사결정 → 정보의 탐색 → 대안의 평가 → 구매 후 평가

해설 소비자의 구매의사결정 과정
필요의 인식 → 정보의 탐색 → 대안의 평가 → 구매의사결정 → 구매 후 평가

95 제품수명주기(PLC)상 매출액은 증가하는 반면 매출 증가율이 감소하는 시기는?

① 성숙기　　　　② 성장기　　　　③ 쇠퇴기　　　　④ 도입기

해설 • 제품수명주기: 도입기 – 성장기 – 성숙기 – 쇠퇴기
• 성장기에는 매출액도 증가하고 매출증가율도 상승하지만, 성숙기에는 매출액은 증가하는 반면 매출증가율은 상대적으로 감소하는 시기이다. 이 시기에는 광고비용을 줄이고 신제품 기획을 계획하거나 사업전환을 모색할 시기이다.

정답 94 ③ 95 ①

96 농산물의 브랜드 전략에 관한 설명으로 옳은 것을 모두 고른 것은?

> ㄱ. 경쟁 상품과의 차별화를 위하여 도입한다.
> ㄴ. 읽고 기억하기 쉽도록 가능한 짧고 단순한 브랜드 명을 사용한다.
> ㄷ. 소비자가 회상이나 재인을 통해 브랜드를 쉽게 인지할 수 있도록 한다.
> ㄹ. 브랜드 자산(brand equity) 형성을 위해 가격할인 정책을 자주 사용한다.

① ㄴ, ㄷ ② ㄷ, ㄹ
③ ㄱ, ㄴ, ㄷ ④ ㄱ, ㄴ, ㄹ

해설 가격할인 정책과 브랜드 자산(brand equity) 형성은 모순되는 관계이다. 브랜드 자산을 제고하기 위한다면 고가격 정책을 지향하여야 한다.

97 마케팅 믹스 중 가격전략에 관한 설명으로 옳지 않은 것은?

① 시장경쟁이 치열할수록 개별기업은 독자적으로 가격을 결정하기 어렵다.
② 기업들은 혁신소비자층에 대해 초기 저가전략을 사용하는 경향이 있다.
③ 제품가격의 숫자에 대한 소비자들의 심리적인 반응에 따라 가격을 변화시키는 단수(홀수)가격결정 전략이 있다.
④ 일반적으로 농산물의 품질은 가격과 직·간접적으로 연관되어 있다.

해설 혁신소비자층을 대상으로는 고가격 정책을 지향한 후 어느 정도 소비자 인식이 제고되고 소비자층의 저변이 확대되면 가격을 낮추는 방향으로 이동한다.

98 서비스 마케팅에서 서비스의 특성으로 옳지 않은 것은?

① 무형성 ② 획일성
③ 소멸성 ④ 변동성

해설 서비스 마케팅이란 무형성, 이질성, 비분리성, 소멸성을 특성으로 하는 무형적 서비스(intangible service)와 서비스 영역에 구축된 물리적 환경(physical environment) 혹은 물리적 증거(physical evidence)인 서비스스케이프(servicescape)를 활용하여 고객의 기대가치에 적합한 서비스 상품을 창출하고 제공하며, 이를 관리하는 제반 과정과 관련된 과정을 관리하는 학문이다.

정답 96 ③ 97 ② 98 ②

99 신설 영농조합법인이 PC 및 모바일로 친환경 파프리카를 건강식품 제조회사에 판매하는 인터넷 마케팅의 유형으로 옳은 것은?

① B2B
② C2C
③ B2G
④ B2C

(해설) 영농조합법인(B), 건강식품제조회사(B)로서 B2B

100 즉각적이고 단기적인 매출이나 이익 증대를 달성하기 위한 촉진수단은?

① PR
② 광고
③ 판촉
④ 인적판매

(해설) 판촉(販促, Promotion) 또는 판매 촉진은 마케팅 커뮤니케이션의 일환으로 기업의 제품이나 서비스를 고객들이 구매하도록 유도할 목적으로 해당 제품이나 서비스의 성능에 대해서 고객을 대상으로 정보를 제공하거나 설득하여 판매가 늘어나도록 유도하는 마케팅 노력의 일체를 말한다. PR이나 광고전략에 비하여 단기적 매출의 증진을 목표로 한다.

정답 99 ① 100 ③

농산물품질관리사 1차 기출문제집

2023. 3. 8. 초 판 1쇄 인쇄
2023. 3. 15. 초 판 1쇄 발행

저자와의
협의하에
검인생략

지은이 | 고송남, 김봉호
펴낸이 | 이종춘
펴낸곳 | BM ㈜도서출판 성안당

주소 | 04032 서울시 마포구 양화로 127 첨단빌딩 3층(출판기획 R&D 센터)
10881 경기도 파주시 문발로 112 파주 출판 문화도시(제작 및 물류)
전화 | 02) 3142-0036
031) 950-6300
팩스 | 031) 955-0510
등록 | 1973. 2. 1. 제406-2005-000046호
출판사 홈페이지 | www.cyber.co.kr
ISBN | 978-89-315-5937-8 (13520)
정가 | 25,000원

이 책을 만든 사람들
책임 | 최옥현
진행 | 최동진
교정·교열 | 최동진
전산편집 | 민혜조
표지 디자인 | 임흥순
홍보 | 김계향, 유미나, 이준영, 정단비
국제부 | 이선민, 조혜란
마케팅 | 구본철, 차정욱, 오영일, 나진호, 강호묵
마케팅 지원 | 장상범
제작 | 김유석